Spring Cloud Alibaba 大型微服务架构项目实战

十三 / 著

電子工業出版社
Publishing House of Electronics Industry
北京•BEIJING

内 容 简 介

本书分为14章：第1～4章主要介绍微服务的基本理论、Spring Cloud技术栈和配置基础开发环境的方法，以及如何构建Spring Cloud Alibaba模板项目；第5～13章从服务通信和服务治理两个重要的概念讲起，主要讲解如何使用Nacos、Sentinel、Seata、OpenFeign、Spring Cloud Gateway、Spring Cloud LoadBalancer、Spring Cloud Sleuth、Zipkin等微服务组件，介绍它们的原理和作用，以及如何搭建和整合这些组件并使用它们搭建微服务系统；第14章主要介绍使用这些微服务组件构建的一个大型微服务架构项目，包括它的主要功能模块、由单体模式到前后端分离模式再到微服务架构模式的开发历程、微服务项目改造前的拆分思路、微服务架构实战项目的启动等注意事项，这个实战项目详细的开发步骤会整理在本套书的下册中。

本书内容丰富，案例通俗易懂，几乎涵盖了目前Spring Cloud的全部热门组件，特别适合想要了解Spring Cloud热门组件及想搭建微服务系统的读者阅读。

图书在版编目（CIP）数据

Spring Cloud Alibaba 大型微服务架构项目实战. 上册 / 十三著. —北京：电子工业出版社，2024.1
ISBN 978-7-121-46872-8

Ⅰ. ①S… Ⅱ. ①十… Ⅲ. ①互联网络－网络服务器 Ⅳ. ①TP368.5

中国国家版本馆 CIP 数据核字（2023）第 241865 号

责任编辑：石　悦
文字编辑：戴　新
印　　刷：天津千鹤文化传播有限公司
装　　订：天津千鹤文化传播有限公司
出版发行：电子工业出版社
　　　　　北京市海淀区万寿路 173 信箱　　邮编：100036
开　　本：787×980　1/16　印张：28.25　字数：601 千字
版　　次：2024 年 1 月第 1 版
印　　次：2024 年 1 月第 1 次印刷
定　　价：109.00 元

凡所购买电子工业出版社图书有缺损问题，请向购买书店调换。若书店售缺，请与本社发行部联系，联系及邮购电话：（010）88254888，88258888。

质量投诉请发邮件至 zlts@phei.com.cn，盗版侵权举报请发邮件至 dbqq@phei.com.cn。

本书咨询联系方式：（010）51260888-819，faq@phei.com.cn。

自　　序

大家好，我是十三。

非常感谢你们阅读本书，在技术道路上，我们从此不再独行。

写作背景

2017 年 2 月 24 日，笔者正式开启技术写作之路，同时也开始在 GitHub 网站上做开源项目，由于一直坚持更新文章和开源项目，慢慢地被越来越多的人所熟悉。2018 年 6 月 7 日，电子工业出版社的陈林编辑通过邮件联系笔者并邀请笔者出书。从此，笔者与电子工业出版社结缘。2018 年笔者也被不同的平台邀请制作付费专栏课程。自 2018 年 9 月起，笔者陆陆续续在 CSDN 图文课、实验楼、蓝桥云课、掘金小册、极客时间等平台上线了多个付费专栏和课程。2020 年，笔者与电子工业出版社的陈林编辑联系并沟通了写作事宜，之后签订了约稿合同，第一本书在 2021 年正式出版。

笔者写作的初衷是希望把自己对技术的理解及实战项目开发的经验分享给读者。过去几年的经历可以整理成一张图（如图 1 所示），免费文章→付费专栏→付费视频→实体图书，从 0 到 1，从无到有，都是一步一步走过来的。这些也是笔者的写作背景。

同时，笔者也会将付费专栏和图书中用到的实战项目开源到 GitHub 和 Gitee 两个开源代码平台上，本书中基于 Spring Cloud Alibaba 的微服务实战项目 newbee-mall-cloud 是笔者开发的一个开源项目。

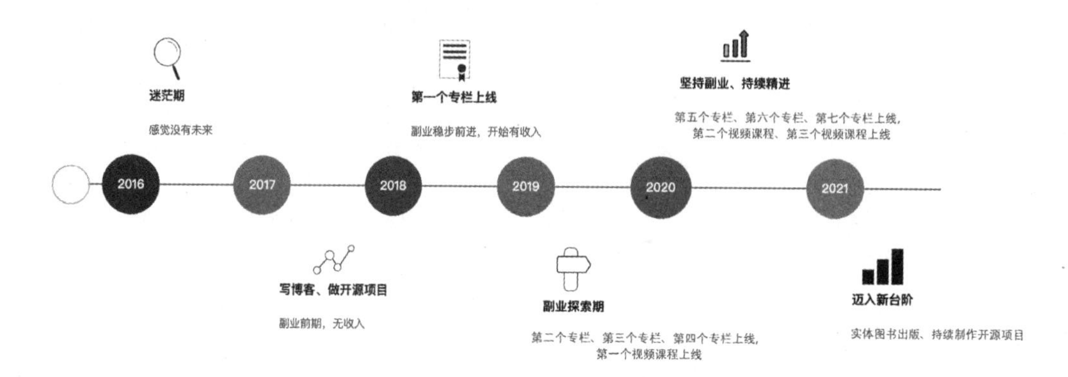

图 1　笔者的写作经历

随着越来越完善的微服务技术栈的发布，以及越来越多的微服务项目实际的落地和上线，使用 Java 技术栈的企业应该都在尝试或已经让各自的微服务项目落地了。通过招聘网站的信息和每次面试的反馈，Java 开发人员也能够清晰地认识到：**微服务技术已经逐渐成为 Java 开发人员必须掌握的一个进阶知识点了。**

作为技术人员，各位读者一定对微服务架构有所耳闻，也能够看出它会是未来的一种流行架构，进而也非常希望自己能够掌握微服务技术体系，甚至动手实践完成微服务项目的开发与维护，掌握微服务技术这项非常宝贵的技能。不过，在掌握这项技能时，可能会遇到如下几个问题：

- 微服务技术的体系复杂，从何学起？学习哪些知识点？有没有简洁而有效的学习路径？
- 微服务架构中的组件和中间件很多，如何选择一套合适且可落地的方案？
- 在进行微服务架构的项目搭建与开发时，会遇到哪些问题？这些问题又该如何解决？
- 想要自己动手开发一个大型微服务项目，有没有适合的源码？有没有可以借鉴的经验？

针对这些问题，笔者结合自己的开发经验和一个可操作的大型微服务实战项目，从复杂的微服务体系中梳理一条明确而有效的学习路径，让读者可以成体系地学习微服务架构，本书的知识点规划和学习路径如图 2 所示。

以上就是笔者为各位开发人员整理的微服务架构项目的学习路径和实战步骤：梳理微服务架构、拆解微服务架构搭建的步骤、搭建并整合各个微服务组件、开发一个大型的微服务项目。

Spring Cloud Alibaba
大型微服务架构项目实战
1.梳理微服务架构
讲透微服务的概念，了解它的"前世今生"
介绍Spring Cloud相关的技术和微服务组件对比
2.拆解出微服务架构搭建的步骤
基础的开发环境准备
化繁为简，微服务组件+编码实践
确认微服务组件的技术选型
3.搭建并整合微服务组件
Spring Cloud 基础模板项目
服务治理——Nacos
服务通信——OpenFeign
负载均衡器——Spring Cloud LoadBalancer
服务网关——Spring Cloud Gateway
分布式事务——Seata
服务容错——Sentinel
链路追踪——Spring Cloud Sleuth+Zipkin
日志中心—— Elastic Search+Logstash+Kibana
4.从 0 到 1 开发出大型的微服务架构项目
项目规划及功能确认
服务边界确认与项目拆分
项目编码并整合各微服务组件

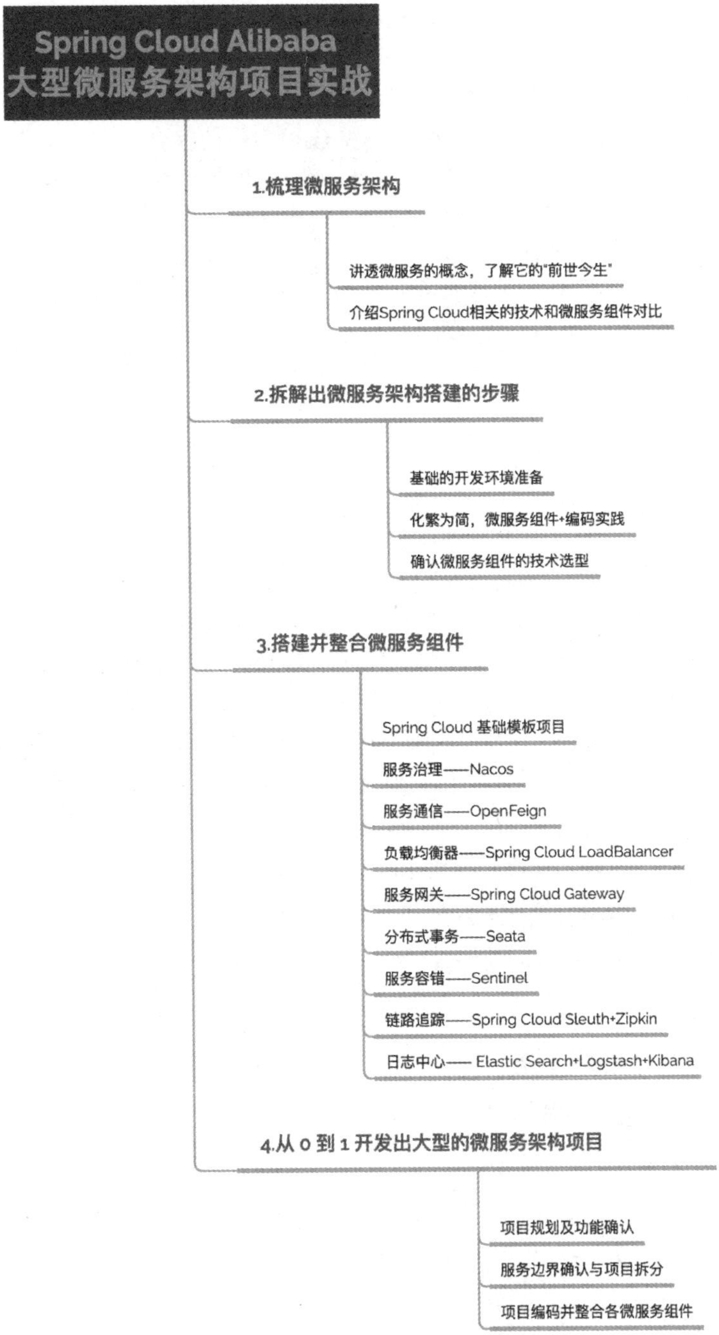

图 2　本书的知识点规划和学习路径

笔者先对概念性的知识进行介绍，让读者了解微服务的“前世今生”，然后介绍微服务的技术选型，包括技术栈的介绍与对比，并确定实战项目所选择的微服务技术组件，接着对这些技术组件进行讲解，包括组件的作用、搭建和优化。书中对 Nacos、Spring Cloud Gateway、Sentinel、Seata 等组件进行搭建和实际的整合，完成微服务架构实战里中间件搭建和整合的工作。除基本的整合外，也对重点技术栈的源码进行了详细的剖析，让读者能够知其然也知其所以然。搭建并整合完各个中间件之后，就是各个服务的编码和功能实现，在本套书的下册中会对一个大型的商城项目进行拆解和微服务化，并从零到一落地一个功能完整、流程完善的微服务项目。本书内容由浅入深，帮助读者深入理解微服务技术，掌握微服务项目开发的核心知识点，并且能够应用到自己所开发的项目中。

你会学到什么

本书的代码基于 Spring Boot 2.6.3 版本和 Spring Cloud Alibaba 2021.0.1.0 版本。笔者通过 14 章的内容由浅入深、逐一击破微服务架构项目中的难点，让各位读者能够实际地体验微服务架构项目的搭建和开发。另外，本书从书稿整理完成至正式出版耗时近一年时间，在这段时间里，Spring Boot 和 Spring Cloud Alibaba 及相关技术栈也有一些版本升级，如 Spring Boot 3.x、Spring Cloud Alibaba 2022.x。对于这些情况，笔者会在本书实战项目的开源仓库中创建不同的代码分支，保持实战项目的源码更新，保证读者学习更新的知识。

读者学习本书的内容，会有以下收获。

- Spring Cloud Alibaba 微服务技术组件的整合与使用。
- 服务治理之服务注册与服务发现。
- 服务间的通信方式。
- 负载均衡器的原理与实践。
- 微服务网关搭建与使用。
- 分布式事务的处理。
- 服务容错之限流及熔断。
- 微服务间的链路追踪。
- ELK 日志中心的搭建与使用。
- 针对各个知识点的实战源码和一套可执行的微服务项目源码。

适宜人群

- 从事 Java Web 开发的技术人员。
- 希望进阶高级开发的后端开发人员。
- 对微服务架构感兴趣、想要了解 Spring Cloud 热门组件的开发人员。
- 希望将微服务架构及相关技术实际运用到项目中的开发人员。
- 想要独立完成一个微服务架构项目的开发人员。

源代码

本书每个实战章节都有对应的源码并提供下载，读者可以在本书封底扫码获取。

最终的实战项目是笔者的开源项目 newbee-mall-cloud，源码在开源网站 GitHub 和 Gitee 上都能搜索并下载更新的源码。

- 网址 1
- 网址 2

致谢

感谢电子工业出版社的陈林老师、石悦老师、美术编辑李玲和其他老师，本书能够顺利出版离不开你们的奉献，感谢你们辛苦、严谨的工作。

感谢 newbee-mall 系列开源仓库的各位用户及笔者专栏文章的所有读者。他们提供了非常多的修改和优化意见，使这个微服务实战项目变得更加完善，也为笔者提供了持续写作的动力。

感谢掘金社区的运营负责人优弧和运营人员 Captain。本书部分内容是基于掘金小册《Spring Cloud Alibaba 大型微服务项目实战》中的章节来扩展的，本书能顺利出版也得到了掘金社区的大力支持。

特别感谢家人，没有他们的默默付出和大力的支持，笔者不可能有如此多的时间和精力专注于本书的写作。

感谢每一位没有提及名字，但是曾经帮助过笔者的贵人。

十三

2023 年 9 月 1 日 于杭州

目　录

第 1 章

千里之行：微服务架构学习路径与建议

开发人员学习任何一门技术都需要经过如下步骤：了解、入门、实践，最终掌握这门技术。在本章中，笔者结合个人经验谈一谈学习微服务架构过程中会遇到的问题和如何处理这些问题，以及微服务架构的学习路径和实战步骤。同时，开发人员掌握一门新技术的最终目的是能够运用到实际的开发项目中，因此笔者也会讲解如何开发和统筹一个完整的微服务架构项目。

1.1 微服务架构的学习路径

随着越来越完善的微服务架构技术栈的发布，以及越来越多的微服务架构项目实际落地和上线，使用 Java 技术栈的企业可能都在尝试或已经落地了各自的微服务架构项目，通过招聘网站的信息和每次面试的反馈，也能够看出微服务架构及相关技术栈的重要性。

图 1-1 是 Java 架构师/技术专家的招聘信息。

图 1-2 是笔者曾经看到的高级 Java 开发人员的简历信息，这位求职者的期望薪资是 25 000～35 000 元。

这里的关键字就是高级职位和高薪，能够得到一份职位更高和薪资更丰厚的工作是非常好的，毕竟学习就是为了未来有更好的发展和更优的薪酬。

相信各位从事 Java 开发的读者也能够清晰地感受到，微服务架构技术已经渐逐成为 Java 开发者必须掌握的一个进阶知识点。

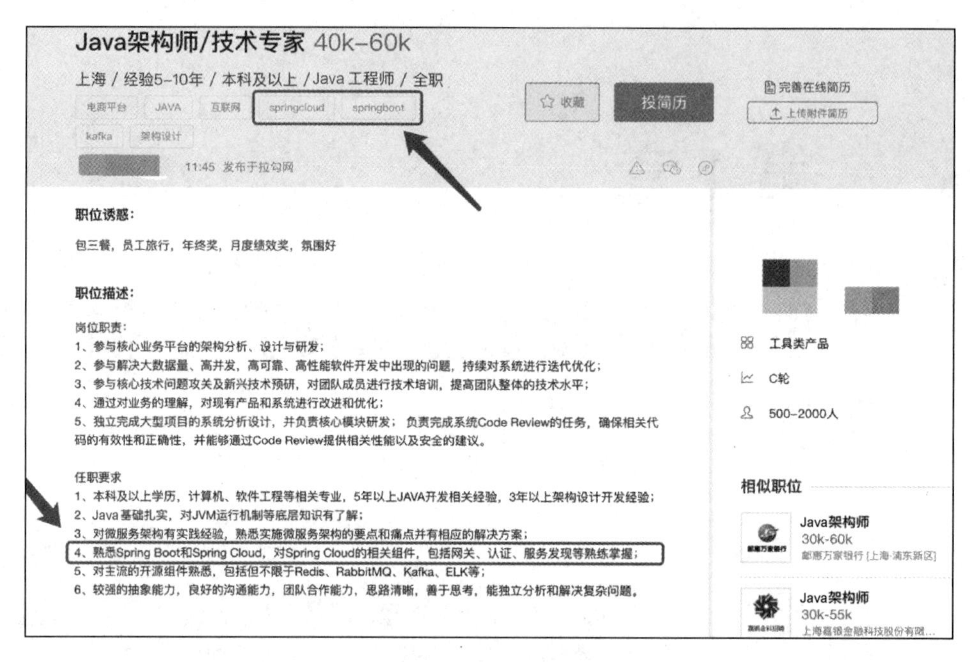

图 1-1　招聘信息

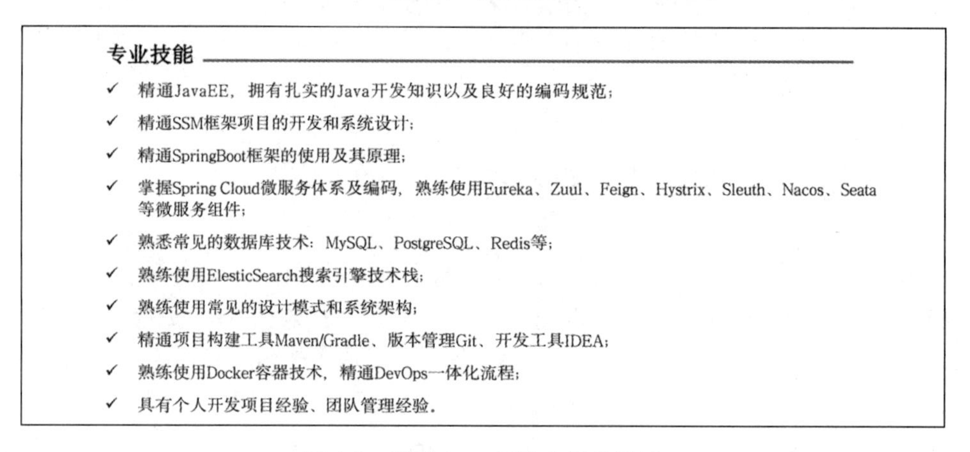

专业技能

- ✓ 精通JavaEE，拥有扎实的Java开发知识以及良好的编码规范；
- ✓ 精通SSM框架项目的开发和系统设计；
- ✓ 精通SpringBoot框架的使用及其原理；
- ✓ 掌握Spring Cloud微服务体系及编码，熟练使用Eureka、Zuul、Feign、Hystrix、Sleuth、Nacos、Seata等微服务组件；
- ✓ 熟悉常见的数据库技术：MySQL、PostgreSQL、Redis等；
- ✓ 熟练使用ElesticSearch搜索引擎技术栈；
- ✓ 熟练使用常见的设计模式和系统架构；
- ✓ 精通项目构建工具Maven/Gradle、版本管理Git、开发工具IDEA；
- ✓ 熟练使用Docker容器技术，精通DevOps一体化流程；
- ✓ 具有个人开发项目经验、团队管理经验。

图 1-2　高级 Java 开发人员的简历

1.1.1　上手微服务架构项目会遇到哪些问题

作为技术人员，对微服务架构都会有所耳闻，也能够看出它是未来的一种流行架构，进而也希望自己能够掌握微服务架构技术体系，甚至动手实践完成微服务架构项目的开发与维护，掌握微服务架构技术这项技能。不过，掌握该技能会遇到如下几个问题。

（1）微服务架构技术的体系复杂，从何学起？学习哪些知识点？有没有简捷且有效的学习路径？

（2）微服务架构中的组件和中间件很多，如何选择一套合适且可落地的方案？

（3）在搭建与开发微服务架构项目时，会遇到哪些问题？这些问题又该如何解决？

（4）想要自己动手开发一个大型微服务架构项目，有没有适合的源码？有没有可以借鉴的经验？

针对这些问题，笔者结合自己的开发经验和一个可操作的大型微服务架构实战项目，从复杂的微服务架构体系中梳理一个明确且有效的学习路径，使读者可以成体系地学习微服务架构。

1.1.2　梳理微服务架构

下面介绍微服务架构的组成部分。

图 1-3 是 Spring 官方网站中对微服务架构进行概括的一张简图。

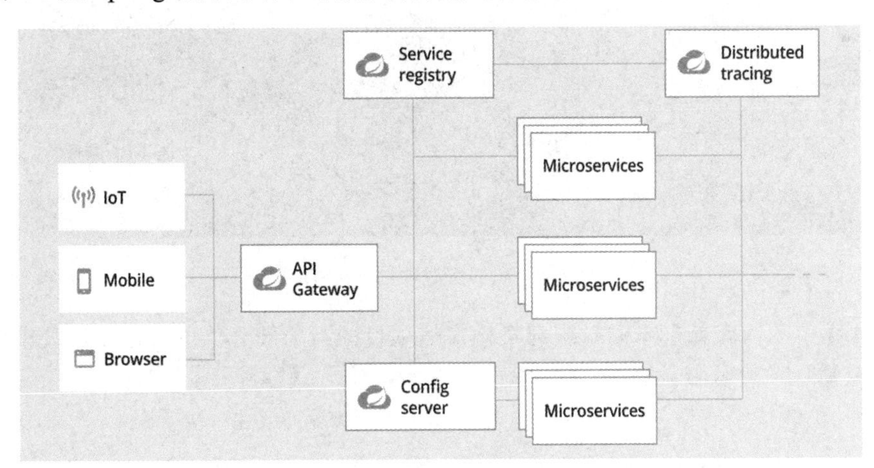

图 1-3　Spring 官网中的微服务架构简图

请求的入口包括移动端、PC 端浏览器和其他的智能设备，这些请求的承接点就是微服务架构中的网关模块，即 Gateway。网关收到这些请求后分发到各个微服务架构实例中。而网关和微服务架构实例之间则是配置中心和服务的注册中心，用于服务发现和配置信息的读取。简图右上角还有一个链路追踪的微服务架构组件。

以上是 Spring 官方对微服务架构的概括，甚至可以说是一个非常简单的概括。企业中真实开发的微服务架构项目比简图中的内容要丰富得多。

以本书最终的微服务架构实战项目为例，该项目的架构图如图 1-4 所示。

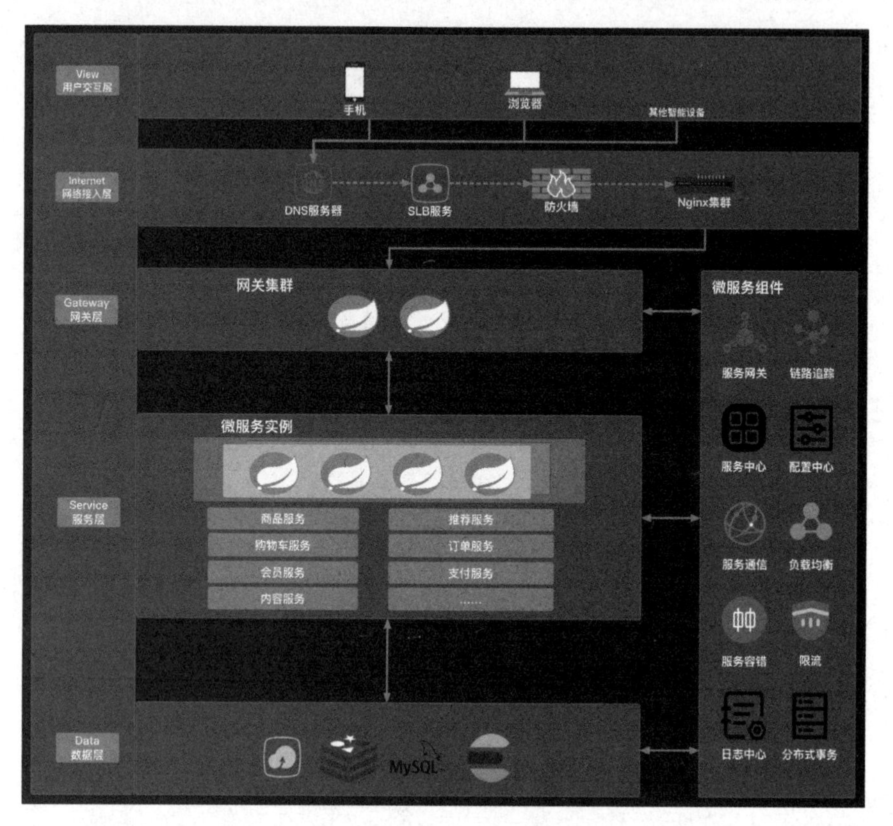

图 1-4　本书实战项目的架构图

图 1-4 中的内容就是本书微服务架构实战项目的组成部分，主要包括网关集群、微服务实例和众多的微服务组件。

1.1.3　拆解微服务架构搭建的步骤

微服务架构实战的第二步：我们要做什么？

图 1-4 是一张完整的架构图，不过用户交互层和网络接入层并不是本书微服务架构实战所进行的重点，由后端开发人员做的主要是图 1-5 中的这些内容。

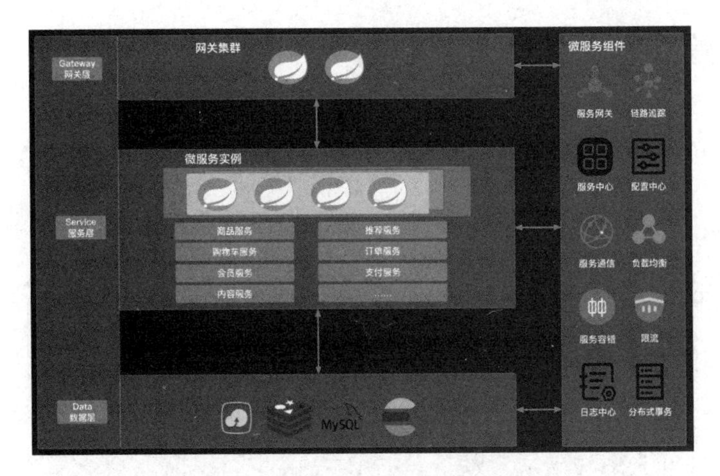

图 1-5　后端开发人员主要负责的内容

开发人员需要完成微服务组件的搭建和微服务实例的代码开发，图中的网关模块也算是微服务组件的一部分。

微服务架构项目虽然复杂，但也不是完全无法实现的，只要计划合理、选用的解决方案有效就能够完成这项任务。行业内普遍的一个解决方案就是“拆”。化繁为简，将大项目拆解成若干个小项目、大系统拆分出若干个功能模块、大功能拆解成若干个小功能，之后对各个环节或各个功能进行具体的实现和完善，这个完整的项目也就逐渐展现在开发人员面前。

如图 1-6 所示，开发人员需要完成的内容就是微服务组件的搭建和完善，再加上微服务实例的代码开发。当然，这两个部分的内容也是本书实战项目要完成的内容。

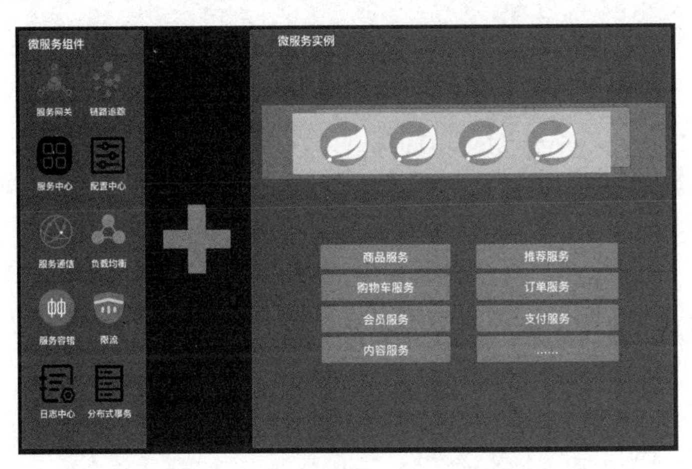

图 1-6　微服务组件+微服务实例开发

1.1.4 搭建并整合各个微服务组件

明确目标之后，接下来是具体的实操部分，即选择适合的中间件和技术栈，并进行实际的搭建和编码开发。

首先是微服务组件的技术选型，如图 1-7 所示。

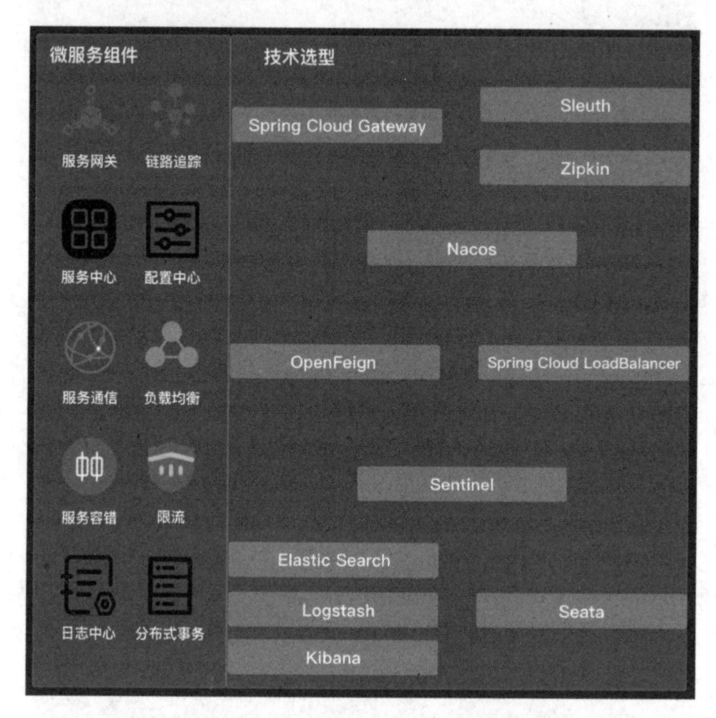

图 1-7　微服务组件的技术选型

本书将对 Nacos、Spring Cloud Gateway、Sentinel、Seata 等微服务架构组件进行介绍、实际的搭建和整合，完成微服务架构实战里中间件搭建和整合的工作。除基础的整合外，还会对重点技术栈的源码进行详细的剖析，让读者能够知其然也知其所以然。

1.1.5 从 0 到 1 开发大型的微服务架构项目

搭建并整合完各微服务架构组件后，就要进行各个服务的编码和功能实现。笔者将从 0 到 1 开发大型的微服务架构项目，把开发中的每个步骤、每个步骤中的源码分享给读者。

微服务实例开发时的技术栈选择如图 1-8 所示。

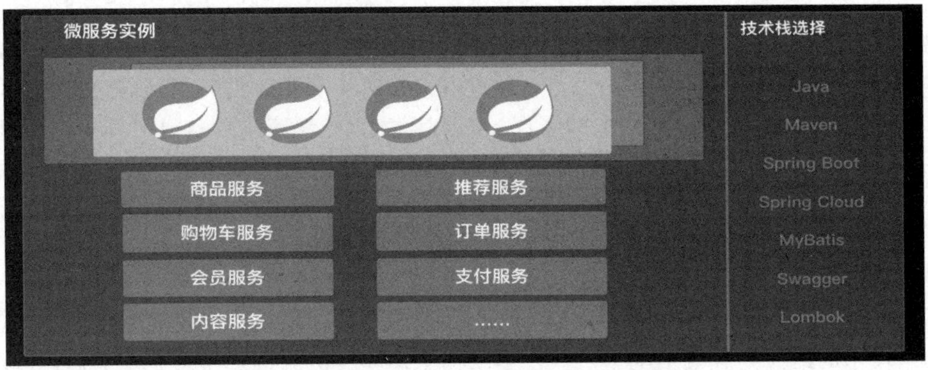

图 1-8　微服务实例开发时的技术栈选择

这些技术栈都是 Java 开发人员日常开发时常见的开发框架，读者可能并不陌生。这个步骤就是本书的重头戏，在微服务组件搭建完成后，一步一步把这个大型的微服务实战项目开发出来。

以上就是笔者为开发人员整理的微服务架构项目的学习路径和实战步骤：梳理微服务架构、拆解微服务架构搭建的步骤、搭建并整合各个微服务组件、开发一个大型的微服务架构项目，如图 1-9 所示。

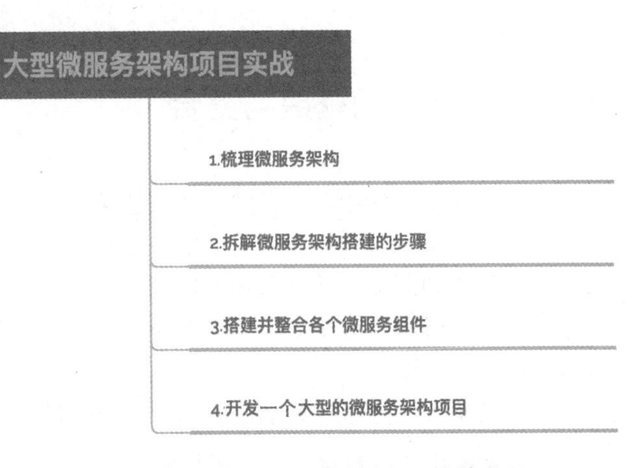
大型微服务架构项目实战
1.梳理微服务架构
2.拆解微服务架构搭建的步骤
3.搭建并整合各个微服务组件
4.开发一个大型的微服务架构项目

图 1-9　微服务架构项目的学习路径和实战步骤

本书将沿着这个路径进行章节规划和内容讲解。当然，学习微服务架构项目开发只懂得组件的搭建和整合是远远不够的，更重要的是读者能够把这些知识做到“为我所用”，完全地纳入自己的知识体系中。本书的后半部分将结合项目实战，对一个大型的商城项目进行拆解和微服务化，并从 0 到 1 落地一个功能完整、流程完善的微服务架构项目。本书讲解时由浅入深，逐一击破微服务架构项目中的难点，使读者能够实际地体验微服务架构项目的搭建和开发。在实战中，让各位读者深入理解微服务架构技术，掌握微服务架构项目开发的核心知识点。通过本书的讲解和提供的完整代码，读者可以掌握 Spring Cloud Alibaba 技术栈中的组件、知识点，并且能够应用到自己所开发的项目中。

1.2 章节规划

本书共有 14 章，包括概念和经验总结类型的章节，以及代码实战类型的章节。学好一门技术的最好方式就是动手实践，本书也更偏向实战。认真学习完本书后，读者能够深刻体验微服务架构项目从搭建到开发完成的全流程。

1.2.1 微服务架构的基础知识

微服务架构的基础知识内容主要包括微服务架构介绍、技术选型介绍、基础环境搭建。读者熟悉微服务架构和 Spring Cloud 技术栈的前置知识，可以顺利地过渡到项目实战阶段。

1.2.2 微服务架构各组件的搭建与整合

这部分内容主要包括微服务架构中各组件的介绍与应用实操，内容涵盖服务注册与发现、服务管理、服务通信、负载均衡器、网关、服务容错、链路追踪、分布式事务等知识点，包括相关组件的搭建和整合，既有搭建过程讲解，也有整合到代码中的编码实践。当然，本书不会只介绍这些组件的搭建，这些组件的高可用保障、集群搭建和部署架构也都会单独讲解。

图 1-10 为微服务架构各组件的搭建与整合部分中每个知识点所对应的源码文件节选。

本书不是一个 Hello World 式的教程，有很多进阶知识和实用技巧。笔者会把自己在一线的开发经验、遇到的各种问题和解题思路都写在这些章节里，希望读者能够把笔者整理的这些实战经验变成自己的经验，可以在未来的面试中、工作中灵活运用。

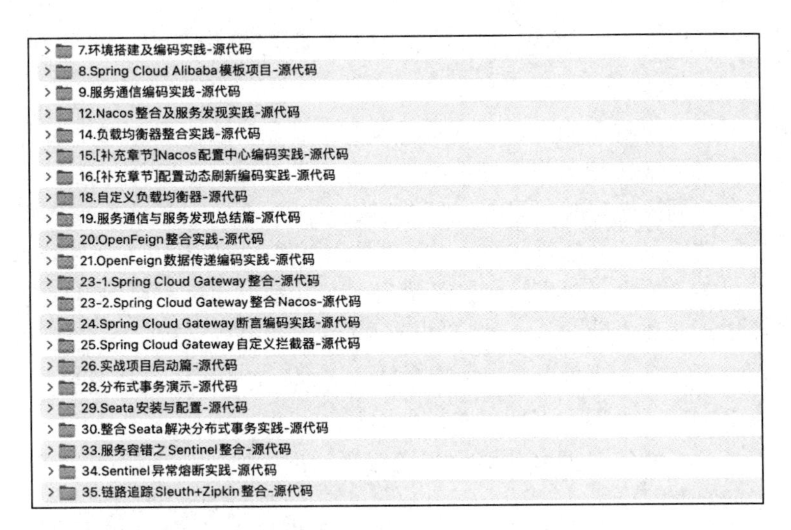

图 1-10　微服务架构各组件的搭建与整合部分中每个知识点所对应的源码文件节选

1.2.3　微服务架构项目实战

在实战部分的章节中，笔者会讲解每个开发步骤、每个微服务模块的编码过程、每个微服务组件的整合方法，从零到一开发一个大型的微服务架构项目，并将所有的微服务架构组件进行整合，手把手地教读者如何在实战中运用这些知识，让读者掌握高阶的使用技巧，并且能够运用到实际生产项目中。

图 1-11 为本书项目实战部分每个开发步骤对应的源码文件节选。

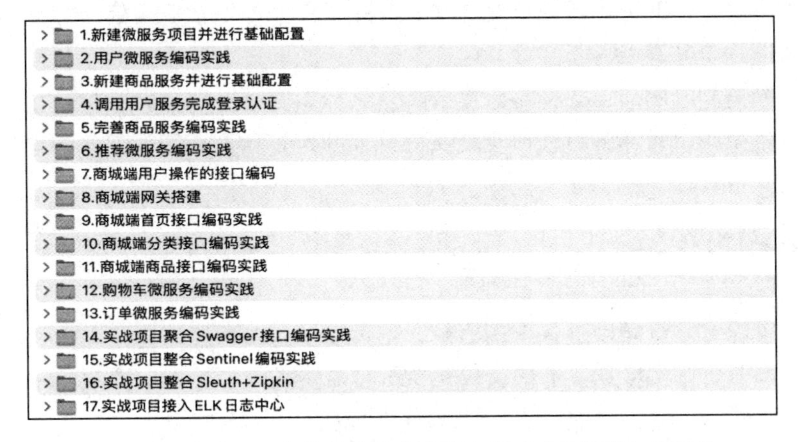

图 1-11　本书项目实战部分每个开发步骤对应的源码文件节选

部分读者可能有疑问，有必要把实战部分内容写得如此详细吗？这是不是在凑字数？

笔者重点回答一下这个问题。不管是付费的还是免费的，不管是视频类型的还是文章类型的，与微服务架构相关的教程有很多，有的只讲微服务组件的搭建，不讲解实际的项目，学起来如同隔靴搔痒，虽然也能够学到不少东西，但是总觉得“没有那味儿”；有的只讲解实际的项目，但是项目不大，代码量也不多，实际的开发过程讲解一笔带过，需要学习者自己去“悟”，“悟”这个东西就很抽象，最终还是需要学习者自己动手，美其名曰“培养大家的动手能力”，还是“没有那味儿”。笔者在规划图书之初就仔细考虑过这个问题，读者在学习时确实非常需要这样一个教程，由笔者带领读者一起从 0 到 1，一个模块接着一个模块，把一个项目完整地搭建和开发出来。

另外，站在需求者的角度来看这个问题会更加清晰明了：“我可以不看，我可以不用，但是你不能没有。”

因此，实战部分的内容需要写得详细。

1.3 学前必备

本书讲解的是微服务架构项目开发，对于大部分人来说这是一个难啃的“硬骨头”。不过，笔者在编写伊始就考虑过这个问题，为此降低学习门槛，尽量让读者能够快速上手和实践。只要读者有 Java 项目开发的经验，了解和使用过 Spring Boot 技术栈，就能够很轻易地跨过这道门槛，最终掌握微服务这项技能。

若读者没有 Java 项目开发经验，也没有接触和实践过 Spring Boot 技术栈，笔者就不建议购买本书。这部分读者应该稳扎稳打，先把前面的知识巩固好，再来学习和摸索微服务架构的项目开发。

在认真学习完本书后，读者将对微服务技术体系有一个清晰和完整的认知，能够独立搭建微服务架构中所需的组件，也能实际开发和维护一个微服务架构的项目。

1.4 学习建议

笔者尽可能对重点知识进行全面讲解，不过囿于图书的篇幅问题和定位问题，肯定有些知识点没有讲到，毕竟本书的定位是实战项目类型，会更偏向实战介绍。因此，笔者再给出一些建议，以便读者有更好的学习体验。

（1）微服务实战项目的模块数量和代码量都比较大，偶尔会出现卡顿或代码爆红的情况。如果确认代码没问题，则可以尝试清除缓存、刷新 Maven 依赖、重新导入项目。

（2）如果没有微服务架构的基础，那么在学习过程中不要“跳章节”学习，按照本书的章节稳步推进是最好的。各个章节的内容都有前后关联，后面章节的知识都有些依赖前面章节中的组件和代码。“跳章节”很可能会使读者漏掉一些关键步骤，导致无法理解一些知识点。

（3）遇到任何问题，先尝试自己解决，实在处理不来再去寻求帮助，这样有助于提升自己独立解决问题的能力。

（4）使用正确的方式进行提问，对于自己无法解决的问题，可以尝试向别人请教，提问时尽量提供充足的信息，把遇到问题的过程说清楚，可以附上错误日志、页面截图、录屏等内容，千万不要上去就问“在吗”或“项目 404 了怎么解决”。

（5）善于做笔记，看到好的文章或解决问题的办法，一定要记到笔记里，同时避免犯同样的错误。

（6）IT 技术的更新迭代非常快，一定要注意行业资讯，更新自己的知识。同样，流行框架的版本迭代也很频繁，要学会查看官方文档，获取最新的知识和材料，这样才能更有效地提升自身技术水平。

（7）开发人员一定要多动手实践、多写代码、多练习，看了不等于会了，只有把代码写出来才算掌握了。

在本书中，笔者将结合自己的经历、经验、思考，帮助读者高效且轻松地学习本书的内容，成体系地掌握微服务架构的相关知识点，并且运用到实际开发工作中。

第 2 章

知己知彼：详解微服务架构的前世今生

不管是有工作经验的开发人员，还是相关专业的大学生，可能都从各种信息流中接触过“微服务”这个关键词，也领略过它的热度。微服务及伴随着它而面世的 Spring Cloud 技术栈自面世以来得到的关注一直存在，自 2014 年至今，微服务词条的搜索热度一直保持在较高的水平，如图 2-1 所示，通过这些数据可以更加明确地感受到。

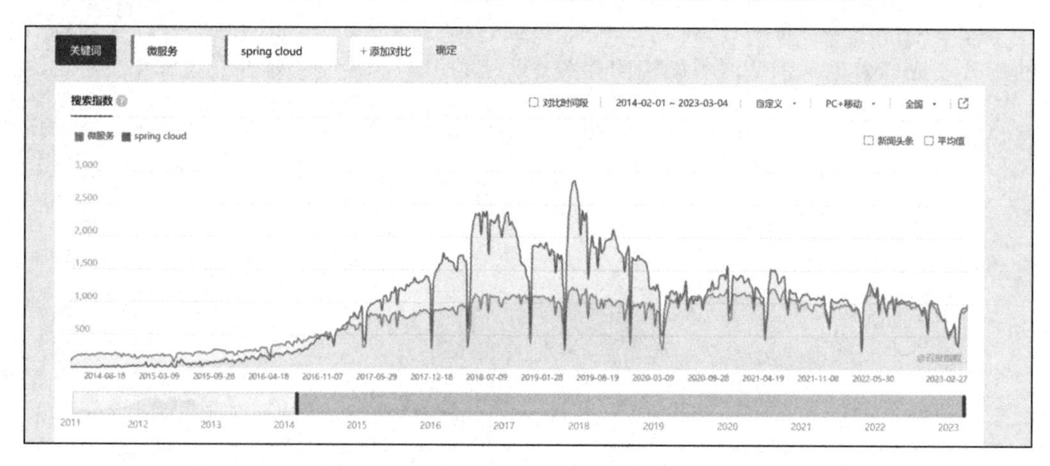

图 2-1　微服务及 Spring Cloud 的搜索指数

（数据来源：百度指数）

下面笔者就来聊一聊已经火热了很久的微服务架构。

2.1　什么是微服务架构

2012 年，Fred George 分享了题为 *Micro Services Architecture -small, short lived services rather than SOA* 的演讲。在这次演讲中，他描述了 2005—2009 年，他和团队成员如何将 100 万行的传统 J2EE 程序，通过解耦、自动化验证等实践，逐渐分解成 20 多个 5000 行代码的小服务。这是对微服务架构进行定义的最早版本。

从 2014 年起，微服务架构由 Martin Fowler、Adrain Cockcroft、Neal Ford 等人接力进行介绍、完善、演进、实践，一直维持着较高的热度，直到现在。

关于微服务架构的定义，可以参考 Martin Fowler 在 2014 年所写的 *micro-services* 文章。在这篇文章里，Martin Fowler 对微服务架构进行了定义，内容如下：

微服务架构是一种架构模式，它提倡将原本独立的单体应用，拆分成多个小型服务。这些小型服务各自独立运行，服务与服务间的通信采用轻量级通信机制（一般基于 HTTP 协议的 RESTful API），达到互相协调、互相配合的目的。被拆分后的服务都围绕着具体的业务进行构建，每个服务都能独立地进行开发、部署、扩展。由于相互独立且采用轻量级通信机制，因此各个小型服务能够使用不同的语言开发，也可以使用不同的数据存储技术。

图 2-2 是单体应用架构与微服务架构的对比。

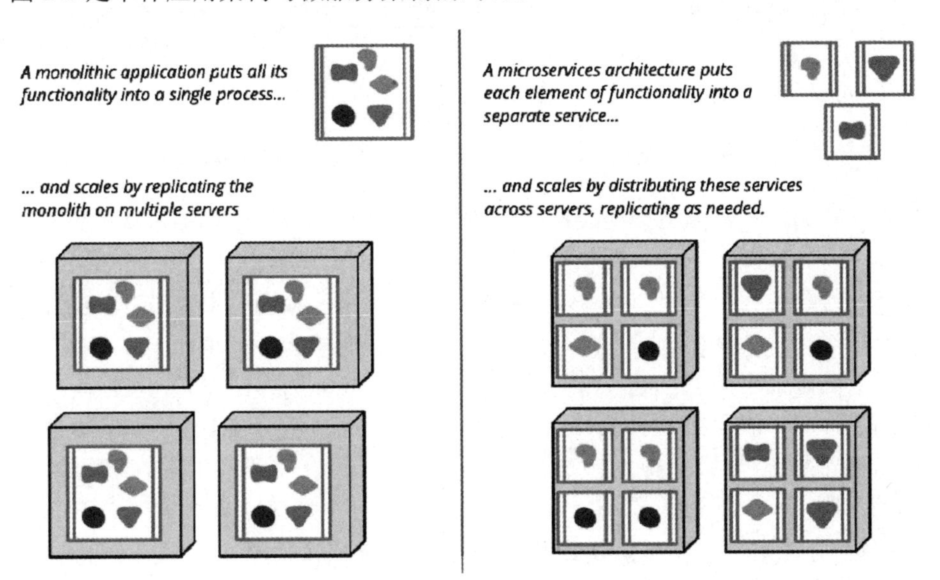

图 2-2　单体应用架构与微服务架构的对比

图 2-2 左图为单体应用架构。在单体应用中，所有的功能模块都在一个应用程序中编码和部署。使用集群部署，也是复制这个大型的单体应用程序来进行扩展。

图 2-2 右图为微服务架构。在微服务架构的项目中，会把每个独立的功能模块放在一个单独的应用程序中编码和部署，扩展性强。可以按照需求来对这些单独的服务进行分布式部署，不用一股脑儿地把所有服务堆在一起。

微服务架构中各个服务的独立不仅体现在对单体应用的拆分上，还体现在各个小型服务能够使用不同的语言开发，也可以使用不同的数据存储技术。图 2-3 是单体应用架构与微服务架构中的数据存储策略对比。

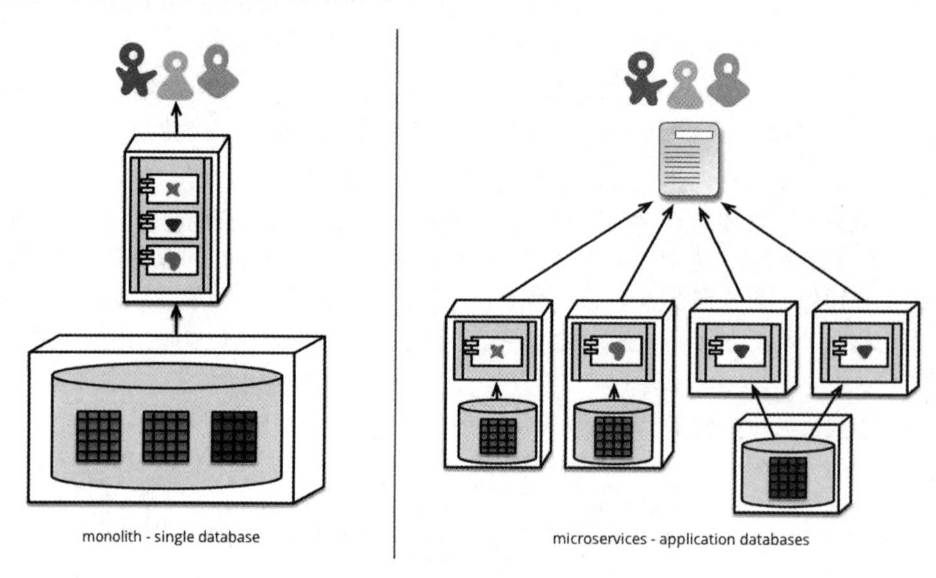

图 2-3　单体应用架构与微服务架构中的数据存储策略对比

图 2-3 左图为单体应用架构的数据存储策略。在单体应用中，更喜欢用单一的逻辑数据库做持久化存储，各个功能模块使用的数据库存储策略相同。

图 2-3 右图为微服务架构的数据存储策略。在微服务架构的项目中，更倾向于让每个独立的服务自行选择数据库存储策略。比如，同一个数据库技术的不同实例，A 服务使用部署在 192.168.10.113 服务器上的 MySQL 数据库作为存储介质，B 服务选择部署在 192.168.11.104 服务器上的 MySQL 数据库作为存储介质。各个服务也可以选择完全不同的数据库系统，如 H 服务选择 Redis 和 MySQL 作为存储介质，J 服务选择 MongoDB 作为存储介质，K 服务选择 Elastic Search 和 Redis 作为存储介质。

Martin Fowler 主要对微服务架构与单体应用进行比较，并畅想了微服务架构的未来。

当时，微服务架构基本上还处于理论阶段。虽然也有微服务架构的项目落地，但是当时业界并没有可供广大开发人员进行微服务架构借鉴的最佳实践，没有一套完整的方案能够供广大开发人员使用，普通的开发人员或开发团队想要落地一个微服务架构的项目是非常困难的。对于没有足够资金投入或技术能力不充足的技术团队来说，想要实现微服务架构体系需要做好很多方面的工作才能实现，需要花费的成本还是比较高的。

随后的几年间，越来越多的微服务架构解决方案逐渐出现和开源，这对于众多的技术团队和技术人来说是一个非常大的福音。Java 语言下，主流的就是 Spring Cloud 及其衍生出的一些框架。当然，这是后话了，相关的知识点会在后续章节中进行详细介绍。

2.2　为什么要使用微服务架构

本节结合系统架构的演进来谈一谈为什么要使用微服务、微服务有哪些优缺点。

“为什么要使用微服务？”这个问题其实包含了好几个问题，比如“哪些原因导致系统架构往微服务架构方向上演进？”“微服务架构解决了哪些痛点？”“微服务架构有哪些优点？”“微服务架构这个概念流行之前的微服务叫什么？”或者换一个说法：“微服务架构的雏形是什么？”

带着这些问题，开始本节内容的学习吧！

2.2.1　架构的演进

好的架构不是设计出来的，而是演进出来的。

系统立项之初，就想着设计一个大而全的架构，期待着它能够解决各个阶段的各种问题，这是不可能的。因为在初期很难预估后期业务的变化，如果在初期就落地一个大而全的项目，那么人力成本和时间成本都会很高。同时，架构并不是千篇一律的，千万不能在不同的业务和系统中生搬硬套同一个架构。先快速落地，并关注业务的变化和系统的健壮程度，在不同阶段对当前架构所面临的问题进行复盘和处理，选择一个更适合自身的方向进行优化和改进，这才是常规的做法。

在每个阶段，找到对应该阶段网站架构所面临的问题，在不断解决这些问题的过程中，系统的架构在不断地朝着正确的方向演进。这里笔者引用了李智慧老师在《大型网站技术架构：核心原理与案例分析》这本书中的案例来介绍系统常见的演进过程。

1. 初始阶段的网站架构

初始阶段的网站架构比较简单，通常一台服务器就可以搞定一个网站的部署，此时的网站架构如图 2-4 所示。

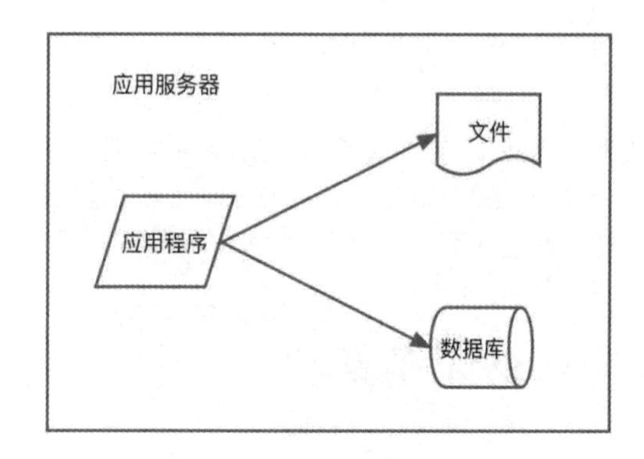

图 2-4　初始阶段的网站架构

2. 应用服务和数据服务分离

随着网站业务的发展，一台服务器逐渐不能满足需求，这时就需要将应用和数据分离来提升系统的性能，此时的网站架构如图 2-5 所示。

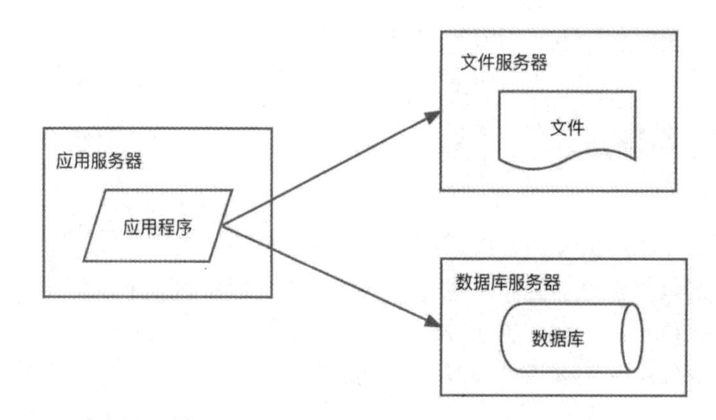

图 2-5　应用服务和数据服务分离的网站架构

3. 使用缓存改善网站性能

80%的业务访问会集中在 20%的数据上，网站基本上都会使用缓存来优化访问性能，通过缓存层的接入，减少对数据库部分的直接压力，提升网站的响应性能，此时的网站架构如图 2-6 所示。

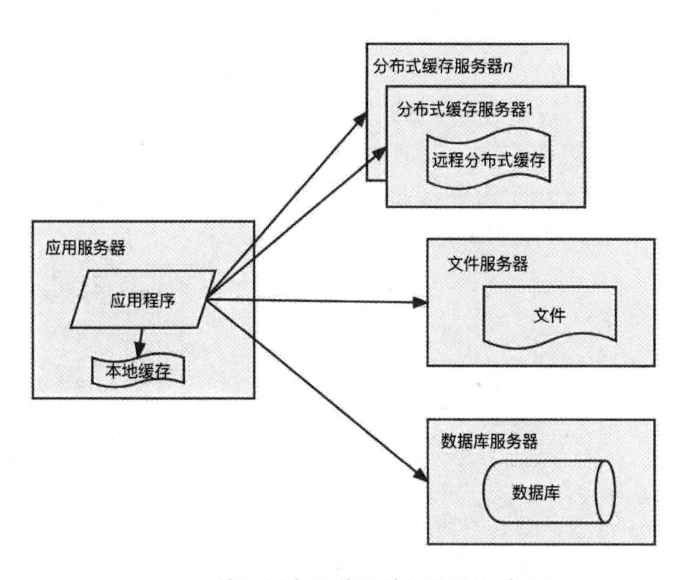

图 2-6　使用缓存改善网站性能的网站架构

4. 使用应用服务器集群改善网站的并发处理能力

因为单一应用服务器能够处理的请求连接有限，在网站访问高峰时期，应用服务器会成为整个网站的瓶颈。因此，使用负载均衡调度服务器势在必行。通过负载均衡调度服务器，可将大量的请求分发到应用的集群中的任何一台服务器上，进一步将系统压力分散处理，此时的网站架构如图 2-7 所示。

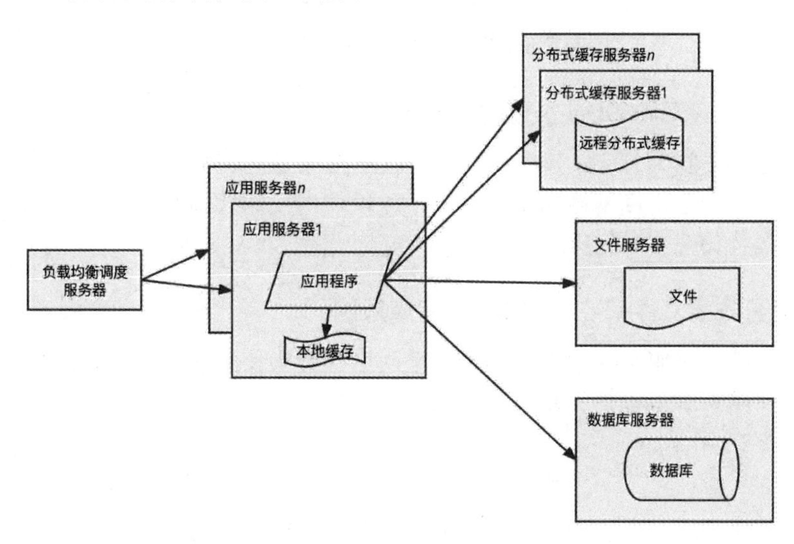

图 2-7　使用应用服务器集群的网站架构

5. 数据库读写分离

当用户数量达到一定规模后，数据库因为负载压力过高而成为网站的瓶颈，而目前主流的数据库都提供主从热备功能，通过配置两台数据库的主从关系，可以将一台数据库的数据更新并同步到另一台服务器上，网站利用数据库这个功能实现数据库读写分离，从而减轻数据库负载压力，此时的网站架构如图 2-8 所示。

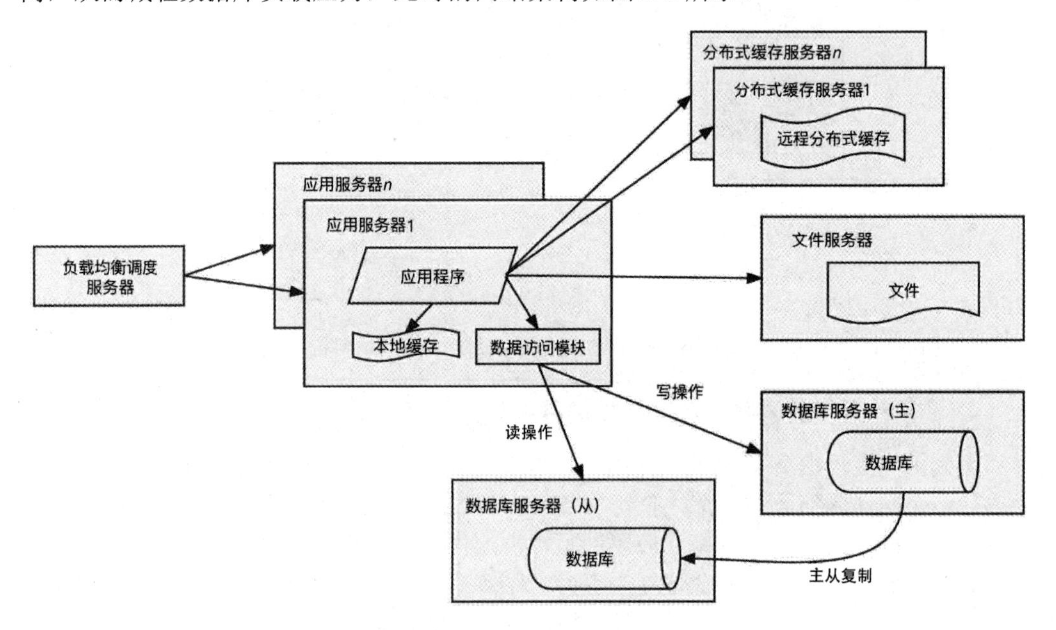

图 2-8　数据库读写分离的网站架构

6. 使用反向代理和 CDN 加速网站响应

随着系统规模越来越大，需要响应全国甚至全球各区域的访问，但是各区域的访问速度差别巨大。为了提高网站的访问速度，可以使用反向代理和 CDN 加速网站响应，此时的网站架构如图 2-9 所示。

7. 使用分布式文件系统和分布式数据库系统

任何强大的单一服务器都满足不了大型网站持续增长的业务需求。分布式文件系统和分布式数据库系统可以进一步提升系统的可用性，并提升系统的响应速度，此时的网站架构如图 2-10 所示。

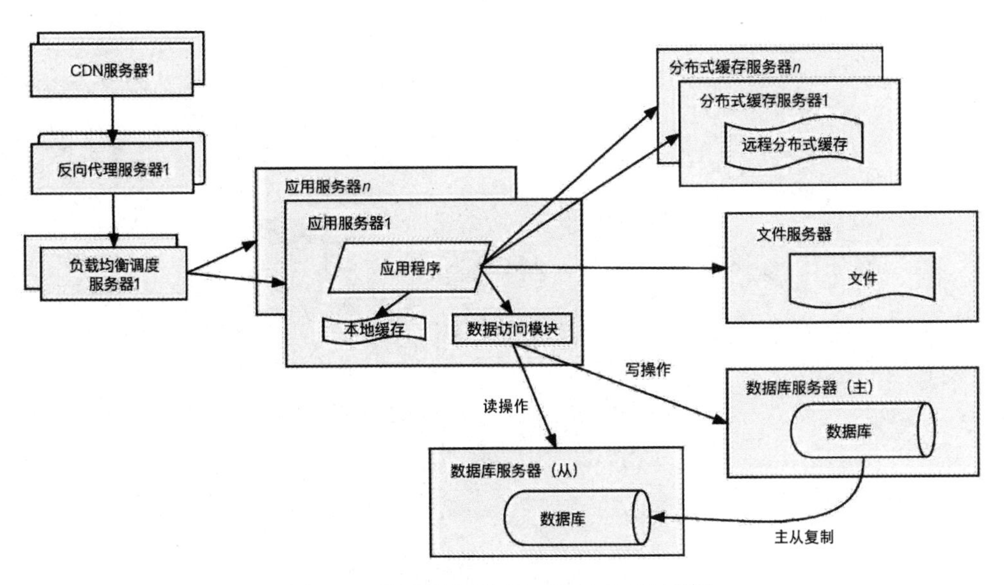

图 2-9　使用反向代理和 CDN 的网站架构

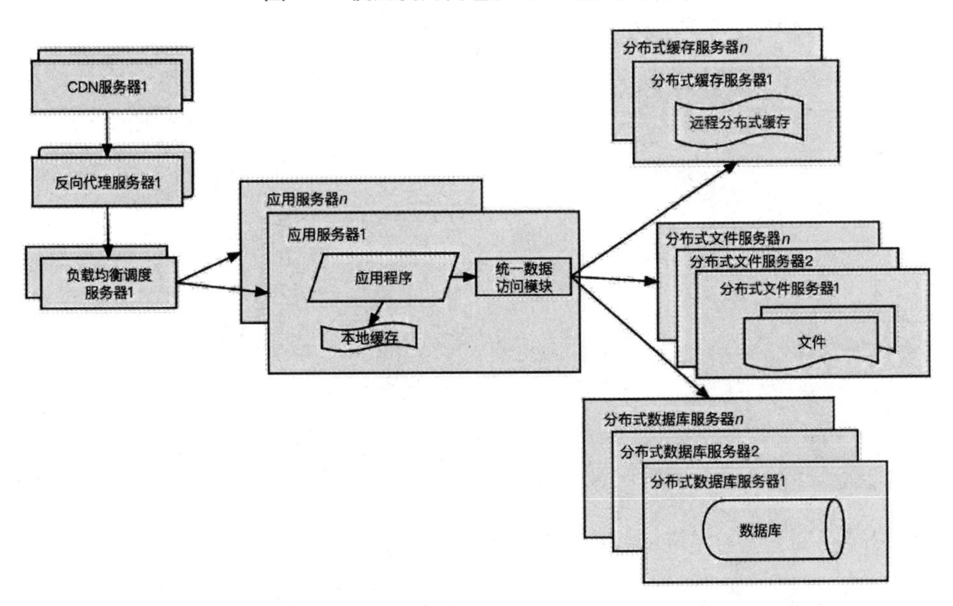

图 2-10　使用分布式文件系统和分布式数据库系统的网站架构

8. 使用 NoSQL 和搜索引擎

某些系统可能会出现海量数据存储和检索的需求，此时可以使用 NoSQL 产品分布式部署来支持海量数据的查询和存储，此时的网站架构如图 2-11 所示。

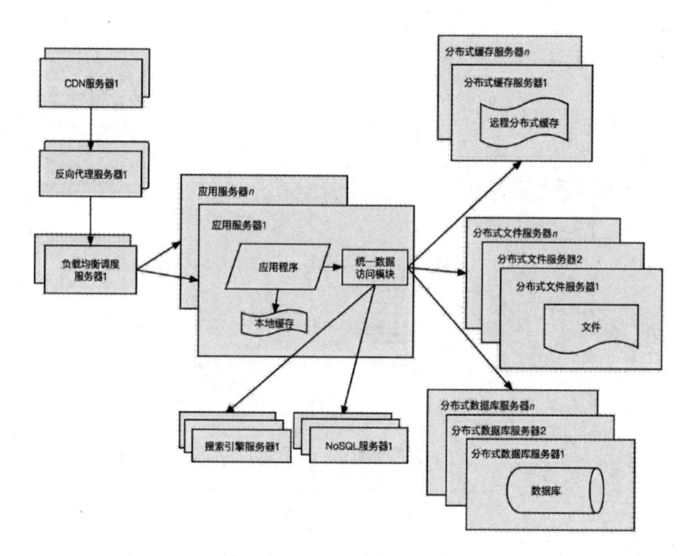

图 2-11　使用 NoSQL 和搜索引擎的网站架构

9. 业务拆分和分布式服务

大型网站为了应对日益复杂的业务场景，通过使用分而治之的手段将整个网站业务拆分成不同的产品线，通过分布式服务来协同工作，此时的网站架构如图 2-12 所示。

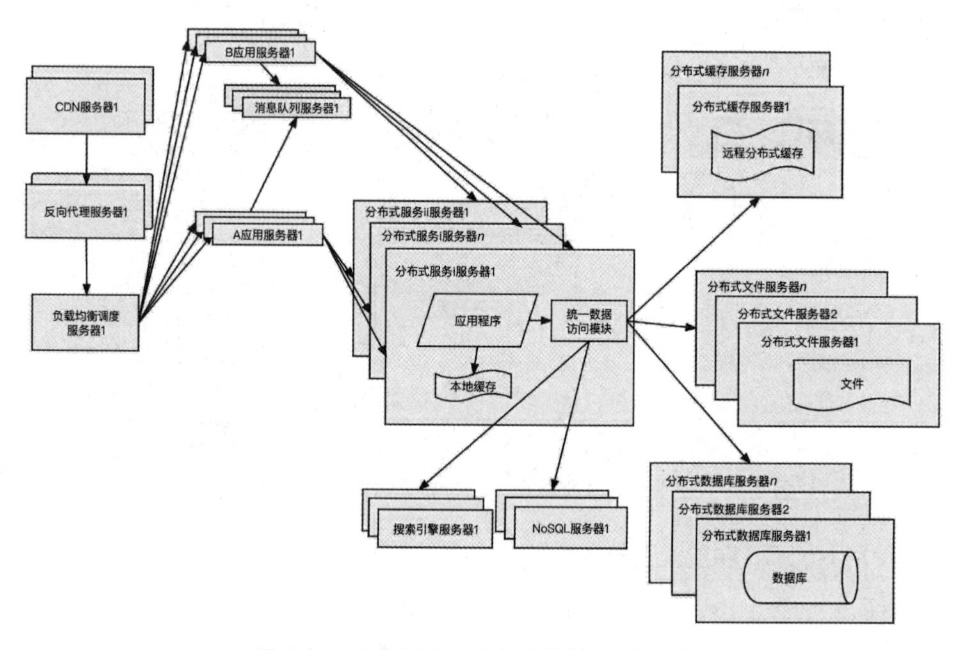

图 2-12　业务拆分和分布式服务的网站架构

常见的网站架构演进过程如图 2-13 所示。

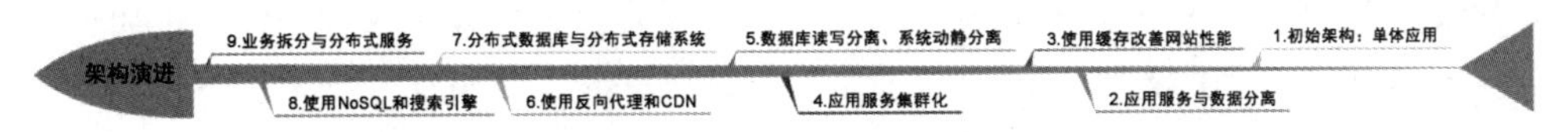

图 2-13 《大型网站技术架构：核心原理与案例分析》书中常见的网站架构的演进过程

李智慧老师的《大型网站技术架构：核心原理与案例分析》一书于 2013 年 9 月出版，整理书稿的时间肯定更早一些，因此书中并没有近几年较流行的微服务架构、领域驱动及服务网格 Service Mesh 相关的描述，这些也是分布式服务的一些网站架构演进方向。

2.2.2 微服务架构并不是石头缝里蹦出的孙悟空

微服务架构并不是神话故事中的孙悟空，某一天忽然从石头缝里蹦出来了。

微服务架构并不神秘，在“微服务架构”这个概念“火”起来之前，微服务架构叫什么？或者换一个说法：“微服务架构的雏形是什么？”

其实，前文中网站架构演进的过程已经给出了答案。在微服务架构这个概念变得流行之前，技术架构也在不断优化和演进，只是那时关于架构的讨论并不多，毕竟当时有很多开发人员连前后端分离的概念都还没搞懂，前端开发人员还自嘲为“切图仔”，有些系统甚至是用 JSP+Servlet 进行开发的。另外，当时的技术论坛也比较沉闷，很少有人发布博客，如果不是技术大咖，根本不敢在论坛里“高声言语”。不像现在，技术人员在互联网上的“声音”越来越大，技术论坛也异常活跃，各种技术的原理、实践都会被翻来覆去地讨论和讲解。比如架构方面的知识（如微服务、云原生、DDD 领域驱动、Service Mesh 服务网格），可能很多在校大学生都已经耳濡目染，能够谈一谈这方面的知识和体会了，因为这些知识点会通过论坛、邮件、群聊、公众号、App 通知等各种渠道定时定点地“轰炸”IT 行业的从业者和将要进入 IT 行业的从业者，想不了解都不行。

笔者记得很清楚，在微服务架构这个概念“火”起来之前，人们会用“分布式服务”或“服务化”来概括这种将大系统拆分为小系统的架构模式，与微服务架构的方式很像，也是对巨无霸的单体应用进行拆分，并结合 RPC 协议进行服务通信和调用。常见技术有 Dubbo、DubboX、CXF、gRPC、HSF、Motan 等。当然，其实各个互联网大厂也都有各自的自研技术框架，这些是不对外开放的。当时流行的都是一些开源的技术框架，笔者实际上手开发实践过的就有基于 Dubbo 的后端项目，也有基于 Hessian 的后端项目，而这些框架也通常被叫作分布式服务框架。

所以，之前并不是没有微服务架构或微服务架构的雏形，只是彼时的叫法不同而已。

随着微服务概念的流行、微服务生态的完善和微服务架构落地规则的细化，现在业内人士都默认将这种架构方式称为微服务架构了。从笔者进入行业工作到 2017 年的这段时间，关于微服务架构的讨论在国内有很多，不过更多的还是叫“分布式服务”或“服务化”。从 2017 年至今，“微服务架构”这个概念一统江湖，人们都会以“微服务”来描述这种大型分布式服务的架构了。以上是笔者的个人感受，可能在具体的时间点或具体的名称上有一些偏差，但是微服务架构并不是凭空出现的，它的雏形其实早就存在了。

2.2.3 哪些原因导致系统架构往微服务架构的方向演进

前文已经对网站架构演进做了总结。这个演进过程比较常见，不过，在不同的业务和技术团队中，优化和演进肯定不会完全相同，中间可能会有微小的差异。不过总结下来，网站架构演进主要包括三个原因，如图 2-14 所示。

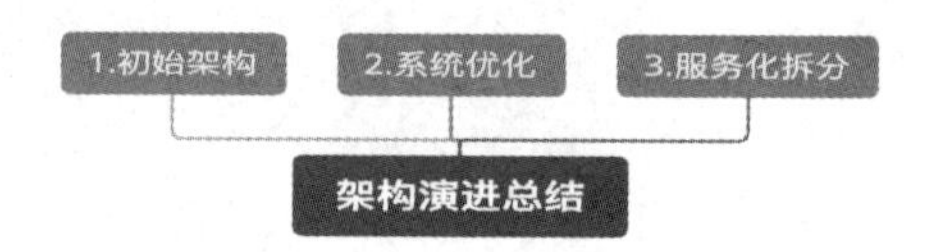

图 2-14 网站架构演进的原因

随着业务的增长和技术团队的完善，系统在逐渐优化。在优化方案应用后，业务量还在不断增长，此时为了应对日益复杂的业务场景，就要使用分而治之的手段进行服务化拆分。将整个网站业务拆分成不同的产品线，通过分布式服务来协同工作。

导致系统架构向微服务架构方向演进的原因如图 2-15 所示。

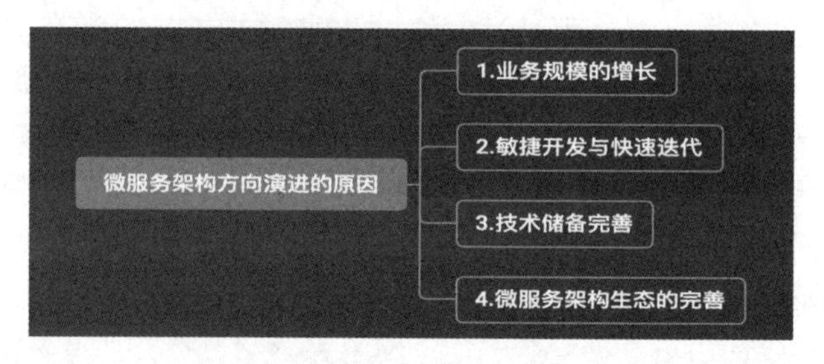

图 2-15 向微服务架构方向演进的原因总结

（1）从业务规模来说，初始的系统架构肯定无法支撑越来越复杂的业务场景，此时就需要进行系统优化，优化手段有缓存、集群、前后端分离、动静分离、读写分离、分布式数据库和分布式文件系统等。若这些系统优化手段都已经用上，还是不能满足业务的成长速度，就要进行业务梳理和系统拆解。

（2）从沟通成本和敏捷开发的角度来说，当技术团队中的成员已经有成千上万个，技术小组也有成百上千个的时候，如果还在一个巨无霸的单体项目上开发，都在一个工程里提交代码、修改 Bug、切换不同的分支，这就是灾难了。系统的分工不明确、责任不清晰，导致沟通成本高、研发效率低，也无法做到快速迭代。毕竟不是在项目刚开始的阶段，当时可能只有一个技术团队和少量的开发人员。

（3）从团队的技术储备来说，项目刚开始的阶段，技术团队人数比较少，团队人员主要是以开发人员为主。但是随着业务规模和企业规模的扩大，在项目架构的不断优化过程中，各种人才的储备已经充足。技术团队也日趋完善，前端技术团队、后端技术团队、测试团队、公共服务团队、DBA 团队、运维团队、架构团队等都已经存在，此时再进行业务拆分和架构的完善就有了足够的底层支撑。

（4）从“微服务架构”的发展来说，微服务架构的实践并不是空中楼阁，可以实际落地了。近几年的时间里，微服务架构已经由最初的理论派逐渐落地和完善，与微服务相关的生态已经建立起来，开源框架和企业内部自研的框架都已投入生产，技术实践也不再是遥不可及的了。比如 Spring Cloud 框架及与之相关配套的微服务组件为行业提供了一站式的解决方案，解决了很多企业和技术团队关于架构选型和维护方面的困难。

当然，此时可能有读者会继续思考下去，难道只能往微服务架构的方向上演进吗？答案肯定不是，在前面的架构演进图中，演进方向是一条笔直的线。而现实情况中肯定是有不同分支的，微服务架构也只是众多技术架构中的一个，适合自身业务系统和技术团队的才是最好的架构。

2.3　微服务架构的优缺点

微服务架构改造前与改造后的对比如图 2-16 和图 2-17 所示。

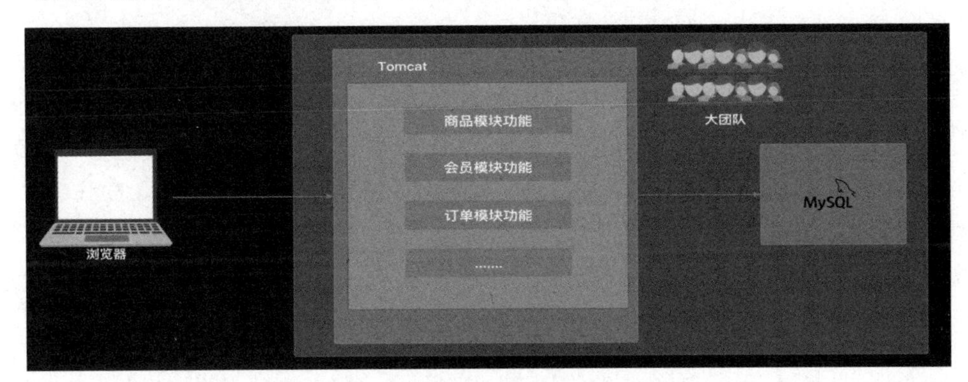

图 2-16　微服务架构改造前

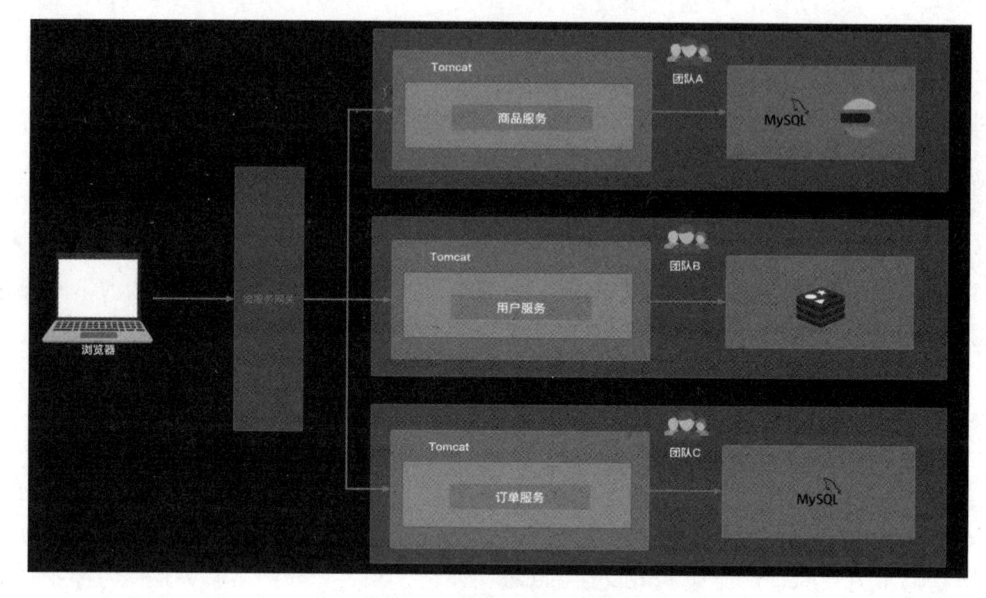

图 2-17　微服务架构改造后

本节将结合图 2-16 和图 2-17，以及微服务的定义来讲解微服务的优缺点。

2.3.1　微服务架构的优点

1. 更易于开发和维护

因为一个服务只关注一个特定的业务功能，所以它的业务清晰、代码量少。开发的独立和部署的独立都使得开发和维护单个微服务变得简单。

这里笔者补充一点，易于开发和维护是针对拆分后单独的微服务项目来说的。未拆分时需要面对一个庞大的单体应用，而拆分后只需要开发和维护一个或几个独立的微服务项目，代码量减少了，难易程度降低了很多。至于要实施和上线一个微服务架构的项目，复杂度依然很高，工作量还是很大。不过，如此庞大的工作量肯定要由整个团队去完成，较难攻克的任务有微服务架构实施前的技术选型、微服务组件的搭建和底层支撑、项目拆分时的边界和具体落地的细则，这些工作更多的是由架构师、公共服务团队、运维团队等技术人员去完成的，开发人员只需要关注自己所负责的微服务即可。

2. 快速迭代 + 灵活

未拆分时，在巨无霸单体项目中开发、提交代码、回归测试都非常复杂。数不尽的代码分支和代码冲突，还有耗时耗力的回归测试，都会让人心力交瘁。独立开发与独立部署的微服务，可以更加快速地进行功能迭代。

服务之间的耦合低，甚至可以随时加入一个新的服务或剔除过时的服务，灵活度提升了很多。如果某个功能出现问题，针对性地修改和发版即可，不会像未拆分之前“牵一发而动全身”。开发和修改都变得更加灵活，不会出现“要等另一个开发团队先提交代码自己才能提交代码”“不同开发分支上所需的数据库结构不同”“由于不同分支下的代码合并冲突导致需要更多的回归测试和代码修改”等让人哭笑不得的事情。

3. 系统的伸缩性增强

对高频访问和资源需求高的服务投入更多的资源，比如增加服务器、数据库、带宽等资源的配置。对于低频访问和资源需求相对低的服务不需要投入过多的资源。实现最优的资源利用，提升资源的利用率，并提升系统的伸缩性。

4. 技术选型灵活

这一点在微服务架构的定义中已经讲明了，单个服务可以结合具体的业务和团队的特点，选择合适的编程语言和技术栈进行实现。

5. 错误隔离

A 服务出现了问题或宕机了，这个错误只会影响小范围的相关功能，不会影响整个系统的运行。在微服务架构中，可以使用流量控制、服务熔断、服务降级等手段来对系统进行保护，让局部的错误只影响系统的局部而不是影响系统的全部。

结合微服务架构改造前与改造后的对比图来看，可以简单理解为“微服务架构就是把原来巨无霸单体应用的复杂度和难点进行分摊”，因此就有了上述的这些优点。拆分后系统的难点和复杂度会具体和细化到每一个模块和对应的微服务团队上，开发和维护变得更加灵活。开发视角也会从项目整体聚焦到某个局部模块，开发人员的职责也更加具体和清晰。

有些人会把“微服务架构会提高团队成员的沟通效率”当作微服务架构的优点，无从考证这种说法是从哪里传出来的。笔者也理解这种说法是针对单个微服务中的开发人员，因为独立开发和部署，所以人员很精简，沟通效率会提升。但是如果把视角拉升到整个微服务架构的人员中，就会得出不同的结论。笔者结合自身过往的开发经验来谈一下对于这个“优点”的看法。沟通肯定是人与人之间的沟通，而人毕竟不是冰冷的代码，换了架构或改了技术栈并不能提高沟通效率，不同的人有不同的性格和脾气，开发习惯也有所不同。具体到微服务架构项目的开发上，有时模块越多越容易“扯皮”，依赖的层级越深越难以厘清关系，也难以沟通。当然，这不是微服务架构的问题，而是团队和人的问题。因此，沟通效率的提高和下降都不能当作微服务架构的优点和缺点，这和团队及团队中的人有关系，和微服务架构的关系并不大。

2.3.2 微服务架构的缺点

凡事都有两面性，微服务架构也不例外。讲完它的优点之后，再来列举一些它的不足之处。

1. 落地一个微服务架构项目比较复杂

实施和上线一个微服务架构项目的复杂度很高，工作量很大，要考虑和解决的问题很多。微服务架构实施前的技术选型、微服务组件的搭建和底层支撑、项目拆分时的边界和具体落地的细则、微服务项目的开发和上线、后期的维护等具体的工作都摆在面前，需要一个一个地处理。在落地微服务架构项目时不仅要编码，还要考虑微服务架构的搭建和底层支撑，这件事就像“大兵团作战”，不是一个五人突击队就能够完成任务的。

2. 服务依赖和调用链路更复杂

微服务架构中的单个微服务，不可避免地会出现依赖性及由此导致的问题。比如，H 服务依赖 S 服务，S 服务依赖 A 服务，如果 A 服务在线上出现问题或 A 服务需要修改部分逻辑，那么 S 服务和 H 服务也可能受到牵连，或者级联修改。虽然已经做了服务拆分，影响范围不大，但是这些问题还是存在的。

另外一个问题就是微服务中的调用链路复杂，调用时间相对于单体应用的调用时间肯定是要延长的。微服务在服务调用时难免要建立服务连接，不管是基于 HTTP 协议还是基于其他的 RPC 协议，都会难以避免地发生网络损耗，相对于单体应用中的服务调用是同一个项目中的方法调用，更加复杂。

3. 数据一致性问题

用前文中的 H 服务、S 服务和 A 服务举例来说，在调用过程中，如果遇到网络延迟或 A 服务出现了异常导致数据回滚，但是上游 H 服务和 S 服务的数据都已经入库了，就会导致数据不一致的问题。此时就需要做好数据一致性的解决方案，相对于单体应用中的本地事务处理，复杂度又提升了。

4. 问题排查的链路加长

前文已经提到了微服务架构项目中的调用链路更复杂，链路复杂和链路的拉长会导致定位线上问题时要排查的地方增加，出现了处理一个问题要查看和定位多个服务的情况。

5. 学习成本高

对于开发人员来说，微服务架构的学习和上手比较难。不像学习某一个技术栈，如想要学习和上手 Spring Boot 技术栈，看教程后动手做几个功能和项目也就学会了。在学习微服务架构时，需要学习很多内容，包括理念、组成部分、各个组件的功能与使用等，都需要理解，还要动手搭建和整合各个微服务组件，否则很难完完整整地掌握。到了具体编码和实战的过程中，又有很多的难点要克服。

2.4　架构的尽头是微服务吗

前文介绍了微服务架构的理念、优点、缺点，以及微服务框架的完善。进而，也可以很自然地引出一个关于微服务架构的思考：架构的尽头是微服务吗？

答案肯定不是。

系统架构的演进并不是一条笔直的线，根据业务大小和业务侧重点的不同，系统架构在演进时也会朝着不同的方向发展，微服务架构只是众多技术架构中的一个。而且近些年又出现了 Service Mesh、DDD 领域驱动、云原生等比较流行的技术方案，今后还会有更加优秀的技术架构和落地方案出现。所以，微服务架构并不是架构演进的尽头。

有些人一旦提到项目优化或架构演进就要大谈微服务。比如，微服务是未来的方向，DDD 领域驱动多么厉害，Service Mesh 如何等。各种架构都有优势和不足之处，优点要谈，不足之处也是不能忽略的。“过尽千帆皆不是，斜晖脉脉水悠悠”，也许再过五年或十年，架构模式又有其他的演进方向了。

请读者回忆一下自己曾经参与开发的项目，有哪些项目是能够开发维护超过三年的？又有哪些项目经历过架构的升级？现实一点说，有些项目很可能在上线运行一段时间后就“死”掉了，甚至所在的企业都可能注销不在了，与之相对应的架构、设计模式等也就不存在了。所以，在现实世界中，有些系统架构除往更优秀的方向演进外，也会往“死亡”的方向演进。

2.5　系统架构升级改造时一定会用到微服务吗

接下来的内容是本章中关于微服务架构的又一个思考：系统架构升级改造时一定会

用到微服务吗？或者换一种问法：什么情况下可以考虑使用微服务架构？

笔者认为微服务架构最大的难点就是复杂度提升了很多个量级，并不是一个开发人员或一个小型的开发团队能够解决和应对的。就像在现实世界中，人们都听过的一句话："贵一点的东西除价格高外，其他的都好。"那么，笔者就拿这句话来做一个类比：微服务架构、服务网格等架构模式，除复杂度高外，其他的也都还好。

微服务架构是一个很优秀的架构模式，能够解决项目开发中的一些痛点，但是想要落地和用好它，需要克服很多的难点。因为它入门难、实践难、部署难、优化难、招人难，总结下来就是技术门槛高。如果技术人员的水平高且人员充足，那么上述的这些"难"就不复存在了，此时不仅微服务架构不是问题，其他的技术架构在落地和实践时也不是问题。

如果公司的业务量不大，也没有强烈的扩容需求，并且开发团队的项目组就一个，后端开发人员也就几个人，那么此时就不适合去尝试微服务架构了，针对公司系统的问题做针对性的优化即可，切不可做"大炮轰蚊子"这种傻事。

如果公司的业务量增长到一定程度，并且技术团队的人员也充足，那么此时可以考虑尝试微服务架构。如果做完技术评估觉得微服务架构非常契合当前的业务和开发人员，那么进行微服务架构的落地就再适合不过了。

什么情况下可以考虑使用微服务架构？

（1）已经对当前的系统使用了很多优化手段，微服务架构是架构模式，并不是一种具体的系统优化手段。

（2）做完技术评估后，得出的结论是微服务架构能够给技术团队和业务扩展带来正向的影响。

（3）最重要的一点是技术团队的人员齐整、技术支撑足够。

如果以上三点都能够满足，再考虑使用微服务架构，进行实际的架构升级和功能开发。不要为了微服务而使用微服务，要根据自身业务和技术团队来考量是否适合使用这种架构、是否有足够的技术支撑来解决服务化过程中出现的问题。如果不适合，那么最终结果可能就是"大炮轰蚊子"。没有足够的技术沉淀和技术人员来做支撑，反而会对系统的开发和维护造成适得其反的效果。

2.6　学习微服务架构有什么好处

接下来就是大部分开发人员在学习一门新技术之前必须思考的一个问题：一定要学习微服务架构吗？

当一个问题中有"一定"这个词的时候，答案通常是"不一定"。要不要学习这门新技术，完全是根据每个开发人员自己的想法决定，如果觉得有好处且自己也有时间，那么就学一下；如果觉得这门技术没什么用处或自己暂时没时间，那就等等再说。

换一个思路来思考这个问题：为什么要学习微服务架构及学习微服务架构有什么好处？

从微服务架构本身来说，它是一个非常优秀的架构模式，学习它有百利而无一害。

从提升自身的技术实力和技术广度来说，架构、设计模式、源码、底层原理等知识点，都是成为高阶技术人员的敲门砖。掌握微服务架构的理念和编码实践，也是给自己的职业生涯拓展更多的可能性，如向更高职级晋升及由开发人员转为架构师。

从求职和面试的角度来说，微服务架构是当前非常热门的技术，企业的招聘要求中也越来越多地要求求职者了解或掌握微服务架构，微服务架构已经成为中高级后端开发人员、架构师的必备技能。掌握它可以增加求职者的技术自信，也更能展现求职者自己的技术优势，增加入职的概率。

技术领域的更新迭代速度是非常快的，新的理念、新的技术层出不穷。云原生、容器化、CI/CD、DevOps 等技术，都与微服务架构有着微妙的关系。从单体应用到分布式服务架构、微服务架构，再到 Service Mesh、Serverless 架构或其他架构模式，保持学习的连续性能够更好地学习和掌握新技术。对于技术人员来说，具有前瞻性和保持技术学习的持续性是很有必要的。

最后，笔者对是否要学习微服务架构这个问题做一个总结。如果有时间、有精力，也有一定的开发基础，学习一下是很有必要的。但是，如果确实没时间或觉得没必要，那就不用学，学习这件事，完全靠自己。

2.7　微服务架构中的常用技术

在讲解微服务架构中的常用技术之前，先来讲一个让笔者印象很深刻的问题。曾经有一个实习生问了这样一个问题："如果一个系统调用了外部的各种接口，如短信服务接口、电子合同接口、支付接口、微信开放平台接口等，那么这种系统是不是微服务架构呢？”

为了便于理解，笔者画了一张架构简图，如图 2-18 所示。读者可以思考一下这种架构是不是微服务架构，以及是微服务架构与不是微服务架构的原因。

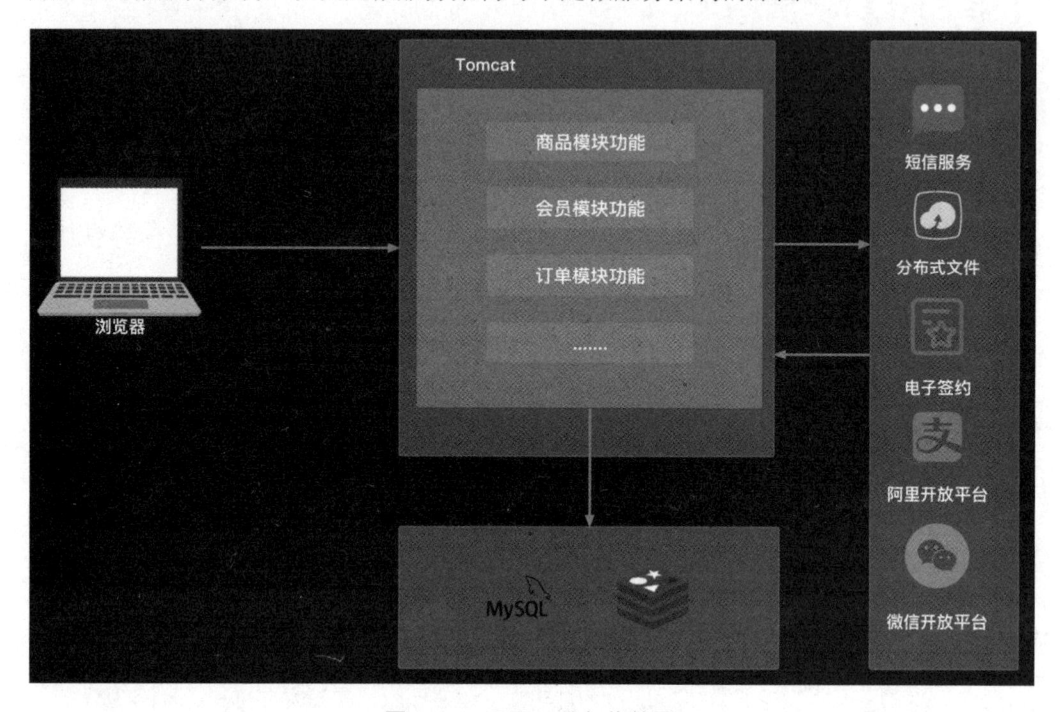

图 2-18　项目 N 的架构简图

在项目 N 的代码里，为了完成相应功能的开发，调用了其他云服务提供商的各种接口，这些接口通常是基于 HTTP/HTTPS 协议的，开发人员需要根据云服务提供商给出的开放文档进行对接和功能开发。可以把云服务提供商所开放的各个接口当作服务提供方，而且服务间的通信也是正常的，与微服务架构类似，把它当作微服务架构可以吗？

答案是不可以。

首先，在回答这个问题前，需要对系统做一个边界的限定。项目 N 的边界在哪里？外部接口能不能被算到项目 N 中？其实，在实际开发时，对这些云服务提供商的各种接口通常只有调用权限，根本没有所有权。因此，系统边界就只能在项目 N 中，项目 N 不是微服务架构的项目，就是一个常见的单体应用。对项目进行边界划分后，答案就非常清晰了，系统边界的划分如图 2-19 所示。

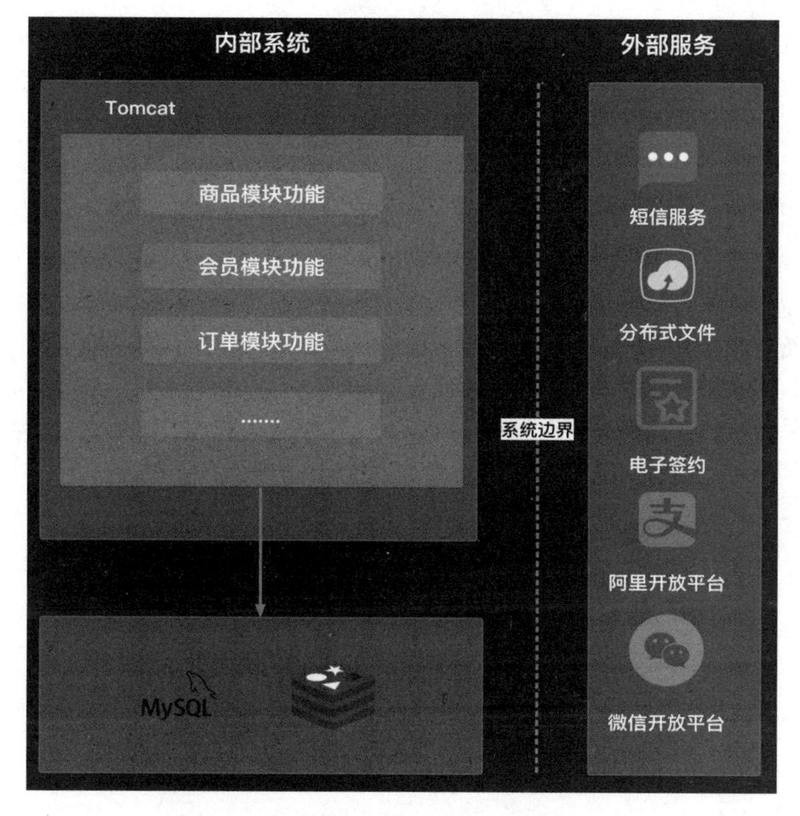

图 2-19　项目 *N* 与外部服务的系统边界划分

项目 *N* 里并没有微服务架构的相关特性、没有进行服务化拆分、没有基本的服务注册中心、没有用到任何市面上或自研的微服务框架，只是调用了一些云服务厂商提供的开放接口，所以它肯定不是微服务架构。

微服务架构中常用的技术栈如下：

（1）服务注册与服务发现；

（2）服务通信；

（3）负载均衡器；

（4）配置中心；

（5）服务网关；

（6）断路器；

（7）服务监控；

（8）链路追踪；

（9）消息队列。

根据具体的业务和项目，可能不会用到上述所有的技术及对应的技术栈，也可能用到其他技术和中间件，如自动化构建、自动化部署、分布式事务、全局锁等。这就需要开发团队和开发人员自行选择了。

本章首先介绍微服务架构的概念，然后顺着互联网项目架构演进的方向，介绍微服务的雏形及系统架构往微服务架构方向上演进的原因。接着讲到微服务架构解决了哪些痛点，以及微服务架构有哪些优点使它能够很好地适应 IT 行业的要求，使它成为近些年比较火热的话题和后端技术架构演进时都会考虑的一个架构方案。当然，本章也列举了微服务架构中的一些难点和不足之处，以及一些对微服务架构的思考，并最终通过一个项目 *N* 的案例来区分一个项目是否为微服务架构，同时介绍了微服务架构中的常见技术，希望各位读者能有所收获，并且对微服务架构有一个全面的认识。

第3章

八面玲珑：一站式解决方案——Spring Cloud 技术栈

相信读者对微服务架构已经有一些基础的认知，本章介绍微服务架构中常用的技术及落地方案，并介绍 Java 方向中的微服务架构一站式解决方案——Spring Cloud，向读者阐述被称为“微服务全家桶”的 Spring Cloud 究竟有什么魅力，然后介绍 Spring Cloud 技术体系中的 Netflix 和 Alibaba 两个套件，以及为什么要选择 Spring Cloud。

Spring Cloud 官方宣传图如图 3-1 所示。

图 3-1　Spring Cloud 官方宣传图

3.1　微服务架构中常用的技术及落地方案

微服务架构中常用的技术包括但不限于服务注册与服务发现、配置中心、服务通信、负载均衡器、服务网关、断路器、服务监控、消息队列。读者需要明确一点，这些技术在微服务架构“火”起来之前就已经存在，而且已经有落地方案，并不是有微服务架构之后才有这些技术，或者说并不是伴随着微服务架构的火热才有这些技术，它们并不是需要限定在微服务架构下才能使用的技术。

系统架构的演进过程中有“业务拆分和分布式服务”这个阶段，即为了应对日益复杂的业务场景，通过使用分而治之的手段将整个网站业务拆分成不同的产品线，通过分布式服务来协同工作。而为了将分布式服务落地及解决系统拆分后所带来的问题，就需要使用上述这些技术，国内外的技术团队针对这些技术给出了自己的落地方案和产品。不同的公司或团队都会开源各自的框架，彼时的开发人员需要在这些开源框架中选择适合自己的技术方案。比如，国内 Java 开发人员比较熟悉的 Dubbo（服务通信）+ZooKeeper（服务注册与服务发现）方案及后来的 DubboX（服务通信）+ZooKeeper（服务注册与服务发现）+Apollo（配置中心）方案，都是比较受欢迎的让分布式服务落地的技术方案。

当下微服务的理念已深入人心，现在再看到这些分布式落地方案就能明显地意识到这些方案中缺一些组件，像 Dubbo、Apollo 这些开源框架只是解决某一个问题。当时并没有统一的解决方案，市面上有各种开源框架，由不同的公司或技术团队贡献给开发人员。开发人员如果想要做系统拆分，就需要对这些开源框架做排列组合，并且花不少时间和精力在技术选型上。当时的问题是什么？有一种“群龙无首”的感觉，就像是乱糟糟的武林中，缺少一个一呼百应的武林霸主。因为从单体到集群，再到分布式和微服务架构，这些阶段笔者都经历过，也使用过各种开源框架或自研框架，实际参与过编码，所以很清楚这种感觉。

虽然现在是这种想法，不过在微服务架构流行起来之前是没有的，当时用 Dubbo+ZooKeeper 这套经典的组合也挺好的。

再后来，Spring 团队推出了他们的微服务架构解决方案——Spring Cloud。如同平地起惊雷，这套技术方案迅速被开发人员使用和推广，利用 Spring Cloud 提供的套件和解决方案来落地各自的微服务项目，如图 3-2 所示。短短几年间，Spring Cloud 已经成为落地微服务架构项目的首选方案了。

一开始，Spring Cloud 方案还会被拿来与国内的 Dubbo 方案做比较，二者的选择也一度成为当时网上讨论的热点。随着 2018 年 Spring Cloud Alibaba 套件进入 Spring Cloud 官方孵化器，这种声音就逐渐消失了。它们结合了，它们更强了。

微服务架构（Java 语言方向）中常用的技术及落地方案也就逐渐清晰了，整体如表 3-1 所示。

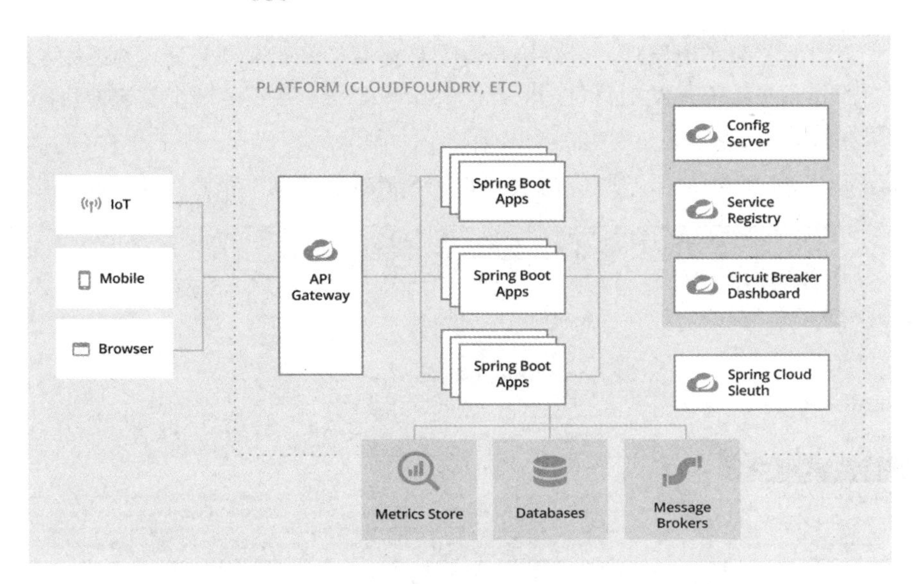

图 3-2　Spring 官网中微服务架构的技术栈选择

表 3-1　微服务架构（Java 语言方向）中常用的技术及落地方案

技术	Spring Cloud 官方套件或第三方套件	Alibaba 套件	Netflix 套件
服务注册与服务发现	Consul、ZooKeeper	Nacos	Eureka
配置中心	Spring Cloud Config	Nacos	
服务通信	OpenFeign	Dubbo	Feign
负载均衡	LoadBalancer		Ribbon
服务网关	Spring Cloud Gateway		Zuul
服务容错	Resilience4j	Sentinel	Hystrix
链路追踪	Spring Cloud Sleuth、Zipkin		
分布式事务		Seata	

读者对这个表格的内容可能有些陌生，不明白为什么要这样整理。接下来，笔者就来介绍一下 Spring Cloud，以及被广大开发人员所熟知的 Alibaba 套件和 Netflix 套件。

3.2　Spring Cloud技术栈

Spring Cloud 是一系列框架的集合，它利用 Spring Boot 的开发便利性巧妙地简化了分布式系统基础设施的开发。Spring Cloud 并没有重复制造“轮子”，它将各家公司开发的比较成熟、经得起实践考验的服务框架组合起来，通过 Spring Boot 风格进行再封装，屏蔽了复杂的配置和实现原理，最终给开发人员提供了一套简单易懂、易开发、易部署和易维护的分布式系统开发工具包。因此，Spring Cloud 并不是一个拿来即用的框架，而是一整套规范。

Spring Cloud 包含多个子项目，读者可以到 Spring 官方网站查看，内容如图 3-3 所示。

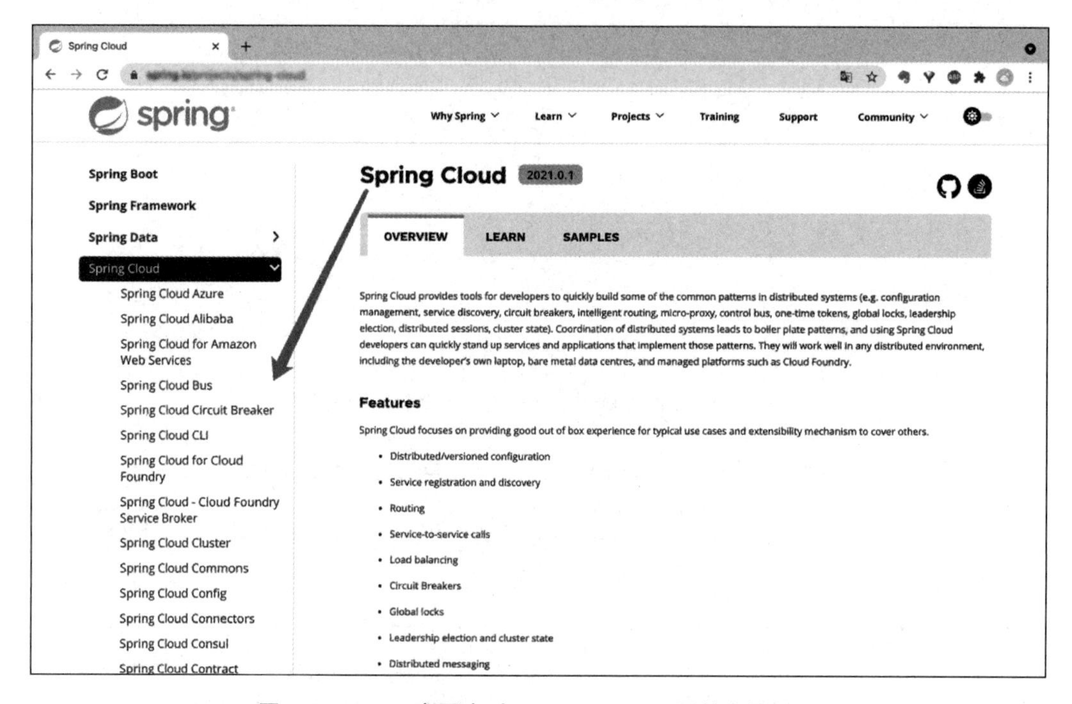

图 3-3　Spring 官网中对 Spring Cloud 项目的介绍页面

这些子项目都是微服务架构项目中所需技术方案的具体实现且代码开源。前面讲的微服务架构常用的技术及落地方案表格，其中的技术方案都可以在 Spring Cloud 子项目列表中看到，需要使用哪些功能或技术都可以在 Spring Cloud 官方提供的解决方案中搜索和使用，非常方便。

Spring Cloud 的出现及近几年功能不断地升级和完善，对微服务架构的传播和落地是一种巨大的支持。利用 Spring Cloud 的一站式解决方案，大大地降低了微服务架构项目落地的技术门槛，解决了不少公司或技术团队在技术选型和后期维护上的难题。在 Spring Cloud 出现之前，各家厂商有种各自为战的“味道”，A 公司和 B 公司各自开源了两个用于服务治理的框架，E 公司和 F 公司分别开源了两个用于分布式配置的框架，其他公司或技术团队又开源了另外的一些框架。Spring Cloud 不像这些框架只解决微服务架构中的某一个问题，而是提供了一个综合方案，不仅提供了很多非常优秀的微服务框架，还整合了很多主流和被广泛实践过作为基础部件的框架，这些框架都在 Spring Cloud 的子项目列表中等待着开发人员选择和使用。微服务架构能够深入人心，被广大的开发人员接受和实践，离不开 Spring Cloud 带来的正向影响。

被开发人员所熟知的应该是 Spring Cloud Netflix 套件和 Spring Cloud Alibaba 套件，接下来将对这两个主流套件进行介绍。

3.3 Spring Cloud Netflix套件简介

Spring Cloud Netflix 套件中有 Eureka、Ribbon、Hystrix、Zuul、Feign 五个非常知名的开源项目，分别用于服务注册与服务发现、负载均衡、服务容错、服务网关、服务通信，如图 3-4 所示。Spring Cloud 在推出时就集成了 Netflix 套件，Eureka、Ribbon、Hystrix、Zuul、Feign 这五个开源项目也是 Java 开发人员比较熟悉的技术名词。从 2016 年开始落地的微服务架构项目，大多数的开发团队选择和使用了这套方案。

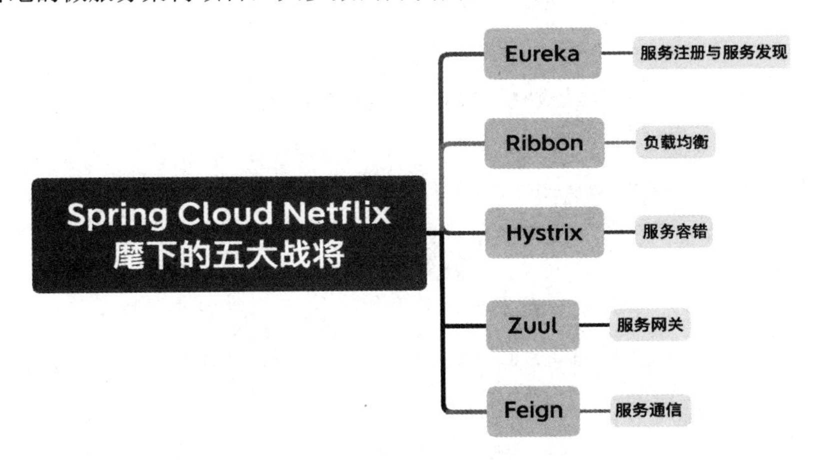

图 3-4 Spring Cloud Netflix 套件总结

可以说，在 Spring Cloud 开疆拓土之初，Netflix 提供了全力的支持，Eureka、Ribbon、Hystrix、Zuul、Feign 更是 Spring Cloud“打天下”的五大得力“战将”。

但是，Netflix 套件不更新了。

2018 年，Netflix 套件中的开源项目陆续进入了维护模式。终于，在 2018 年 12 月 12 日，Spring 官方网站上发布了一篇文章 *Spring Cloud Greenwich.RC1 available now*，在这篇文章中正式宣布了 Spring Cloud Netflix 进入维护模式。这还不算完，文章中还告知了开发人员 Netflix 套件的替代产品，如建议开发人员使用 Spring Cloud Gateway 代替原来的 Zuul 作为服务网关组件，使用 Spring Cloud LoadBalancer 代替原来的 Ribbon 作为负载均衡组件，然后就开始移除 Netflix 的工作。在 Spring Cloud 后续更新版本中都在不断地对 Netflix 套件做减法，这个工作持续了两年多的时间。2020 年 12 月 22 日，Spring Cloud 2020.0.0 版本发布，该版本中移除了 Netflix 套件中的相关依赖，详细内容可以查看 *Spring-Cloud-2020.0-Release-Notes*。比如，在使用 Spring Cloud 最新版本的项目中，全局搜索 Netflix 关键字，已经搜不到任何 Java 类，看不到 Netflix 的任何痕迹了。Netflix 与 Spring Cloud 并肩战斗、开疆拓土的场景都将暂时封存在记忆里，Netflix 在未来是否还会重启这些项目是一个未知数。

2016 年至今已有 7 个年头，关于 Eureka、Ribbon、Hystrix、Zuul、Feign 的讨论和知识分享数不胜数，足以证明 Netflix 套件多么优秀和实用。虽然 Spring Cloud 2020.0.0 版本已经完成了移除 Netflix 组件的工作，但是依然还有很多项目是基于 Netflix 这套组件开发的微服务项目，Netflix 这套技术栈现在也依然能用。当然，推荐度和选择优先级就不是那么高了。能用和推荐使用，二者的差别还是很大的，所以开发人员也要谨慎选择。

3.4　Spring Cloud Alibaba套件简介

Spring Cloud Alibaba 也是 Spring Cloud 技术体系下的开发套件，看名字就知道是由我国的阿里巴巴集团贡献的开源力量。阿里巴巴集团是 Apache 基金会成员、Linux 基金会成员，也是 Xen 顾问委员会成员，由此可见阿里巴巴集团在开源方面的重视程度，阿里系在开源领域的投入和贡献一直不小，其开源的很多项目也非常受欢迎。

2018 年 7 月，Spring Cloud Alibaba 正式开源，进入 Spring Cloud 孵化器。2018 年 10 月，Spring Cloud Alibaba 发布开源后的第一个版本。

结合 2018 年 12 月 12 日官宣 Spring Cloud Netflix 进入维护模式的时点，似乎有一种“新人迎来旧人弃”的氛围，颇值得玩味。

2019 年 7 月，Spring Cloud 官宣 Spring Cloud Alibaba 从官方孵化器毕业，项目也迁出了 Spring Cloud 仓库并迁回到 Alibaba 的官方仓库，2019 月 8 月，Spring Cloud Alibaba 发布毕业后的第一个版本。当时，项目迁出 Spring Cloud 仓库这件事情还引起了一些质疑，Spring 官方网站发布了一篇文章 *Simplifying the Spring Cloud Release Train* 专门做出解释。

Spring Cloud Alibaba 是 Spring 社区中唯一的国产开源项目，随着版本更迭和不断的完善，已经成为 Spring Cloud 技术体系下不可忽视的一股力量。Spring Cloud Alibaba 是致力于提供分布式应用服务开发的一站式解决方案，包含开发分布式应用服务的必需组件，方便开发人员通过 Spring Cloud 编程模型轻松使用这些组件来开发分布式应用服务。

Spring Cloud Alibaba 技术栈如图 3-5 所示。

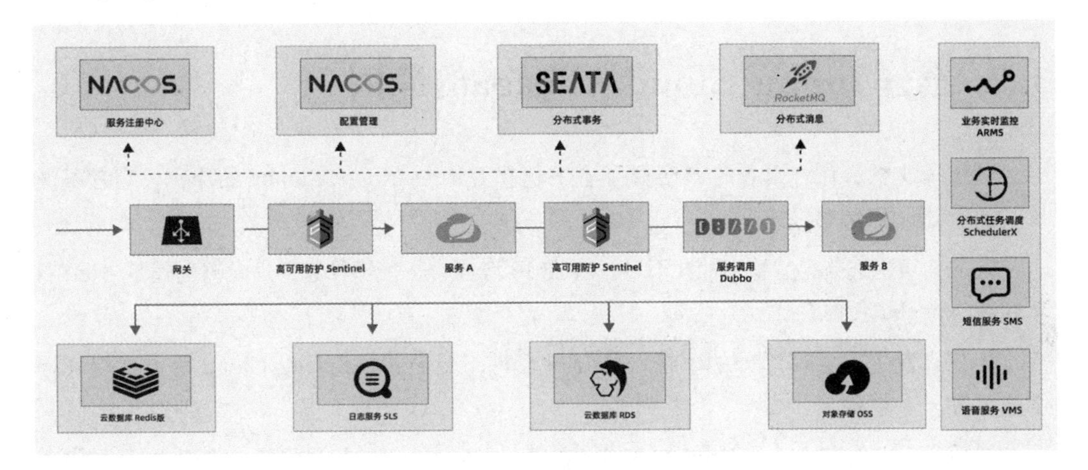

图 3-5　Spring Cloud Alibaba 技术栈

Spring Cloud Alibaba 提供的组件如下。

（1）Sentinel：阿里巴巴开源产品，不仅可以作为断路器，还支持流量控制和服务降级。

（2）Nacos：阿里巴巴开源产品，用于服务注册与服务发现，也可以作为配置中心。

（3）RocketMQ：阿里巴巴开源的分布式消息和流计算平台。

（4）Dubbo：阿里巴巴开源产品，高性能 Java RPC 框架，服务通信组件。

（5）Seata：阿里巴巴开源产品，一个易于使用的高性能微服务分布式事务解决方案。

（6）Alibaba Cloud ACM：其前身为淘宝内部配置中心 Diamond，是一款应用配置中心产品，需付费。

（7）Alibaba Cloud OSS：一款海量、安全、低成本、高可靠的云存储服务，需付费。

（8）Alibaba Cloud SMS：阿里云短信服务，需付费。

（9）Alibaba Cloud SchedulerX：阿里中间件自研的基于 Akka 架构的新一代分布式任务调度平台，需付费。

上述这些组件和开源产品，即使没有加入 Spring Cloud 社区，也都是经受住考验和被国内开发人员实践过的技术。只是在 Spring Cloud 与 Alibaba 套件结合之后，变得更有活力和竞争力了。毕竟 Netflix 套件不更新了，Alibaba 套件提供的产品也完全有资格、有底气来填补移除 Netflix 套件后的空白。至于 Spring Cloud Alibaba 套件能否取代 Netflix 套件成为国内开发人员的“新欢”，拭目以待吧！

3.5 选择Spring Cloud Alibaba的原因

通过前文的介绍，读者应该明白了本书选择 Spring Cloud Alibaba 的原因。笔者不做过多的赘述，简单总结一下。

首先，可供选择的完整套件并不多。从 2016 年至今，能够撑起一片天的也就是 Netflix 套件和 Alibaba 套件。

接下来发生了意料之外的事情，Netflix 套件不更新了，Spring Cloud 官方也将其提供的组件一一剔除。

然后，Spring Cloud Alibaba 加入 Spring Cloud 社区，二者强强联合，落地微服务项目更加方便。

最后，Spring Cloud Alibaba 提供的组件都是一些有影响力的项目，是经受住考验和被国内开发人员实践过无数次的技术，足够优秀。而且，阿里系的开源项目在国内绝对没有“水土不服”的情况，功能上更加完整。

所以，本书最终选择了 Spring Cloud Alibaba。

对于本书实战环节将要使用的技术和组件，笔者做了明显的颜色和字体的标识，如图 3-6 所示。

Netflix 套件中的技术就不在本书的讲解范围了，感兴趣的读者可以阅读其他教程。

本章从微服务架构中常用的技术及落地方案讲起，之后详细讲解了 Spring Cloud 一站式解决方案，以及 Netflix 和 Alibaba 这两个 Spring Cloud 技术体系中最为核心的套件，并结合 Spring Cloud 开源至今的时间线和重要事件讲解了 Netflix 套件退出和 Alibaba 套件上位的背景故事，最后总结了本书选择 Spring Cloud Alibaba 的原因。虽然本书选择了 Alibaba 套件，但是其中付费的组件就不拓展讲解了。另外，一个比较重要的点是服务通信，笔者选择的是 OpenFeign，没有选择 Dubbo 组件，主要是因为 OpenFeign 基于 HTTP 更加轻量级，而且在新版本的 Spring Cloud Alibaba 方案中，已经删除了 Spring Cloud Dubbo 组件，具体说明可参考《Spring Cloud Dubbo 组件去留问题讨论》。

	Spring Cloud官方套件或第三方套件	Alibaba套件	Netflix套件
服务注册与服务发现	Consul、ZooKeeper	Nacos	Eureka
配置中心	Spring Cloud Config	Nacos	
服务通信	OpenFeign	Dubbo	Feign
负载均衡	LoadBalancer		Ribbon
服务网关	Spring Cloud Gateway		Zuul
服务容错	Resilience4j	Sentinel	Hystrix
链路追踪	Spring Cloud Sleuth、Zipkin		
分布式事务		Seata	

图 3-6　微服务架构实战项目的技术栈选择

第4章

有备无患：项目运行所需的开发环境和基础模板代码

工欲善其事，必先利其器。在正式进入微服务架构实战之前，要从基础的环境搭建开始讲解。本章将介绍如何搭建基础开发环境和如何使用 Spring Boot 框架，最后构建一个基于 Spring Cloud Alibaba 规范的模板项目。

4.1 JDK的安装和配置

本书中的实战项目使用的框架版本为 Spring Cloud Alibaba 2021.0.1.0，于 2022 年 2 月 28 日正式发布，是本书编写过程中的最新版本。该版本的代码基于 Spring Cloud 2021.0.1 和 Spring Boot 2.6.3，这些版本号是搭建开发环境时需要主要考虑的内容。

由于 Spring Boot 2.x 版本要求 Java 8 作为最低语言版本，因此需要安装 JDK 8 或以上版本运行。目前大部分公司或 Java 开发人员都在使用 Java 8，因此笔者选择 JDK 8 进行安装和配置。

4.1.1 下载安装包

JDK 的安装包可以在 Oracle 官网免费下载。在下载之前，需要确定所使用的计算机的系统信息，这里以 Windows 系统为例。在计算机桌面上用鼠标右键单击“计算机”或“此电脑”，然后在打开的快捷菜单中选择“属性”选项，打开“属性”对话框，在“属性”栏中查看“系统属性”。如果是 64 位操作系统，则需要下载对应的 64 位 JDK 安装包；如果是 32 位操作系统，则需要下载对应的 32 位 JDK 安装包。

打开浏览器，在 Oracle 官网找到对应的 JDK 下载页面。如果还没有 Oracle 官网的账号，则需要注册一个账号，否则无法在 Oracle 官网下载 JDK 安装包，注册页面如图 4-1 所示。

图 4-1　Oracle 注册页面

在 JDK 下载页面中查看不同系统的安装包，选择对应的 JDK 安装包并进行下载，如图 4-2 所示。

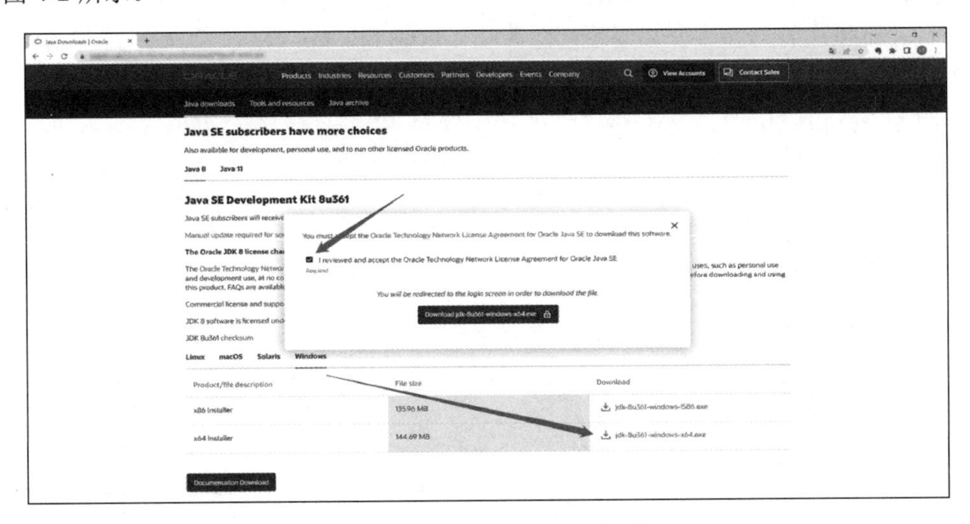

图 4-2　选择 JDK 安装包并下载

这里选择 Windows x64 的 JDK 安装包，下载前需要同意 Oracle 的许可协议，否则无法下载。

4.1.2 安装 JDK

在 JDK 安装包下载完成后，双击“jdk-8u361-windows-x64.exe”文件进行安装，就会出现 JDK 安装界面，如图 4-3 所示。

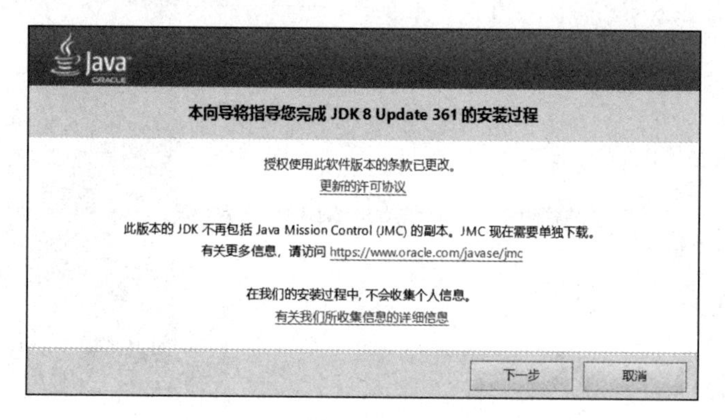

图 4-3　JDK 安装界面

按照 JDK 安装界面的提示，依次单击“下一步”按钮即可完成安装。

需要注意的是，安装过程中 JDK 安装路径可以选择 C 盘的默认路径，也可以自行更改安装路径，如笔者将安装路径修改为 D:\Java\jdk1.8.0_361\。另外，因为 JDK 中已经包含 JRE，所以在安装过程中需要取消公共 JRE 的安装。在安装步骤完成后，可以看到 D:\Java\jdk1.8.0_361\目录下的文件，如图 4-4 所示，表示 JDK 安装成功。

软件 (D:) › Java › jdk1.8.0_361 ›

名称	修改日期	类型	大小
bin	2023/3/5 16:21	文件夹	
include	2023/3/5 16:21	文件夹	
jre	2023/3/5 16:21	文件夹	
legal	2023/3/5 16:21	文件夹	
lib	2023/3/5 16:21	文件夹	
COPYRIGHT	2023/1/9 8:59	文件	4 KB
javafx-src.zip	2023/3/5 16:21	360压缩 ZIP 文件	5,119 KB
jmc.txt	2023/3/5 16:21	文本文档	1 KB
jvisualvm.txt	2023/3/5 16:21	文本文档	1 KB
LICENSE	2023/3/5 16:21	文件	1 KB
README.html	2023/3/5 16:21	Chrome HTML D...	1 KB
release	2023/3/5 16:21	文件	1 KB
src.zip	2023/1/9 8:59	360压缩 ZIP 文件	20,675 KB
THIRDPARTYLICENSEREADME.txt	2023/3/5 16:21	文本文档	1 KB
THIRDPARTYLICENSEREADME-JAVAF...	2023/3/5 16:21	文本文档	1 KB

图 4-4　JDK 安装文件

4.1.3　配置环境变量

在安装成功后，还需要配置 Java 的环境变量，具体步骤如下。

在计算机桌面上用鼠标右键单击“计算机”或“此电脑”，然后在打开的快捷菜单中选择“属性”选项，打开“属性”对话框，单击“高级系统设置”，在弹出的“系统属性”对话框中单击“高级”选项卡，再单击“环境变量”按钮。

在弹出的“环境变量”对话框中，单击“系统变量”下方的“新建”按钮，打开“新建系统变量”对话框，在“变量名”文本框中输入“JAVA_HOME”；在“变量值”文本框中输入安装步骤中选择的 JDK 安装目录，如“D:\Java\jdk1.8.0_361”，完成后单击“确定”按钮，如图 4-5 所示。

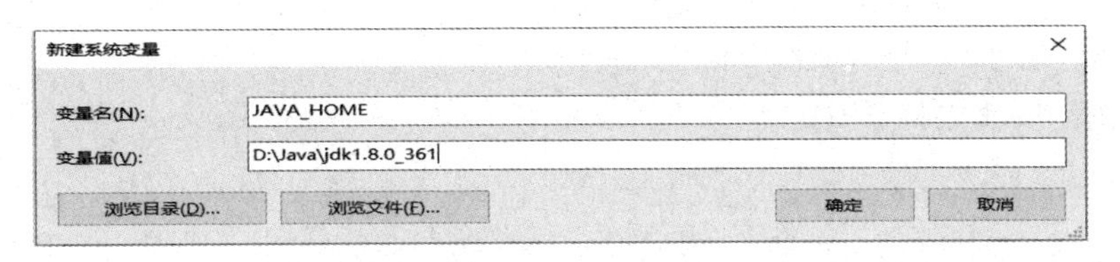

图 4-5　新建 JAVA_HOME 环境变量

编辑 PATH 变量，在变量的末尾添加：

```
;%JAVA_HOME%\bin;%JAVA_HOME%\jre\bin;
```

具体如图 4-6 所示。

图 4-6　编辑 PATH 环境变量

最后新建 CLASSPATH 变量，与新建 JAVA_HOME 变量的步骤一样，如图 4-7 所示。变量名为“CLASSPATH”，变量值为“;%JAVA_HOME%\lib;%JAVA_HOME%\lib\tools.jar”。

```
新建系统变量
变量名(N): CLASSPATH
变量值(V): ;%JAVA_HOME%\lib;%JAVA_HOME%\lib\tools.jar
浏览目录(D)...  浏览文件(F)...  确定  取消
```

图 4-7　新建 CLASSPATH 环境变量

至此，环境变量设置完成。

4.1.4　JDK 环境变量验证

在完成环境变量配置后，还需要验证配置是否正确。

打开 cmd 或 powershell 命令窗口，输入 java -version 命令和 javac -version 命令。

这里演示安装的 JDK 版本为 1.8.0_361，如果环境变量配置正确，命令窗口就会输出正确的 JDK 版本号：

```
java version "1.8.0_361"
```

如果输入命令后报错，则需要检查在环境变量配置步骤中是否存在路径错误或拼写错误，然后进行改正。部分刚入门的读者在安装完成后一定要运行 javac -version 命令，笔者已经遇到多次读者反馈无法安装 JDK 的情况，其实这部分读者只安装了 JRE 环境而未安装 JDK，因此只运行 java -version 命令无法判断是否已正确安装 JDK 环境。运行 java -version 命令正常，但运行 javac -version 命令出现错误，则一定是未正确安装 JDK 环境。

如果两个命令都输出了正确的结果，则表示安装成功，如图 4-8 所示。

```
Microsoft Windows [版本 10.0.18363.418]
(c) 2019 Microsoft Corporation。保留所有权利。

C:\Users\Administrator>java -version
java version "1.8.0_361"
Java(TM) SE Runtime Environment (build 1.8.0_361-b09)
Java HotSpot(TM) 64-Bit Server VM (build 25.361-b09, mixed mode)

C:\Users\Administrator>javac -version
javac 1.8.0_361
```

图 4-8　JDK 安装验证成功

4.2　Maven的安装和配置

Maven 是 Apache 的一个软件项目管理和构建工具，它可以对 Java 项目进行构建和依赖管理。本书所有的源码都选择 Maven 作为项目依赖管理工具，本节内容将讲解 Maven 的安装和配置。

当然，Gradle 也是目前比较流行的项目管理工具，感兴趣的读者可以尝试使用。

4.2.1　下载安装包

打开浏览器，在 Apache 官网找到 Maven 下载页面，其下载文件列表如图 4-9 所示，单击“apache-maven-3.9.0-bin.zip”链接即可完成下载。

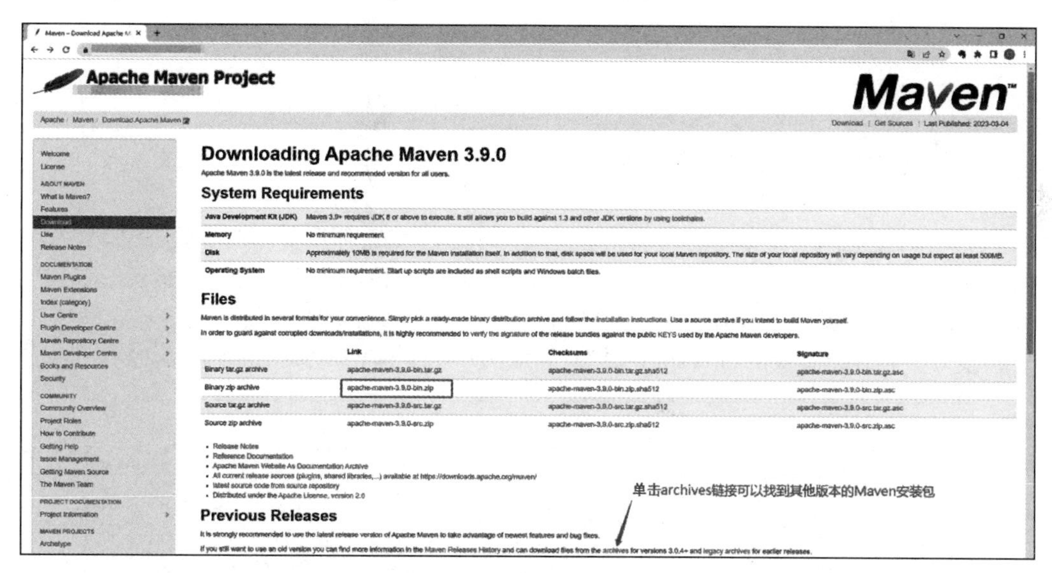

图 4-9　Maven 下载文件列表

本书所选择的 Maven 版本是 3.8.1。

Maven 3.8.1 版本的下载文件列表如图 4-10 所示，单击“apache-maven-3.8.1-bin.zip”链接即可完成下载。

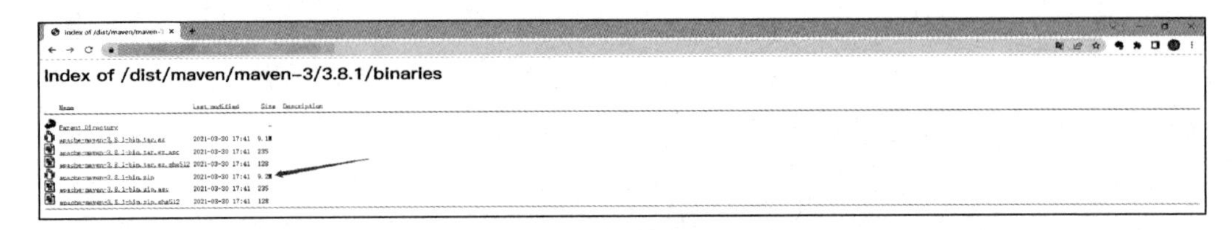

图 4-10　Maven 3.8.1 版本文件列表

4.2.2　安装并配置 Maven

安装 Maven 并不像安装 JDK 那样需要执行安装程序，直接将下载的安装包解压缩到相应的目录即可。笔者解压缩到 D:\maven\apache-maven-3.8.1 目录下，如图 4-11 所示。

软件 (D:) › maven › apache-maven-3.8.1

名称	修改日期	类型	大小
bin	2021/5/1 23:11	文件夹	
boot	2021/5/1 23:11	文件夹	
conf	2021/5/1 23:11	文件夹	
lib	2021/5/1 23:11	文件夹	
LICENSE	2019/11/7 12:32	文件	18 KB
NOTICE	2019/11/7 12:32	文件	6 KB
README.txt	2019/11/7 12:32	文本文档	3 KB

图 4-11　Maven 解压缩目录

接下来配置 Maven 命令的环境变量，步骤与配置 JDK 环境变量的步骤类似。在“环境变量”面板中，单击“系统变量”下方的“新建”按钮，在弹出的“新建系统变量”对话框的“变量名”文本框中输入“MAVEN_HOME”，在“变量值”文本框中输入目录，如“D:\maven\apache-maven-3.8.1”，完成后单击“确定”按钮，如图 4-12 所示。

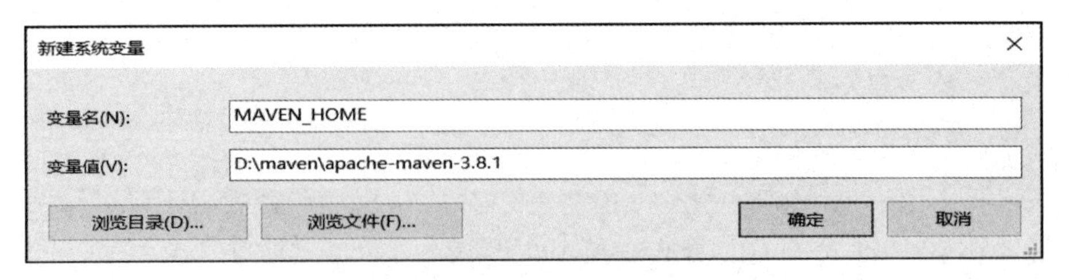

图 4-12　新建 MAVEN_HOME 环境变量

最后修改 PATH 环境变量，在末尾增加：

```
;%MAVEN_HOME%\bin;
```

4.2.3　Maven 环境变量验证

Maven 环境变量配置完成后，同样需要验证配置是否正确。

打开 cmd 或 powershell 命令窗口，输 mvn -v 命令。这里安装的 Maven 版本为 3.8.1，安装目录为 D:\maven\apache-maven-3.8.1。如果环境变量配置正确，则命令窗口会输出如图 4-13 所示的验证结果，表示 Maven 安装成功。

```
C:\Users\Administrator>mvn -v
Apache Maven 3.8.1 (05c21c65bdfed0f71a2f2ada8b84da59348c4c5d)
Maven home: D:\maven\apache-maven-3.8.1\bin\..
Java version: 1.8.0_361, vendor: Oracle Corporation, runtime: D:\Java\jdk1.8.0_361\jre
Default locale: zh_CN, platform encoding: GBK
OS name: "windows 10", version: "10.0", arch: "amd64", family: "windows"
```

图 4-13　Maven 安装验证成功

如果在输入命令后报错，则需要检查环境变量配置步骤中是否存在路径错误或拼写错误，然后进行改正。

4.2.4　配置国内 Maven 镜像

在完成以上工作后就可以正常使用 Maven 工具了。为了获得更好的使用体验，建议国内开发人员修改一下 Maven 的配置文件。

国内开发人员在使用 Maven 下载项目的依赖文件时，通常会遇到下载速度缓慢的情况，甚至出现“编码 5 分钟，启动项目半小时”的窘境。这是因为 Maven 的中央仓库在国外的服务器中，如图 4-14 所示。

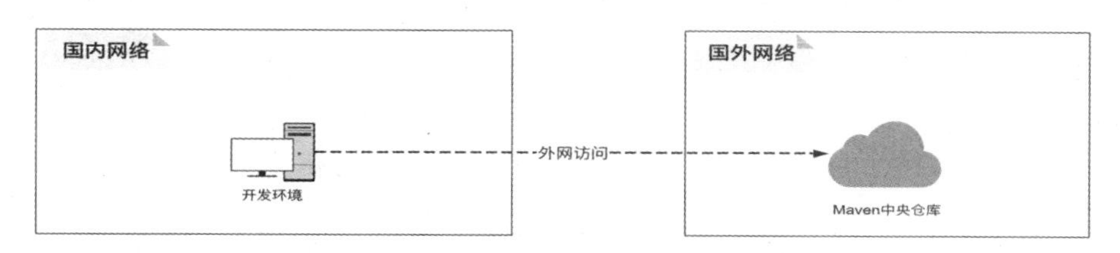

图 4-14　访问 Maven 国外的中央仓库

每次下载新的依赖文件都需要通过外网访问 Maven 中央仓库，如果不进行配置的优化处理，就会极大地影响开发流程。笔者建议使用国内公司提供的中央仓库镜像，比如阿里云的镜像、华为云的镜像。另一种做法是自己搭建一个私有的中央仓库，然后修改 Maven 配置文件中的 mirror 标签来设置镜像仓库。

这里以阿里云镜像仓库为例，介绍如何配置国内 Maven 镜像，加快依赖的访问速度。

进入 Maven 安装目录 D:\maven\apache-maven-3.8.1，在 conf 文件夹中打开 settings.xml 配置文件。添加阿里云镜像仓库的链接，修改后的 settings.xml 配置文件如下：

```
<?xml version="1.0" encoding="UTF-8"?>
<settings xmlns="http://maven.apache.org/SETTINGS/1.2.0"
        xmlns:xsi="http://www.w3.org/2001/XMLSchema-instance"
        xsi:schemaLocation="http://maven.apache.org/SETTINGS/1.2.0
http://maven.apache.org/xsd/settings-1.2.0.xsd">

<!-- 本地仓库的路径 设置的是 D 盘 maven/repo 目录下 (自行配置一个文件夹即可，默认是 ~/.m2/repository) -->
<localRepository>D:\maven\repo</localRepository>

<!-- 配置阿里云镜像服务器-->
<mirrors>
  <mirror>
     <id>alimaven</id>
     <name>aliyun maven</name>
     <url>https://maven.aliyun.com/repository/central</url>
     <mirrorOf>central</mirrorOf>
  </mirror>
</mirrors>

</settings>
```

在配置完成后，可以直接访问国内的镜像仓库，从而使 Maven 下载 JAR 包依赖的速度变得更快，可以节省很多时间，如图 4-15 所示。

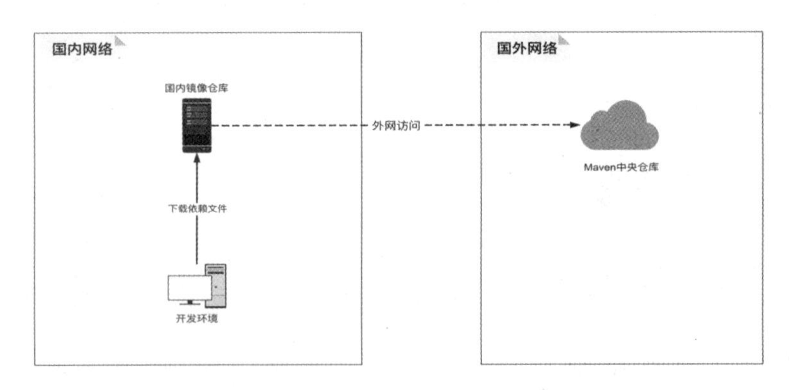

图 4-15　访问 Maven 国内的镜像仓库

4.3　开发工具IDEA的安装与配置

打开浏览器，进入 JetBrains 官网。在进入 IDEA 页面后能够查看其基本信息和特性介绍，如图 4-16 所示。感兴趣的读者可以在该页面了解 IDEA 编辑器的更多信息。

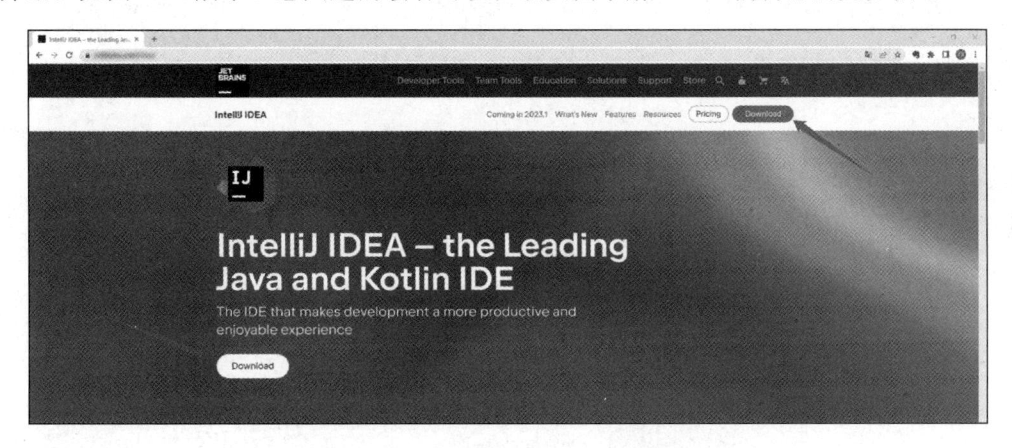

图 4-16　IDEA 编辑器信息介绍页面

单击页面中的“Download”按钮，打开 IDEA 编辑器的下载页面，如图 4-17 所示。笔者在整理本章的内容时，IDEA 编辑器的最新版本为 2022.3.2，该版本于 2023 年 1 月 26 日发布。

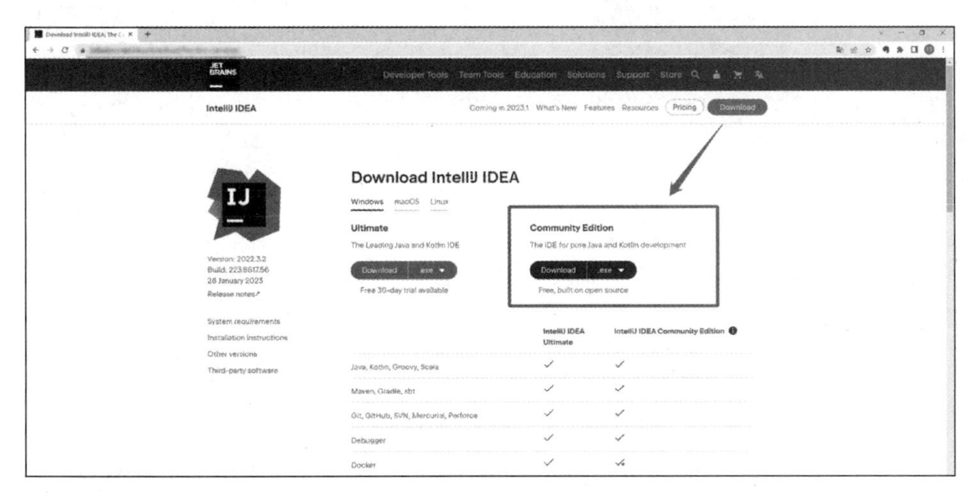

图 4-17　IDEA 编辑器下载页面

在 IDEA 编辑器的下载页面可以看到两种收费模式的版本。

（1）Ultimate 为商业版本，需要付费使用，功能更加强大，插件也更多，使用起来也会更加顺手，可以免费试用 30 天。

（2）Community Edition 为社区版本，可以免费使用，功能和插件相较于付费版本有一定的减少，不过对于项目开发并没有太大的影响。

根据所使用的系统版本下载对应的安装包即可，本书以社区版本为例进行讲解。

4.3.1 安装 IDEA 及其功能简介

在下载完成后，双击下载的安装包程序，按照 IDEA 安装界面的提示，如图 4-18 所示，依次单击“Next”按钮即可完成安装。

图 4-18　IDEA 编辑器安装界面

首次打开 IDEA 编辑器可以看到它的欢迎界面，如图 4-19 所示。

功能区域有三个按钮，功能分别如下。

（1）New Project：创建一个新项目。

（2）Open：打开一个计算机中已有的项目。

（3）Get from VCS：通过版本控制上的项目获取一个项目，如 GitHub、Gitee、GitLab，或者自建的版本控制系统。

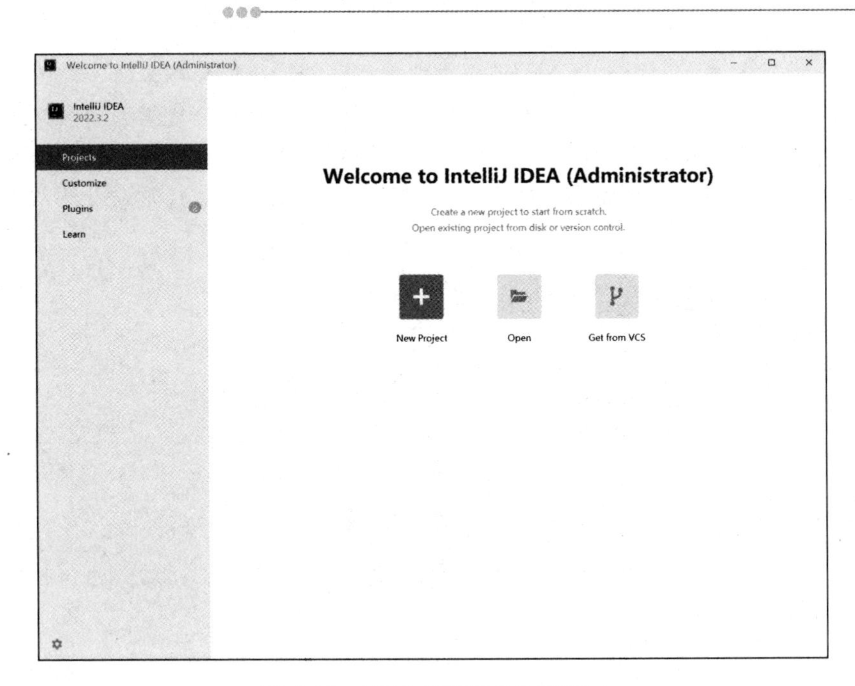

图 4-19　IDEA 编辑器的欢迎界面

在创建或打开一个项目后，进入 IDEA 编辑器的主界面。这里以一个基础的 Spring Boot 项目为例进行介绍。在打开项目后，IDEA 编辑器主界面如图 4-20 所示。

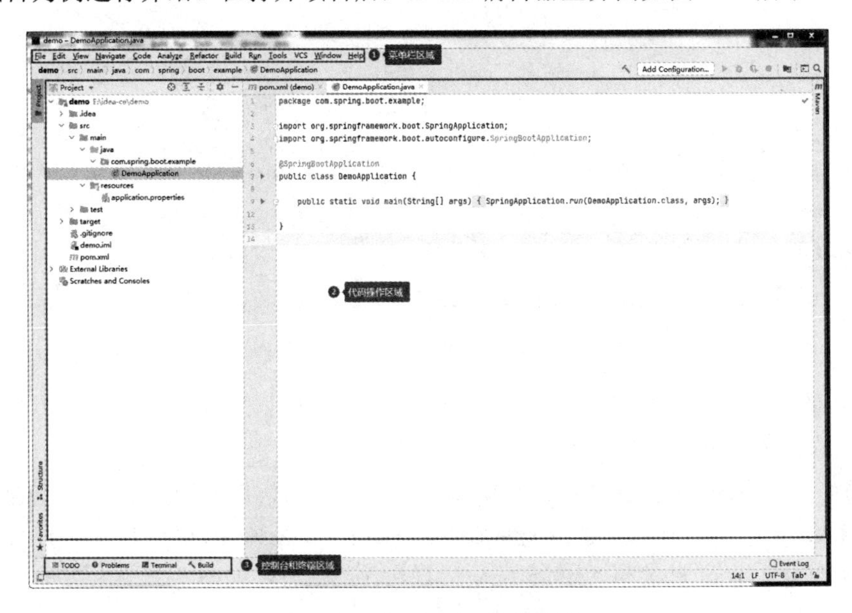

图 4-20　IDEA 编辑器主界面

IDEA 编辑器主界面由上至下，依次为菜单栏区域、代码操作区域、控制台和终端区域。代码操作区域是开发时主要操作的区域，包括项目结构、代码编辑区、Maven 工具栏。菜单栏区域的主要作用是存放功能配置的按钮和增强功能的按钮。控制台和终端区域主要显示项目信息、程序运行日志、代码的版本提交记录、终端命令行等内容。

4.3.2 配置 IDEA 的 Maven 环境

IDEA 编辑器是自带 Maven 环境的，如图 4-21 所示。

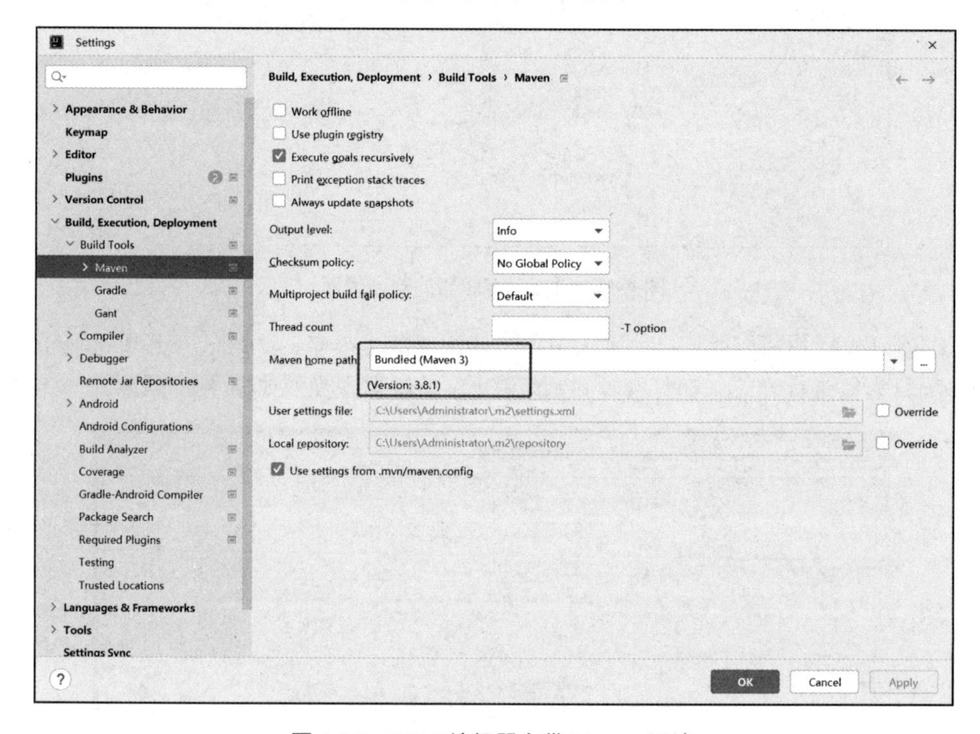

图 4-21　IDEA 编辑器自带 Maven 环境

为了避免一些不必要的麻烦，笔者建议将 IDEA 编辑器中的 Maven 环境设置为之前已经全局设置的 Maven 环境。

想要之前安装的 Maven 可以在 IDEA 中正常使用，则需要进行以下配置。单击“File→Settings→Build, Execution, Deployment→Build Tools→Maven”，在打开的 Maven 设置面板中配置 Maven 目录和 settings.xml 配置文件的位置，如图 4-22 所示。

磨刀不误砍柴工，准备好基础的开发环境和开发工具才有利于后续的编码实践。

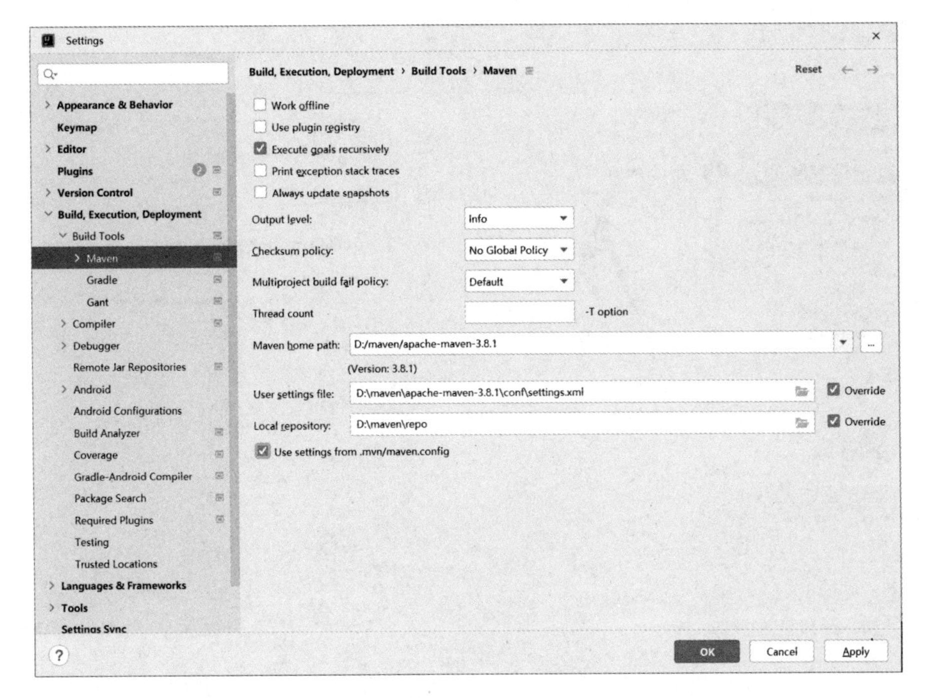

图 4-22　为 IDEA 编辑器配置 Maven 环境

4.3.3　Lombok 插件

Lombok 是一个第三方的 Java 工具库，会自动插入编辑器和构建工具中。Lombok 提供了一组非常有用的注释，用来消除 Java 类中的大量样板代码，如 setter()、getter()方法、构造方法等。只需要在原来的 JavaBean 上使用@Data 注解就可以替换数十或数百行代码，从而使代码变得更加清爽、简洁且易于维护。

由于本书最终的实战项目中使用了 Lombok 工具的一部分注解，因此为了防止读者在运行代码时出现一些不必要的麻烦，各位读者在开发工具中需要安装 Lombok 插件。在 IDEA 开发工具中，Lombok 这个插件是默认集成进来的，因此不用安装，但是一定要启用这个插件，如图 4-23 所示。

还要提醒各位读者，如果已经习惯了使用其他代码编辑工具，则可以继续使用。这里只是考虑后续章节中编码时的基础环境支持，笔者建议使用 IDEA 编辑器，后续章节中所列举的项目源码截图都是基于 IDEA 编辑器的。

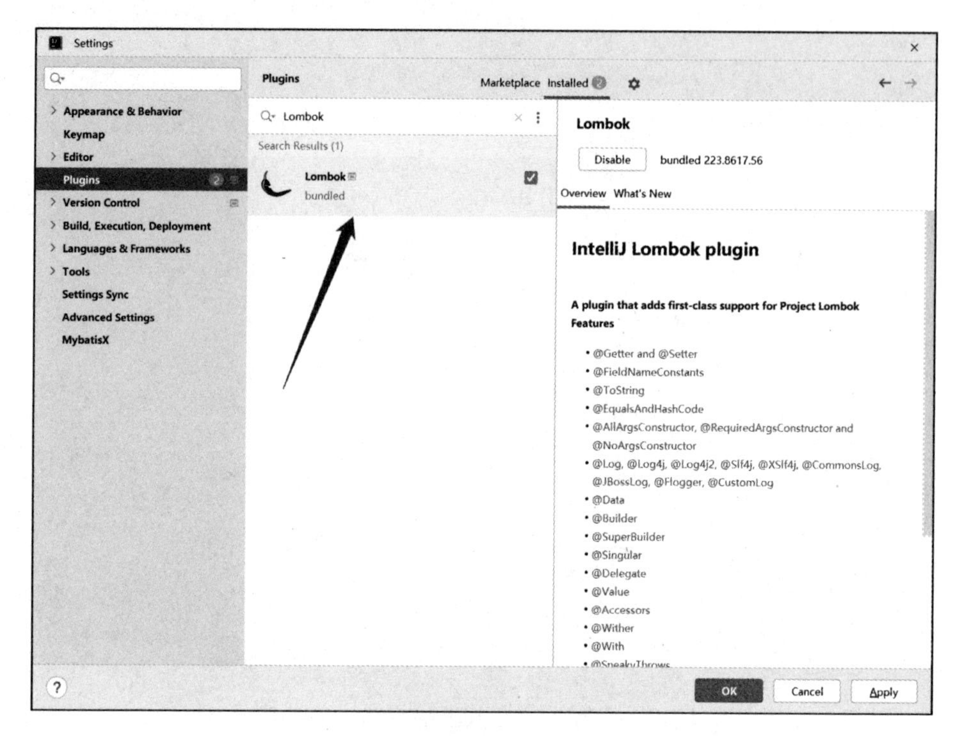

图 4-23 IDEA 编辑器中的 Lombok 插件

至此，基础开发环境搭建完成。接下来，笔者将讲解使用 IDEA 进行 Spring Boot 项目的创建和开发，和读者一起编写本书的第一个 Spring Boot 项目，希望读者能够尽快上手和体验。之后，笔者会实际地构建一个 Spring Cloud Alibaba 模板项目，方便在进行微服务组件整合时使用和演示。

4.4 Spring Boot简介

Spring Boot 是近几年 Java 社区最有影响力的项目之一，也是下一代企业级应用开发的首选技术。Spring Boot 拥有良好的技术基因，是伴随着 Spring 4 而产生的技术框架，在继承了 Spring 框架所有优点的同时，也为开发人员带来了巨大的便利。与普通的 Spring 项目相比，Spring Boot 可以让项目的配置更简单、编码更简化、部署更方便，为开发人员提供了开箱即用的良好体验，进一步提升了开发人员的开发效率。

在使用 Spring Cloud 相关的技术栈开发微服务项目时，Spring Boot 是非常重要的组成部分。图 4-24 是 Spring 官网给出的一张微服务项目架构图，其中的一个个微服务实例都是基于 Spring Boot 开发的。

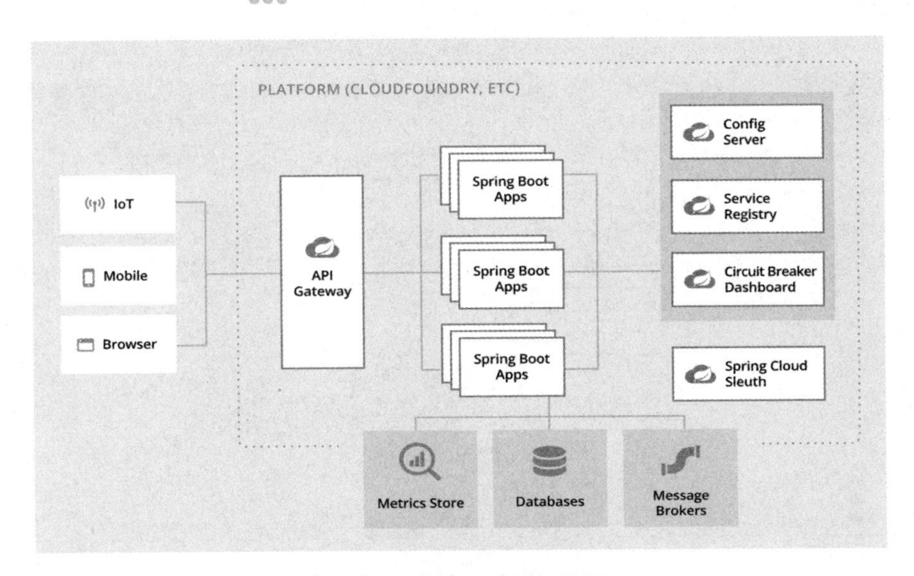

图 4-24　微服务项目架构图

如果对 Spring Boot 还不熟悉，建议先了解这个框架再继续学习 Spring Cloud 相关的知识。由于 Spring Cloud Alibaba 项目的构建基于 Spring Boot，因此本书中的所有实战代码也都是基于 Spring Boot 来开发的，包括整合微服务架构中的各个组件，以及最终的微服务架构实战项目。为了保证读者能够顺利进行后续内容的学习，在这里笔者先对 Spring Boot 做一些简单的介绍，并讲解如何使用 IDEA 进行 Spring Boot 项目的创建和开发。

4.5　Spring Boot项目创建

4.5.1　认识 Spring Initializr

Spring 官方提供了 Spring Initializr 来进行 Spring Boot 项目的初始化。这是一个在线生成 Spring Boot 基础项目的工具，可以将其理解为 Spring Boot 项目的“初始化向导”，它可以帮助开发人员快速创建一个 Spring Boot 项目。接下来讲解如何使用 Spring Initializr 快速初始化一个 Spring Boot 骨架工程。

首先，访问 Spring 官方提供的 Spring Initializr 网站，打开浏览器并输入 Spring Initializr 的网址，页面如图 4-25 所示。

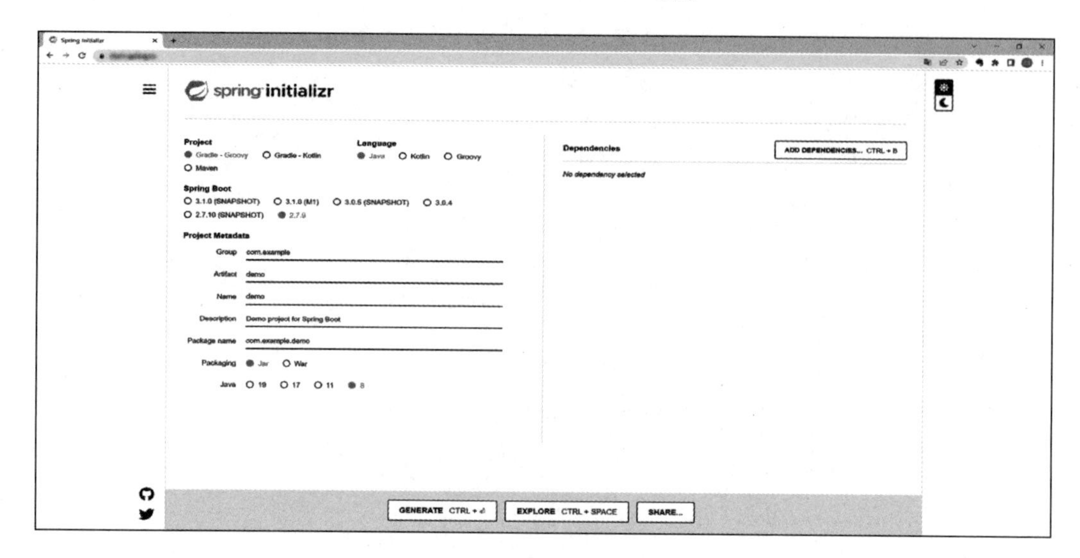

图 4-25　Spring Initializr 网站页面

在图 4-25 中可以看到 Spring Initializr 页面展示的内容。如果想初始化一个 Spring Boot 项目，需要提前对其进行简单的配置，我们直接对页面中的配置项进行勾选和输入即可。在默认情况下相关配置项已经有缺省值，可以根据实际情况进行简单修改。

4.5.2　使用 Spring Initializr 初始化一个 Spring Boot 项目

Spring Initializr 页面中的配置项需要开发人员逐一进行设置，过程非常简单，根据项目情况依次填写即可。

在本节演示中，开发语言选择 Java。因为本地安装的项目管理工具是 Maven，所以在 Project（项目类型）选项中勾选 Maven Project。Spring Boot 版本选择 2.6.3，根据实际开发情况也可以选择其他稳定版本。即使这里已经选择了一个版本号，在初始化成功后也能够在项目中的 pom.xml 文件或 build.gradle 文件中修改 Spring Boot 版本号。比如，最新版的 Spring Initializr 页面中已经不显示 2.6.3 版本了，读者在初始化 Spring Boot 项目时可以选择一个高一点的版本，下载 Spring Initializr 生成的源码包后再修改版本号为 2.6.3 即可。

在项目基本信息中，在 Group 文本框中输入“ltd.newbee.mall”，在 Artifact 文本框中输入“newbee-mall”，在 Name 文本框中输入“newbee-mall”，在 Description 文本框中输入“NEWBEE 商城”，在 Package name 文本框中输入“ltd.newbee.mall”，构建方式选择 Maven，Packaging（打包方式）选择 Jar，JDK 版本选择 8。

由于即将开发的是一个 Web 项目，因此需要添加 web-starter 依赖，单击 Dependencies 右侧的“ADD DEPENDENCIES”按钮，在弹出的对话框中输入关键字“web”并选择“Spring Web：Build web, including RESTful, applications using Spring MVC. Uses Apache Tomcat as the default embedded container.”，完成后返回初始化页面，如图 4-26 所示。

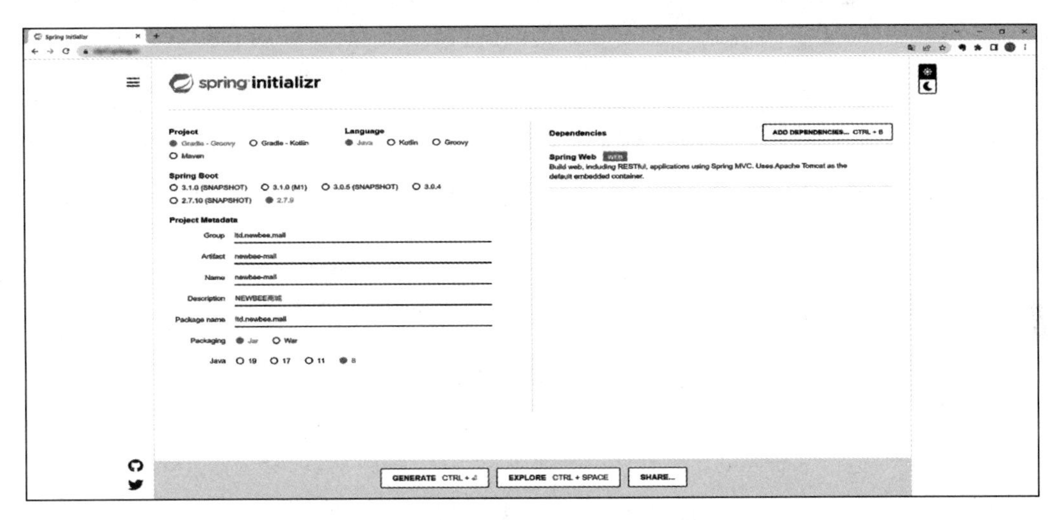

图 4-26　使用 Spring Initializr 初始化 Spring Boot 项目

很明显，该项目将采用 Spring MVC 开发框架，并且使用 Tomcat 作为默认的嵌入式容器。

至此，初始化 Spring Boot 项目的选项配置完毕。单击页面底部的“GENERATE”按钮，即可获取一个 Spring Boot 基本项目的代码压缩包。

4.5.3　使用 IDEA 编辑器初始化 Spring Boot 项目

除了使用官方推荐的 Spring Initializr 方式创建 Spring Boot 项目，开发人员也可以使用 IDEA 编辑器来创建 Spring Boot 项目。IDEA 编辑器中内置了初始化 Spring Boot 项目的插件，可以直接新建一个 Spring Boot 项目，创建过程如图 4-27 所示。

需要注意的是，这种初始化方式仅支持在商业版本的 IDEA 编辑器中操作。IDEA 社区版本在默认情况下不支持直接生成 Spring Boot 项目。

当然，如果计算机中已经存在 Spring Boot 项目，则可以直接打开。单击“Open”按钮，弹出文件选择对话框，选择想要导入的项目目录，导入成功就可以进行 Spring Boot 项目开发了。

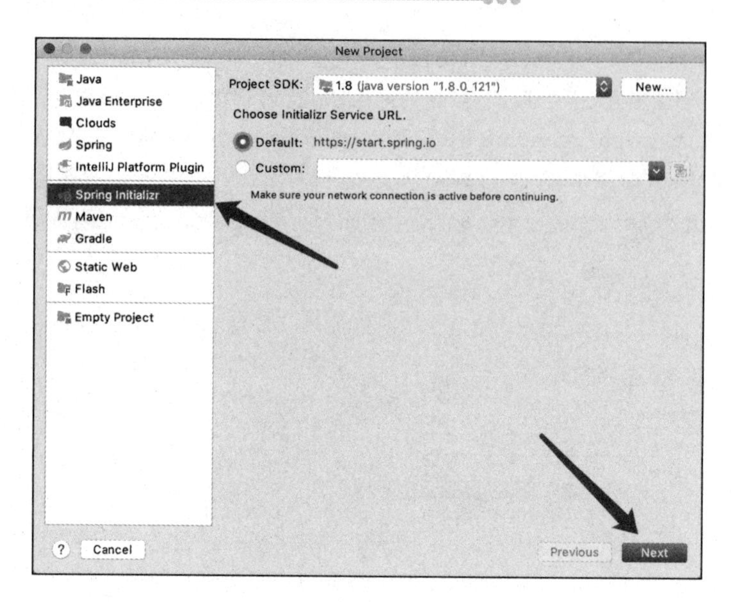

图 4-27　使用 IDEA 商业版本初始化 Spring Boot 项目

4.6　Spring Boot项目目录结构简介

在使用 IDEA 编辑器打开项目之后，可以看到 Spring Boot 项目的目录结构，如图 4-28 所示。

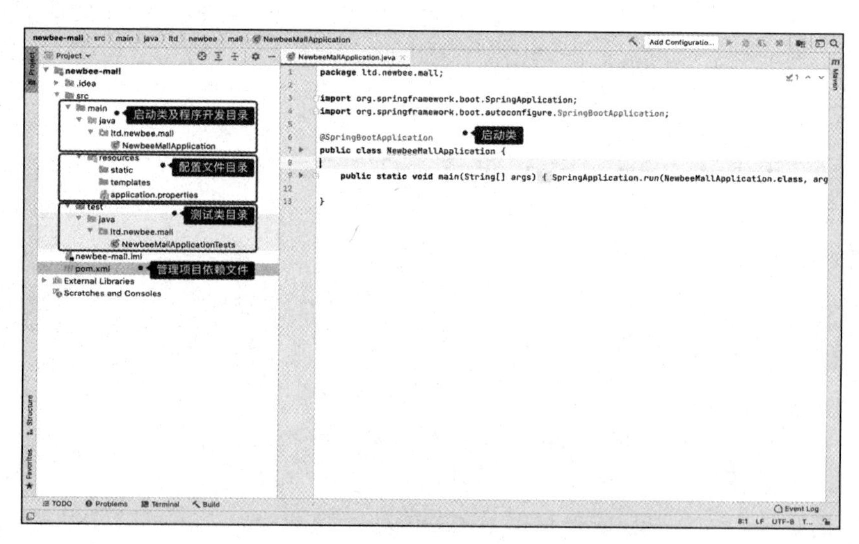

图 4-28　Spring Boot 项目的目录结构图解

Spring Boot 的目录结构主要由以下部分组成：

```
newbee-mall
    ├── src/main/java
    ├── src/main/resources
    ├── src/test/java
        └── pom.xml
```

src/main/java 表示 Java 程序开发目录，开发人员在该目录下进行业务代码的开发。这个目录对于 Java Web 开发人员来说应该比较熟悉，唯一的不同是 Spring Boot 项目中会多一个主程序类。

src/main/resources 表示配置文件目录，主要用于存放静态文件、模板文件和配置文件。它与普通的 Spring 项目相比有些区别，该目录下有 static 和 templates 两个目录，是 Spring Boot 项目默认的静态资源文件目录和模板文件目录。在 Spring Boot 项目中是没有 webapp 目录的，它默认使用 static 和 templates 两个文件夹。

static 目录用于存放静态资源文件，如 JavaScript 文件、图片、CSS 文件。

templates 目录用于存放模板文件，如 Thymeleaf 模板文件或 FreeMarker 文件。

src/test/java 表示测试类文件夹，与普通的 Spring 项目差别不大。

pom.xml 用于配置项目依赖。

以上即为 Spring Boot 项目的目录结构，与普通的 Spring 项目存在一些差异，但是在正常开发过程中这个差异的影响并不大。真正差别较大的地方是部署和启动方式的差异，接下来将详细介绍 Spring Boot 项目的启动方式。

4.7　启动Spring Boot项目

4.7.1　在 IDEA 编辑器中启动 Spring Boot 项目

IDEA 编辑器对 Spring Boot 项目的支持非常友好，在项目导入成功后会被自动识别为 Spring Boot 项目，可以很快地进行启动操作。

在 IDEA 编辑器中，有以下三种方式可以启动 Spring Boot 项目。

（1）单击主类上的“启动”按钮：打开程序启动类，如本次演示的 NewBeeMallApplication.java，在 IDEA 代码编辑区域可以看到左侧有两个绿色的“启动”按钮，单击任意一个按钮即可启动 Spring Boot 项目。

（2）单击鼠标右键运行 Spring Boot 的主程序类：同普通 Java 类的启动方式类似，

在左侧 Project 侧边栏或类文件编辑器中，单击鼠标右键，可以看到启动 main()方法的按钮，如图 4-29 所示，选择“Run 'NewbeeMallApplication.main()'”选项即可启动 Spring Boot 项目。

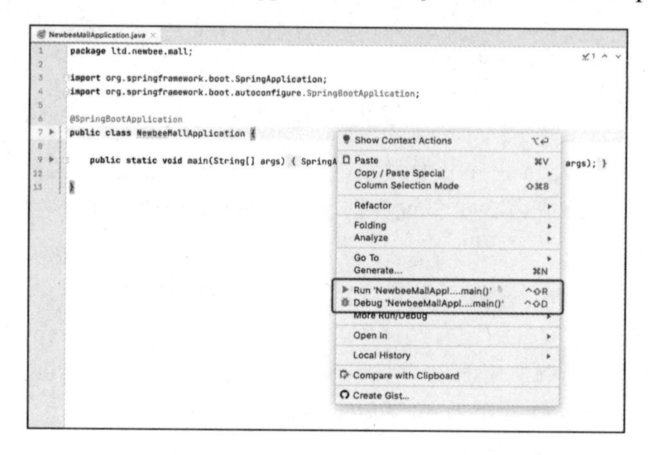

图 4-29　单击鼠标右键运行 Spring Boot 的主程序类

（3）单击工具栏中的“Run / Debug”按钮：单击工具栏中的“Run / Debug”按钮可以启动 Spring Boot 项目，如图 4-30 所示。

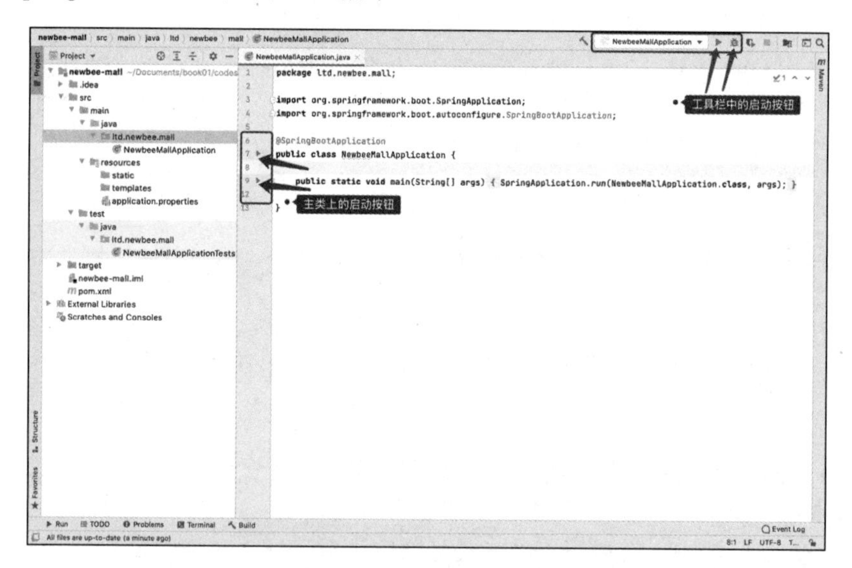

图 4-30　使用工具栏中的按钮启动 Spring Boot 的主程序类

Spring Boot 项目的启动比普通的 Java Web 项目的启动更便捷，减少了几个中间步骤，不用配置 Servlet 容器，也不用打包并发布到 Servlet 容器再启动，而是直接运行主方法即可启动项目，其开发、调试都十分方便且节省时间。

4.7.2　Maven 插件启动

在项目初始化时，配置项选择的项目类型为 Maven Project，pom.xml 文件中会默认引入 spring-boot-maven-plugin 插件依赖，因此可以直接使用 Maven 命令启动 Spring Boot 项目，插件配置如下：

```
<build>
    <plugins>
        <plugin>
            <groupId>org.springframework.boot</groupId>
            <artifactId>spring-boot-maven-plugin</artifactId>
        </plugin>
    </plugins>
</build>
```

如果在 pom.xml 文件中没有该 Maven 插件配置，则无法通过这种方式启动 Spring Boot 项目，这一点需要注意。

使用 Maven 插件启动 Spring Boot 项目的步骤如下。

首先单击下方工具栏中的 Terminal 标签，打开命令行窗口，然后在命令行中输入命令 mvn spring-boot:run 并执行该命令，即可启动 Spring Boot 项目，如图 4-31 所示。

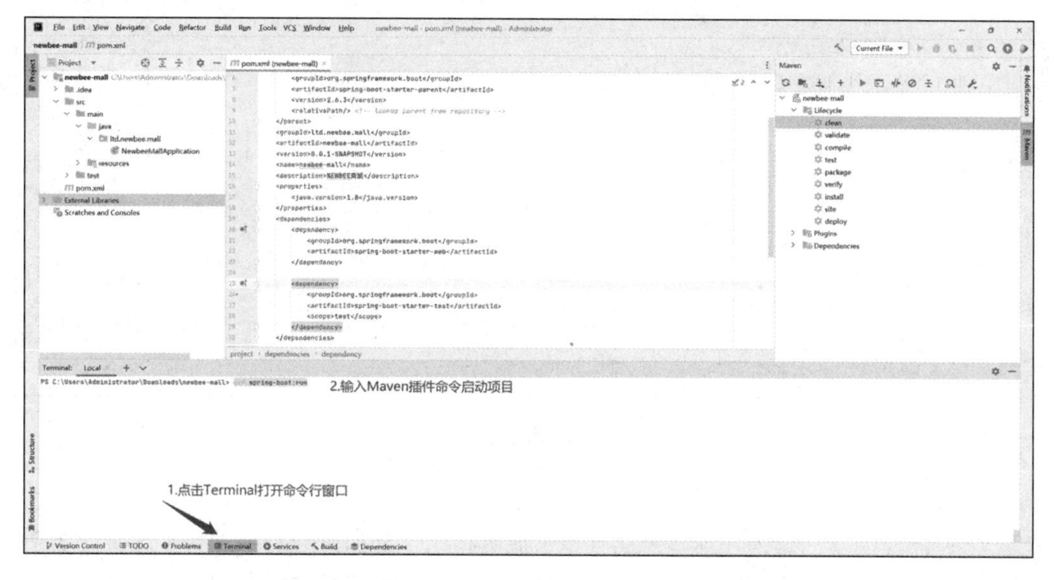

图 4-31　使用 Maven 插件启动 Spring Boot 项目

4.7.3 java -jar 命令启动

在项目初始化时，配置项选择的打包方式为.Jar，那么项目开发完成并打包后的结果就是一个 JAR 包文件。通过 Java 命令行运行 JAR 包的命令为 java -jar xxx.jar，可以使用这种方式启动 Spring Boot 项目，如图 4-32 所示。

首先单击下方工具栏中的 Terminal 标签，打开命令行窗口。

然后使用 Maven 命令将项目打包，执行的命令为 mvn clean install package'-Dmaven.test.skip=true'，等待打包结果即可。

打包成功后进入 target 目录，切换目录的命令为 cd target。

最后启动已经生成的 JAR 包文件，执行的命令为 java -jar newbee-mall-0.0.1-SNAPSHOT.jar。

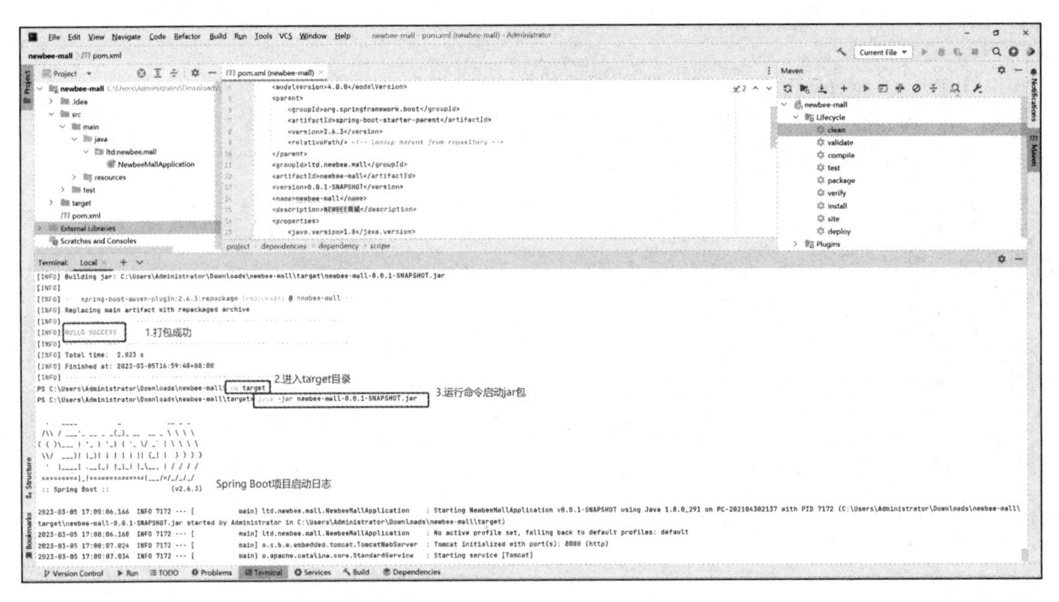

图 4-32　使用 java -jar 命令启动 Spring Boot 项目

读者可以按照以上步骤练习几次。

需要注意的是，每次在项目启动之前，如果使用了其他方式启动项目工程，则需要将其关掉，否则会因为端口占用导致启动报错，进而无法正常启动 Spring Boot 项目。

4.7.4　Spring Boot 项目启动日志

无论使用以上哪种方式，在 Spring Boot 项目启动时都会在控制台上输出启动日志，如果一切正常，则很快就能够启动成功，启动日志如下：

```
  .   ____          _            __ _ _
 /\\ / ___'_ __ _ _(_)_ __  __ _ \ \ \ \
( ( )\___ | '_ | '_| | '_ \/ _` | \ \ \ \
 \\/  ___)| |_)| | | | | || (_| |  ) ) ) )
  '  |____| .__|_| |_|_| |_\__, | / / / /
 =========|_|==============|___/=/_/_/_/
 :: Spring Boot ::                (v2.6.3)

2023-03-05 17:04:38.058  INFO 1844 --- [           main]
ltd.newbee.mall.NewbeeMallApplication    : Starting NewbeeMallApplication
using Java 1.8.0_361 on PC-202104302137 with PID 1844
2023-03-05 17:04:38.060  INFO 1844 --- [           main]
ltd.newbee.mall.NewbeeMallApplication    : No active profile set, falling
back to default profiles: default
2023-03-05 17:04:39.193  INFO 1844 --- [           main]
o.s.b.w.embedded.tomcat.TomcatWebServer  : Tomcat initialized with port(s):
8080 (http)
2023-03-05 17:04:39.205  INFO 1844 --- [           main]
o.apache.catalina.core.StandardService   : Starting service [Tomcat]
2023-03-05 17:04:39.205  INFO 1844 --- [           main]
org.apache.catalina.core.StandardEngine  : Starting Servlet engine: [Apache
Tomcat/9.0.56]
2023-03-05 17:04:39.299  INFO 1844 --- [           main]
o.a.c.c.C.[Tomcat].[localhost].[/]       : Initializing Spring embedded
WebApplicationContext
2023-03-05 17:04:39.299  INFO 1844 --- [           main]
w.s.c.ServletWebServerApplicationContext : Root WebApplicationContext:
initialization completed in 1196 ms
2023-03-05 17:04:39.660  INFO 1844 --- [           main]
o.s.b.w.embedded.tomcat.TomcatWebServer  : Tomcat started on port(s): 8080
(http) with context path ''
2023-03-05 17:04:39.668  INFO 1844 --- [           main]
ltd.newbee.mall.NewbeeMallApplication    : Started NewbeeMallApplication in
2.148 seconds (JVM running for 2.612)
```

日志前面部分为 Spring Boot 的启动 Banner（横幅）和 Spring Boot 的版本号，中间部分为 Tomcat 启动信息及 ServletWebServerApplicationContext 加载完成信息，后面部分则是 Tomcat 启动端口和项目启动时间。通过以上日志信息，可以看出 Spring Boot 启动成功共花费 2.148 秒，Tomcat 服务器监听的端口号为 8080。

4.8 开发第一个Spring Boot项目

在项目成功启动后，打开浏览器访问 8080 端口，看到的页面是一个 Whitelabel Error Page 页面，如图 4-33 所示。

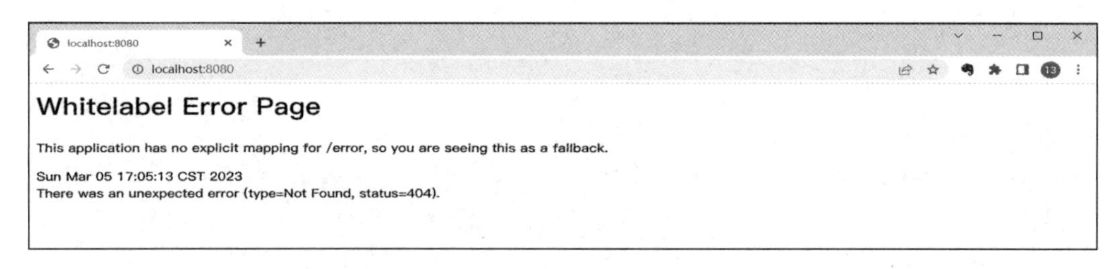

图 4-33 Whitelabel Error Page 页面

这个页面是 Spring Boot 项目的默认错误页面，由页面内容可以看出此次访问的报错为 404 错误。访问其他地址也会出现这个页面，原因是此时在 Web 服务中并没有任何可访问的资源。在生成 Spring Boot 项目之后，并没有在项目中增加任何一行代码，因此没有接口，也没有页面。

此时，需要自行实现一个 Controller 查看 Spring Boot 如何处理 Web 请求。接下来使用 Spring Boot 实现一个简单的接口，步骤如下。

首先在根目录 ltd.newbee.mall 上单击鼠标右键，在弹出的快捷菜单中选择“New→Package”选项，如图 4-34 所示，新建名称为 controller 的 Java 包。

然后在 ltd.newbee.mall.controller 上单击鼠标右键，在弹出的快捷菜单中选择“New→Java Class”选项，新建名称为 HelloController 的 Java 类，此时的目录结构如图 4-35 所示。

接着在 HelloController 类中输入如下代码：

```
package ltd.newbee.mall.controller;

import org.springframework.stereotype.Controller;
import org.springframework.web.bind.annotation.GetMapping;
import org.springframework.web.bind.annotation.ResponseBody;
```

```
@Controller
public class HelloController {

    @GetMapping("/hello")
    @ResponseBody
    public String hello() {
        return "hello,spring boot!";
    }
}
```

以上这段代码的实现读者应该很熟悉，写法与 Spring 项目开发的写法相同。这段代码的含义是处理请求路径为/hello 的 GET 请求并返回一个字符串。

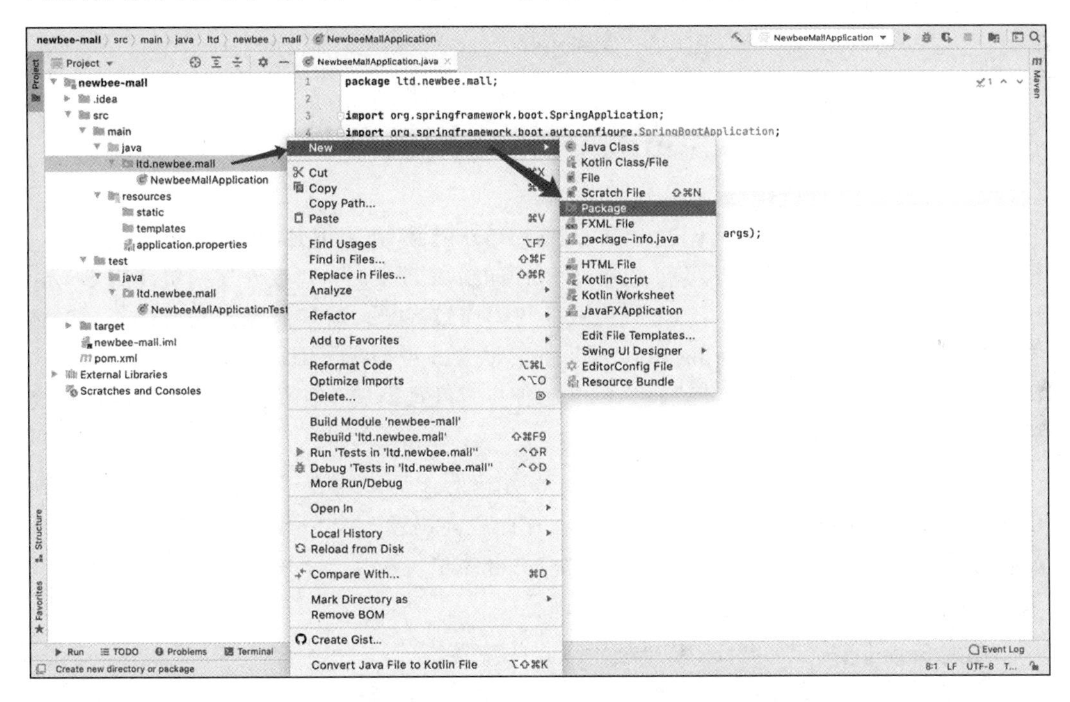

图 4-34　新建 Package 快捷菜单

在编码完成后，重新启动项目，启动成功后在浏览器中输入以下请求地址：

```
http://localhost:8080/hello
```

这时页面上显示的内容已经不是错误信息了，而是 HelloController 中的正确返回信息，如图 4-36 所示。第一个 Spring Boot 项目实例就制作完成了！

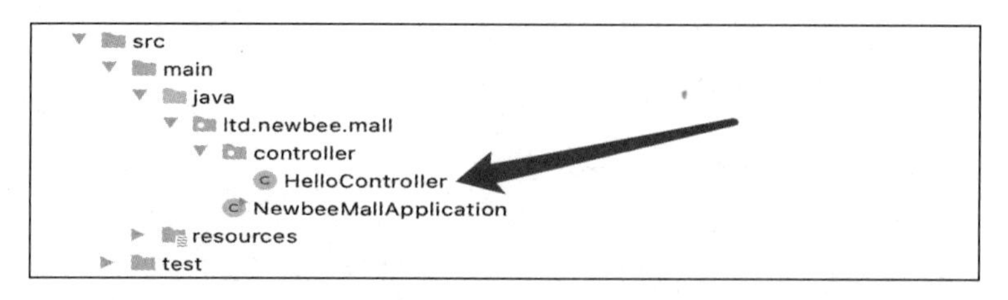

图 4-35　HelloController 目录结构

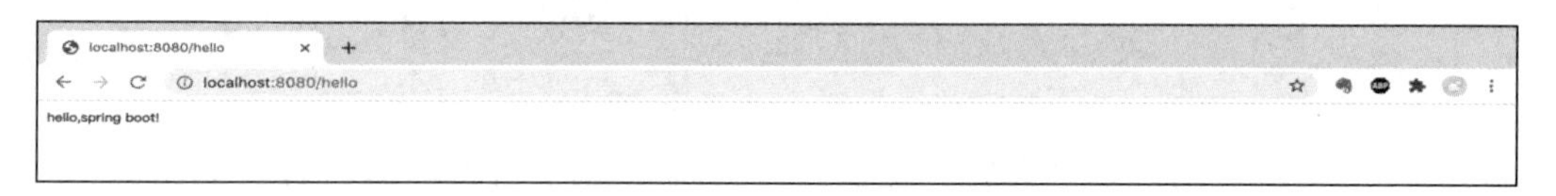

图 4-36　HelloController 访问结果

4.9　构建Spring Cloud Alibaba模板项目

第 4.8 节主要介绍了如何创建一个 Spring Boot 项目，并使用 IDEA 编辑器开发 Spring Boot 项目。根据笔者的开发经验，在新建 Spring Boot 项目时，建议开发人员使用 Spring Initializr 向导构建。因为使用该方式生成的代码比较齐全，能够避免人为错误，可以直接使用，更加节省时间。Spring Boot 项目的启动方式也列举了 IDEA 编辑器直接启动、Maven 插件启动和命令行启动三种。以上三种方式都很简单，在练习时读者可以自行选择适合自己的启动方式。

在掌握了 Spring Boot 框架的基本开发技巧后，后续的章节内容就要开始过渡到 Spring Cloud Alibaba 微服务项目开发实战。在此之前构建一个 Spring Cloud Alibaba 的基础模板项目，在后续章节中整合微服务架构的组件时，修改一下这个基础模板项目就可以直接上手开发了，非常方便。

构建 Spring Cloud Alibaba 基础模板项目的步骤如下。

先创建一个 Maven 项目，在 pom.xml 配置文件中将 packaging 设置为 pom，将 groupId 设置为 ltd.newbee.cloud。之后依次加入 Spring Boot 依赖、Spring Cloud 依赖和 Spring Cloud Alibaba 依赖。

然后新建一个模板，或者直接把之前创建的 Spring Boot 复制过来，命名为 service-demo，Java 代码的包名为 ltd.newbee.cloud。在该模板的 pom.xml 配置文件中增加 parent 标签，与上层 Maven 建立好关系。

接着复制该模板为 service-demo2，并修改项目中的 application.properties 的端口号，与 service-demo 做一下区分。

最终的项目目录结构如图 4-37 所示。

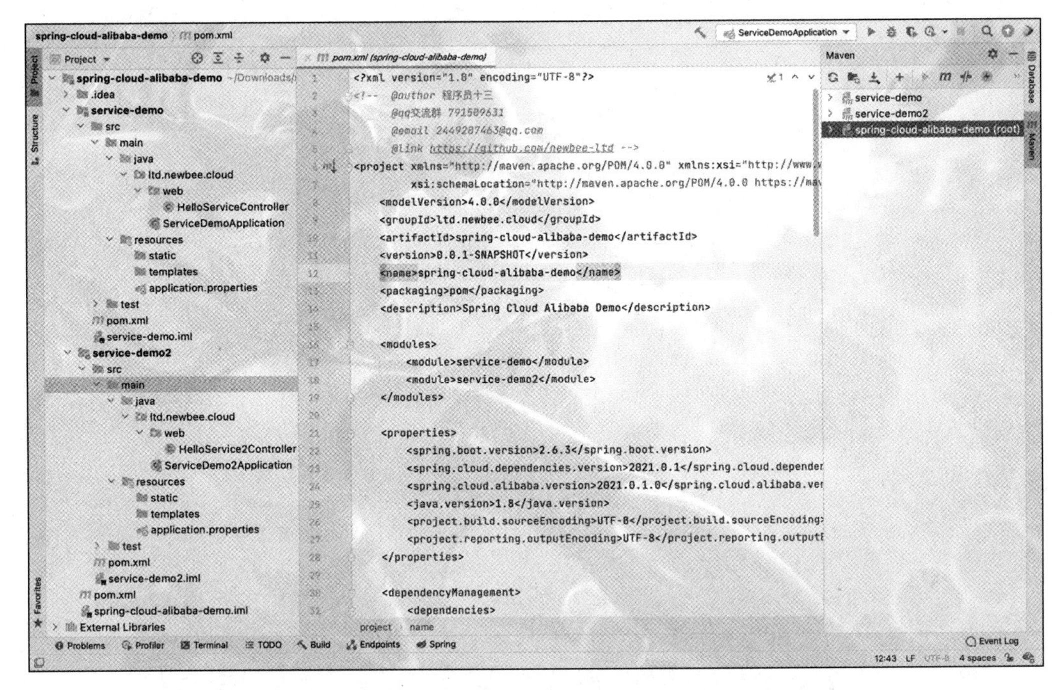

图 4-37　Spring Cloud Alibaba 模板项目最终的目录结构

这是一个标准的 Maven 多模块父子工程，spring-cloud-alibaba-demo 为 root 节点，service-demo 和 service-demo2 为两个子节点。

其中，root 节点的 pom.xml 配置如下：

```
<?xml version="1.0" encoding="UTF-8"?>
<project xmlns="http://maven.apache.org/POM/4.0.0"
xmlns:xsi="http://www.w3.org/2001/XMLSchema-instance"
       xsi:schemaLocation="http://maven.apache.org/POM/4.0.0
https://maven.apache.org/xsd/maven-4.0.0.xsd">
   <modelVersion>4.0.0</modelVersion>
   <groupId>ltd.newbee.cloud</groupId>
   <artifactId>spring-cloud-alibaba-demo</artifactId>
   <version>0.0.1-SNAPSHOT</version>
   <name>spring-cloud-alibaba-demo</name>
   <packaging>pom</packaging>
   <description>Spring Cloud Alibaba Demo</description>

   <modules>
```

```
        <module>service-demo</module>
        <module>service-demo2</module>
    </modules>

    <properties>
        <spring.boot.version>2.6.3</spring.boot.version>
        <spring.cloud.dependencies.version>2021.0.1</spring.cloud.
dependencies.version>
        <spring.cloud.alibaba.version>2021.0.1.0</spring.cloud.alibaba. version>
        <java.version>1.8</java.version>
        <project.build.sourceEncoding>UTF-8</project.build.sourceEncoding>
        <project.reporting.outputEncoding>UTF-8</project.reporting. outputEncoding>
    </properties>

    <dependencyManagement>
        <dependencies>
            <dependency>
                <groupId>org.springframework.cloud</groupId>
                <artifactId>spring-cloud-dependencies</artifactId>
                <version>${spring.cloud.dependencies.version}</version>
                <type>pom</type>
                <scope>import</scope>
            </dependency>

            <dependency>
                <groupId>org.springframework.boot</groupId>
                <artifactId>spring-boot-dependencies</artifactId>
                <version>${spring.boot.version}</version>
                <type>pom</type>
                <scope>import</scope>
            </dependency>

            <dependency>
                <groupId>com.alibaba.cloud</groupId>
                <artifactId>spring-cloud-alibaba-dependencies</artifactId>
                <version>${spring.cloud.alibaba.version}</version>
                <type>pom</type>
                <scope>import</scope>
            </dependency>

            <dependency>
                <groupId>org.springframework.boot</groupId>
```

```
            <artifactId>spring-boot-starter-web</artifactId>
            <version>${spring.boot.version}</version>
        </dependency>

        <dependency>
            <groupId>org.springframework.boot</groupId>
            <artifactId>spring-boot-starter-test</artifactId>
            <version>${spring.boot.version}</version>
        </dependency>
    </dependencies>
</dependencyManagement>

<build>
    <plugins>
        <plugin>
            <groupId>org.apache.maven.plugins</groupId>
            <artifactId>maven-compiler-plugin</artifactId>
            <version>3.8.0</version>
            <configuration>
                <source>${java.version}</source>
                <target>${java.version}</target>
                <encoding>UTF-8</encoding>
            </configuration>
        </plugin>
        <plugin>
            <groupId>org.springframework.boot</groupId>
            <artifactId>spring-boot-maven-plugin</artifactId>
            <version>${spring.boot.version}</version>
        </plugin>
    </plugins>
</build>

<repositories>
    <repository>
        <id>central</id>
        <url>https://maven.aliyun.com/repository/central</url>
        <name>aliyun</name>
    </repository>
</repositories>

</project>
```

子节点的 pom.xml 配置如下：

```
<?xml version="1.0" encoding="UTF-8"?>
<project xmlns="http://maven.apache.org/POM/4.0.0" xmlns:xsi =
"http://www.w3.org/2001/XMLSchema-instance"
         xsi:schemaLocation="http://maven.apache.org/POM/4.0.0
https://maven.apache.org/xsd/maven-4.0.0.xsd">
    <modelVersion>4.0.0</modelVersion>
    <groupId>ltd.newbee.cloud</groupId>
    <artifactId>service-demo</artifactId>
    <version>0.0.1-SNAPSHOT</version>
    <name>service-demo</name>
    <description>Spring Cloud Alibaba Service Demo</description>

    <parent>
        <groupId>ltd.newbee.cloud</groupId>
        <artifactId>spring-cloud-alibaba-demo</artifactId>
        <version>0.0.1-SNAPSHOT</version>
    </parent>

    <properties>
        <java.version>1.8</java.version>
    </properties>

    <dependencies>
        <dependency>
            <groupId>org.springframework.boot</groupId>
            <artifactId>spring-boot-starter-web</artifactId>
        </dependency>

        <dependency>
            <groupId>org.springframework.boot</groupId>
            <artifactId>spring-boot-starter-test</artifactId>
            <scope>test</scope>
        </dependency>
    </dependencies>

</project>
```

最后，分别启动两个子节点中的 Spring Boot 实例并访问，结果如图 4-38 所示。

代码没有报错，并且可以正常启动和访问，Spring Cloud Alibaba 模板项目就构建完成了。这个项目只是一个模板项目，并没有实际的功能开发，项目的相关配置也主要是把模板关系建立好、把 Spring Cloud Alibaba 及相关的依赖配置好。

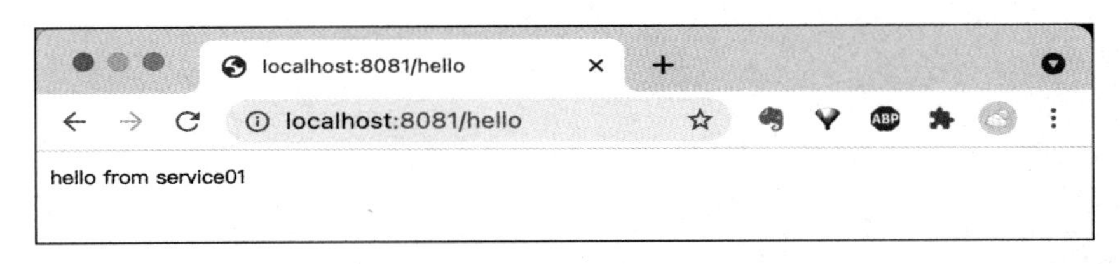

图 4-38　service01 服务访问结果

本章主要讲解了基础开发环境的搭建，同时结合实际的编码帮助读者熟悉 Spring Cloud Alibaba 技术栈的基础编码，其实与日常开发的项目并没有特别大的差别，希望读者不要觉得 Spring Cloud Alibaba 微服务架构项目的开发很困难。本章设计基础代码演示的主要目的是让读者顺利地过渡到项目实战阶段，现在已经有了基础的微服务模板项目，在后续的章节再去整合微服务架构中的各个组件就比较轻松了，只需要根据不同的组件增加 pom 依赖和一些基础配置就可以了。

另外，本书使用的 MySQL 数据库版本为 5.7，为了避免出现一些问题，建议读者使用 MySQL 5.7 或以上版本。在后续章节中讲解 Nacos、Sentinel、Seata 等组件的数据持久化和分布式事务的演示时都会用到 MySQL 数据库。在最终的实战项目中会使用 Redis 数据库，读者如果想尽快上手实战项目，就要在计算机上安装并配置好 Redis。

第 5 章

拉开帷幕：详解服务通信与服务治理

服务通信与服务治理是微服务架构中最核心的和基础的模块，本章将详细讲解这两个重要的知识点。先介绍服务化拆分后独立的服务间是如何进行“通信”的，在本书最终的微服务架构实战项目中，服务通信的实现基于 OpenFeign，“通信”协议为 HTTP，笔者会结合实际的编码讲解 Java 语言中 HTTP 调用的不同实现方式，然后讲解与服务治理相关的知识，主要围绕为什么需要服务治理、服务治理包含哪些内容、加入服务治理模块后服务间的调用步骤这几个要点来讲解。

5.1 认识服务通信

5.1.1 为什么需要服务通信

有因必有果。导致服务通信出现的原因是什么？或者说为什么需要服务通信？

以创建外卖订单这个行为来举例。外卖 APP 的订单确认页面有如下信息：用户地址信息、菜品信息、红包信息、商家信息、配送信息、优惠券信息等。在一切信息确认之后就可以生成这个外卖订单了，在订单功能的实现方法中会根据这些信息来创建一条订单数据。

在未做服务化拆分时，各个功能模块间在同一个工程中可以直接进行方法或功能的调用。比如，当前所举例的外卖项目，当这些功能模块在同一个工程中时，直接在 OrderService 类中调用每个功能实现类的对应方法即可，如图 5-1 所示。

图 5-1　外卖项目中的本地方法调用

而微服务架构或类微服务架构的项目本质上是运行在多台机器上的分布式系统，每个服务都是独立的，一个服务如果想要调用另一个服务上的功能或方法，就要确保二者之间能够“通信”。

以外卖 APP 为例，上述所提到的服务如果都被服务化拆分并做成了一个个独立的服务，那么在创建订单时，OrderService 类就无法做到本地调用 UserService、FoodService、DeliveryService、CouponService 等实现类中的方法了，如图 5-2 所示。此时，如果无法打通服务间的调用链路，订单生成功能就无从谈起了。

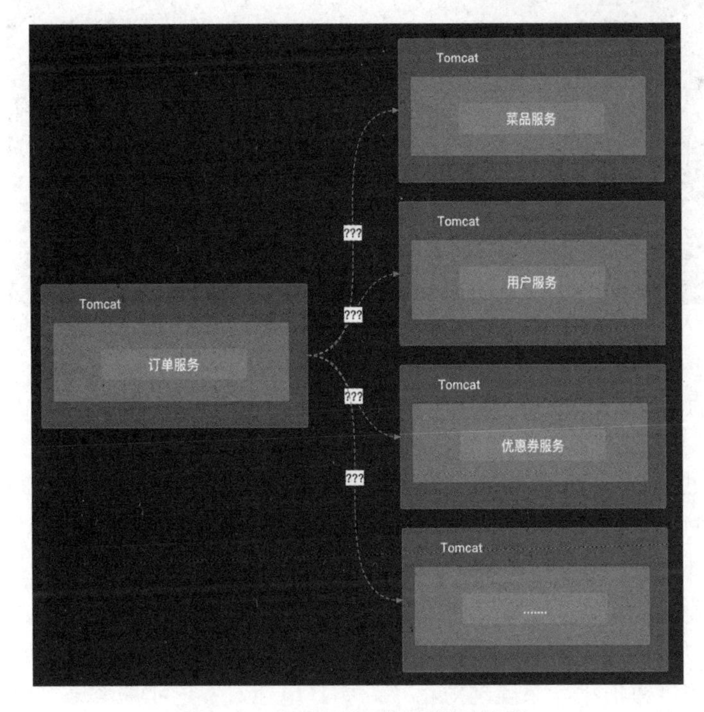

图 5-2　服务拆分后调用链路中断

在分布式架构或微服务架构中，服务是独立开发和独立部署的，物理层面是独立的。但是在具体的功能实现时，可能也需要各个服务的配合。

5.1.2 服务通信简介

当然，服务通信并不是一个非常复杂的概念。

单体应用中可以直接进行本地方法调用，在最终的微服务架构项目实战中，服务通信的实现基于 OpenFeign，“通信”协议为 HTTP，使用 Feign 或 OpenFeign 就是基于 HTTP 的调用，需要发送 HTTP 请求和处理 HTTP 请求的回调。比如，在创建订单时，OrderService 类需要调用 FoodService 类中的方法 getFoodListByIds()，本地方法调用很简单，如图 5-3 所示。

图 5-3　调用本地方法 getFoodListByIds()

服务拆分后的 OrderService 类当然也需要调用 FoodService 类的方法 getFoodListByIds()。虽然无法直接调用 getFoodListByIds()方法，但是 FoodService 类会把 getFoodListByIds()方法的结果通过 REST 接口的方式返回给调用端 OrderService 类，之后 OrderService 类需要处理请求回调，最终得到的依然是 getFoodListByIds()方法的结果，调用过程及注意事项如图 5-4 所示。

类比到现实世界中，小张和小李两个人如果在一间房子里，是可以直接对话的，小张问小李：“你今天写了几个 Bug？”小李说：“我怎么可能写 Bug。”而如果两个人相隔很远，就只能通过通信工具来实现对话了，如打电话、发送 IM 消息、视频通话等，两个人依然可以进行沟通。

因此，服务通信这个概念中的“通信”本质上依然是方法调用，只是无法做到本地调用，需要借助其他技术来实现。在最终的项目实战中，服务通信的实现基于 HTTP，就像小张和小李通话时选择了打电话这种方式。当然也可以选择其他的技术实现，如 Dubbo、gRPC、Thrift 等技术。HTTP、Dubbo、gRPC、Thrift 这些技术属于服务通信中的同步调用，就是严格地遵循“一问一答”，调用端发起一次“通信”，被调用端处理后需要及时回应，可能导致阻塞。而除同步调用外，还有异步调用，常见的就是通过消息队列来实现，调用端与被调用端通过异步消息来通信和实现具体的功能，这种状态下，及时回应就不是必需的了，也不会导致阻塞。

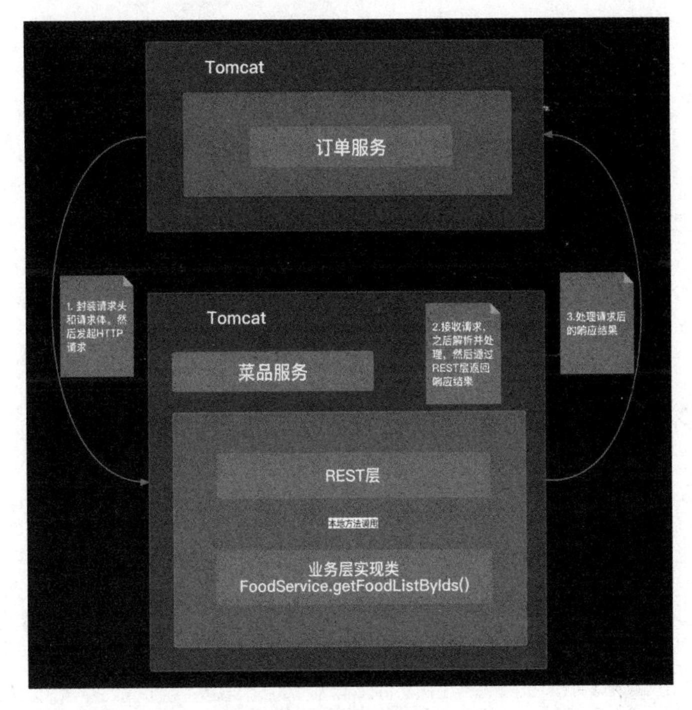

图 5-4　远程调用 getFoodListByIds()方法

5.2　HTTP调用之编码实践

对于 HTTP 请求，读者应该都不陌生。打开浏览器，在地址栏中输入一个正确的网址即可获得响应内容，如图 5-5 所示。

在实际的服务调用中肯定不会返回一个页面，而是返回接口的响应内容，比较常见的是 JSON 格式的字符串，如图 5-6 所示。

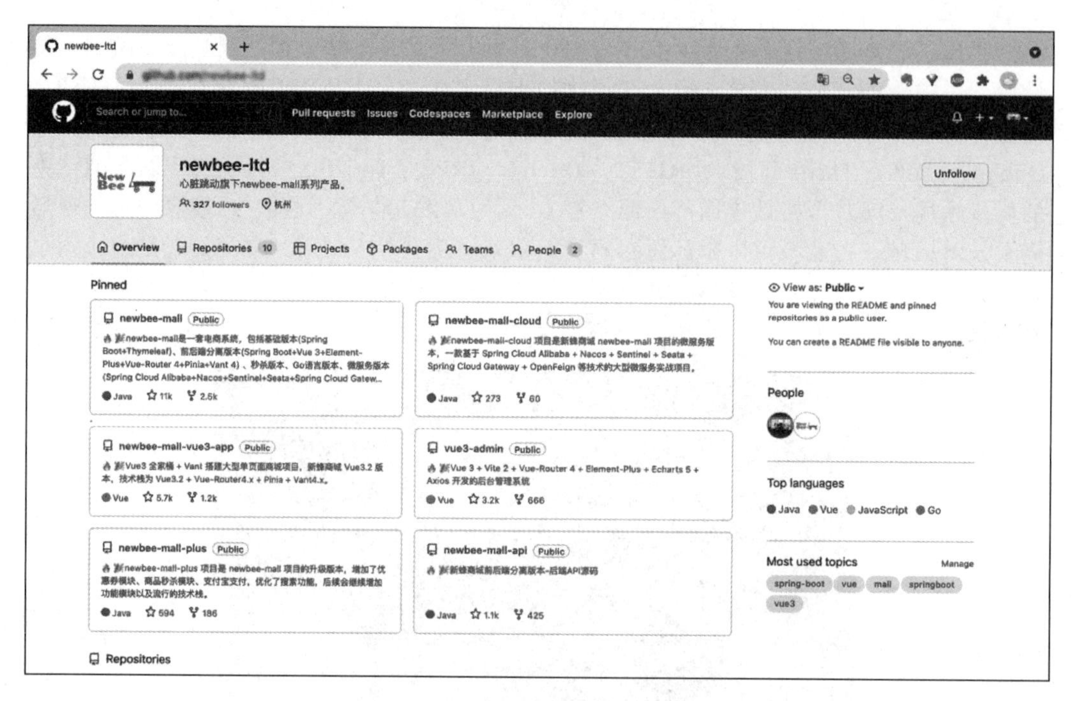

图 5-5　浏览器中的网页效果

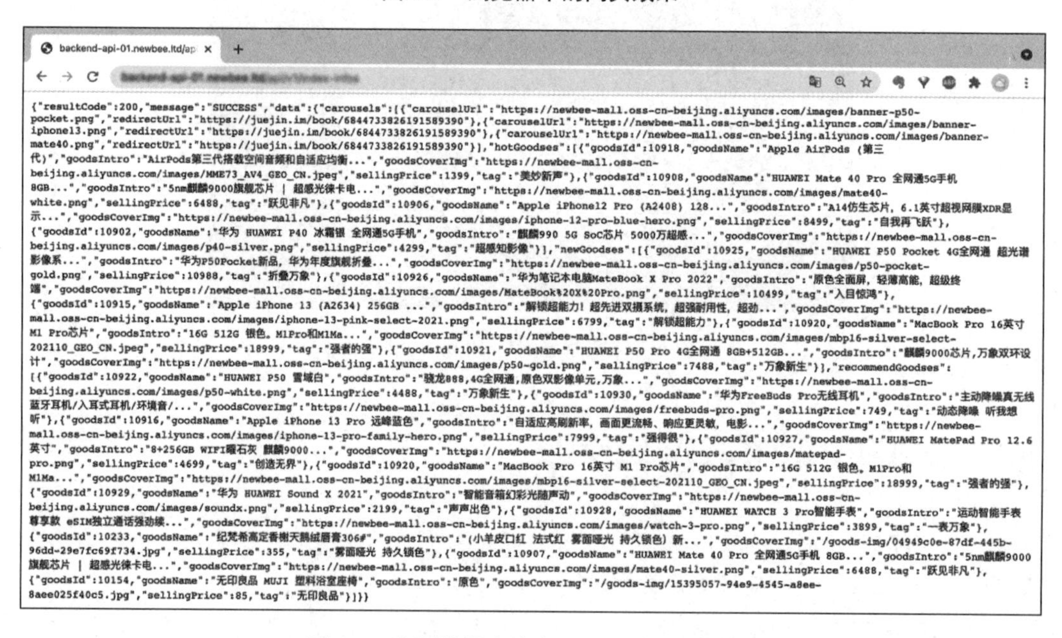

图 5-6　在浏览器中请求 API 后的响应内容

那么不借助浏览器，在 Java 代码中该如何处理呢？接下来通过几个代码示例讲解在 Java 代码中如何发起 HTTP 请求和处理 HTTP 响应结果。

5.2.1　被调用端编码实现

先创建一个名称为 service-demo 的 Spring Boot 实例项目，将端口号设置为 8081，然后分别创建 ltd.newbee.cloud.service 包和 ltd.newbee.cloud.web 包，用于分别存放业务层实现类和 REST 层的 Controller 类。

在 ltd.newbee.cloud.service 包中新建 HelloServiceImpl 类，代码如下：

```
package ltd.newbee.cloud.service;

import org.springframework.stereotype.Component;

@Component
public class HelloServiceImpl {

    public String getName(){
        return "service01";
    }
}
```

定义了 getName()方法，该方法的作用是返回一个字符串。

在 ltd.newbee.cloud.web 包中新建 HelloServiceController 类，代码如下：

```
package ltd.newbee.cloud.web;

import ltd.newbee.cloud.service.HelloServiceImpl;
import org.springframework.beans.factory.annotation.Autowired;
import org.springframework.web.bind.annotation.GetMapping;
import org.springframework.web.bind.annotation.RestController;

@RestController
public class HelloServiceController {

    @Autowired
    private HelloServiceImpl helloService;

    @GetMapping("/hello")
    public String hello() {
        // 调用本地方法，并通过 HTTP 进行响应
```

```
        return "hello from " + helloService.getName();
    }
}
```

HelloServiceController 类使用@RestController 注解，并不会返回视图对象。该类中定义了 hello()方法，映射地址为/hello，在访问该地址后会返回一个字符串给调用端。

本节的代码主要用于功能展示，并没有演示复杂的功能逻辑。

接下来复制 service-demo 为 service-demo2，并修改类名和配置文件中的端口号。这样就有了两个被调用端的实例，代码结构如图 5-7 所示。

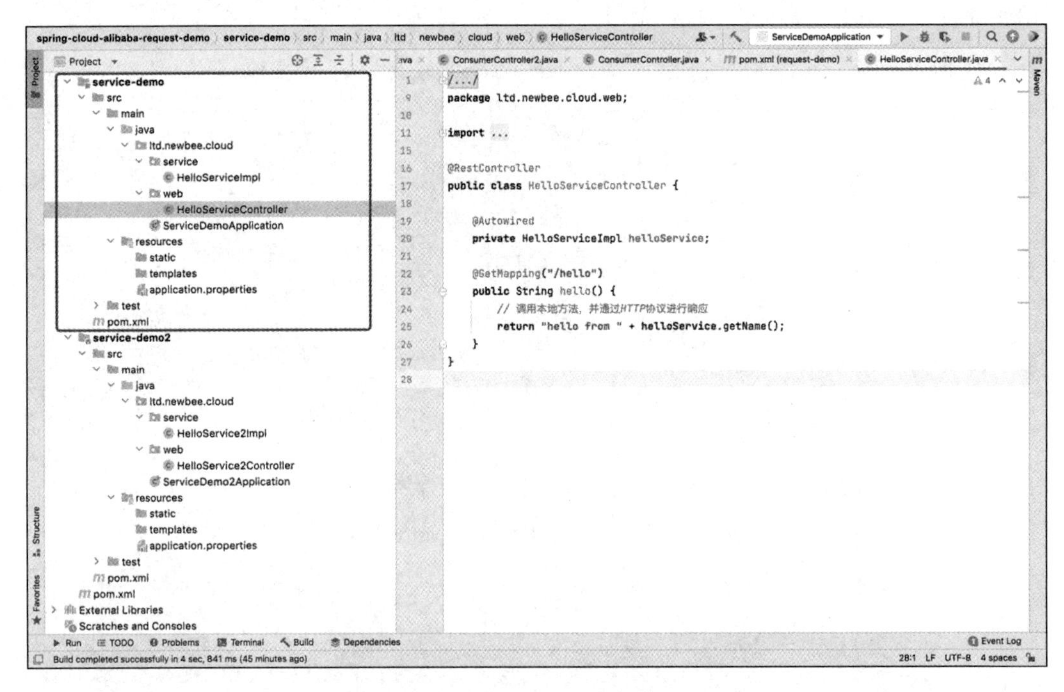

图 5-7　service-demo 工程的代码结构

编码完成后分别启动两个实例，启动成功后，可以分别访问两个接口地址：

```
http://localhost:8081/hello
http://localhost:8082/hello
```

如果项目中没有报错，并且访问结果如图 5-8 所示，则编码完成。

被调用端的编码和验证都已经完成。下面编写调用端的代码。

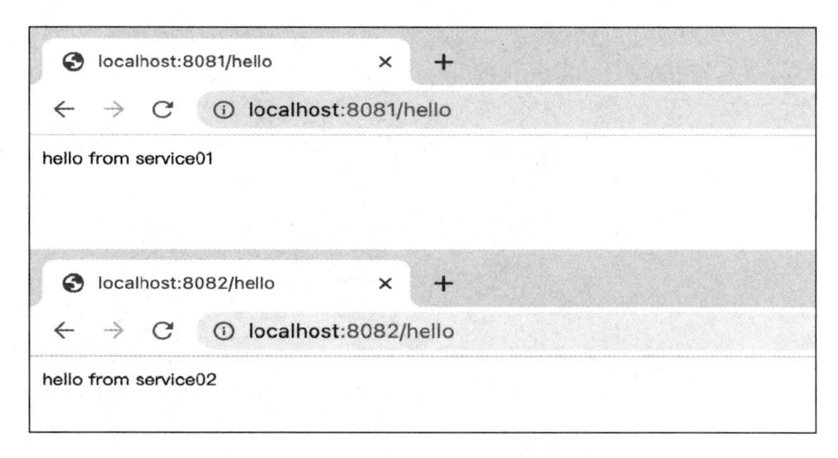

图 5-8　service01 和 service02 的请求结果

在 Java 项目开发中，向其他服务发起 HTTP 调用是常见的功能需求，编码实现时需要使用客户端工具或第三方提供的 HTTP 开发包。有很多常用的 HTTP 开发包供开发人员选择，如 Java 自带的 HttpUrlConnection 类、HttpClient 工具包、Spring 提供的 RestTemplate 工具和 WebClient 工具。

笔者将分别使用 HttpClient、RestTemplate、WebClient 来演示它们是如何对 HTTP 请求进行处理的。

5.2.2　使用 HttpClient 处理请求

新建一个名称为 request-demo 的 Spring Boot 实例项目，将端口号设置为 8083。在 pom.xml 文件中添加 httpclient 的依赖配置，代码如下：

```
<dependency>
  <groupId>org.apache.httpcomponents</groupId>
  <artifactId>httpclient</artifactId>
</dependency>
```

之后创建 ltd.newbee.cloud.web 包，用于存放调用端所需的测试类。在 ltd.newbee.cloud.web 包中新建 ConsumerController 类，代码如下：

```
package ltd.newbee.cloud.web;

import org.apache.http.client.methods.CloseableHttpResponse;
import org.apache.http.client.methods.HttpGet;
import org.apache.http.impl.client.CloseableHttpClient;
```

```
import org.apache.http.impl.client.HttpClients;
import org.apache.http.util.EntityUtils;
import org.springframework.web.bind.annotation.GetMapping;
import org.springframework.web.bind.annotation.RestController;

import java.io.IOException;

@RestController
public class ConsumerController {

    private final String SERVICE_URL = "http://localhost:8081";
    //private final String SERVICE_URL = "http://localhost:8082";

    /**
     * 使用HttpClient来处理HTTP请求
     * @return
     * @throws IOException
     */
    @GetMapping("/httpClientTest")
    public String httpClientTest() throws IOException {
        CloseableHttpClient httpClient = HttpClients.createDefault();
        HttpGet httpGet = new HttpGet(SERVICE_URL + "/hello");
        CloseableHttpResponse response = null;
        try {
            // 执行请求
            response = httpClient.execute(httpGet);
            // 判断返回状态码
            if (response.getStatusLine().getStatusCode() == 200) {
                String content = EntityUtils.toString(response.getEntity(),
                                 "UTF-8");
                // 打印请求结果
                System.out.println(content);
            }
        } finally {
            if (response != null) {
                response.close();
            }
            httpClient.close();
        }
        return "请求成功";
    }
}
```

代码中定义了 SERVICE_URL 变量，用于存放请求地址。在 httpClientTest()方法中，使用 HttpClient 工具对目标服务的接口进行了请求，并打印接收的请求结果。

编码完成后，依次启动 service-demo、service-demo2、request-demo 三个实例，启动成功后可以访问如下测试地址：

```
http://localhost:8083/httpClientTest
```

如果项目中没有报错，控制台打印出了此次的请求结果，则编码完成：

```
hello from service01

hello from service02
```

5.2.3　使用 RestTemplate 处理请求

RestTemplate 是 Spring 提供的一个 HTTP 请求工具，它提供了常见的 REST 请求方案的模板，简化了在 Java 代码中处理 HTTP 请求的编码过程。接下来笔者将使用 RestTemplate 工具来完成 HTTP 请求的处理。

依然在 request-demo 项目中进行编码。先创建 ltd.newbee.cloud.config 包，并新建 RestTemplate 的配置类，代码如下：

```
package ltd.newbee.cloud.config;

import org.springframework.context.annotation.Bean;
import org.springframework.context.annotation.Configuration;
import org.springframework.http.client.ClientHttpRequestFactory;
import org.springframework.http.client.SimpleClientHttpRequestFactory;
import org.springframework.web.client.RestTemplate;
import org.springframework.http.converter.StringHttpMessageConverter;

import java.nio.charset.Charset;

@Configuration
public class RestTemplateConfig {

    @Bean
    public RestTemplate restTemplate(ClientHttpRequestFactory factory) {
        RestTemplate restTemplate = new RestTemplate(factory);
        // UTF-8 编码设置
        restTemplate.getMessageConverters().set(1,
                new StringHttpMessageConverter(Charset.forName("UTF-8")));
```

```
        return restTemplate;

    }

    @Bean
    public ClientHttpRequestFactory simpleClientHttpRequestFactory() {
        SimpleClientHttpRequestFactory factory = new SimpleClientHttpRequestFactory();
        // 超时时间为 10 秒
        factory.setReadTimeout(10 * 1000);
        // 超时时间为 5 秒
        factory.setConnectTimeout(5 * 1000);
        return factory;
    }
}
```

然后在 ConsumerController 类中引入 RestTemplate 对象，并使用它来发起请求和处理请求回调结果，代码如下：

```
@Resource
private RestTemplate restTemplate;

/**
 * 使用 RestTemplate 来处理 HTTP 请求
 * @return
 * @throws IOException
 */
@GetMapping("/restTemplateTest")
public String restTemplateTest() {
    // 打印请求结果
    System.out.println(restTemplate.getForObject(SERVICE_URL + "/hello",
String.class));
    return "请求成功";
}
```

在 restTemplateTest()方法中，使用 RestTemplate 工具对目标服务的接口进行了请求，并打印接收的请求结果。相较于 HttpClient 工具，RestTemplate 工具编码更加简单，不管是发起请求还是请求回调的处理都做了很多封装，方便开发人员使用。

编码完成后，依次启动 service-demo、service-demo2、request-demo 三个实例，启动成功后可以访问如下测试地址：

```
http://localhost:8083/restTemplateTest
```

如果项目中没有报错，控制台打印出了此次的请求结果，则编码完成：

```
hello from service01

hello from service02
```

5.2.4　使用 WebClient 处理请求

WebClient 是从 Spring WebFlux 5.0 版本开始提供的一个非阻塞的基于响应式编程的进行 HTTP 请求的客户端工具。它的响应式编程基于 Reactor。与 RestTemplate 工具类似，它们都是 Spring 官方提供的 HTTP 请求工具，方便开发人员进行网络编程。

只是二者有些许不同， RestTemplate 是阻塞式客户端，WebClient 是非阻塞式客户端，并且二者所依赖的 Servlet 环境不同，WebClient 是 Spring WebFlux 开发库的一部分，引入 starter 场景启动器时使用的依赖如下：

```
<dependency>
  <groupId>org.springframework.boot</groupId>
  <artifactId>spring-boot-starter-webflux</artifactId>
</dependency>
```

不用引入 spring-boot-starter-web。使用 RestTemplate 工具直接引用 spring-boot-starter-web 即可。

复制 request-demo 为 request-demo2，修改 pom.xml 文件中的 web 场景启动器为 spring-boot-starter-webflux，之后新建 ConsumerController2 类，并新增如下代码：

```
package ltd.newbee.cloud.web;

import org.springframework.web.bind.annotation.GetMapping;
import org.springframework.web.bind.annotation.RestController;
import org.springframework.web.reactive.function.client.WebClient;
import reactor.core.publisher.Mono;

@RestController
public class ConsumerController2 {

    private final String SERVICE_URL = "http://localhost:8081";
    //private final String SERVICE_URL = "http://localhost:8082";

    private WebClient webClient = WebClient.builder()
```

```
            .baseUrl(SERVICE_URL)
            .build();

    /**
     * 使用 WebClient 处理 HTTP 请求
     * @return
     */
    @GetMapping("/webClientTest")
    public String webClientTest() {
        Mono<String> mono = webClient
                .get()                              // GET 请求方式
                .uri("/hello")                      // 请求地址
                .retrieve()                         // 获取响应结果
                .bodyToMono(String.class);          // 响应结果转换

        // 打印请求结果
        mono.subscribe(result -> {
            System.out.println(result);
        });
        return "请求成功";
    }
}
```

在 webClientTest()方法中，使用 WebClient 工具对目标服务的接口进行请求，并打印接收的请求结果。相较于 RestTemplate 工具，WebClient 工具的编码方式有所不同，可以应用函数式编程与流式 API，支持 Reactive 类型（Mono 和 Flux）。

编码完成后，依次启动 service-demo、service-demo2、request-demo2 三个实例，启动成功后可以访问如下测试地址：

```
http://localhost:8084/webClientTest
```

如果项目中没有报错，控制台打印出了此次的请求结果，则编码完成：

```
hello from service01

hello from service02
```

最终代码目录结构如图 5-9 所示。

当然，读者也可以自行编码，分别创建四个 Spring Boot 项目并进行编码。笔者为了功能演示和源码整理，把所有代码放在了同一个工程里。

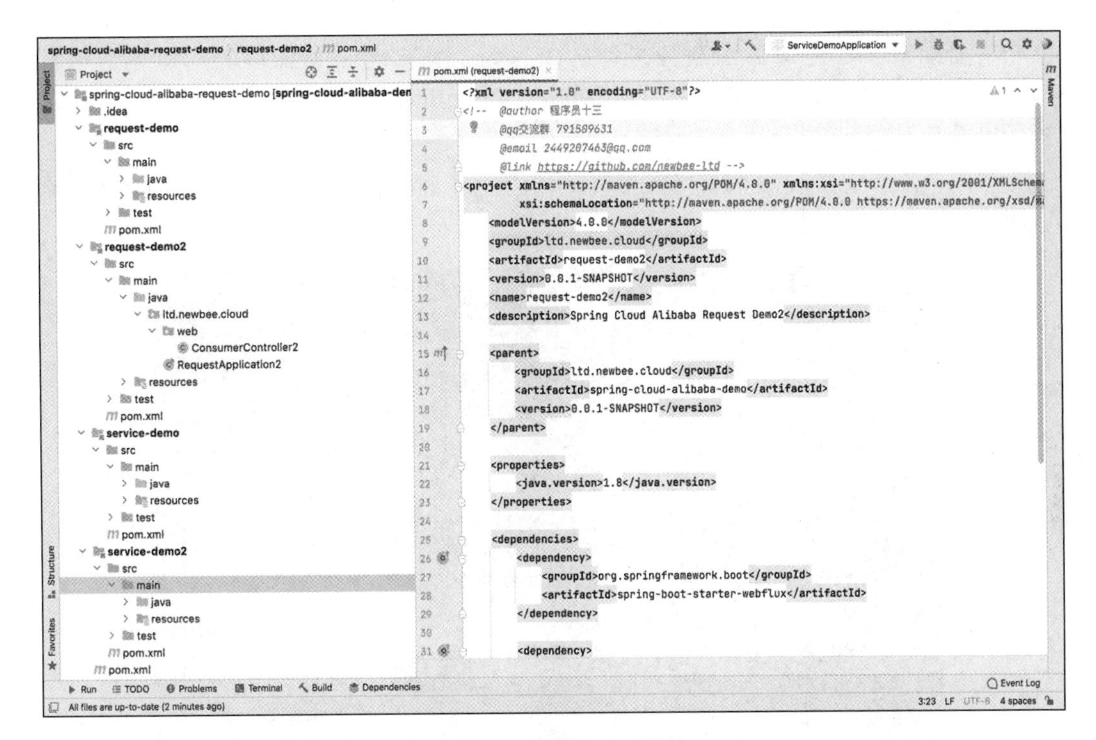

图 5-9　最终代码目录结构

5.3　为什么需要服务治理

在未引入服务治理模块之前，服务之间的通信是服务间直接发起并调用来实现的。以外卖 APP 的订单功能为例，OrderService（订单服务）直接向 FoodService（菜品服务）发起请求，如图 5-10 所示。

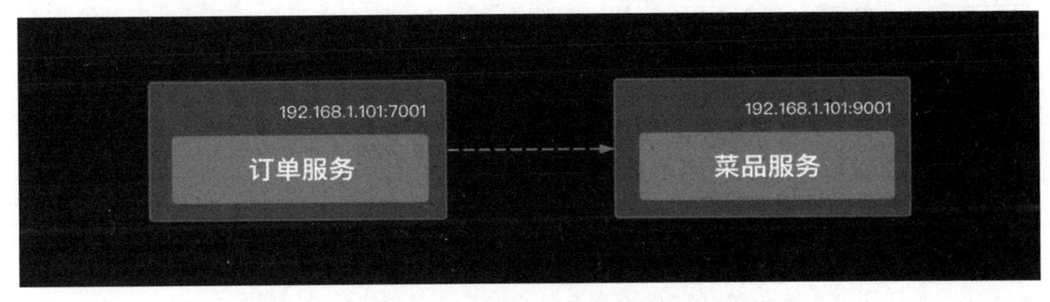

图 5-10　未引入服务治理模块服务通信的方式

只要知道了对应服务的服务名称、IP 地址、端口号，就能够发起服务通信。FoodService 的 IP 地址为 192.168.1.101:9001，OrderService 直接向该 IP 地址发起请求就可以获取对应的数据。

然而，各个微服务实例为了满足高可用的需求，肯定会搭建集群，此时的调用链路可能就变成图 5-11 中的情形了。

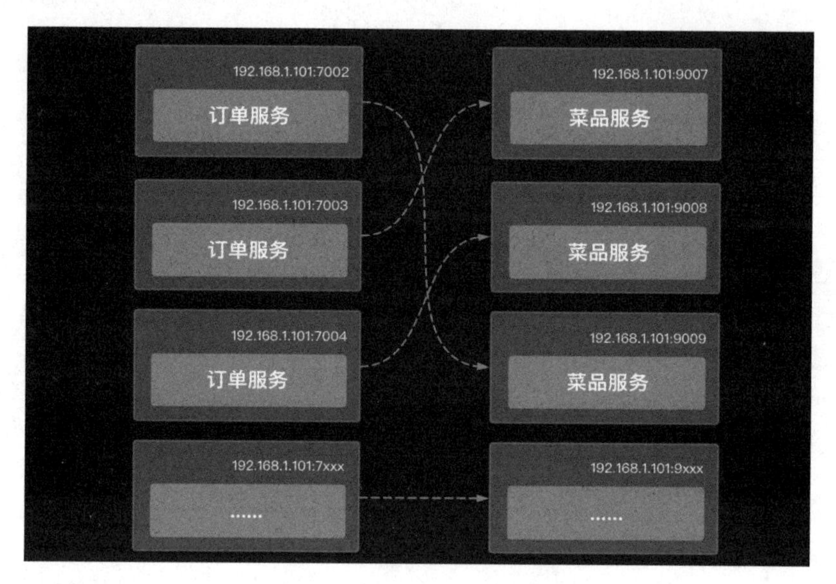

图 5-11　服务集群间的通信方式

如果微服务架构中独立的服务不多，则可以通过硬编码的方式对服务名称、IP 地址、端口号进行静态配置，进而完成对服务的调用。此时需要开发人员手动维护各个服务的实例清单，清单中包括服务名称、服务地址等信息。

随着业务的发展，系统功能越来越复杂，对应的微服务实例也在不断增多。图 5-11 是只有两个服务的调用链路示意图，如果系统中的服务有成百上千个，手动配置各个服务的实例清单就会变得越来越复杂，这时再使用硬编码配置的方式就非常愚蠢了。当集群规模发生改变、服务实例数量的增加和减少、服务名称发生改变、服务实例部署的 IP 地址或端口号发生改变，维护起来绝对是一个大工程，出错的概率也会大大增加，而且维护这种硬编码的配置内容需要消耗太多的开发资源。

当然，也有读者会问：使用代理技术把某个服务集群中的 IP 地址统一代理后暴露一个 IP 地址，不就能大大减少维护的配置内容了吗？比如，使用 Nginx 做反向代理、使用 LVS 技术或使用商用的 SLB 技术都可以实现。笔者画了一张图来描述此时的情形，如图 5-12 所示。

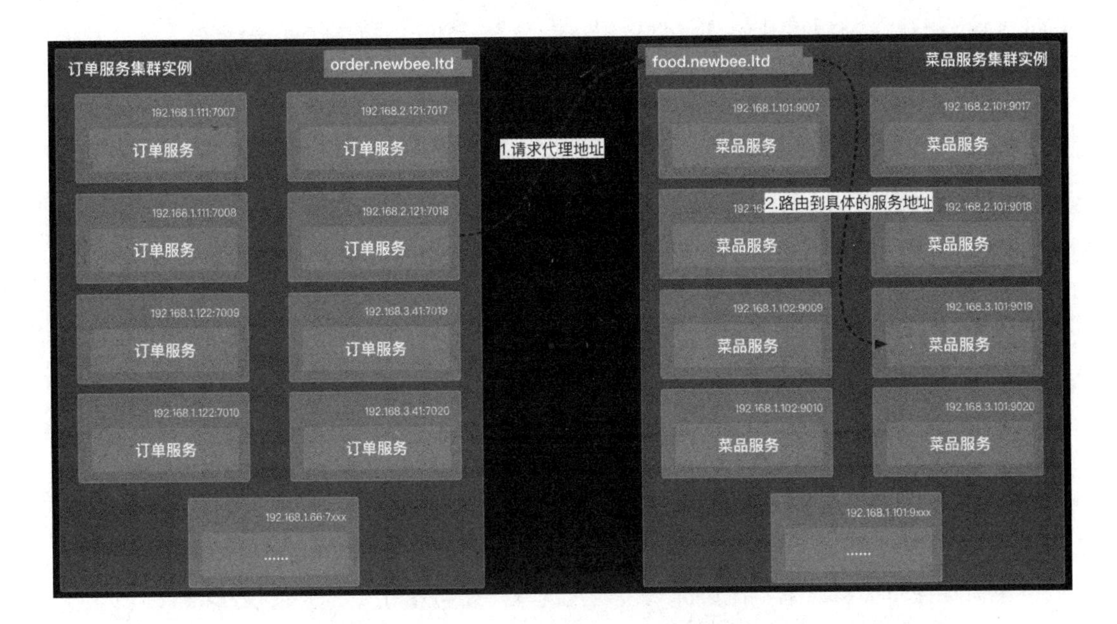

图 5-12　增加反向代理后服务集群间的通信方式

OrderService 实例如果想要调用 FoodService，只要在代码中配置一个 food.newbee.ltd 调用地址即可。这个地址就是对 FoodService 的实例集群做完代理配置后暴露的一个虚拟 IP 地址或一个 Nginx 网关，OrderService 只需要向这个地址发起请求，之后在具体的网关层通过负载均衡策略把这次请求转发到菜品服务集群的某一个 FoodService 实例中进行处理。

这种方式确实能够减少服务实例清单的维护难度，但是又出现了两个新问题。加上一层中间代理后，OrderService 与 FoodService 两个服务集群间并不能直接通信，两个服务的通信需要借助这一层的中间代理来完成，第一个问题就出现了：无法直连。进而导致调用成本的增加，因为增加了一次网络消耗。第二个问题是维护成本高仍然存在，如集群规模发生改变、服务实例数量的增加和减少、服务实例部署的 IP 地址或端口号发生改变，依然要把这些信息配置到代理中，原来是在代码层面维护各个服务的实例清单，加上这一层的中间代理后，实例清单维护变简单了，但是需要对具体的代理软件进行配置文件的维护，如对 Nginx 配置文件或虚拟 IP 池进行修改。

为了解决上述维护问题，市面上出现了大量的服务治理框架和产品。这些框架和产品的实现都围绕多服务实例的管理混乱、通信配置烦琐等问题来完成对微服应用实例的自动化管理，保证各微服务实例的快速上线、下线和正常通信。

当然，“服务治理”其实是一个很宽泛的概念，而且可追溯的时间比较久远，针对不同架构也有着不同的理解和实现。笔者将结合具体的框架和产品，主要讲解服务治理中的三个核心问题：服务注册、服务发现和服务的健康检查机制。

5.4 服务注册和服务发现

5.4.1 服务注册简介

在服务治理框架或产品中，服务的注册中心是必不可少的，这里的注册中心也可以叫作“服务中心”。已经部署的每个服务实例都会向这个注册中心发起请求，把自己的服务信息添加到注册中心里，如服务名称、IP 地址、端口号、通信协议等服务信息。注册中心会维护这份服务的实例清单，有了注册中心之后，就不用开发人员或运维人员来维护各个服务的实例清单了，集群规模发生改变、服务实例数量的增加和减少、服务名称发生改变、服务实例部署的 IP 地址或端口号发生改变，这些情况发生时都会通知注册中心，注册中心会自动修改实例清单中的内容。

比如，订单微服务的实例运行在 IP 地址为 192.168.1.122 的 7010 端口和 IP 地址为 192.168.3.41 的 7020 端口上，菜品微服务的实例运行在 IP 地址为 192.168.1.102 的 9010 端口、IP 地址为 192.168.3.102 的 9010 端口和 IP 地址为 192.168.3.101 的 9020 端口上。当这些服务实例的进程全部启动时，会向注册中心依次发出通知，注册中心就会将这些服务的信息维护到实例清单中，如表 5-1 所示。

表 5-1 服务实例数量和 IP 地址

服务名称	实例数量	实例 IP 地址
order-service	2	192.168.1.122:7010，192.168.3.41:7020
food-service	3	192.168.1.102:9010，192.168.3.102:9010，192.168.3.101:9020

当然，不同注册中心产品里实例清单的格式和记录的信息会有所不同，表 5-1 只是笔者做的简易版的总结。

每个服务实例在启动时都向注册中心发出通知，将自己的服务名称、服务 IP 地址等信息提交到注册中心，注册中心将这些信息维护到实例清单中，这个过程就是服务注册。

5.4.2 服务发现简介

由于在服务治理相关框架下工作，因此各个服务间的调用可以不再通过硬编码的方式指定具体的实例 IP 地址来发起通信请求，而是根据服务名称发起通信请求。在注册中心的作用下，服务间的通信就变得简单了。注册中心维护了服务信息，减轻了开发人员与运维人员的工作负担。比如，订单微服务想要与菜品微服务通信，因为两个微服务都与注册中心保持连接，所以调用方可以向注册中心查询目标服务并获取目标服务的实例清单，之后就可以对具体的某个实例进行访问了。

订单微服务想要调用菜品微服务，可以向注册中心发起查询服务的请求，服务中心会将名称为 food-service 的服务信息列表返回给订单微服务。此时有三个名称为 food-service 的可用实例，订单微服务会获取这个清单，可用的实例 IP 地址分别为 192.168.1.102:9010、192.168.3.102:9010、192.168.3.101:9020。当订单微服务需要发起调用的时候，便会从这三个可用的 IP 地址列表中通过某种负载均衡策略选择一个 IP 地址，并直接发起请求。通过注册中心返回的清单信息，调用方可以精准地定位目标微服务，进而直接发起请求，不需要通过中间代理。

关于服务的负载均衡策略，后续会单独讲解。

服务调用方会从服务的注册中心获取被调用方的服务列表，或者由服务的注册中心将被调用方的服务列表变动信息推送给服务调用方，这个过程叫作服务发现。

在引入服务治理后，服务的信息维护和调用过程变为图 5-13 中的情形。

第一步，服务注册。所有的服务实例在启动时都会向注册中心发送通知，将自己的服务信息提交到注册中心。如图 5-13 所示，服务的注册中心可以选择 Eureka、Consul、Nacos 等产品，本书项目实战所选择的服务中心是 Nacos。

第二步，服务发现。调用方从服务中心获取被调用方服务的所有实例信息，或者由注册中心将被调用方服务数据的变动信息推送给调用方，即调用方不会每次都向服务的注册中心发起请求去获取被调用方的实例信息。比如，调用方可以在请求一次后就将可用的服务数据缓存到本地，直到注册中心主动将被调用方的服务实例清单变更信息推送过来，再进行本地缓存数据的变更，不同的产品或应用场景在缓存和服务信息的更新机制上会有不同的实现策略。

第三步，服务通信。调用方从可用的服务列表中选取某一个 IP 地址，直接发起服务调用。

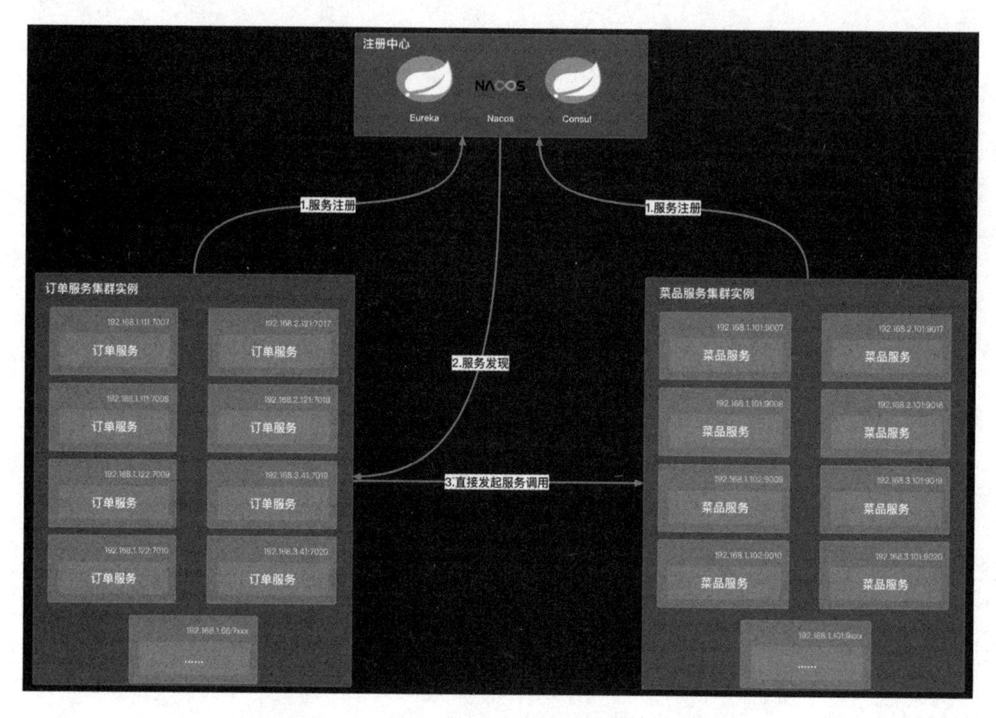

图 5-13　引入服务治理后服务的信息维护和调用过程

5.5　健康检查机制

引入服务治理后，通过服务注册和服务发现已经解决了微服务架构下的不少问题。比如，前文中提到的维护困难和加入代理后无法直接调用的问题，完善了服务间的通信过程。但是“治理”可不是简简单单地维护服务清单和保证通信正常，还需要有一定的纠错能力，保证服务清单中内容的可用性，也就是健康检查和服务纠错的机制。

如果被调用服务的集群中，某几个服务实例因为网络故障或服务器问题无法提供稳定的服务，如菜品服务集群中 192.168.1.102:9009、192.168.1.102:9010 两个服务实例因为服务器断电导致无法继续提供服务，这时订单服务向菜品服务发起了多次服务调用，根据注册中心返回的实例清单访问了这两个实例，一定会发生访问超时的异常情况。

在服务治理的产品和框架中是如何规避这种问题的呢？业界常用的解决方案是“探活”，或者叫作“心跳检查”。服务中心可以通过这种机制筛选出不健康的服务实例或异常的服务实例，然后将其“踢出”服务清单。等到服务实例正常后，再将其维护到服务清单中。这种机制能够尽可能地保证调用方在发送请求时直接到达正常的节点。

将健康检查机制添加到服务注册和服务发现的流程后，就得到了图 5-14 所示的步骤图。

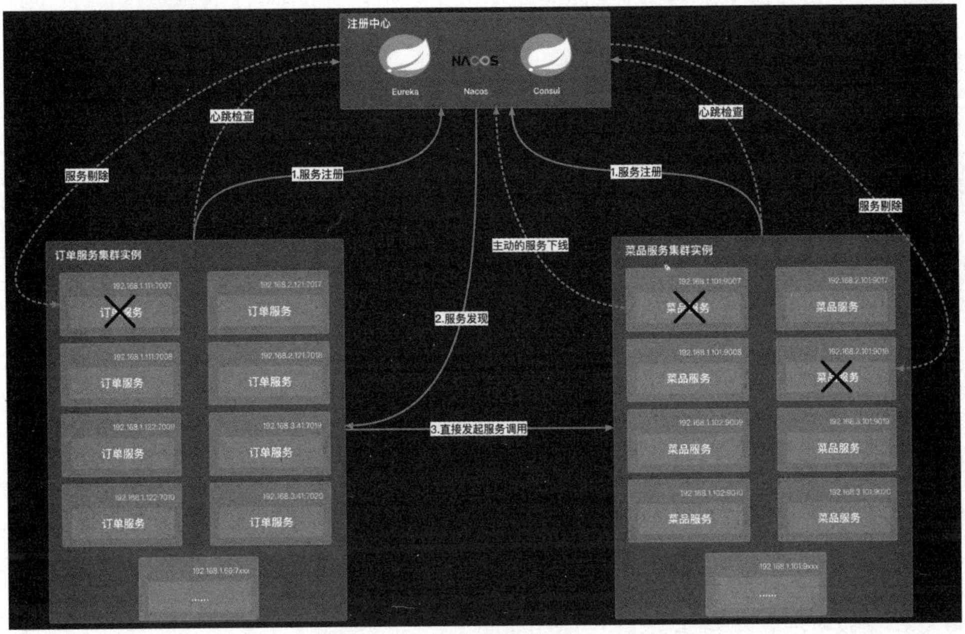

图 5-14　添加健康检查机制后的步骤

在图 5-14 中，健康检查相关的步骤都使用虚线来表示。

所有的服务实例在注册中心注册成功后，每个服务实例都需要定时发送请求，告知注册中心自己的状态，业界一般称这个过程为 heartbeat，即“心跳”。如果服务实例能够持续发送“心跳”信息，则表示一切正常，服务会被标记为可用的、可发现的。如果注册中心在一段时间内没有收到某个服务实例的“心跳”信息，就会将这个服务实例标记为不可用或不可达的状态，进而从可用的服务列表中剔除该服务实例的信息，在调用方查询可用的服务实例清单时，该服务实例的信息不会返回给调用方。

健康检查和异常服务的剔除操作不需要开发人员太过关注，使用的开发框架和服务中心产品都会集成这部分功能且自动处理。

在微服务架构中服务通信和服务治理是非常核心的知识点，本章由为什么需要服务通信这个问题讲起，之后介绍服务通信究竟是什么，并结合实际的编码介绍基于 HTTP 的服务通信实践。接着对服务治理知识点进行讲解，对服务治理出现的原因、服务注册、服务发现和健康检查机制进行分析，希望读者能够有所收获。介绍完服务通信与服务治理后，在接下来的章节中笔者将使用 Nacos 搭建服务中心，并通过实际的编码和项目示例讲解服务通信与服务治理在代码层面是如何体现的。

第 6 章

好戏开场：服务管理、注册中心、配置中心——Nacos

Spring Cloud Alibaba 套件中服务治理方面的核心组件是 Nacos，在以 Spring Cloud Alibaba 套件为基础的微服务架构项目中，Nacos 担当的角色有服务管理、服务注册中心、配置中心，并且后续章节中介绍的一些组件也会依赖它。本章将对 Nacos 展开讲解，主要包括 Nacos 的简介与安装、服务注册编码实践、服务发现编码实践、配置中心简介、集成 Nacos 配置中心等功能。

6.1 Nacos简介

Nacos 是阿里巴巴技术团队于 2018 年开源的一款中间件产品，官方定义如下：一个更易于构建云原生应用的动态服务发现、配置管理和服务管理平台。

Nacos 官方社区页面如图 6-1 所示。

图 6-1　Nacos 官方社区页面

2018 年夏天，阿里巴巴技术团队开发的 Nacos 产品正式开源，国内的微服务开源领域迎来了一位新成员——Alibaba Nacos。此后，在构建微服务注册中心和配置中心的过程中，国内开发人员多了一个可信赖的选项。

2019 年 Nacos 1.0 版本正式发布，标志着 Nacos 功能稳定、成熟，并且支持几乎所有的微服务框架和编程语言。由此，Nacos 被广泛使用，并且进入了高速发展期。

2021 年 Nacos 2.0 版本正式发布，性能提升十倍，进入新的发展阶段，以性能强、高可用、生态为核心竞争力，继续保持高速发展。

以上就是 Nacos 的开源历程。

Nacos 的全称为 Dynamic Naming and Configuration Service。顾名思义，就是分布式服务中心和配置中心，支持分布式系统中服务的动态注册、服务发现、动态配置、服务元数据管理等功能。Nacos 可以代替原来的 Spring Cloud Netflix Eureka、Spring Cloud Config、Spring Cloud Bus，功能十分强大。同时，Nacos 提供了一个后台管理系统，非常简洁和方便，可以帮助开发人员管理服务、配置信息和监控服务状态。

在 Spring Cloud Alibaba 生态中，Nacos 中间件承担着注册中心的工作。它仅用在 Spring Cloud 微服务生态中，在其他领域同样散发着耀眼的光芒。图 6-2 为 Nacos 官方给出的 Nacos 生态全景图。

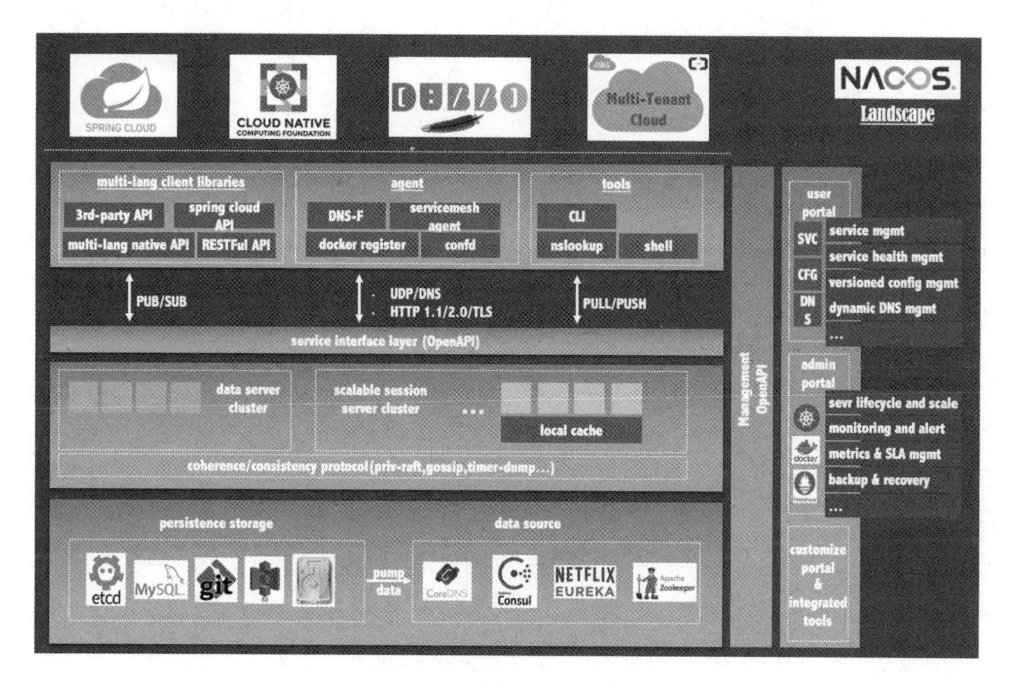

图 6-2　Nacos 生态全景图

Nacos 支持一些主流的开源生态，如 Spring Cloud、Apache Dubbo and Dubbo Mesh、Kubernetes and CNCF。Nacos 是简化服务发现、配置管理、服务治理及管理的解决方案，让微服务的发现、管理、共享、组合更加容易。

6.2 Nacos下载与启动

6.2.1 下载 Nacos

Nacos 安装包的下载地址为网址 3。

本书选择安装的版本是 1.4.3，下载地址为网址 4。

选择 Nacos 1.4.3 版本的原因主要是参考了官方的版本说明，如图 6-3 所示。

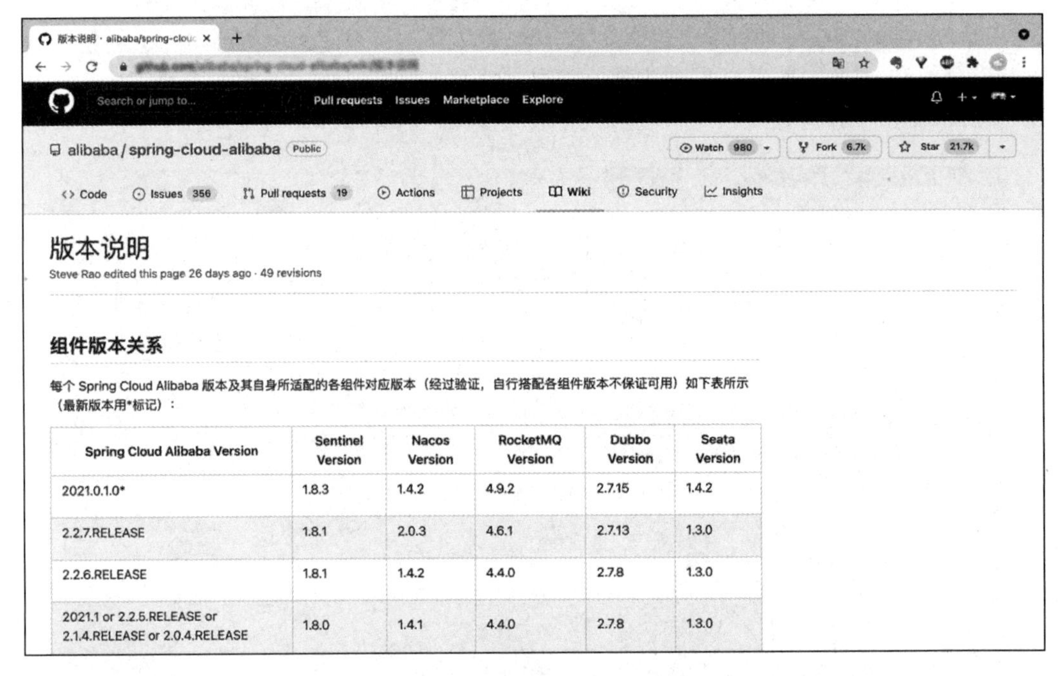

Spring Cloud Alibaba Version	Sentinel Version	Nacos Version	RocketMQ Version	Dubbo Version	Seata Version
2021.0.1.0*	1.8.3	1.4.2	4.9.2	2.7.15	1.4.2
2.2.7.RELEASE	1.8.1	2.0.3	4.6.1	2.7.13	1.3.0
2.2.6.RELEASE	1.8.1	1.4.2	4.4.0	2.7.8	1.3.0
2021.1 or 2.2.5.RELEASE or 2.1.4.RELEASE or 2.0.4.RELEASE	1.8.0	1.4.1	4.4.0	2.7.8	1.3.0

图 6-3　Spring Cloud Alibaba 官方的版本说明

本书所使用的 Spring Cloud Alibaba 版本为 2021.0.1.0，官方推荐 Spring Cloud Alibaba 2021.0.1.0 的对应 Nacos 版本为 1.4.2，而 1.4.3 是官方推荐版本 1.4.2 的优化版本，于 2022 年 1 月 27 日正式发布，综合考虑就选择了 Nacos 1.4.3，并没有完全按照图 6-3 中

的版本关系来选择。

下载完毕后，会得到一个名称为 nacos-server-1.4.3.zip 的文件，解压缩后的目录结构如下。

- bin：存放启动和关闭 Nacos Server 的脚本文件。
- conf：Nacos Server 的配置目录。
- target：Nacos Server 的 JAR 包存放目录。

还有两个文件夹，会在启动 Nacos 之后生成，分别如下。

- data：Nacos 数据目录，Nacos 默认使用 Derby 数据库。
- logs：存放日志文件。

6.2.2 启动 Nacos

解压缩完毕之后，进入 bin 目录。

Nacos 启动前，必须确保系统中已经安装了 JDK 环境，版本为 JDK 8 或以上版本。

如果是 Windows 系统，那么单击“startup.cmd”按钮即可启动。如果是 Linux 系统，则使用命令行来启动，命令如下：

```
./startup.sh -m standalone
```

启动后的日志输出内容如下：

```

       ,--.
     ,--.'|
  ,--,:  : |                                     Nacos 1.4.3
,'--.''|  ' :                   ,---.             Running in stand alone
mode, All function modules
|   :  :  | |                  '   ,'\   .--.--.    Port: 8848
:   |   \ | :  ,--.--.     ,---.  /   /   | /  /    '   Pid: 12391
|   : '  '; | /       \   /     \.   ; ,. :|  :  /'./   Console:
http://192.168.110.10:8848/nacos/index.html
'   ' ;.    ;.--.  .-. | /    / ''   | |: :|  :  ;_
|   | | \   | \__\/: . ..    ' / '   | .; : \  \    '.      https://nacos.io
'   : |  ; .' ," .--.; |'   ; :__|   :    |  '----.   \
|   | ''--'  /  /  ,.  |'   | '.'|\   \  /  /  /'--'  /
'   : |      ;  :   .'   \   :    : '----'  '--'.     /
;   |.'      |  ,     .-./\   \  /            '--'---'
```

```
'---'        '--'---'     '----'


2023-06-12 10:11:34,680 INFO Bean
'org.springframework.security.access.expression.method.DefaultMethodSecu
rityExpressionHandler@29147823' of type
[org.springframework.security.access.expression.method.DefaultMethodSecu
rityExpressionHandler] is not eligible for getting processed by all
BeanPostProcessors (for example: not eligible for auto-proxying)

2023-06-12 10:11:07,684 INFO Bean 'methodSecurityMetadataSource' of type
[org.springframework.security.access.method.DelegatingMethodSecurityMeta
dataSource] is not eligible for getting processed by all BeanPostProcessors
(for example: not eligible for auto-proxying)

2023-06-12 10:11:08,234 INFO Tomcat initialized with port(s): 8848 (http)

2023-06-12 10:11:08,620 INFO Root WebApplicationContext: initialization
completed in 2655 ms

2023-06-12 10:11:10,873 INFO Initializing ExecutorService
'applicationTaskExecutor'

2023-06-12 10:11:10,999 INFO Adding welcome page: class path resource
[static/index.html]

2023-06-12 10:11:11,409 INFO Creating filter chain: Ant [pattern='/**'], []

2023-06-12 10:11:11,440 INFO Creating filter chain: any request,
[org.springframework.security.web.context.request.async.WebAsyncManager
IntegrationFilter@410ae9a3,
org.springframework.security.web.context.SecurityContextPersistenceFilter@545de5a4,
org.springframework.security.web.header.HeaderWriterFilter@7813cb11,
org.springframework.security.web.csrf.CsrfFilter@5b58ed3c,
org.springframework.security.web.authentication.logout.LogoutFilter@274872f8,
org.springframework.security.web.savedrequest.RequestCacheAwareFilter@ab7a938,
org.springframework.security.web.servletapi.SecurityContextHolderAwareRe
questFilter@569bf9eb,
org.springframework.security.web.authentication.AnonymousAuthentication
Filter@319988b0,
org.springframework.security.web.session.SessionManagementFilter@21005f6c,
org.springframework.security.web.access.ExceptionTranslationFilter@3a320ade]

2023-06-12 10:11:11,520 INFO Initializing ExecutorService 'taskScheduler'
```

```
2023-06-12 10:11:11,546 INFO Exposing 2 endpoint(s) beneath base path '/actuator'

2023-06-12 10:11:11,646 INFO Tomcat started on port(s): 8848 (http) with
context path '/nacos'

2023-06-12 10:11:11,650 INFO Nacos started successfully in stand alone mode.
use embedded storage
```

日志中主要显示了 Nacos 的 Logo、启动端口（8848）、访问地址（/nacos/index.html）、运行模式（单机）、持久化方案（默认为嵌入式存储 Derby）。

启动成功后，可以在浏览器中访问如下地址：

```
http://localhost:8848/nacos/index.html
```

如果在虚拟机或其他服务器上搭建 Nacos，将 localhost 修改为对应的 IP 地址即可。默认的登录用户名为 nacos，密码也是 nacos，可以自行修改，在登录页面输入用户名和密码即可成功登录 Nacos 控制台页面。

默认情况下，Nacos Server 并不会对客户端进行鉴权操作。任何能访问 Nacos Server 的用户都可以直接获取 Nacos 中存储的配置。同时，随意在配置文件中输入 spring.cloud.nacos.username 和 spring.cloud.nacos.password 两个参数的值，也能够成功将服务注册到 Nacos 中，这是未开启鉴权导致的。开启 Nacos Server 的鉴权并不复杂，只需要在安装目录的 conf 文件夹的 application.properties 中将 nacos.core.auth.enabled 参数的值修改为 true，之后重启 Nacos Server 即可。

Nacos 控制台的主界面显示效果如图 6-4 所示。

图 6-4　Nacos 控制台的主界面显示效果

6.3 修改Nacos持久化配置

Nacos 默认的落盘方式是嵌入式数据库 Derby，Nacos 的登录信息、服务元数据、配置中心的数据、权限控制的配置信息都会存储在这里。为了方便后期优化和管理，通常会选择一个外部的数据库。

目前 Nacos 官方推荐的外部数据库方案为 MySQL，其官方支持比较友好，想要替换为 MySQL 数据库，只需要修改几行配置文件。如果想用其他数据库，可能需要自行修改 Nacos 源码，这里就不推荐了。未来 Nacos 可能会支持更多的数据库，请读者耐心等待吧！

打开 conf 目录下的 application.properties 文件，这是 Nacos Server 启动和运行的核心配置文件。图 6-5 显示了 Nacos Server 的部分默认配置项，包括 contextPath、port 和数据库方案。

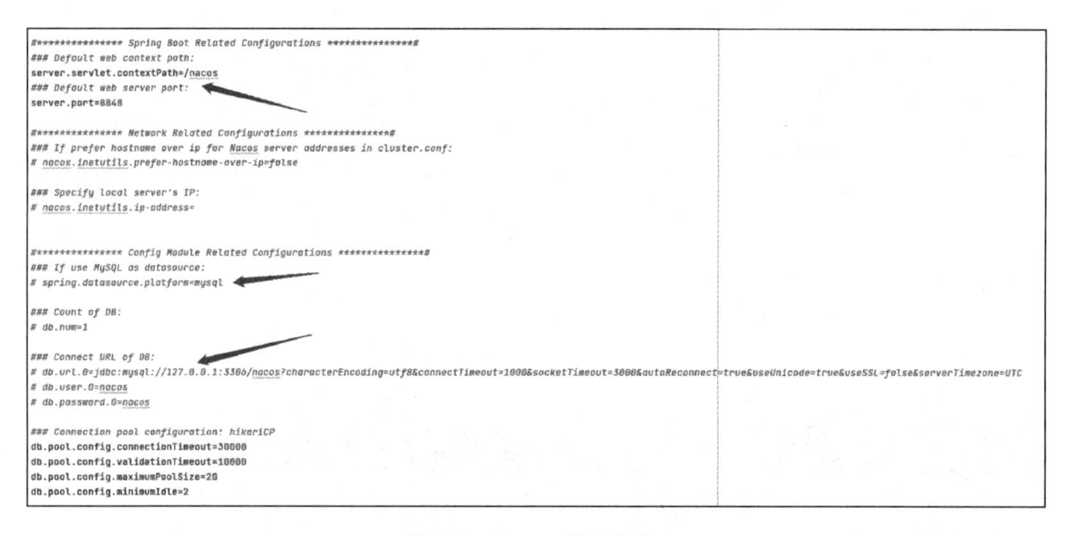

```
#*************** Spring Boot Related Configurations ***************#
### Default web context path:
server.servlet.contextPath=/nacos
### Default web server port:
server.port=8848

#*************** Network Related Configurations ***************#
### If prefer hostname over ip for Nacos server addresses in cluster.conf:
# nacos.inetutils.prefer-hostname-over-ip=false

### Specify local server's IP:
# nacos.inetutils.ip-address=


#*************** Config Module Related Configurations ***************#
### If use MySQL as datasource:
# spring.datasource.platform=mysql

### Count of DB:
# db.num=1

### Connect URL of DB:
# db.url.0=jdbc:mysql://127.0.0.1:3306/nacos?characterEncoding=utf8&connectTimeout=1000&socketTimeout=3000&autoReconnect=true&useUnicode=true&useSSL=false&serverTimezone=UTC
# db.user.0=nacos
# db.password.0=nacos

### Connection pool configuration: hikariCP
db.pool.config.connectionTimeout=30000
db.pool.config.validationTimeout=10000
db.pool.config.maximumPoolSize=20
db.pool.config.minimumIdle=2
```

图 6-5　Nacos 配置文件

在这个文件中可以修改 Nacos 持久化配置，主要有三处内容需要修改。

（1）数据库方案：spring.datasource.platform=mysql 这行配置默认情况下是被注释的，删除这行注释，指定数据库方案为 MySQL。

（2）数据库的数量：删除 db.num=1 这行注释。

（3）JDBC 连接信息：将 db.url.0、db.user.0 和 db.password.0 这三项修改为自己的数据库连接信息即可。

修改完数据库配置项之后，接下来需要到 MySQL 数据库中创建 Nacos 需要的数据库 Schema 和数据库表。

先创建数据库。

启动并登录 MySQL 数据库，创建名称为 newbee_nacos_config（可以是任意名称，自行定义即可）的数据库，命令如下：

```
CREATE SCHEMA 'newbee_nacos_config' DEFAULT CHARACTER SET utf8 ;
```

然后导入 nacos-mysql.sql 文件。

该文件在 Nacos 安装包中的 conf 目录下，如图 6-6 所示。

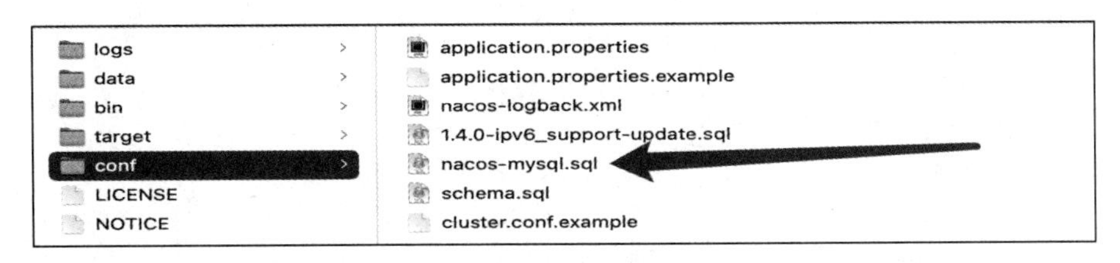

图 6-6　nacos-mysql.sql 文件所在的目录

找到 nacos-mysql.sql 文件，直接将其导入刚刚创建的 newbee_nacos_config 数据库。导入成功后就能够看到 Nacos Server 所需的表了，如图 6-7 所示，共 12 张表。

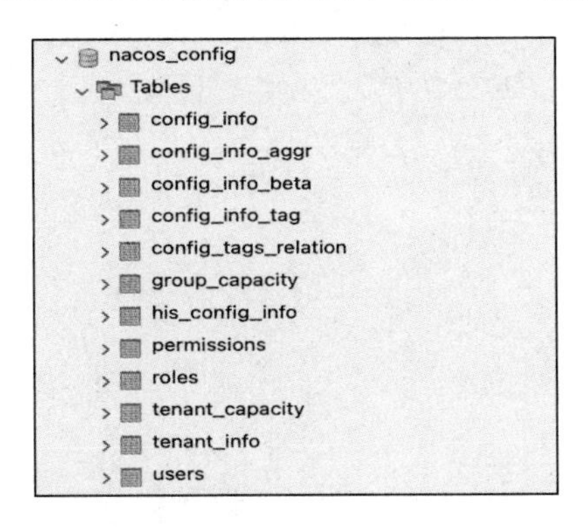

图 6-7　使用 MySQL 数据库持久化方式所需的表

除修改 Nacos 的数据库存储方案外，还可以在 application.properties 文件中修改 Nacos 的启动端口。比如，笔者将 Nacos 的启动端口修改为 17748，最终的配置文件如下：

```
### Default web context path:
server.servlet.contextPath=/nacos
### Default web server port:
server.port=17748
```

```
#*************** Network Related Configurations ***************#
### If prefer hostname over ip for Nacos server addresses in cluster.conf:
# nacos.inetutils.prefer-hostname-over-ip=false

### Specify local server's IP:
# nacos.inetutils.ip-address=


#*************** Config Module Related Configurations ***************#
### If use MySQL as datasource:
spring.datasource.platform=mysql

### Count of DB:
db.num=1

### Connect URL of DB:
db.url.0=jdbc:mysql://localhost:3006/newbee_nacos_config?characterEncodi
ng=utf8&connectTimeout=1000&socketTimeout=3000&autoReconnect=true&useUni
code=true&useSSL=false&serverTimezone=UTC
db.user.0=root
db.password.0=123456

......
### 省略部分内容
```

修改完成后，重启 Nacos Server，命令如下：

```
# 先关闭
./shutdown.sh

# 再启动
./startup.sh -m standalone
```

此时，启动后的日志输出内容如下：

```

         ,--.
       ,--.'|
   ,--,:  : |                                           Nacos 1.4.3
,`--.'`|  ' :                       ,---.               Running in stand alone
mode, All function modules
|   :  :  | |                      '   ,'\   .--.--.    Port: 17748
:   |   \ | :  ,--.--.     ,---.  /   /   | /  /    '   Pid: 14999
|   : '  '; | /       \   /     \.   ; ,. :|  :  /`./   Console:
http://192.168.110.10:17748/nacos/index.html
```

```
'   ' ;.    ;.--.  .-. | /    / ''   | |: :|  :  ;_
|   | | \   | \__\/: . ..    ' / '   | .; : \  \    '.     https://nacos.io
'   : |  ; .' ," .--.; |'   ; :__|   :    |  '----.   \
|   | ''--'  /  /  ,.  |'   | '.'|\   \  /  /  /'--'  /
'   : |     ;  :   .'   \  :    : '----'  '--'.     /
;   |.'     |  ,     .-./\   \  /            '--'---'
'---'       '--'---'     '-----'

2023-06-13 14:29:07,680 INFO Bean 'org.springframework.security.access.
expression.method.DefaultMethodSecurityExpressionHandler@38145825' of type
[org.springframework.security.access.expression.method.DefaultMethodSecu
rityExpressionHandler] is not eligible for getting processed by all
BeanPostProcessors (for example: not eligible for auto-proxying)

2023-06-13 14:29:07,684 INFO Bean 'methodSecurityMetadataSource' of type
[org.springframework.security.access.method.DelegatingMethodSecurityMeta
dataSource] is not eligible for getting processed by all BeanPostProcessors
(for example: not eligible for auto-proxying)

2023-06-13 14:29:08,234 INFO Tomcat initialized with port(s): 17748 (http)

2023-06-13 14:29:08,620 INFO Root WebApplicationContext: initialization
completed in 3212 ms

2023-06-13 14:29:10,873 INFO Initializing ExecutorService
'applicationTaskExecutor'

2023-06-13 14:29:10,999 INFO Adding welcome page: class path resource
[static/index.html]

2023-06-13 14:29:11,409 INFO Creating filter chain: Ant [pattern='/**'], []

2023-06-13 14:29:11,440 INFO Creating filter chain: any request,
[org.springframework.security.web.context.request.async.WebAsyncManagerI
ntegrationFilter@410ae9a3,
org.springframework.security.web.context.SecurityContextPersistenceFilte
r@545de5a4,
org.springframework.security.web.header.HeaderWriterFilter@7813cb11,
org.springframework.security.web.csrf.CsrfFilter@5b58ed3c,
org.springframework.security.web.authentication.logout.LogoutFilter@274872f8,
org.springframework.security.web.savedrequest.RequestCacheAwareFilter@ab7a938,
org.springframework.security.web.servletapi.SecurityContextHolderAwareRe
```

```
questFilter@569bf9eb,
org.springframework.security.web.authentication.AnonymousAuthenticationF
ilter@319988b0,
org.springframework.security.web.session.SessionManagementFilter@21005f6c,
org.springframework.security.web.access.ExceptionTranslationFilter@3a320ade]

2023-06-13 14:29:11,520 INFO Initializing ExecutorService 'taskScheduler'

2023-06-13 14:29:11,546 INFO Exposing 2 endpoint(s) beneath base path '/actuator'

2023-06-13 14:29:11,646 INFO Tomcat started on port(s): 17748 (http) with
context path '/nacos'

2023-06-13 14:29:11,650 INFO Nacos started successfully in stand alone mode.
use external storage
```

第一次启动 Nacos 时使用的是默认数据库，在启动日志中可以看到 use embedded storage。修改为 MySQL 后，日志中就已经体现出来了，此时的日志内容为 use external storage，而且端口号也改为 17748 了。

进入 Nacos 控制台，一切正常，表示修改成功。

戏台已搭好，好戏就要开场了。接下来，笔者将结合实际的编码讲解服务之间是如何通过 Nacos 实现服务注册、服务发现和服务通信的。

6.4 Nacos整合之服务注册编码实践

本节正式进入编码环节，使用 Spring Cloud Alibaba 套件整合 Nacos 组件，会实际编写一个服务实例并将其注册至 Nacos 服务中心，重要知识点为代码整合步骤、Nacos 服务中心相关的配置项和服务的自动注册过程。

6.4.1 编写服务代码

前面章节中已经把 Spring Cloud Alibaba 模板项目创建完成，这里可以直接拿过来用，以此为基础进行功能改造。因为是编写与 Nacos 相关的代码，所以这里先把模板项目 spring-cloud-alibaba-demo 的名称改为 spring-cloud-alibaba-nacos-demo，root 节点的 pom.xml 文件内容也修改一下，代码如下：

```
<artifactId>spring-cloud-alibaba-nacos-demo</artifactId>
<version>0.0.1-SNAPSHOT</version>
<name>spring-cloud-alibaba-nacos-demo</name>
<packaging>pom</packaging>
<description>Spring Cloud Alibaba Nacos Demo</description>
```

然后新建一个模块，命名为 nacos-provider-demo，Java 代码的包名为 ltd.newbee.cloud。在该模块的 pom.xml 配置文件中增加 parent 标签，与上层 Maven 建立好关系。接着在这个子模块的 pom.xml 文件中加入 Nacos 的依赖项 spring-cloud-starter-alibaba-nacos-discovery。最终子节点 nacos-provider-demo 的 pom.xml 源码如下：

```
<?xml version="1.0" encoding="UTF-8"?>
<project xmlns="http://maven.apache.org/POM/4.0.0"
xmlns:xsi="http://www.w3.org/2001/XMLSchema-instance"
       xsi:schemaLocation="http://maven.apache.org/POM/4.0.0
https://maven.apache.org/xsd/maven-4.0.0.xsd">
   <modelVersion>4.0.0</modelVersion>
   <groupId>ltd.newbee.cloud</groupId>
   <artifactId>nacos-provider-demo</artifactId>
   <version>0.0.1-SNAPSHOT</version>
   <name>nacos-provider-demo</name>
   <description>Spring Cloud Alibaba Provider Demo</description>

   <parent>
      <groupId>ltd.newbee.cloud</groupId>
      <artifactId>spring-cloud-alibaba-nacos-demo</artifactId>
      <version>0.0.1-SNAPSHOT</version>
   </parent>

   <properties>
      <java.version>1.8</java.version>
   </properties>

   <dependencies>
      <dependency>
         <groupId>org.springframework.boot</groupId>
         <artifactId>spring-boot-starter-web</artifactId>
      </dependency>

      <dependency>
         <groupId>org.springframework.boot</groupId>
         <artifactId>spring-boot-starter-test</artifactId>
         <scope>test</scope>
      </dependency>
```

```
        <dependency>
          <groupId>com.alibaba.cloud</groupId>
          <artifactId>spring-cloud-starter-alibaba-nacos-discovery</artifactId>
        </dependency>

    </dependencies>
</project>
```

在 nacos-provider-demo 中进行简单的功能编码，把该 Spring Boot 项目的端口号设置为 8091，之后创建 ltd.newbee.cloud.api 包，在该包中新建 NewBeeCloudGoodsAPI 类，代码如下：

```
package ltd.newbee.cloud.api;

import org.springframework.beans.factory.annotation.Value;
import org.springframework.web.bind.annotation.GetMapping;
import org.springframework.web.bind.annotation.RestController;

@RestController
public class NewBeeCloudGoodsAPI {

    @Value("${server.port}")
    private String applicationServerPort;// 读取当前应用的启动端口

    @GetMapping("/goodsServiceTest")
    public String goodsServiceTest() {
        // 返回信息给调用端
        return "this is goodsService from port:" + applicationServerPort;
    }
}
```

将启动类命名为 ProviderApplication，代码如下：

```
package ltd.newbee.cloud;

import org.springframework.boot.SpringApplication;
import org.springframework.boot.autoconfigure.SpringBootApplication;

@SpringBootApplication
public class ProviderApplication {

    public static void main(String[] args) {
        SpringApplication.run(ProviderApplication.class, args);
    }
}
```

基础编码完成，此时 nacos-provider-demo 的目录结构如图 6-8 所示。

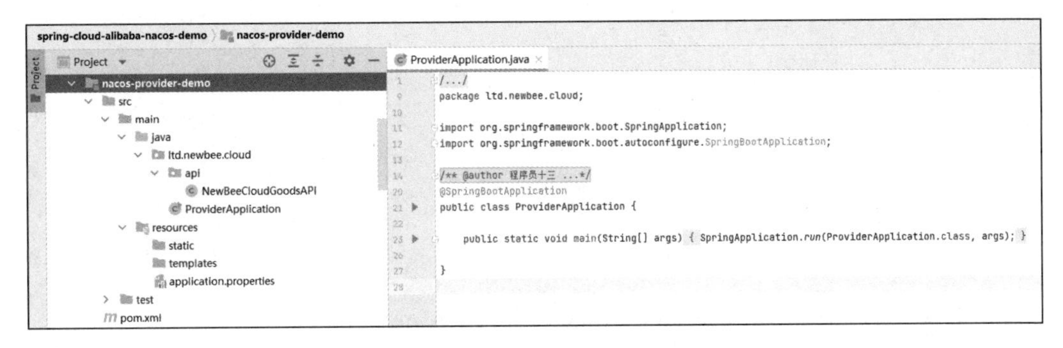

图 6-8　nacos-provider-demo 的目录结构

6.4.2　在配置文件中添加 Nacos 配置参数

完成基础的服务编码后，接下来就要把这个服务注册到 Nacos 中。过程非常简单，只需要在 application.properties 文件中添加几个 Nacos 的配置项。

添加 Nacos 配置项之后的 application.properties 配置文件如下：

```
# 项目启动端口
server.port=8091
# 应用名称
spring.application.name=newbee-cloud-goods-service
# 注册中心 Nacos 的访问地址
spring.cloud.nacos.discovery.server-addr=localhost:8848
# 登录名(默认 username，可自行修改)
spring.cloud.nacos.username=nacos
# 密码(默认 password，可自行修改)
spring.cloud.nacos.password=nacos
```

这样在启动项目时，服务就能够自动注册到 Nacos 服务中心了。

当然，Spring Cloud 中与 Nacos 服务发现功能相关的配置项不止这三个。笔者查了一下 Spring Cloud Alibaba 2021.0.1.0 版的源码，与之相关的配置项共有 31 个，在 spring-cloud-starter-alibaba-nacos-discovery-2021.0.1.0.jar 的 spring-configuration-metadata.json 文件中可以查看，如图 6-9 所示。

都是以“spring.cloud.nacos.discovery.”开头的配置项，这里节选了部分常用的配置项，如表 6-1 所示。

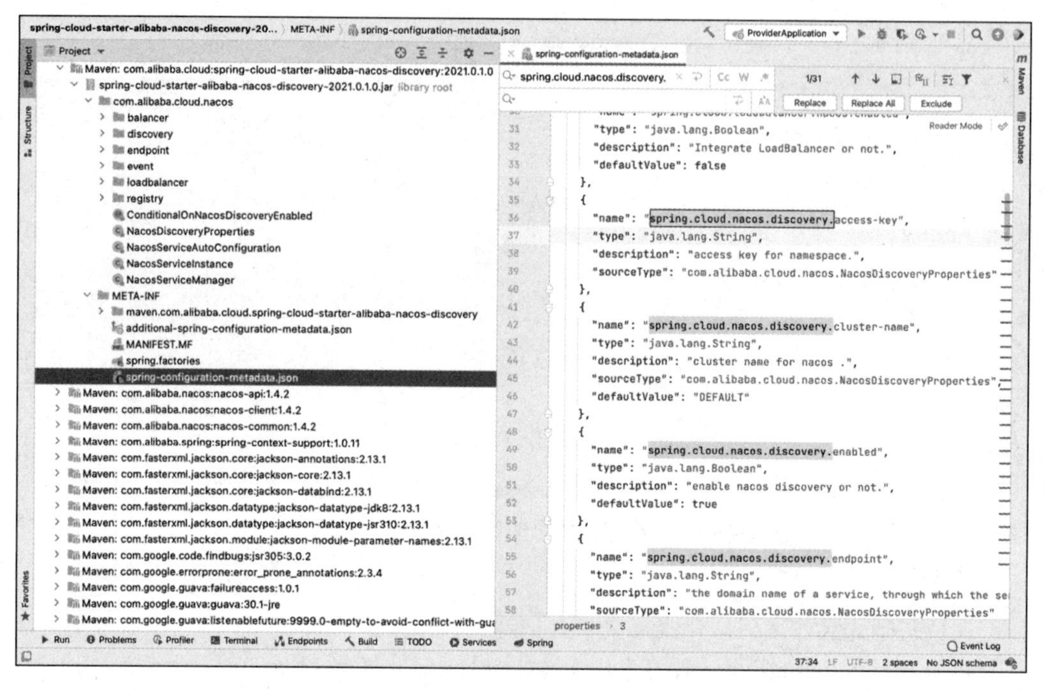

图 6-9　与服务发现功能相关的配置项源码截图

表 6-1　部分常用配置项

配置项	key	默认值	说明
服务端地址	spring.cloud.nacos.discovery.server-addr		
服务名	spring.cloud.nacos.discovery.service	${spring.application.name}	注册到 Nacos 上的名称，默认值为应用名称，一般不用配置
权重	spring.cloud.nacos.discovery.weight	1	取值范围为 1～100，数值越大，权重越大
网卡名	spring.cloud.nacos.discovery.network-interface		当未配置 IP 地址时，注册的 IP 地址为此网卡所对应的 IP 地址，如果此项也未配置，则默认取第一块网卡的地址
注册的 IP 地址	spring.cloud.nacos.discovery.ip		优先级最高
注册的端口	spring.cloud.nacos.discovery.port	-1	默认情况下不用配置，会自动探测
是否为临时服务	spring.cloud.nacos.discovery.ephemeral	true	默认为 true，即临时服务。如果值为 false，则表示永久服务，这种服务在注册时不会向 Nacos Server 发送“心跳”信息

续表

配置项	key	默认值	说明
“心跳”的时间间隔	spring.cloud.nacos.discovery.heart-beat-interval	5000	时间单位是 ms，默认为 5 秒，可自行修改
“心跳”的超时时间	spring.cloud.nacos.discovery.heart-beat-timeout	15000	时间单位是 ms，默认为 15 秒，可自行修改
命名空间	spring.cloud.nacos.discovery.namespace		常用场景之一是不同环境的注册的区分隔离，如开发测试环境和生产环境的资源（如配置、服务）隔离等
AccessKey	spring.cloud.nacos.discovery.access-key		
SecretKey	spring.cloud.nacos.discovery.secret-key		
Metadata	spring.cloud.nacos.discovery.metadata		使用 Map 格式配置
日志文件名	spring.cloud.nacos.discovery.log-name		
接入点	spring.cloud.nacos.discovery.endpoint		地域的某个服务的入口域名，通过此域名可以动态地获得服务端地址
是否启用 Nacos	spring.cloud.nacos.discovery.register-enabled	true	默认启动，设置为 false 时会关闭自动向 Nacos 注册的功能

接下来，需要启动 Nacos Server，验证本次设置的服务注册功能。

6.4.3　服务注册功能验证

Nacos Server 启动成功后，就可以启动 nacos-provider-demo 项目了。如果一切正常，则启动成功后可以在控制台看到如下日志输出：

```
  .   ____          _            __ _ _
 /\\ / ___'_ __ _ _(_)_ __  __ _ \ \ \ \
( ( )\___ | '_ | '_| | '_ \/ _` | \ \ \ \
 \\/  ___)| |_)| | | | | || (_| |  ) ) ) )
  '  |____| .__|_| |_|_| |_\__, | / / / /
 =========|_|==============|___/=/_/_/_/
 :: Spring Boot ::                (v2.6.3)

2023-06-22 22:37:09.772  INFO 6332 --- [           main]
ltd.newbee.cloud.ProviderApplication     : Starting ProviderApplication
using Java 1.8.0_291
2023-06-22 22:37:09.774  INFO 6332 --- [           main]
```

```
ltd.newbee.cloud.ProviderApplication     : No active profile set, falling
back to default profiles: default
2023-06-22 22:37:10.277  INFO 6332 --- [           main]
o.s.cloud.context.scope.GenericScope     : BeanFactory
id=3501c8aa-6b71-3be5-a30a-94e7ad619e89
2023-06-22 22:37:10.602  INFO 6332 --- [           main]
o.s.b.w.embedded.tomcat.TomcatWebServer  : Tomcat initialized with port(s):
8091 (http)
2023-06-22 22:37:10.612  INFO 6332 --- [           main]
o.apache.catalina.core.StandardService   : Starting service [Tomcat]
2023-06-22 22:37:10.612  INFO 6332 --- [           main]
org.apache.catalina.core.StandardEngine  : Starting Servlet engine: [Apache
Tomcat/9.0.56]
2023-06-22 22:37:10.691  INFO 6332 --- [           main]
o.a.c.c.C.[Tomcat].[localhost].[/]       : Initializing Spring embedded
WebApplicationContext
2023-06-22 22:37:10.691  INFO 6332 --- [           main]
w.s.c.ServletWebServerApplicationContext : Root WebApplicationContext:
initialization completed in 875 ms
2023-06-22 22:37:11.444  INFO 6332 --- [           main]
o.s.b.w.embedded.tomcat.TomcatWebServer  : Tomcat started on port(s): 8091
(http) with context path ''
2023-06-22 22:37:11.457  INFO 6332 --- [           main]
c.a.c.n.registry.NacosServiceRegistry    : nacos registry, DEFAULT_GROUP
newbee-cloud-goods-service 192.168.1.105:8091 register finished
2023-06-22 22:37:11.566  INFO 6332 --- [           main]
ltd.newbee.cloud.ProviderApplication     : Started ProviderApplication in
2.356 seconds (JVM running for 2.713)
```

如果未能成功启动，开发人员就需要查看控制台中的日志是否报错，并及时确认问题和修复。

进入 Nacos 控制台，单击“服务管理”中的“服务列表”，可以看到列表中已经存在一条 newbee-cloud-goods-service 的服务信息，如图 6-10 所示，证明服务注册成功。

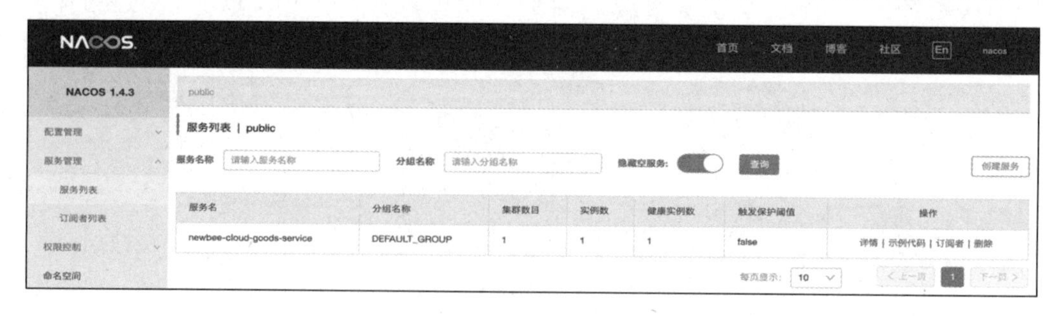

图 6-10　Nacos 控制台中的“服务列表”页面

newbee-cloud-goods-service 服务信息的详情页面如图 6-11 所示。

图 6-11 newbee-cloud-goods-service 服务信息的详情页面

Spring Cloud Alibaba 官方给出的验证方法是直接访问 Nacos Server 的 openAPI。比如，当前的服务名称是 newbee-cloud-goods-service，可以直接访问下方的链接来查看这个服务的信息：

```
http://localhost:8848/nacos/v1/ns/catalog/instances?serviceName=newbee-cloud-goods-service&clusterName=DEFAULT&pageSize=10&pageNo=1&namespaceId=
```

如果注册成功，则可以获取如下结果：

```
{"list":[{"instanceId":"192.168.1.105#8091#DEFAULT#DEFAULT_GROUP@@newbee-cloud-goods-service","ip":"192.168.1.105","port":8091,"weight":1.0,"healthy":true,"enabled":true,"ephemeral":true,"clusterName":"DEFAULT","serviceName":"DEFAULT_GROUP@@newbee-cloud-goods-service","metadata":{"preserved.register.source":"SPRING_CLOUD"},"lastBeat":1648392838653,"marked":false,"app":"unknown","instanceHeartBeatInterval":5000,"instanceHeartBeatTimeOut":15000,"ipDeleteTimeout":30000}],"count":1}
```

与 Nacos 控制台页面中的内容相比，使用这种方式获得的信息更详细一些，如“心跳”的时间配置也显示了。不管使用哪种方式，目的都是确认这个服务注册是否成功。

如果服务未注册成功，则会获得如下响应信息：

```
xxx is not found!;
```

到这里，服务注册的配置和验证就完成了。

6.4.4 Nacos 服务注册源码解析

接触过微服务架构项目开发的读者可能会问：作者是不是少了什么步骤？@EnableDiscoveryClient 注解怎么没了？没有@EnableDiscoveryClient 也能让服务注册成功吗？

接下来笔者结合源码和 Spring Boot 框架的自动装配（Auto Configuration）机制讲解服务发现流程。

在 nacos-provider-demo 项目的启动日志中，有这么一条日志：

```
2023-06-22 22:37:11.457  INFO 6332 --- [           main]
c.a.c.n.registry.NacosServiceRegistry    : nacos registry, DEFAULT_GROUP
newbee-cloud-goods-service 192.168.1.105:8091 register finished
```

这条日志告诉开发人员，服务注册的操作已经完成了，时间点是 Servlet 容器启动之后。除此之外，就没有其他信息了，开发人员如果刚开始接触微服务架构，肯定有一点懵。服务是什么时候注册的？服务又是怎样注册的？服务注册时做了什么？

好的，顺着这条日志来找找上面三个问题的答案吧！这条日志是在 NacosServiceRegistry 类中输出的，全局搜索“NacosServiceRegistry”，最终看到这个类的全路径为 com.alibaba.cloud.nacos.registry.NacosServiceRegistry。很明显，也在 spring-cloud-starter-alibaba-nacos-discovery-2021.0.1.0.jar 中，如图 6-12 所示。

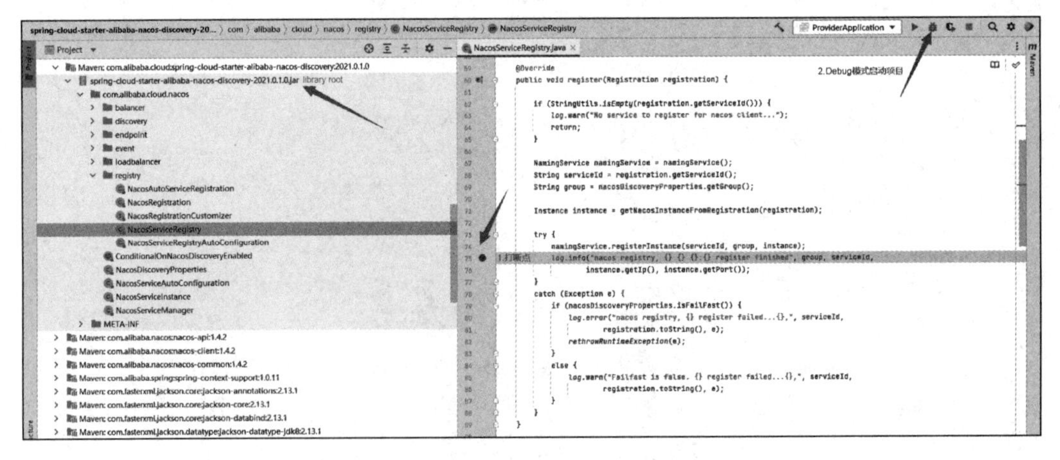

图 6-12　NacosServiceRegistry 类的源码截图

接下来，在 com.alibaba.cloud.nacos.registry.NacosServiceRegistry 类的第 75 行（也就是打印日志的这一行）打一个断点，如图 6-13 所示，以 Debug 模式启动项目。之后，启动的步骤就停在了这里。

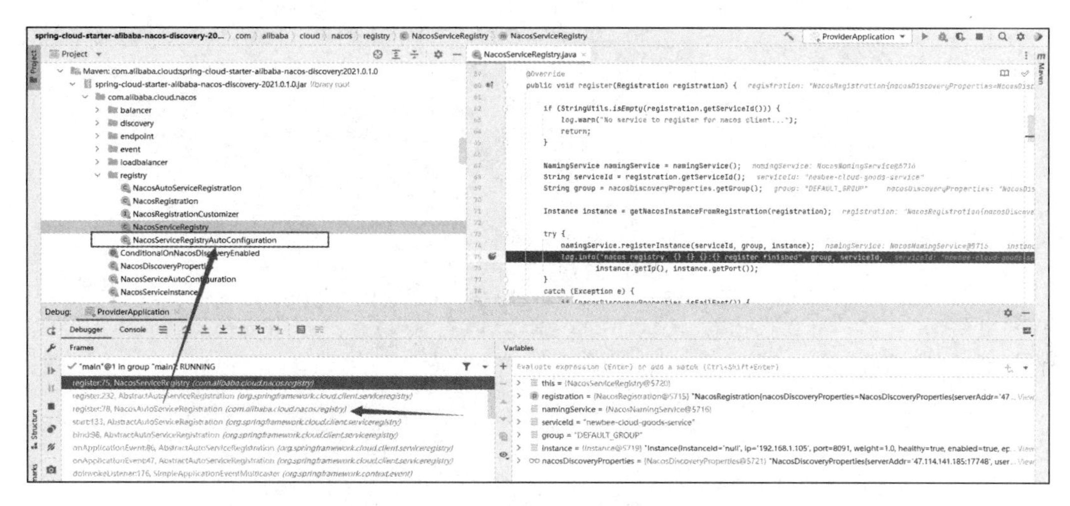

图 6-13　在 NacosServiceRegistry 类源码的第 75 行打上断点

找到本次自动装配的主角：NacosServiceRegistryAutoConfiguration 类。这是 Nacos 服务注册的自动装配类，源码如下（已省略部分代码）。

```
package com.alibaba.cloud.nacos.registry;

// 配置类
@Configuration(proxyBeanMethods = false)
//属性值配置
@EnableConfigurationProperties
// 自动配置生效条件 1
@ConditionalOnNacosDiscoveryEnabled
// 自动配置生效条件 2
@ConditionalOnProperty(value =
"spring.cloud.service-registry.auto-registration.enabled",
        matchIfMissing = true)
// 自动配置时机在 AutoServiceRegistrationConfiguration、
AutoServiceRegistrationAutoConfiguration、NacosDiscoveryAutoConfiguration 之后
@AutoConfigureAfter({ AutoServiceRegistrationConfiguration.class,
        AutoServiceRegistrationAutoConfiguration.class,
        NacosDiscoveryAutoConfiguration.class })
public class NacosServiceRegistryAutoConfiguration {
```

```
    @Bean // 注册 NacosRegistration 到 IoC 容器中
    @ConditionalOnBean(AutoServiceRegistrationProperties.class) // 当前 IoC
容器中存在 AutoServiceRegistrationProperties 类型的 Bean 时注册
    public NacosRegistration nacosRegistration(
            ObjectProvider<List<NacosRegistrationCustomizer>> registrationCustomizers,
            NacosDiscoveryProperties nacosDiscoveryProperties,
            ApplicationContext context) {
            return new NacosRegistration(registrationCustomizers.getIfAvailable(),
                nacosDiscoveryProperties, context);
    }

    @Bean  // 注册 NacosAutoServiceRegistration 到 IoC 容器中
    @ConditionalOnBean(AutoServiceRegistrationProperties.class) // 当前 IoC
容器中存在 AutoServiceRegistrationProperties 类型的 Bean 时注册
    public NacosAutoServiceRegistration nacosAutoServiceRegistration(
            NacosServiceRegistry registry,
            AutoServiceRegistrationProperties autoServiceRegistrationProperties,
            NacosRegistration registration) {
            return new NacosAutoServiceRegistration(registry,
                autoServiceRegistrationProperties, registration);
    }
}
```

NacosServiceRegistryAutoConfiguration 类的注解释义如下。

- @Configuration(proxyBeanMethods = false)：指定该类为配置类。
- @ConditionalOnNacosDiscoveryEnabled：单击进入该注解的源码，判断当前绑定属性中 spring.cloud.nacos.discovery.enabled 的值，值为 true 时生效，默认为 true。
- @ConditionalOnProperty(value = "spring.cloud.service-registry.auto-registration.enabled", matchIfMissing = true)：判断当前绑定属性中 spring.cloud.service-registry.auto-registration.enabled 的值，值为 true 时生效，默认为 true。

由源码可知，NacosServiceRegistryAutoConfiguration 自动配置类的生效条件是 spring.cloud.service-registry.auto-registration.enabled=true 和 spring.cloud.nacos.discovery.enabled=true。这两个配置项的默认值都是 true，即使不做任何配置，NacosServiceRegistryAutoConfiguration 自动配置类的生效条件也是成立的。除非开发人员在 application.properties 配置文件中把这两个配置项设置为 false，否则一定会触发自动装配和自动注册服务。

Spring Boot 项目在启动过程中完成了自动装配的工作。NacosServiceRegistryAutoConfiguration 自动配置完成后，最终调用了 NacosServiceRegistry 类的 register()方法完成

向 Nacos 注册服务的过程。这也就解释了，为什么没有在启动类上添加@EnableDiscoveryClient 注解也能完成服务注册的步骤，因为在新版本中已经默认了自动注册服务。当然，在使用 Spring Cloud Alibaba 套件之前的版本时，还需要在启动类上添加@EnableDiscoveryClient 注解开启对应的功能。在本书所选择的版本中，可以添加@EnableDiscoveryClient 注解，也可以不添加，并不会报错。

以下是 Spring Cloud Alibaba 官方文档中的解释，读者可以结合上面的源码解析一起理解：Spring Cloud Nacos Discovery 遵循了 Spring Cloud Common 标准，实现了AutoService Registration、ServiceRegistry、Registration 这三个接口。

在 Spring Cloud 应用的启动阶段，监听了 WebServerInitializedEvent 事件，当 Web 容器初始化完成后，即收到 WebServerInitializedEvent 事件后，会触发注册的动作，调用 ServiceRegistry 类的 register()方法，将服务注册到 Nacos Server。

com.alibaba.cloud.nacos.registry.NacosServiceRegistry 是 ServiceRegistry 接口的具体实现类，因此实际调用的是 NacosServiceRegistry 类中的 register()方法。继续跟入源码，会发现该方法最终调用的是 com.alibaba.nacos.client.naming.NacosNamingService 类中的 registerInstance()方法，源码及注释如下：

```
public void registerInstance(String serviceName, String groupName, Instance
instance) throws NacosException {
    NamingUtils.checkInstanceIsLegal(instance);
    String groupedServiceName = NamingUtils.getGroupedName(serviceName, groupName);
    //是否为临时服务。默认为临时服务，即默认发送“心跳”信息至 Nacos Server
    if (instance.isEphemeral()) {
        BeatInfo beatInfo = beatReactor.buildBeatInfo(groupedServiceName, instance);
        //创建“心跳”线程，向 Nacos Server 发送“心跳”信息
        beatReactor.addBeatInfo(groupedServiceName, beatInfo);
    }
    //向 Nacos Server 注册服务
    serverProxy.registerService(groupedServiceName, groupName, instance);
}
```

继续跟入源码，可以看到注册服务的方法 registerService()，该方法位于 com.alibaba.nacos.client.naming.net.NamingProxy 类中，源码及注释如下：

```
    /**
     * register a instance to service with specified instance properties.
     *
     * @param serviceName name of service
     * @param groupName   group of service
     * @param instance    instance to register
     * @throws NacosException nacos exception
```

```
    */
   public void registerService(String serviceName, String groupName,
Instance instance) throws NacosException {

      NAMING_LOGGER.info("[REGISTER-SERVICE] {} registering service {} with
instance: {}", namespaceId, serviceName,
            instance);

      /
      final Map<String, String> params = new HashMap<String, String>(16);

      /** 封装请求参数 Start **/
      params.put(CommonParams.NAMESPACE_ID, namespaceId);
      params.put(CommonParams.SERVICE_NAME, serviceName);
      params.put(CommonParams.GROUP_NAME, groupName);
      params.put(CommonParams.CLUSTER_NAME, instance.getClusterName());
      params.put("ip", instance.getIp());
      params.put("port", String.valueOf(instance.getPort()));
      params.put("weight", String.valueOf(instance.getWeight()));
      params.put("enable", String.valueOf(instance.isEnabled()));
      params.put("healthy", String.valueOf(instance.isHealthy()));
      params.put("ephemeral", String.valueOf(instance.isEphemeral()));
      params.put("metadata", JacksonUtils.toJson(instance.getMetadata()));
      /** 封装请求参数 End **/

      //向 Nacos Server 发送 HTTP 请求，完成服务的注册
      reqApi(UtilAndComs.nacosUrlInstance, params, HttpMethod.POST);
   }
```

接下来发送“心跳”信息的方法 addBeatInfo()，该方法位于 com.alibaba.nacos.client.naming.beat.BeatReactor 类中，源码如下：

```
   /**
    * Add beat information.
    *
    * @param serviceName service name
    * @param beatInfo    beat information
    */
   public void addBeatInfo(String serviceName, BeatInfo beatInfo) {
      NAMING_LOGGER.info("[BEAT] adding beat: {} to beat map.", beatInfo);
      String key = buildKey(serviceName, beatInfo.getIp(), beatInfo.getPort());
      BeatInfo existBeat = null;
      if ((existBeat = dom2Beat.remove(key)) != null) {
         existBeat.setStopped(true);
```

```
        }
        dom2Beat.put(key, beatInfo);
        //启动“心跳”线程
        executorService.schedule(new BeatTask(beatInfo), beatInfo.getPeriod(),
                          TimeUnit.MILLISECONDS);
        MetricsMonitor.getDom2BeatSizeMonitor().set(dom2Beat.size());
    }
```

线程类 BeatTask 是 com.alibaba.nacos.client.naming.beat.BeatReactor 的内部类，源码及注释如下：

```
    class BeatTask implements Runnable {

        BeatInfo beatInfo;

        public BeatTask(BeatInfo beatInfo) {
            this.beatInfo = beatInfo;
        }

        @Override
        public void run() {
            if (beatInfo.isStopped()) {
                return;
            }
            long nextTime = beatInfo.getPeriod();
            try {
                //向 Nacos Server 发送“心跳”请求
                JsonNode result = serverProxy.sendBeat(beatInfo, BeatReactor.
                          this.lightBeatEnabled);
                long interval = result.get("clientBeatInterval").asLong();
                boolean lightBeatEnabled = false;
                if (result.has(CommonParams.LIGHT_BEAT_ENABLED)) {
                    lightBeatEnabled = result.get(CommonParams.LIGHT_BEAT_
                          ENABLED).asBoolean();
                }
                BeatReactor.this.lightBeatEnabled = lightBeatEnabled;
                if (interval > 0) {
                    nextTime = interval;
                }
                int code = NamingResponseCode.OK;
                if (result.has(CommonParams.CODE)) {
                    code = result.get(CommonParams.CODE).asInt();
                }
                //Nacos Server 返回该服务不存在，需要重新注册
                if (code == NamingResponseCode.RESOURCE_NOT_FOUND) {
```

```
                Instance instance = new Instance();
                instance.setPort(beatInfo.getPort());
                instance.setIp(beatInfo.getIp());
                instance.setWeight(beatInfo.getWeight());
                instance.setMetadata(beatInfo.getMetadata());
                instance.setClusterName(beatInfo.getCluster());
                instance.setServiceName(beatInfo.getServiceName());
                instance.setInstanceId(instance.getInstanceId());
                instance.setEphemeral(true);
                try {
                    serverProxy.registerService(beatInfo.getServiceName(),
                            NamingUtils.getGroupName(beatInfo.
                                getServiceName()), instance);
                } catch (Exception ignore) {
                }
            }
        } catch (NacosException ex) {
            NAMING_LOGGER.error("[CLIENT-BEAT] failed to send beat: {},
                code: {}, msg: {}",
                    JacksonUtils.toJson(beatInfo), ex.getErrCode(),
                        ex.getErrMsg());

        } catch (Exception unknownEx) {
            NAMING_LOGGER.error("[CLIENT-BEAT] failed to send beat: {},
                    unknown exception msg: {}",
                    JacksonUtils.toJson(beatInfo), unknownEx.getMessage(),
                        unknownEx);
        } finally {
            //启动下一次“心跳”线程，循环执行BeatTask线程的run()方法，定时发送
            “心跳“信息
            executorService.schedule(new BeatTask(beatInfo), nextTime,
                    TimeUnit.MILLISECONDS);
        }
    }
}
```

最终，结合源码分析可知，服务实例在启动时会自动注册到 Nacos Server 中，同时开启“心跳”检测线程，定时向 Nacos Server 同步服务信息。笔者整理了一张服务注册至 Nacos Server 中的流程简图以方便读者理解，如图 6-14 所示。

到这里，服务注册相关的编码和功能讲解就完成了。之前笔者通过项目启动时的一条日志，结合源码分析了服务注册的完整流程。如果读者觉得查看源码比较吃力，那么只需要知道默认情况下在 Spring Cloud Alibaba 2021.x 版本中服务启动后会自动向 Nacos Server 发起注册流程即可。想要了解服务注册背后的原理，建议读者根据本章中整理的

源码分析过程和提到的几个具体实现类，自行查看源码并通过 Debug 模式来复盘服务的自动注册流程。

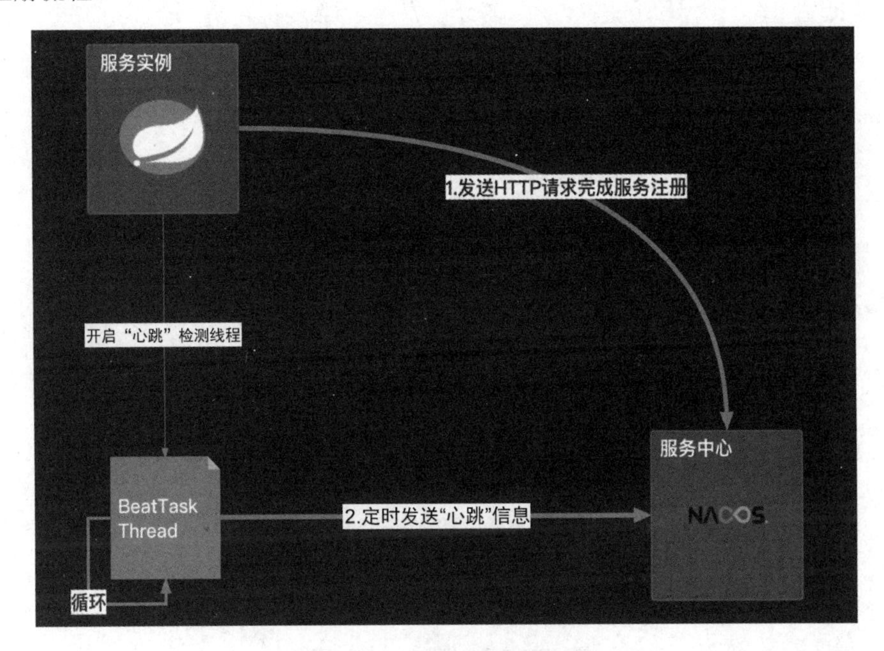

图 6-14　服务注册流程简图

6.5　Nacos整合之服务发现编码实践

就像用微信与远方的朋友视频通话，一方发起视频通话，另一方就可以接听了。本节笔者将讲解服务治理中的服务发现流程，编写一个服务实例并将其注册至 Nacos 服务中心，重要知识点为代码整合步骤、Nacos 服务中心相关的配置项和服务发现的源码。

6.5.1　编写服务消费端的代码

在前文提供的代码的基础上，新建一个模块，并将其命名为 nacos-consumer-demo，Java 代码的包名为 ltd.newbee.cloud。在该模块的 pom.xml 配置文件中增加 parent 标签，与上层 Maven 建立好关系。之后，在这个子模块的 pom.xml 文件中加入 Nacos 的依赖项 spring-cloud-starter-alibaba-nacos-discovery。最终子节点 nacos-consumer-demo 的 pom.xml 源码如下：

```
<?xml version="1.0" encoding="UTF-8"?>
<project xmlns="http://maven.apache.org/POM/4.0.0" xmlns:xsi=
"http://www.w3.org/2001/XMLSchema-instance"
         xsi:schemaLocation="http://maven.apache.org/POM/4.0.0
https://maven.apache.org/xsd/maven-4.0.0.xsd">
    <modelVersion>4.0.0</modelVersion>
    <groupId>ltd.newbee.cloud</groupId>
    <artifactId>nacos-consumer-demo</artifactId>
    <version>0.0.1-SNAPSHOT</version>
    <name>nacos-consumer-demo</name>
    <description>Spring Cloud Alibaba Nacos Consumer Demo</description>

    <parent>
        <groupId>ltd.newbee.cloud</groupId>
        <artifactId>spring-cloud-alibaba-nacos-demo</artifactId>
        <version>0.0.1-SNAPSHOT</version>
    </parent>

    <properties>
        <java.version>1.8</java.version>
    </properties>

    <dependencies>
        <dependency>
            <groupId>org.springframework.boot</groupId>
            <artifactId>spring-boot-starter-web</artifactId>
        </dependency>

        <dependency>
            <groupId>org.springframework.boot</groupId>
            <artifactId>spring-boot-starter-test</artifactId>
            <scope>test</scope>
        </dependency>

        <dependency>
            <groupId>com.alibaba.cloud</groupId>
            <artifactId>spring-cloud-starter-alibaba-nacos-discovery</artifactId>
        </dependency>
    </dependencies>
</project>
```

在 nacos-consumer-demo 中进行简单的功能编码。先把该 Spring Boot 项目的端口号设置为 8093，然后创建 ltd.newbee.cloud.api 包，并在该包中新建 ConsumerTestController 类，代码如下：

```
package ltd.newbee.cloud.api;
```

```java
import org.springframework.web.bind.annotation.GetMapping;
import org.springframework.web.bind.annotation.RestController;

import javax.annotation.Resource;

@RestController
public class ConsumerTestController {

    // 测试方法，暂未通过 Nacos 调用下级服务
    @GetMapping("/nacosRegTest")
    public String nacosRegTest() {
        return "nacosRegTest";
    }
}
```

将启动类命名为 ConsumerApplication，代码如下：

```java
package ltd.newbee.cloud;

import org.springframework.boot.SpringApplication;
import org.springframework.boot.autoconfigure.SpringBootApplication;

@SpringBootApplication
public class ConsumerApplication {

    public static void main(String[] args) {
        SpringApplication.run(ConsumerApplication.class, args);
    }

}
```

基础编码完成。

6.5.2　将服务注册至 Nacos

下面就要把 nacos-consumer-demo 注册到 Nacos 中。在 application.properties 配置文件中添加 Nacos 配置项，代码如下：

```properties
# 项目启动端口
server.port=8093
# 应用名称
spring.application.name=newbee-cloud-consumer-service
# 服务中心 Nacos 地址
```

```
spring.cloud.nacos.discovery.server-addr=127.0.0.1:8848
# 登录名(默认为 nacos，可自行修改)
spring.cloud.nacos.username=nacos
# 登录密码(默认为 nacos，可自行修改)
spring.cloud.nacos.password=nacos
```

启动 nacos-consumer-demo 项目，并验证其是否注册到 Nacos 中。成功启动后进入 Nacos 控制台，单击“服务管理”中的“服务列表”，可以看到列表中的服务信息，如图 6-15 所示。newbee-cloud-consumer-service 注册成功。

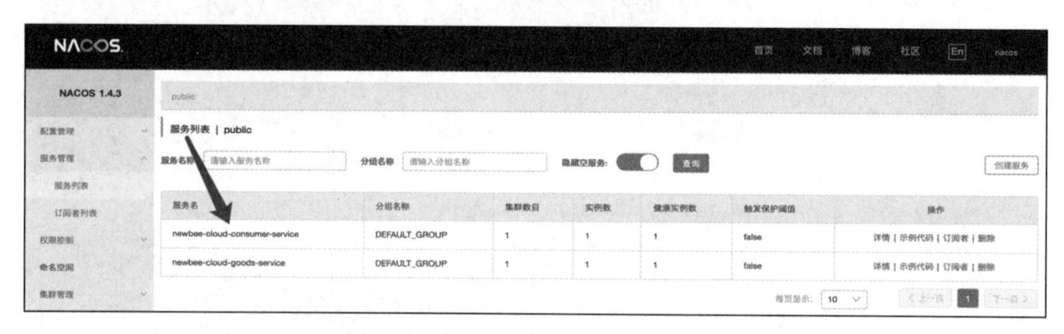

图 6-15 Nacos 控制台中的“服务列表”页面

注册至 Nacos 成功后，下面就要编写与服务通信相关的代码了。

6.5.3 编写服务通信代码

下面借助 RestTemplate 工具实现整合 Nacos 后服务之间的服务通信。

在 newbee-cloud-consumer-service 项目中新建 config 包，并新建 RestTemplate 的配置类，代码如下：

```
package ltd.newbee.cloud.config;

import org.springframework.cloud.client.loadbalancer.LoadBalanced;
import org.springframework.context.annotation.Bean;
import org.springframework.context.annotation.Configuration;
import org.springframework.http.client.ClientHttpRequestFactory;
import org.springframework.http.client.SimpleClientHttpRequestFactory;
import org.springframework.http.converter.StringHttpMessageConverter;
import org.springframework.web.client.RestTemplate;

import java.nio.charset.Charset;
```

```
@Configuration
public class RestTemplateConfig {

    @LoadBalanced //负载均衡
    @Bean
    public RestTemplate restTemplate(ClientHttpRequestFactory factory) {
        RestTemplate restTemplate = new RestTemplate(factory);
        // UTF-8 编码设置
        restTemplate.getMessageConverters().set(1,
                new StringHttpMessageConverter(Charset.forName("UTF-8")));
        return restTemplate;

    }

    @Bean
    public ClientHttpRequestFactory simpleClientHttpRequestFactory() {
        SimpleClientHttpRequestFactory factory = new SimpleClientHttpRequestFactory();
        // 超时时间为 10 秒
        factory.setReadTimeout(10 * 1000);
        // 超时时间为 5 秒
        factory.setConnectTimeout(5 * 1000);
        return factory;
    }
}
```

关于 RestTemplate 工具读者应该并不陌生，在第 5 章中已做过介绍。不同的是，此处多了一个@LoadBalanced 注解，添加此注解后，RestTemplate 就有了客户端负载均衡的功能。如果不加这个注解，在服务调用时就会出现如下报错信息：

```
java.net.UnknownHostException
```

这也是服务消费端与服务提供端的不同。不仅需要添加@LoadBalanced 注解，消费端在发起调用时还需要添加负载均衡模块，因此需要在 nacos-consumer-demo 中引入如下依赖：

```
<!-- 负载均衡模块 -->
<dependency>
  <groupId>org.springframework.cloud</groupId>
  <artifactId>spring-cloud-starter-loadbalancer</artifactId>
</dependency>
```

关于负载均衡的相关知识会在第 7 章中进行详细讲解。

在 ConsumerTestController 类中新增如下代码：

```
private final String SERVICE_URL = "http://newbee-cloud-goods-service";

// 通过 Nacos 调用下级服务
@GetMapping("/consumerTest")
public String consumerTest() {
  return restTemplate.getForObject(SERVICE_URL + "/goodsServiceTest",
String.class);
}
```

在上述代码中，SERVICE_URL 变量的写法变成了“http://”+服务名称，而不是“http://”+IP 地址+端口号。不过，由于服务中心存在，这样也能够完成对 newbee-cloud-goods-service 的调用。启动 newbee-cloud-consumer-service 项目，打开浏览器并输入如下地址：

```
http://localhost:8093/consumerTest
```

访问后的结果如图 6-16 所示。

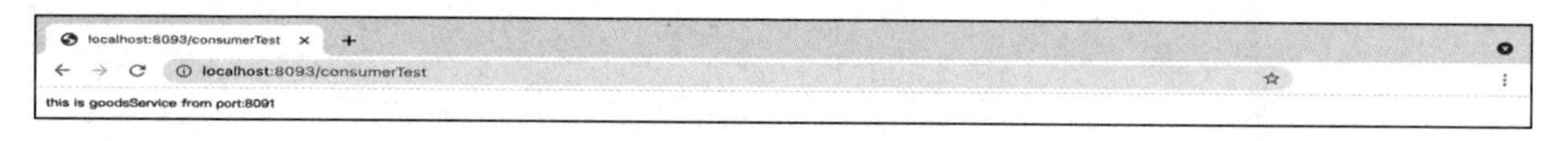

图 6-16　访问结果

可以看出，已经成功获取 newbee-cloud-goods-service 服务中的接口响应。当然，前提是 newbee-cloud-goods-service 成功启动并注册到 Nacos 中，否则会报 500 错误。

接下来又到思考时间了。

“newbee-cloud-goods-service”这个字符串是如何被转换成 IP 地址+端口号的？因为直接使用“http://”+服务名称的方式是无法正确地发起 HTTP 请求的。本节主要介绍服务发现的知识，读者应该也能猜到是因为服务发现机制的存在，通过服务名称能够获取服务信息，而服务信息中包括 IP 地址、端口号等字段。

那么问题来了，“newbee-cloud-goods-service”这个字符串被转换成 IP 地址+端口号是在什么时候完成的？

再进一步思考，服务发现这四个字背后的原理是什么？服务发现是在什么时候开始的？服务发现又做了什么？

6.5.4　服务发现的源码分析

为了让读者知晓服务发现的原理，笔者结合源码和 Spring Boot 框架的自动装配（Auto Configuration）机制来讲解。

1. 服务发现机制的自动配置源码分析

下面讲解与服务发现相关的自动配置。前文中讲到了服务发现的源码，这部分源码在 spring-cloud-starter-alibaba-nacos-discovery-2021.0.1.0.jar 中。spring-cloud-starter-alibaba-nacos-discovery-2021.0.1.0.jar 中不仅有服务注册的自动配置类，与服务发现相关的自动配置类也在这个 JAR 包中，如图 6-17 所示。

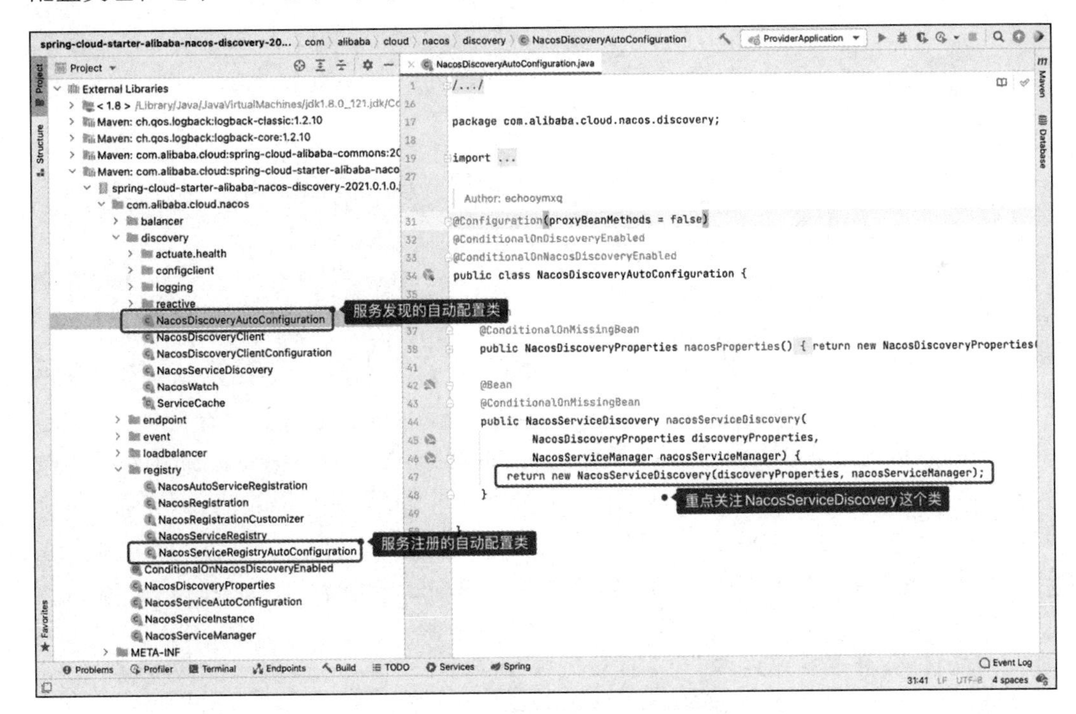

图 6-17　服务发现的自动配置类截图

服务发现自动装配的主角是 NacosDiscoveryAutoConfiguration 类，源码如下（已省略部分代码）。

```
package com.alibaba.cloud.nacos.discovery;
```

```
// 配置类
@Configuration(proxyBeanMethods = false)
// 自动配置生效条件 1
@ConditionalOnDiscoveryEnabled
// 自动配置生效条件 2
@ConditionalOnNacosDiscoveryEnabled
public class NacosDiscoveryAutoConfiguration {

    @Bean // 注册 NacosDiscoveryProperties 到 IoC 容器中
    @ConditionalOnMissingBean // 当前 IoC 容器中不存在 NacosDiscoveryProperties
类型的 Bean 时注册，如果已经存在，则不会再次注册
    public NacosDiscoveryProperties nacosProperties() {
        return new NacosDiscoveryProperties();
    }

    @Bean // 注册 NacosServiceDiscovery 到 IoC 容器中
    @ConditionalOnMissingBean // 当前 IoC 容器中不存在 NacosServiceDiscovery 类
型的 Bean 时注册，如果已经存在，则不会再次注册
    public NacosServiceDiscovery nacosServiceDiscovery(
            NacosDiscoveryProperties discoveryProperties,
            NacosServiceManager nacosServiceManager) {
        return new NacosServiceDiscovery(discoveryProperties,
nacosServiceManager);
    }

}
```

与服务注册的自动配置类 NacosServiceRegistryAutoConfiguration 的生效条件一致，也是 spring.cloud.service-registry.auto-registration.enabled=true 和 spring.cloud.nacos.discovery.enabled=true。因为这两个配置项的默认值都是 true，所以服务发现的自动配置类 NacosDiscoveryAutoConfiguration 也会生效。

该自动配置类生效后会向 IoC 容器中注册两个 Bean，分别是 NacosDiscoveryProperties 类和 NacosServiceDiscovery 类。NacosDiscoveryProperties 类负责读取配置文件中与 Nacos 相关的配置项，不多做描述。重点关注一下 NacosServiceDiscovery 类，源码及注释如下：

```
package com.alibaba.cloud.nacos.discovery;

public class NacosServiceDiscovery {

    private NacosDiscoveryProperties discoveryProperties;

    private NacosServiceManager nacosServiceManager;
```

```
    public NacosServiceDiscovery(NacosDiscoveryProperties discoveryProperties,
            NacosServiceManager nacosServiceManager) {
        this.discoveryProperties = discoveryProperties;
        this.nacosServiceManager = nacosServiceManager;
    }

    // 根据服务名称获取所有已注册的服务实例清单
    public List<ServiceInstance> getInstances(String serviceId) throws
NacosException {
        String group = discoveryProperties.getGroup();
    // 实际调用 NamingService 中的 selectInstances()方法获取 Instance 列表
        List<Instance> instances = namingService().selectInstances(serviceId, group,
                true);
    // 类型转换
        return hostToServiceInstanceList(instances, serviceId);
    }

    // 获取所有的服务名称
    public List<String> getServices() throws NacosException {
        String group = discoveryProperties.getGroup();
        ListView<String> services = namingService().getServicesOfServer(1,
                Integer.MAX_VALUE, group);
        return services.getData();
    }

  省略部分代码

}
```

NacosServiceDiscovery 是服务发现的功能类，需要重点关注的方法是 getInstances()，该方法会实际调用 NamingService 类中的 selectInstances()方法获取 Instance 列表。继续跟入 selectInstances()方法，可以看到该方法的具体实现源码：

```
// 根据服务名称获取 Instance 列表
public List<Instance> selectInstances(String serviceName, String groupName,
List<String> clusters, boolean healthy, boolean subscribe) throws
NacosException {
  ServiceInfo serviceInfo;
  if (subscribe) {
   // 调用 HostReactor 类中的 getServiceInfo()方法获取实例列表，并开启线程定时更新
    serviceInfo = this.hostReactor.getServiceInfo(NamingUtils.getGroupedName
(serviceName, groupName), StringUtils.join(clusters, ","));
```

```
  } else {
    // 调用 HostReactor 类中的 getServiceInfoDirectlyFromServer()方法获取实例列
表，这个方法直接向 Nacos Server 发起调用并获取数据，不会将服务列表放入本地内存进行维护
和更新
    serviceInfo = this.hostReactor.getServiceInfoDirectlyFromServer
(NamingUtils.getGroupedName(serviceName, groupName), StringUtils.join
(clusters, ","));
  }
    // 工具方法，类型转换
  return this.selectInstances(serviceInfo, healthy);
}
```

继续跟入 getServiceInfo()方法，该方法位于 com.alibaba.nacos.client.naming.core.HostReactor 类中（这个类中的源码一定要重点学习，是核心类），源码及源码注释如下：

```
public ServiceInfo getServiceInfo(String serviceName, String clusters) {
  LogUtils.NAMING_LOGGER.debug("failover-mode: " +
this.failoverReactor.isFailoverSwitch());
  String key = ServiceInfo.getKey(serviceName, clusters);
  if (this.failoverReactor.isFailoverSwitch()) {
    return this.failoverReactor.getService(key);
  } else {
    // 从 serviceInfoMap 中获取该实例信息
    ServiceInfo serviceObj = this.getServiceInfo0(serviceName, clusters);
    if (null == serviceObj) {
      // 如果 serviceInfoMap 中没有该实例信息，则直接向 Nacos Server 请求
      serviceObj = new ServiceInfo(serviceName, clusters);
      serviceInfoMap.put(serviceObj.getKey(), serviceObj);
      updatingMap.put(serviceName, new Object());
      // 向 Nacos Server 请求获取实例信息，并存放到 serviceInfoMap 中
      updateServiceNow(serviceName, clusters);
      updatingMap.remove(serviceName);
    } else if (this.updatingMap.containsKey(serviceName)) {
      synchronized(serviceObj) {
        try {
          serviceObj.wait(5000L);
        } catch (InterruptedException var8) {
          LogUtils.NAMING_LOGGER.error("[getServiceInfo] serviceName:" +
              serviceName + ", clusters:" + clusters, var8);
        }
      }
    }
    // 开启一个线程，定时更新 serviceInfoMap 中的实例数据
    scheduleUpdateIfAbsent(serviceName, clusters);
```

```
    // 从 serviceInfoMap 中获取该实例信息并返回
    return (ServiceInfo)this.serviceInfoMap.get(serviceObj.getKey());
  }
}
```

通过对源码的梳理，可以得知服务发现的自动配置过程最终会向 IoC 容器中注册两个 Bean，分别是 NacosDiscoveryProperties 类和 NacosServiceDiscovery 类。NacosServiceDiscovery 类中有方法可以向 Nacos Server 发起请求并获取服务实例信息，并最终保存到 HostReactor 类的 serviceInfoMap 变量中。serviceInfoMap 的定义和初始化代码如下：

```
private final Map<String, ServiceInfo> serviceInfoMap;

省略部分代码

if (loadCacheAtStart) {
  this.serviceInfoMap = new ConcurrentHashMap<String, ServiceInfo>
(DiskCache.read(this.cacheDir));
} else {
  this.serviceInfoMap = new ConcurrentHashMap<String, ServiceInfo>(16);
}
```

serviceInfoMap 是一个 ConcurrentHashMap 类型的 Map 对象，用于存放实例信息。

另外，有一点需要注意，服务发现自动配置之后，只是向 IoC 容器中注册了两个 Bean，此时 serviceInfoMap 变量中并没有额外的实例信息存进来。比如，本节中演示的 newbee-cloud-goods-service 服务，在 nacos-consumer-demo 项目启动后，serviceInfoMap 中是没有 newbee-cloud-goods-service 服务信息的。这里需要一个触发条件，就是要实际调用过 NacosServiceDiscovery 类中的 getInstances(String serviceId)方法，这样才知道需要拉取哪个服务，进而向 serviceInfoMap 变量中存放一个实例信息。

比如，在当前的演示项目中，ConsumerTestController 类中的 consumerTest()方法会调用另外一个服务，这个服务名称是“newbee-cloud-goods-service”，在代码执行过程中需要向 Nacos Server 发起请求并获取名称为“newbee-cloud-goods-service”的实例信息，获取之后才会存放到 serviceInfoMap 变量中。理解上面这段话，笔者将结合实际的代码执行流程来讲解。先以 Debug 模式启动 nacos-consumer-demo 项目，然后在 com.alibaba.nacos.client.naming.core.HostReactor 类中的第 315 行和第 340 行打上两个断点（不同版本的代码可能行号不同，具体可以结合笔者给的代码截图来打断点）。

访问如下地址：

```
http://localhost:8093/consumerTest
```

注意，这是第一次访问。

请求发起后，程序在 HostReactor 类的第 315 行这个断点处停住了，如图 6-18 所示。

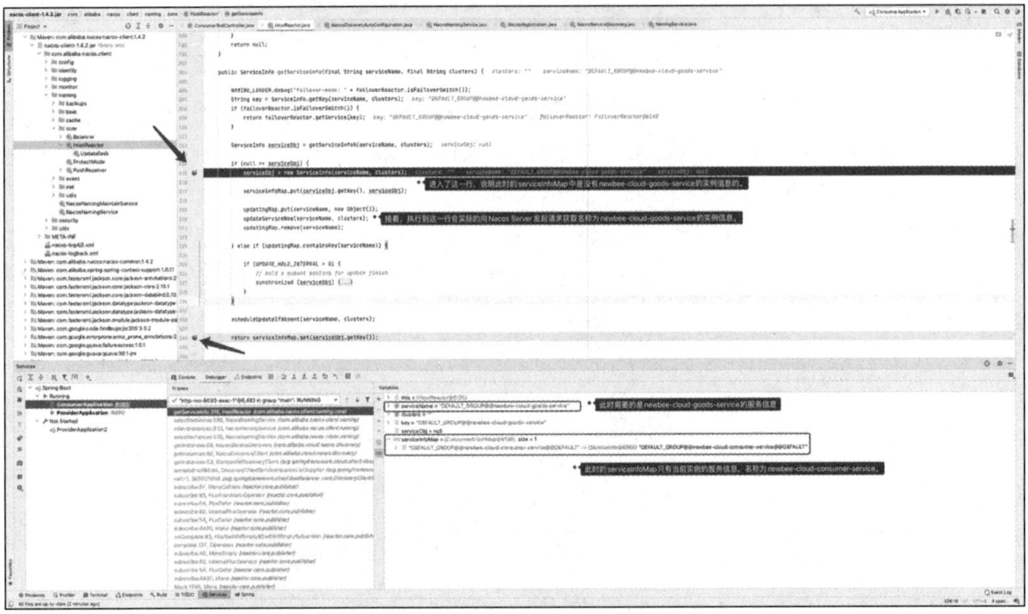

图 6-18　第一次访问时在 HostReactor 类的第 315 行处停住

由图 6-18 可知，此时 serviceObj 变量为 null，也就是说 serviceInfoMap 变量中并没有名称为“newbee-cloud-goods-service”的实例信息。因此，直接在第 315 行的这个断点处停住。serviceObj 变量为 null，会执行第 320 行的 updateServiceNow()方法，向 Nacos Server 请求获取实例信息并存放到 serviceInfoMap 变量中。

接下来，单击 Debug 放行按钮跳过第 315 行的这个断点。此时，程序在进入第 340 行的断点处停住，如图 6-19 所示。

这时 serviceInfoMap 变量中已经有名称为“newbee-cloud-goods-service”的实例信息了，因为在第 320 行时已经获取到了。放行这个断点，继续进行第二次访问。

第二次访问如下地址：

```
http://localhost:8093/consumerTest。
```

注意，这已经不是第一次访问了。

请求发起后，程序直接在 HostReactor 类的第 340 行这个断点处停住，并没有如第一次访问时在第 315 行处停住，如图 6-20 所示。

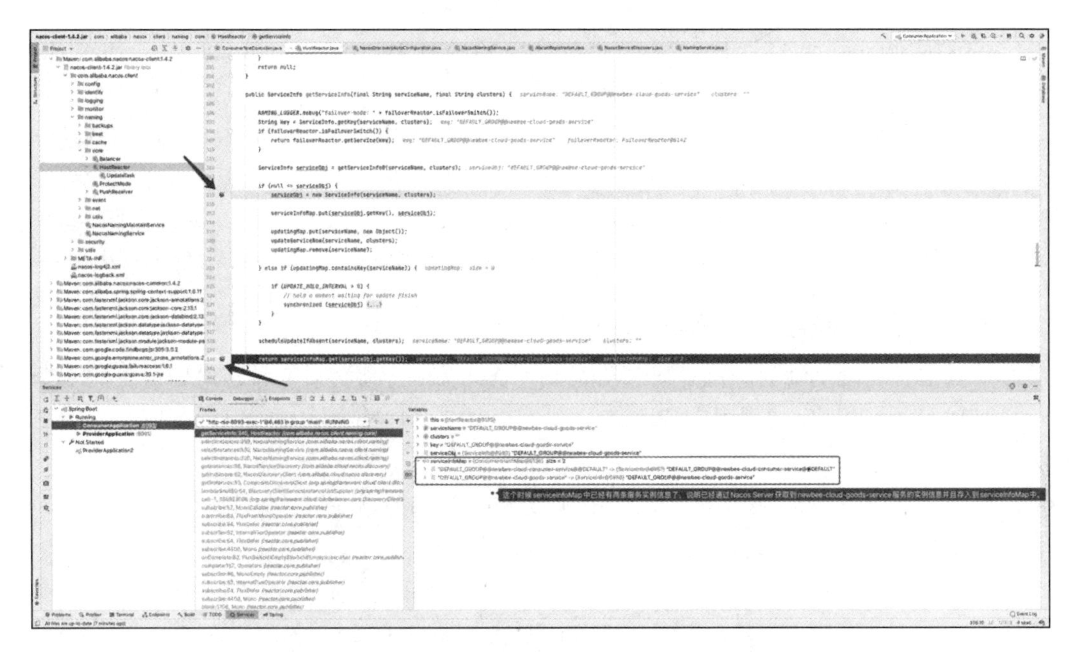

图 6-19　第一次访问时 serviceInfoMap 变量的值

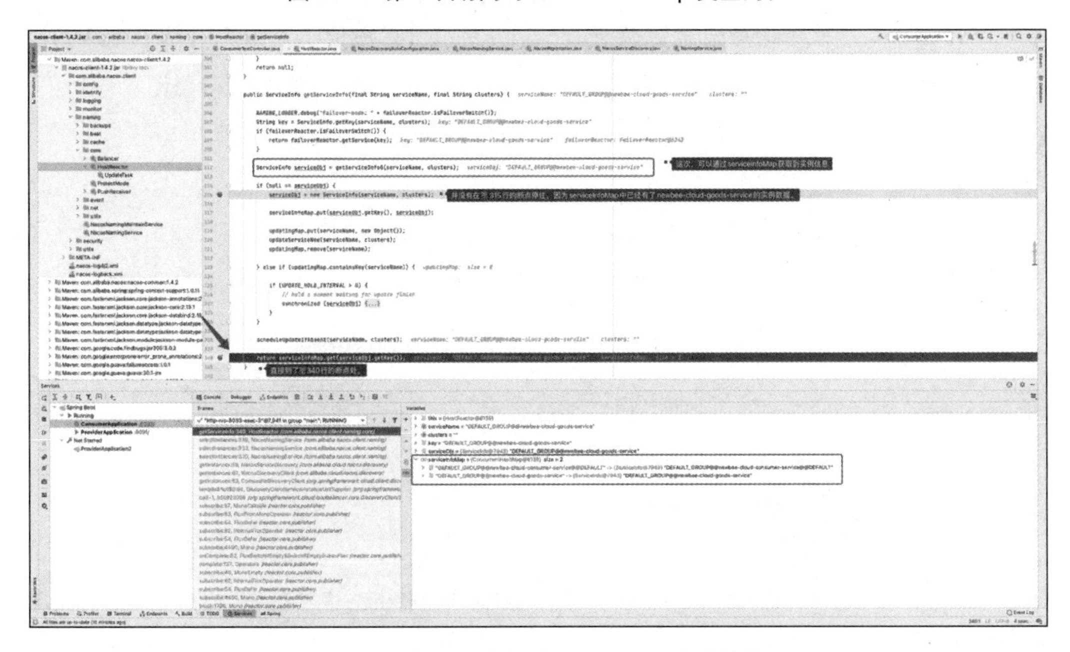

图 6-20　第二次访问时 serviceObj 变量的值

这是因为 serviceInfoMap 变量中已经存在名称为“newbee-cloud-goods-service”的实例信息了，直接返回数据给上层方法即可。

以上就是服务发现机制的基础源码分析，通过源码分析可知，服务的实例信息是存放在 HostReactor 类的 serviceInfoMap 变量中的。想要获取某个名称的服务信息，最终都要读取 serviceInfoMap 变量。如果这条数据存在，则直接返回；如果不存在，则直接向 Nacos Server 发起请求并存放到 serviceInfoMap 变量中，之后返回这条数据给上层调用方法。

2. 将服务信息转换为请求地址的源码分析

通过服务发现机制的基础源码分析可知，在向另一个服务发起请求时，服务的实例信息是已经获取到的，否则无法正确发起请求。接下来，笔者将结合源码来解答下面这个问题。

“newbee-cloud-goods-service”这个字符串被转换成 IP 地址+端口号是在什么时候完成的？

在 Debug 模式下，通过方法调用栈的追踪，定位到在向另一个服务发起请求时，实际执行的是 BlockingLoadBalancerClient 类中的 execute()方法，如图 6-21 所示。通过查看源码可知，在 BlockingLoadBalancerClient 类的第 80 行已经获取名称为“newbee-cloud-goods-service”的实例信息了，在 BlockingLoadBalancerClient 类的第 98 行已经获取响应结果了。因此，服务信息转换成 IP 地址+端口号肯定是在 apply()方法中完成的。

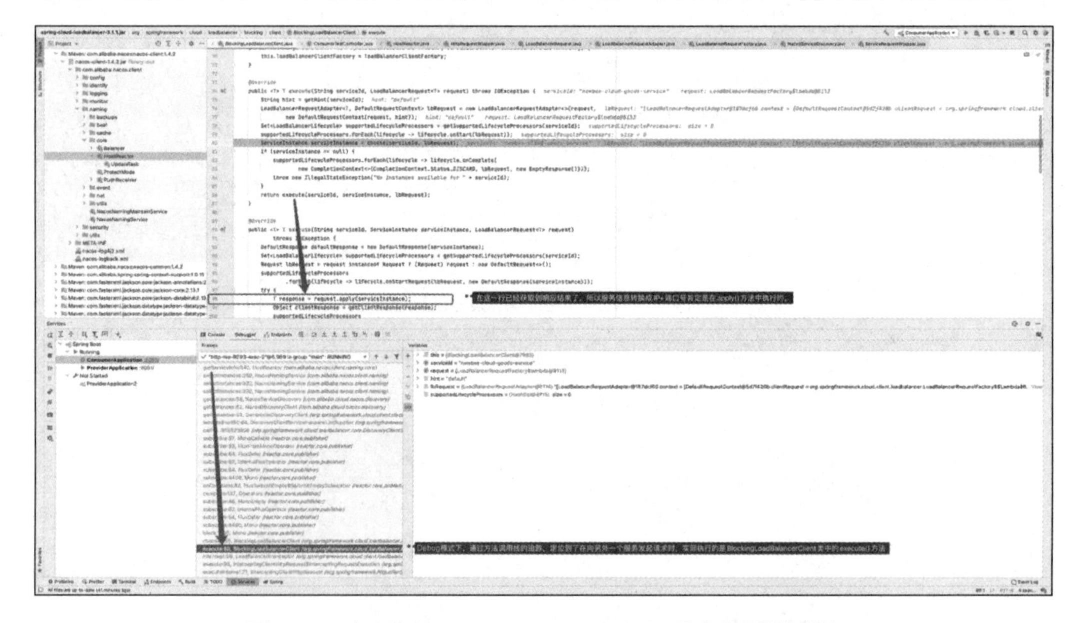

图 6-21　在 BlockingLoadBalancerClient 类中的调试过程

在 BlockingLoadBalancerClient 类的第 98 行打上断点，查看其中的源码，最终得到了想要的结果。在实际发送请求前，HttpRequest 对象会在 org.springframework.cloud.client.loadbalancer.LoadBalancerRequestFactory 类的 createRequest()方法中被重新包装成 ServiceRequestWrapper 对象，发起对另一个服务的请求。

在 createRequest()方法中打上断点，在 IDEA 编辑器中单击鼠标右键，在弹出的快捷菜单中选择“Evaluate Expression”选项，并在输入框中输入如下表达式：

```
serviceRequest.getURI()
```

该表达式是 serviceRequest 的请求地址，最终得出结果，如图 6-22 所示。

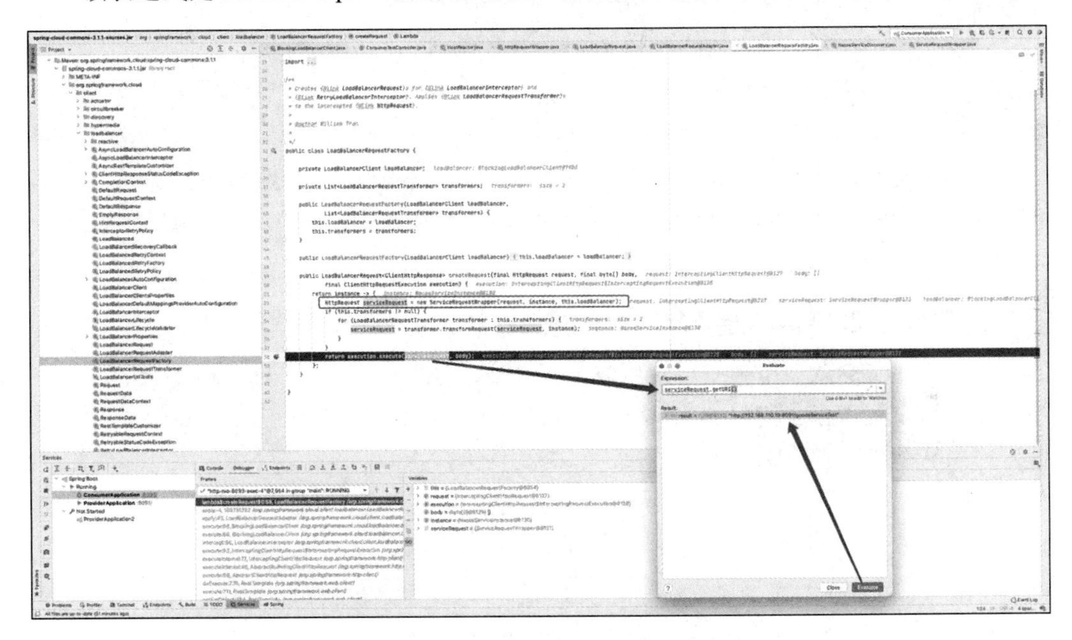

图 6-22　serviceRequest 的请求结果

于是第一次看到了由服务名称获取的真实请求地址。在 ServiceRequestWrapper 类中定义了 getURI()的方法，用来返回拼接好的地址信息，方法定义如下：

```
public URI getURI() {
  URI uri = this.loadBalancer.reconstructURI(this.instance, getRequest().getURI());
  return uri;
}
```

通过跟入源码，最终得到将实例信息拼接成 URI 字符串的代码：

```
private static URI doReconstructURI(ServiceInstance serviceInstance, URI
original) {
```

```
    String host = serviceInstance.getHost();
    String scheme = Optional.ofNullable(serviceInstance.getScheme())
      .orElse(computeScheme(original, serviceInstance));
    int port = computePort(serviceInstance.getPort(), scheme);

    if (Objects.equals(host, original.getHost()) && port == original.getPort()
        && Objects.equals(scheme, original.getScheme())) {
      return original;
    }

    boolean encoded = containsEncodedParts(original);
    return
UriComponentsBuilder.fromUri(original).scheme(scheme).host(host).port
(port).build(encoded).toUri();
}
```

在这里将获取的服务实例信息中的数据和 URI 变量中的数据进行拼接，最终完成了由“newbee-cloud-goods-service”字符串转换成真实的请求地址的过程，最终发起请求并获取正确的响应结果。

3. 服务发现机制中实例信息的更新流程

在通过服务名称调用另一个服务前，会获取对应的服务信息。通过前文中的源码分析可知，这个数据存放在 HostReactor 类的 serviceInfoMap 变量中。serviceInfoMap 变量的存储格式如图 6-23 所示。

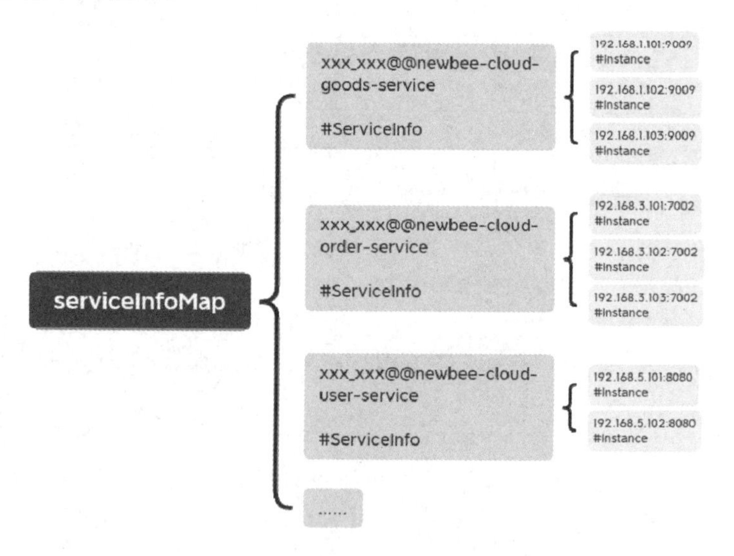

图 6-23　serviceInfoMap 变量的存储格式

serviceInfoMap 变量中肯定有不止一个服务的数据，这里以 newbee-cloud-goods-service 服务为例来讲解。在 Nacos Server 中有三个以“newbee-cloud-goods-service”命名的实例，请求并存放到 serviceInfoMap 变量中的数据结构如图 6-23 所示。在 serviceInfoMap 中有一个 key 为“xxx_xxx@@newbee-cloud-goods-service”的 ServiceInfo 对象。ServiceInfo 对象中有一个 hosts 变量，类型为 List，hosts 变量中有所有的实例信息，包括 192.168.1.101:9009、192.168.1.102:9009、192.168.1.103:9009 这三个服务实例的信息。

在前文的源码分析中，getServiceInfo()的实现方式是判断 serviceInfoMap 是否存在某个服务，如果不存在，就请求 Nacos Server 拉取这个服务的所有实例信息；如果存在，就不会再次请求 Nacos Server，而是直接返回 serviceInfoMap 中的数据。于是问题就来了：如果 Nacos Server 中的服务实例数量增加或减少了，怎样保证 serviceInfoMap 中存放的数据的准确性呢？

比如，192.168.1.101:9009 上的 newbee-cloud-goods-service 服务关闭了，或者新注册了一个 192.168.1.104:9009 上的 newbee-cloud-goods-service 服务，Nacos Server 上肯定是最新的、最准确的数据，而 serviceInfoMap 变量中的数据还是 192.168.1.101:9009、192.168.1.102:9009、192.168.1.103:9009 这三个服务实例的信息。实例数据不准确怎么办？或者说 Nacos 的服务发现机制是如何完善的？

接下来结合源码介绍 serviceInfoMap 中实例信息的更新机制。

在分析 com.alibaba.nacos.client.naming.core.HostReactor 类的 getServiceInfo()方法时，有一行代码笔者并没有详细介绍。这行代码里就包含了实例信息的更新机制，代码如下：

```
public ServiceInfo getServiceInfo(String serviceName, String clusters) {
    省略部分代码
    // 开启一个线程，定时更新 serviceInfoMap 中的实例数据
    scheduleUpdateIfAbsent(serviceName, clusters);
    // 从 serviceInfoMap 中获取该实例信息并返回
    return (ServiceInfo)this.serviceInfoMap.get(serviceObj.getKey());
  }
}
```

其中，scheduleUpdateIfAbsent()方法就是用来更新 serviceInfoMap 中的实例数据的，继续跟入源码，代码及注释如下：

```
public void scheduleUpdateIfAbsent(String serviceName, String clusters) {
    if (futureMap.get(ServiceInfo.getKey(serviceName, clusters)) != null) {
        return;
    }
```

```
    synchronized (futureMap) {
        if (futureMap.get(ServiceInfo.getKey(serviceName, clusters)) != null) {
            return;
        }
        // 开启一个延时任务 UpdateTask，更新某个服务的实例信息
        ScheduledFuture<?> future = addTask(new UpdateTask(serviceName, clusters));
        futureMap.put(ServiceInfo.getKey(serviceName, clusters), future);
    }
}

public synchronized ScheduledFuture<?> addTask(UpdateTask task) {
    return executor.schedule(task, DEFAULT_DELAY, TimeUnit.MILLISECONDS);
}
```

UpdateTask 是 HostReactor 类的内部类，实现了 Runnable 接口。在这里，延时任务执行后，会执行 UpdateTask 的 run()方法，源码及注释如下：

```
public class UpdateTask implements Runnable {

    省略部分代码

    @Override
    public void run() {
        long delayTime = DEFAULT_DELAY;

        try {
            // 根据 serviceName 获取 serviceInfoMap 变量中对应服务的实例数据
            ServiceInfo serviceObj = serviceInfoMap.get(ServiceInfo.getKey
                                     (serviceName, clusters));

            if (serviceObj == null) {
                // 如果为空，则直接向 Nacos Server 请求获取实例信息，并存放到 serviceInfoMap
                中的 updateService(serviceName, clusters);
                return;
            }


            if (serviceObj.getLastRefTime() <= lastRefTime) {
                // 过期服务（服务的最新更新时间小于或等于 lastRefTime），从注册中心重新查询
                updateService(serviceName, clusters);
                serviceObj = serviceInfoMap.get(ServiceInfo.getKey(serviceName,
                            clusters));
            } else {
                // 未过期，不对 serviceMapInfo 中的数据做额外操作
```

```
            refreshOnly(serviceName, clusters);
        }

                        // 刷新 lastRefTime
        lastRefTime = serviceObj.getLastRefTime();

        if (!notifier.isSubscribed(serviceName, clusters) && !futureMap
            .containsKey(ServiceInfo.getKey(serviceName, clusters))) {
            NAMING_LOGGER.info("update task is stopped, service:" +
                                 serviceName + ", clusters:" + clusters);
            return;
        }
        // 如果没有可用的实例信息，则统计失败次数，次数加 1
        if (CollectionUtils.isEmpty(serviceObj.getHosts())) {
            incFailCount();
            return;
        }

        // 延时任务的下次执行时间
        delayTime = serviceObj.getCacheMillis();

        // 失败次数清零
        resetFailCount();
    } catch (Throwable e) {
        incFailCount();
        NAMING_LOGGER.warn("[NA] failed to update serviceName: " + serviceName, e);
    } finally {
        // 开始循环，继续开启延时任务，异步执行 UpdateTask 线程，更新某个服务实例信息
        //下次执行的时间与 failCount 有关。若 failCount=0，则下次调度时间为 1 秒，
          最长间隔为 1 分钟
        executor.schedule(this, Math.min(delayTime << failCount, DEFAULT_
                        DELAY * 60), TimeUnit.MILLISECONDS);
    }
  }
}
```

serviceInfoMap 变量中新增一条服务实例数据的同时，会开启一个异步线程来定时更新这个服务的实例信息。在 UpdateTask 线程的 run()方法的 finally 代码块中，会再次开启一个异步线程并再次执行 UpdateTask 线程的 run()方法，开启“套娃模式”来定时更新数据。这就是服务发现机制中实例信息更新流程的一种方式，每间隔一段时间，就会向 Nacos Server 直接发起请求并将最新的实例信息更新到 serviceInfoMap 变量中。这种方式是服务实例主动向 Nacos Server 发起请求获取实例信息，属于主动查询的方式。

除此之外，还有一种 Nacos Server 主动向应用进程推送的更新方式。这部分源码在

com.alibaba.nacos.client.naming.core.PushReceiver 类中，PushReceiver 类实现了 Runnable 接口，其 run()方法的源码及注释如下：

```
public void run() {
        // closed 默认为 false，只要当前应用不关闭，就会一直循环执行下面的代码
        while (!closed) {
            try {

                byte[] buffer = new byte[UDP_MSS];
                DatagramPacket packet = new DatagramPacket(buffer, buffer.length);
                // 接收 Nacos Server 推送的数据
                udpSocket.receive(packet);

                // 解析数据
                String json = new String(IoUtils.tryDecompress(packet.getData()),
UTF_8).trim();
                NAMING_LOGGER.info("received push data: " + json + " from " +
packet.getAddress().toString());

                // 类型转换
                PushPacket pushPacket = JacksonUtils.toObj(json, PushPacket.class);
                String ack;

                // 当 pushPacket.type 为 dom 或 service 时,调用 processServiceJson()
                    方法更新 serviceInfoMap 中的数据
                if ("dom".equals(pushPacket.type) || "service".equals
(pushPacket.type)) {
                    hostReactor.processServiceJson(pushPacket.data);

                    // send ack to server
                    ack = "{\"type\": \"push-ack\"" + ", \"lastRefTime\":\"" +
pushPacket.lastRefTime + "\", \"data\":"
                            + "\"\"}";

                // 当 pushPacket.type 为 dump 时，将本地的数据发送给 Nacos Server
                } else if ("dump".equals(pushPacket.type)) {
                    // dump data to server
                    ack = "{\"type\": \"dump-ack\"" + ", \"lastRefTime\": \""
+ pushPacket.lastRefTime + "\", \"data\":"
                            + "\"" + StringUtils.escapeJavaScript(JacksonUtils.
toJson(hostReactor.getServiceInfoMap()))
                            + "\"}";
                } else {
                    // do nothing send ack only
                    ack = "{\"type\": \"unknown-ack\"" + ", \"lastRefTime\":\""
```

```
+ pushPacket.lastRefTime
                        + "\", \"data\":" + "\"\"}";
            }

            // 向 Nacos Server 发送响应
            udpSocket.send(new DatagramPacket(ack.getBytes(UTF_8),
ack.getBytes(UTF_8).length,
                    packet.getSocketAddress()));
        } catch (Exception e) {
            if (closed) {
                return;
            }
            NAMING_LOGGER.error("[NA] error while receiving push data", e);
        }
    }
}
```

以上就是服务发现机制中实例信息的更新流程，既有主动请求 Nacos Server 的方式，也有被动地接收 Nacos Server 数据推送的方式。这两种方式是同时存在的，共同保障 serviceInfoMap 中数据的准确性。

笔者整理了一张服务发现机制的简图，可以帮助读者更好地理解这部分知识，如图 6-24 所示。

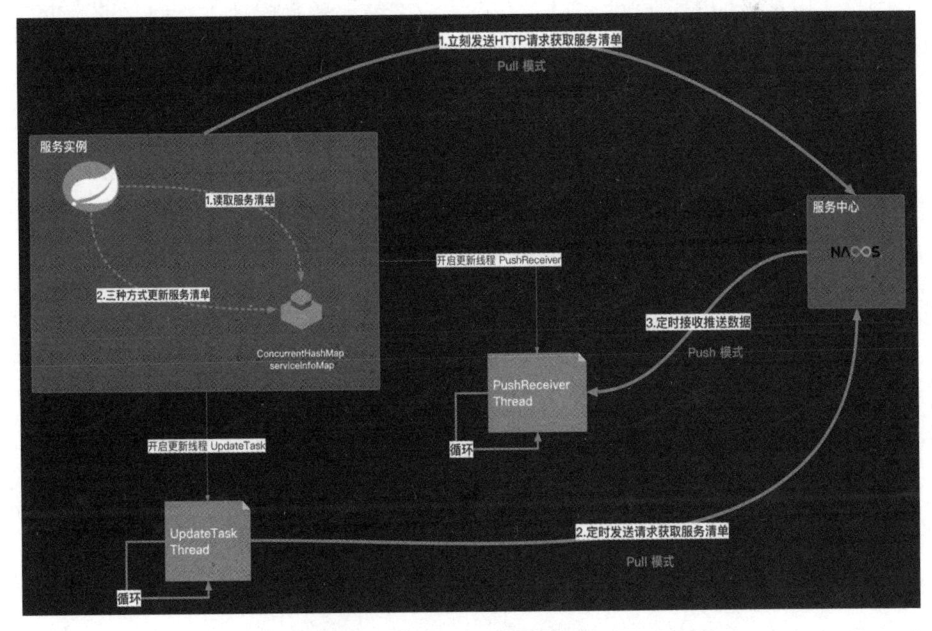

图 6-24　服务与 Nacos 之间服务发现机制的简图

通过实际的编码和源码讲解，读者应该能体会到一件事：使用 Spring Cloud Alibaba 套件，服务注册和服务发现都比较简单，编码也很方便、简洁。开发人员对很多功能是无感知的。通过源码分析才发现，原来代码底层做了如此多的工作。建议读者打上断点，按照本节中提到的流程、具体的实现类和方法，多运行几遍流程，多看几次源码，这样才能更好地理解服务注册与服务发现的底层原理。

6.6 配置中心介绍

除适用于服务治理场景外，Nacos 也能够以配置中心的角色在微服务架构中发挥重要的作用。下面笔者将对 Nacos 配置中心的整合和功能实现进行编码与讲解。不过，在编码前，读者首先要了解什么是配置中心，以及配置中心有什么作用。

6.6.1 编码中常用的配置方式分析

关于开发项目过程中做的一些配置，读者应该都不陌生，如常见的直接在代码里定义一个变量，或者通过配置项目的配置文件来实现。总结一下，编码时常用的配置方式有硬编码、使用项目的配置文件、启动命令指定变量、数据库动态获取，通过这四种方式都能够在项目中进行配置项的更改和使用，四种配置方式的实现整理如下。

1. 硬编码的配置方式

这是最简单、常用的配置方式，直接通过在代码中定义一个变量来指定配置项的内容，如下面的代码，通过硬编码的方式指定了返回结果时的提示信息及购物车中单个商品的最大购买数量两个配置。

```
if (goodsId < 1) {
  return ResultGenerator.genFailResult("参数异常");
}
 public final static int SHOPPING_CART_ITEM_LIMIT_NUMBER = 5;//购物车中单个商品的最大购买数量(可根据自身需求修改)
```

这种方式就是直接定义代码，不能动态修改。只有停止项目，修改后再重启项目，配置项才会生效。

2. 使用项目的配置文件的配置方式

在普通的 SSM 项目中，常用的配置文件为 web.xml、spring-context.xml、spring-context-mvc.xml、mybatis-config.xml，在 Spring Boot 项目中则常用 application.yml、application.properties、bootstrap.yml、bootstrap.properties 配置文件来设置项目的配置项，这是最为常见的方式，也是比较灵活和优雅的配置方式。因篇幅有限，这里就不展示这些配置文件的代码片段了。

3. 启动命令指定变量的配置方式

使用命令中的-D 参数（-DpropName=propValue）或--propName=propValue 传入配置项对项目中的一些变量进行配置。

比如，通过启动命令传入数据库地址，命令如下：

```
java -jar -DdatabaseUrl="mysql://localhost:3306/newbee_mall_db?user= root&
password=root" newbee-mall-release.jar
```

Spring Boot 项目可以使用--propName=propValue 的方式，如通过启动命令指定当前生效的环境配置及启动端口号，命令如下：

```
java -jar newbee-mall-release.jar --spring.profiles.active=dev --server.
port=28081
```

4. 数据库动态获取的配置方式

将配置项保存在数据库中，如 MySQL 或 Redis 等存储介质，每次请求时都会执行一条 SELECT 语句实现动态查询，需要动态更新的配置项存储在数据库中也是常见的配置方式，建表语句示例如下：

```
CREATE TABLE 'tb_system_config' (
  'config_id' bigint(20) unsigned NOT NULL AUTO_INCREMENT,
  'config_key' varchar(50) NOT NULL DEFAULT '' COMMENT '配置项',
  'config_value' varchar(50) NOT NULL DEFAULT '' COMMENT '配置内容',
  'updated_time' timestamp NOT NULL DEFAULT CURRENT_TIMESTAMP ON UPDATE
CURRENT_TIMESTAMP,
  'created_time' timestamp NOT NULL DEFAULT CURRENT_TIMESTAMP,
  PRIMARY KEY ('config_id'),
  UNIQUE KEY 'idx_config_key' ('config_key')
) ENGINE=InnoDB DEFAULT CHARSET=utf8 COMMENT='系统配置表';
```

不过，以上几种配置方式或多或少都有一些缺点。硬编码的方式太死板，硬编码、使用项目的配置文件、启动命令指定变量的方式不够灵活，如果要对配置项进行变更，就必须对代码、配置文件或启动命令进行修改，之后重新编译打包部署，无法实现在项目运行时动态变更配置项。数据库动态获取的方式更为灵活，但是使用数据库作为配置中心需要进行额外的编码，并且存在性能问题，这种方式使开发工作变得更加复杂。

另外，随着业务量的增加和系统架构的演变，系统应用涉及数十个研发团队、上百台服务器、成百上千个服务实例，以上几种配置方式会暴露更多缺点，部分缺点整理如下。

（1）无法实现动态更新配置项：一旦需要更新配置，就要重新编译打包部署，在分布式项目的开发流程中极不灵活，并且给开发人员带来额外的工作量。

（2）纯粹的工作量增加：随着分布式系统中实例数量的不断增加，配置信息也会相应增多，配置信息的变更和维护就会增加更多的工作量，并且这个过程费时费力、容易出错。

（3）没有版本管理和回滚机制：在开发过程中，配置经常被修改，版本控制非常必要，一旦出现问题能够对配置项进行快速回滚是非常必要的。

除上述缺点外，前述的几种配置方式还存在缺少权限控制、无法统一管理、管理难度大等缺点。

当然，如果没有开发大型的分布式项目，或者项目体量并不大，那么使用前述的几种配置方式完全没有问题，一些缺点也根本称不上缺点。

6.6.2 为什么需要配置中心

通过对编码中常用配置方式的举例和分析，能够发现随着业务量的增加和系统架构的演变、开发团队人员的增加、服务实例及配置信息的日益增多，一些常用的配置方式或通过数据库动态读取配置项的方式已无法满足开发人员对配置管理的要求。此时，系统中需要一个新的角色来统一管理配置项。

配置中心产生的原因是解决分布式系统中配置信息管理的问题。在分布式系统中，由于服务器数量众多，服务被部署在不同的位置，并且服务之间的依赖关系错综复杂，因此配置信息管理成为一个重要的问题。配置中心的出现可以解决这些问题，使得配置信息集中管理、易于维护，并且可以动态更新配置，使得分布式系统更加稳定、可靠。

总结一下，有以下几个原因需要使用配置中心。

（1）使得应用程序能够更方便地获取配置信息，而不是将这些信息硬编码在程序里。

（2）更方便地管理配置信息，使得修改配置信息更加方便。

（3）当配置信息需要在多个环境中使用时（如开发、测试、生产等），使用配置中心可以方便地将配置信息进行分环境管理。

（4）当部署应用程序集群时，使用配置中心可以方便地将配置信息同步到集群中的所有节点。

（5）配置中心可以提供配置信息的版本管理功能，便于回滚和追踪变更历史。

当然，如果配置项不多或业务并不复杂，使用配置文件或硬编码的方式其实更加方便和简单，配置中心更适合大型的分布式项目使用。

6.6.3　什么是配置中心

配置中心是一种用于管理应用程序或系统配置信息的中央服务。它允许开发人员在多个环境（如开发、测试、生产）之间共享配置，并且可以在不停止应用程序的情况下动态更新配置，如图 6-25 所示。

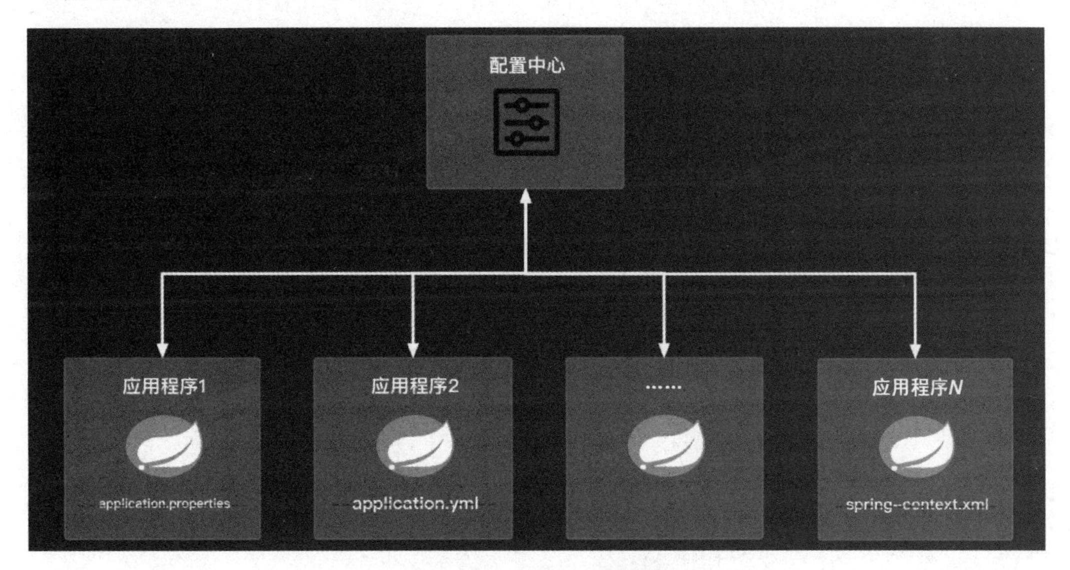

图 6-25　配置中心逻辑图

配置中心是统一管理各种应用配置的工具。它能够集中管理系统中各个应用程序的配置，并将其分发到各个应用程序。这样，当需要更新配置项时，只需要在配置中心进行修改，而不需要更改每个具体的项目实例代码，也不需要重新打包、启动项目。区别于常见的几种配置方式，配置中心采用中心化统一的配置方式，降低了维护多个配置文件的复杂度。配置中心是一个将配置从各应用程序中剥离出来，作为一个单独的模块进行配置的分布式系统工具。对配置进行统一管理，应用程序自身不需要管理配置。

配置中心与应用程序的关系很简单，首先是独立，其次是能够提供系统所需的各种配置项的管理能力。二者的关系如图 6-26 所示。

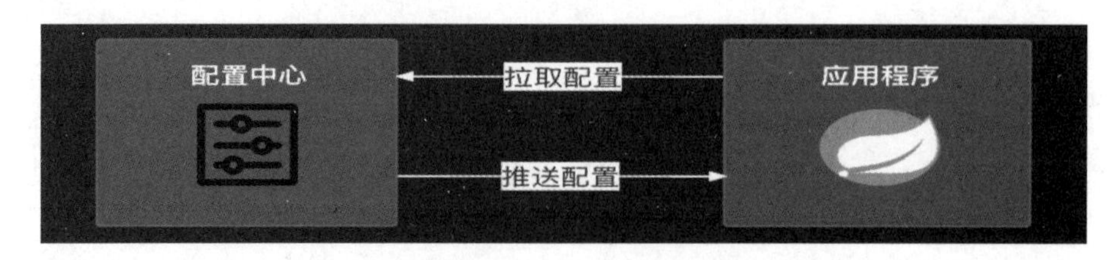

图6-26 配置中心与应用程序的关系

配置中心就是把分布式系统中的配置项分离出自身的管理系统，而这些信息又能被应用程序实时获取。区别于常见的配置方式，配置中心一般是一个独立存在的组件，独立部署、独立运行。

使用配置中心可以帮助企业更好地管理配置，提高系统的可靠性和可维护性。如果需要灵活更改配置，避免重新部署系统，配置中心可以提供很好的帮助。目前，配置中心的落地方案已经非常丰富，成熟且被开发团队所使用的配置中心方案有携程旗下的Appllo、阿里巴巴旗下的Nacos Config、Apache旗下的ZooKeeper、Spring官方团队旗下的Spring Cloud Config、HashiCorp旗下的Consul等，这些方案都提供了一些基本的配置管理功能，如存储配置、分发配置、权限等。

对这些落地方案感兴趣的读者可以查阅对应的官方文档，了解各配置中心间的详细对比信息，本书所选择的方案是Nacos Config，就不再拓展介绍了。

读者可能会思考这样一个问题：MySQL、Redis等数据库虽然独立于分布式系统之外，但是可以提供配置的存储和更新，只要读取就可以获取最新的配置，是否能够作为配置中心呢？

其实，这个问题在前文中已经说明了。使用数据库作为配置中心需要进行额外的编码，并且存在性能问题，这种方式使开发变得更复杂，充其量只能算是一个配置中心的半成品，数据库的主业还是系统中的存储方案。数据库不能主动推送配置更新、没有配置信息的版本管理、不能及时回滚。因此，不能将数据库方案当作一个合格的配置中心方案。

这个问题可以引出另一个需要讲解的知识：配置中心应该具备哪些功能。

6.6.4 配置中心具备哪些功能

配置中心具备的基本功能如下。

（1）配置存储：配置中心可以存储各种应用程序的配置信息，如数据库连接配置项、项目信息配置项等。

（2）配置版本控制：配置中心可以记录每次修改配置信息的版本，方便回滚和比较。

（3）配置发布：配置中心可以将修改后的配置信息发布到指定的环境中，如开发环境、测试环境和生产环境。

（4）配置查询：配置中心提供查询配置信息的功能，方便开发人员查看和调试，如提供封装好的可供客户端调用的 API 或配置管理页面 UI，方便应用开发人员管理和发布配置。

除此之外，配置中心还能够提供如下更加核心的功能。

（1）权限控制：管理配置项、实例获取配置项都需要认证授权，无权限的账号不能修改和发布配置，无权限的实例也不能获取相应的配置项。

（2）数据持久化：支持将配置项信息持久化到数据库。

（3）实时性：支持将配置更新实时推送到使用该配置的服务器节点上。配置更新后需要及时响应至客户端，间隔时间不能太久，理想状态下应该是实时的。

（4）高可用：配置中心必须保证高可用，如果单点出现问题，则会导致分布式系统中的部分实例无法正常启动或配置更新。在极端的情况下，如果配置中心不可用，则客户端要有降级策略（如项目代码中保留一份配置文件，若配置中心不可用，则使用默认的配置），保证应用不受影响。

6.6.5　配置中心的优点

配置中心的优点如下。

（1）可以将应用程序的配置与代码分离，使得修改配置不需要重新部署代码。

（2）可以方便地在开发环境、测试环境和生产环境之间切换配置。

（3）可以使用配置中心管理动态配置，这样就可以在不重启应用的情况下更新配置。

（4）可以使用配置中心管理分布式系统的配置，这样就可以方便地在多个服务器之间同步配置。

（5）可以使用配置中心管理用户个性化的配置，这样就可以为每个用户提供个性化的体验。

总体来说，在分布式系统中引入配置中心，可以避免重复重启服务、动态更改服务参数等。当然，在系统中增加了一个全新的技术组件，也意味着在开发和运维期间引入了新的复杂度。

此时，读者可能会思考这样一个问题：既然配置中心的优点那么多，是不是只要在项目中引入配置中心就万事大吉了，其他几种常用的配置方式就不再使用了呢？

当然不是，项目中的配置项有很多，在分布式系统中引入配置中心后，将大部分的配置项放到配置中心进行管理，部分配置项依然使用配置文件、启动命令参数方式来指定。例如，配置中心的 IP 地址和账号信息要放在项目中，否则无法获取配置中心所管理的配置项。一定要注意，常见的配置方式与配置中心方案并不是互斥的。

6.6.6 配置中心在微服务架构中的作用

有些读者在未接触微服务架构相关技术栈时，可能根本没听说过“配置中心”这个概念。配置中心并不是微服务架构独有的，二者并不是强关联的关系。配置中心是一个比较成熟的技术方案，被各个开发团队所使用，不管是微服务架构，还是其他分布式架构，都可以引入配置中心这个角色。

在微服务架构体系中，当然也会使用配置中心作为配置内容的管理者。这样，在编码时就可以将一些必要的配置项添加到配置文件中（如 application.yml 和 bootstrap.yml），而大部分的配置项会在配置中心里进行存储和发布。微服务架构中的服务实例在启动时从配置中心获取所有的配置项，用于各种实体类的初始化。

配置中心在微服务架构中有很重要的作用，主要有以下几点。

（1）集中管理配置：配置中心能够集中管理各种服务的配置信息，避免了在各个服务中硬编码配置的问题。

（2）配置信息隔离：在配置中心里维护配置信息，有利于隔离不同环境的配置信息，如开发环境、测试环境、生产环境。

（3）配置信息版本管理：配置中心能够管理配置信息的版本，便于回滚和版本控制。

（4）动态更新配置：配置中心支持动态更新配置信息，使得服务在运行时能够动态地获取最新配置。

（5）减少服务之间的耦合：使用配置中心可以减少服务之间对配置的依赖，有利于提高服务的独立性和可维护性。

以本书中所讲解的 Nacos 配置中心为例，在微服务架构中引入后的架构简图如图 6-27 所示。

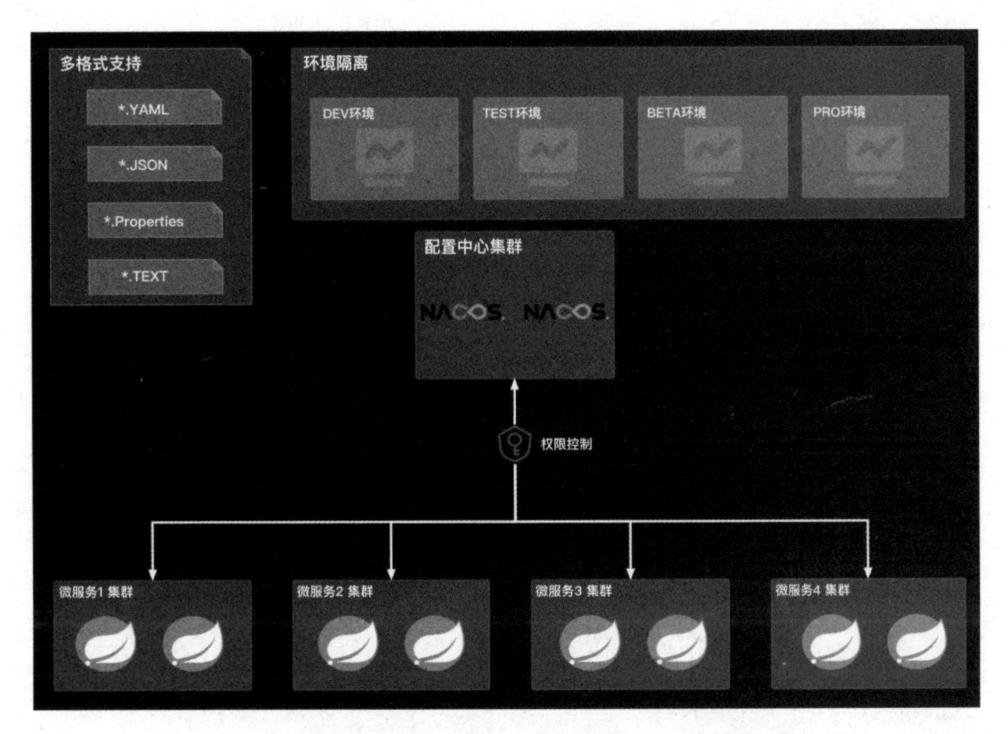

图 6-27　微服务架构中引入 Nacos 配置中心后的架构简图

从图 6-27 中可以看到配置中心在配置管理方面发挥的作用。Nacos 配置中心可以提供访问控制、版本控制、配置项动态更新、高可用性、环境隔离特性、多格式支持等核心功能。

本节主要讲解配置中心，并通过实际的编码进行相关的功能实现和演示。

6.7　整合Nacos配置中心编码实践

本节笔者讲解如何在应用程序中整合 Nacos 配置中心，并从 Nacos 配置中心获取配置项。

6.7.1　创建基础工程

在整合 Nacos 配置中心前，先编写一个简单的微服务工程，在这个工程中使用配置文件的方式存放工程启动时的配置项，之后以该工程为基础去整合 Nacos 配置中心。这样读者在学习时就可以更好地理解 Nacos 配置中心的整合过程，也能将两种配置方式进行对比。

该工程是在 spring-cloud-alibaba-nacos-demo 项目的基础上修改的，具体修改步骤如下。

先修改项目名称为 spring-cloud-alibaba-nacos-config-base-demo，把项目根目录下 pom.xml 文件的 artifactId 修改为 spring-cloud-alibaba-nacos-config-base-demo。

然后将原来的 nacos-provider-demo 模块的名称修改为 nacos-config-demo，并将该模块的 parent 标签修改为 spring-cloud-alibaba-nacos-config-base-demo，与上层 Maven 建立好关系。在这个子模块的 pom.xml 文件中加入连接 MySQL 数据库所需的依赖。子节点 nacos-provider-demo 的 pom.xml 源码如下：

```
<?xml version="1.0" encoding="UTF-8"?>
<project xmlns="http://maven.apache.org/POM/4.0.0"
xmlns:xsi="http://www.w3.org/2001/XMLSchema-instance"
        xsi:schemaLocation="http://maven.apache.org/POM/4.0.0
https://maven.apache.org/xsd/maven-4.0.0.xsd">
    <modelVersion>4.0.0</modelVersion>
    <groupId>ltd.newbee.cloud</groupId>
    <artifactId>nacos-config-demo</artifactId>
    <version>0.0.1-SNAPSHOT</version>
    <name>nacos-config-base-demo</name>
    <description>Spring Cloud Alibaba Nacos Base Demo</description>

    <parent>
        <groupId>ltd.newbee.cloud</groupId>
        <artifactId>spring-cloud-alibaba-nacos-config-base-demo</artifactId>
        <version>0.0.1-SNAPSHOT</version>
    </parent>

    <properties>
        <java.version>1.8</java.version>
    </properties>

    <dependencies>
        <dependency>
            <groupId>org.springframework.boot</groupId>
            <artifactId>spring-boot-starter-web</artifactId>
        </dependency>

        <dependency>
            <groupId>org.springframework.boot</groupId>
```

```
            <artifactId>spring-boot-starter-test</artifactId>
            <scope>test</scope>
        </dependency>

        <!-- 服务发现 -->
        <dependency>
          <groupId>com.alibaba.cloud</groupId>
          <artifactId>spring-cloud-starter-alibaba-nacos-discovery</artifactId>
        </dependency>

        <!-- jdbc-starter -->
        <dependency>
            <groupId>org.springframework.boot</groupId>
            <artifactId>spring-boot-starter-jdbc</artifactId>
        </dependency>

        <!-- MySQL 驱动包 -->
        <dependency>
            <groupId>mysql</groupId>
            <artifactId>mysql-connector-java</artifactId>
        </dependency>
    </dependencies>
</project>
```

接着在 nacos-config-demo 中进行简单的功能编码，把该 Spring Boot 项目的启动类名称修改为 ConfigApplication，并在 ltd.newbee.cloud.api 包中新建 TestController 类，代码如下：

```
package ltd.newbee.cloud.api;

import com.alibaba.cloud.nacos.discovery.NacosDiscoveryClient;
import org.springframework.web.bind.annotation.GetMapping;
import org.springframework.web.bind.annotation.RestController;

import javax.annotation.Resource;
import javax.sql.DataSource;
import java.sql.Connection;
import java.sql.SQLException;
import java.util.Properties;

@RestController
public class TestController {

    @Resource
```

```
    private DataSource dataSource;

    @GetMapping("/dataSource")
    public String dataSource() throws SQLException {
        String datasourceClass = dataSource.getClass().toString();
        Boolean haveConnection = dataSource.getConnection() == null ? false : true;
        return "数据源类型：" + dataSource + "，是否连接成功：" + haveConnection + "";
    }
}
```

该测试类主要验证数据源类型，以及是否获取正确的数据库连接。最后在配置文件中添加服务名称、注册中心配置、数据库连接配置等内容，最终的 application. properties 文件代码如下：

```
# 服务名称
spring.application.name=newbee-cloud-config-service
# 环境配置（dev 表示开发环境）
spring.profiles.active=dev
# 端口号
server.port=8094

# Nacos 注册中心地址
spring.cloud.nacos.discovery.server-addr=localhost:8848
# Nacos 登录用户名(默认为 nacos，生产环境一定要修改)
spring.cloud.nacos.username=nacos
# Nacos 登录密码(默认为 nacos，生产环境一定要修改)
spring.cloud.nacos.password=nacos

# datasource config (MySQL)
spring.datasource.name=newbee-mall-cloud-user-datasource
spring.datasource.driverClassName=com.mysql.cj.jdbc.Driver
spring.datasource.url=jdbc:mysql://localhost:3306/newbee_mall_cloud_user
_db?useUnicode=true&serverTimezone=Asia/Shanghai&characterEncoding=utf8&
autoReconnect=true&useSSL=false
spring.datasource.username=root
spring.datasource.password=123456
spring.datasource.hikari.minimum-idle=5
spring.datasource.hikari.maximum-pool-size=15
spring.datasource.hikari.auto-commit=true
spring.datasource.hikari.idle-timeout=60000
spring.datasource.hikari.pool-name=hikariCP
spring.datasource.hikari.max-lifetime=600000
spring.datasource.hikari.connection-timeout=30000
spring.datasource.hikari.connection-test-query=SELECT 1
```

最终的工程目录结构如图 6-28 所示。

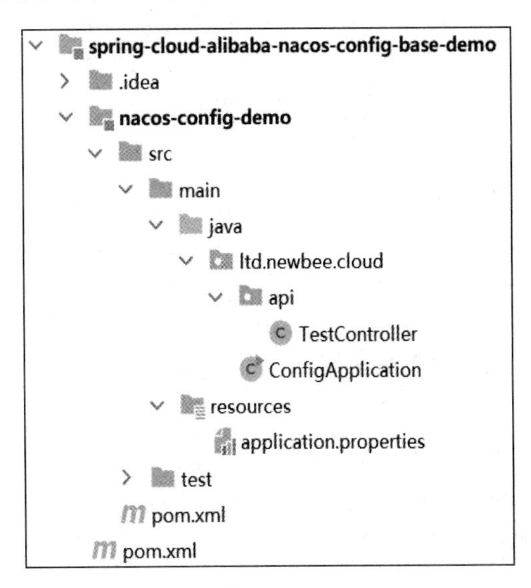

图 6-28　最终的工程目录结构

该项目是整合配置中心前的基础代码，主要是创建一个包含常用配置项的微服务架构实例，配置中包含项目的基础配置项、注册中心配置项及数据源配置项。启动 ConfigApplication 主类，如果项目在启动过程中没有报错，并且注册中心已经出现 newbee-cloud-config-service 服务，访问/dataSource 地址也能获取正确的数据库连接信息，则表示编码成功。

6.7.2　集成 Nacos 配置中心

下面笔者以 spring-cloud-alibaba-nacos-config-base-demo 项目为基础讲解如何在应用程序中整合 Nacos 配置中心获取配置项，之后实现动态配置项刷新。

1. 添加 Nacos Config 依赖

打开 nacos-config-demo 的 pom.xml 文件并添加以下两个依赖项：

```
<!-- 配置中心 -->
<dependency>
    <groupId>com.alibaba.cloud</groupId>
    <artifactId>spring-cloud-starter-alibaba-nacos-config</artifactId>
</dependency>
```

```
<!-- 读取bootstrap -->
<dependency>
    <groupId>org.springframework.cloud</groupId>
    <artifactId>spring-cloud-starter-bootstrap</artifactId>
</dependency>
```

项目的配置文件中通常包括数据库连接配置项、日志输出配置项、Redis 连接配置项、服务注册配置项等内容，如 spring-cloud-alibaba-nacos-config-base-demo 项目中就包含数据库连接配置项和服务注册配置项。如果把这些配置项存放在配置中心，为了保证项目能够正常启动，就必须在数据源实例配置、服务注册流程之前读到所有配置项，因为类似数据源、日志工厂等实例的初始化和服务注册流程都是在项目启动过程中进行的。

基于这个原因，在服务的启动阶段就需要将连接 Nacos 配置中心的配置项加载优先级设置为最高。在 Spring Boot 规范中，bootstrap 配置文件（bootstrap.yml 或 bootstrap.properties）用来引导程序时执行，应用于更加早期的配置信息读取。可以理解成系统级别的一些参数配置，这些参数一般是不会变动的，其加载优先级高于 application 配置文件（application.yml 或 application.properties）。将连接 Nacos 配置中心的配置项放到 bootstrap 文件中，能够确保在启动阶段优先读取 Nacos 配置中心里存储的配置项。

添加完依赖，接下来就要配置连接 Nacos 配置中心的参数了。

2. 代码中配置 Nacos Config 连接参数

先在 nacos-config-demo 模块的 resource 目录下创建 bootstrap.properties 配置文件。

然后在 bootstrap.properties 文件中添加一些连接 Nacos 配置中心的参数，代码及参数释义如下：

```
# 服务名称
spring.application.name=newbee-cloud-config-service

# 环境配置（dev 表示开发环境）
spring.profiles.active=dev

# Nacos 配置中心地址
spring.cloud.nacos.config.server-addr=localhost:8848
# 命名空间默认为 PUBLIC
spring.cloud.nacos.config.namespace=dev
# 配置分组默认为 DEFAULT_GROUP
spring.cloud.nacos.config.group=NEWBEE_CLOUD_DEV_GROUP
# 配置文件格式（参数有 yml、json、properties 等）
```

```
spring.cloud.nacos.config.file-extension=properties
# Nacos 配置中心登录用户名(默认为 nacos，生产环境一定要修改)
spring.cloud.nacos.config.username=nacos
# Nacos 配置中心登录密码(默认为 nacos，生产环境一定要修改)
spring.cloud.nacos.config.password=nacos
```

3. 添加配置文件到 Nacos 配置中心

打开浏览器并进入 Nacos 控制台页面，如果没有配置自定义命名空间，就可以单击左侧导航栏中的“命名空间”按钮，打开“新建命名空间”对话框，配置内容如图 6-29 所示。

图 6-29　“新建命名空间”对话框

在“新建命名空间”对话框中主要设置命名空间 ID、命名空间名和描述。其中，命名空间 ID 就是连接配置中心的 spring.cloud.nacos.discovery.namespace 配置项和连接服务注册中心的 spring.cloud.nacos.config.namespace 配置项所要填写的值，笔者将其设置为 dev。如果不设置，则会自动生成一个长度为 36 个字符的字符串。配置完成后的命名空间列表页面如图 6-30 所示。

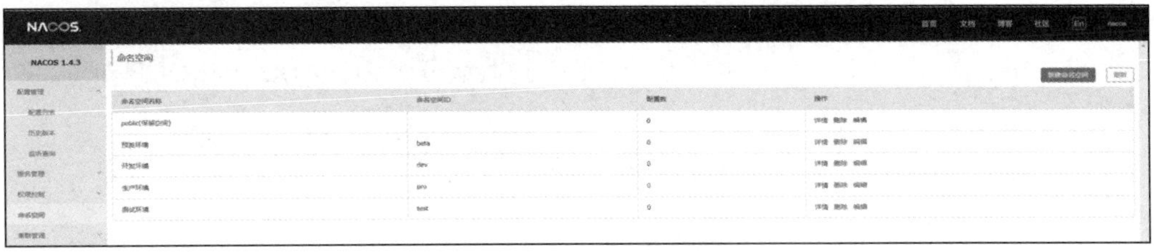

图 6-30　命名空间列表页面

单击左侧导航栏中的“配置列表”按钮，再切换到“开发环境”命名空间（dev），如图 6-31 所示。

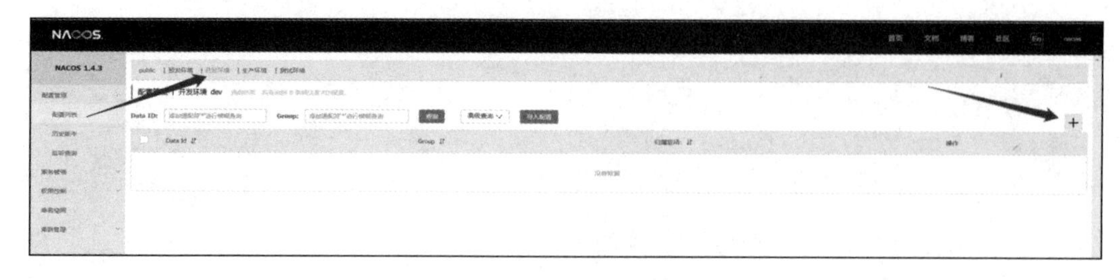

图 6-31　切换命名空间

单击配置管理页面右侧的“+”按钮，可以新建一项配置。在这里可以把原来在 application.properties 文件中的配置项存储到 Nacos 配置中心。“新建配置”页面如图 6-32 所示。

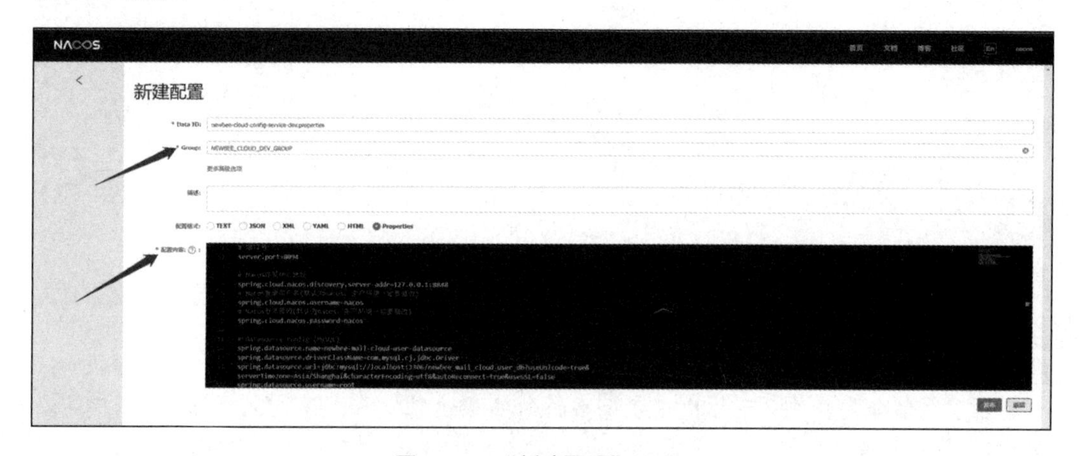

图 6-32　“新建配置”页面

“新建配置”页面包含 7 个选项：Data ID、Group、标签、归属应用、描述、配置格式和配置内容，重要的选项释义如下。

（1）Data ID：配置的唯一标识，必填项。

（2）Group：指定配置文件的分组，这里设置默认分组 DEFAULT_GROUP 即可，必填项。

（3）描述：说明配置文件的用途，可不填。

（4）配置格式：指定“配置内容”的类型（文件后缀名），必填项。

（5）配置内容：程序运行所需的配置项列表，必填项。

在“新建配置”页面中，笔者指定了 Data ID 为 newbee-cloud-config-service-dev.properties、Group 为自定义分组 NEWBEE_CLOUD_DEV_GROUP、配置格式为

Properties。在“配置内容”文本框中，笔者将端口号、注册中心连接配置项和数据库连接配置项添加了进去。

6.7.3　Data ID 详解

Data ID 在 Nacos 配置中心里是配置项的唯一标识符，用于标识一个配置项信息，并在客户端获取配置信息时使用。

组成 Data ID 的完整参数如下：

```
${prefix}-${spring.profiles.active}.${file-extension}
```

其中，${prefix}默认为应用名称，即 spring.application.name 配置项的值；${spring.profiles.active}是当前选择的环境；${file-extension}是配置内容的数据格式，即配置文件的后缀名。

当前项目的 bootstrap.properties 文件中已经对上述三个配置项做了配置：

```
# 服务名称
spring.application.name=newbee-cloud-config-service

# 环境配置（dev 表示开发环境）
spring.profiles.active=dev

# 配置文件格式（参数有 yml、json、properties 等）
spring.cloud.nacos.config.file-extension=properties
```

因此，在拉取配置中心的配置时所读取的 Data ID 就是 newbee-cloud-config-service-dev.properties，这也是在“新建配置”页面中笔者将 Data ID 指定为 newbee-cloud-config-service-dev.properties 的原因，并不是随意输入的。如果在 Data ID 中输入了其他字符串，则程序无法通过配置中心拉取正确的配置，启动阶段会直接报错。

如果 spring.profiles.active 配置项并未指定，则对应的连接符“-”也没了，Data ID 的组成参数会变成${prefix}.${file-extension}。比如，本节中的演示代码，如果不指定 spring.profiles.active 配置项，则 Data ID 就是 newbee-cloud-config-service-dev.properties。

另外，若不想使用应用名称作为 prefix，可以使用 spring.cloud.nacos.config.prefix 进行自定义。比如，本节中的演示代码如果增加了一个配置项：

```
# 服务名称
spring.application.name=newbee-cloud-config-service

# 自定义 Data ID 前缀
```

```
spring.cloud.nacos.config.prefix=config-service

# 环境配置（dev 表示开发环境）
spring.profiles.active=dev

# 配置文件格式（参数有 yml、json、properties 等）
spring.cloud.nacos.config.file-extension=properties
```

那么 Data ID 就是 config-service-dev.properties。如果在 Nacos 配置中心没有新建 config-service-dev.properties，则程序在启动时无法拉取配置信息，会直接报错。

6.7.4 整合 Nacos 配置中心功能验证

一切设置妥当之后，就可以启动应用程序进行功能验证了。同时，为了测试应用程序能否正确拉取配置中心所创建的远程配置项，可以删除原来项目中的 application.properties 文件。

启动 nacos-config-demo 项目（需保证 Nacos Server 和 MySQL Server 已经正常运行）。若启动过程中没有报错，则启动日志如下：

```
  .   ____          _            __ _ _
 /\\ / ___'_ __ _ _(_)_ __  __ _ \ \ \ \
( ( )\___ | '_ | '_| | '_ \/ _` | \ \ \ \
 \\/  ___)| |_)| | | | | || (_| |  ) ) ) )
  '  |____| .__|_| |_|_| |_\__, | / / / /
 =========|_|==============|___/=/_/_/_/
 :: Spring Boot ::                (v2.6.3)

2023-07-22 01:34:45.069  WARN 14912 --- [           main]
c.a.c.n.c.NacosPropertySourceBuilder     : Ignore the empty nacos
configuration and get it based on dataId[newbee-cloud-config-service] &
group[NEWBEE_CLOUD_DEV_GROUP]
2023-07-22 01:34:45.084  WARN 14912 --- [           main]
c.a.c.n.c.NacosPropertySourceBuilder     : Ignore the empty nacos
configuration and get it based on
dataId[newbee-cloud-config-service.properties] &
group[NEWBEE_CLOUD_DEV_GROUP]
2023-07-22 01:34:45.107  INFO 14912 --- [           main]
b.c.PropertySourceBootstrapConfiguration : Located property source:
[BootstrapPropertySource
{name='bootstrapProperties-newbee-cloud-config-service-dev.properties,NE
WBEE_CLOUD_DEV_GROUP'}, BootstrapPropertySource
{name='bootstrapProperties-newbee-cloud-config-service.properties,NEWBEE
```

```
_CLOUD_DEV_GROUP'}, BootstrapPropertySource
{name='bootstrapProperties-newbee-cloud-config-service,NEWBEE_CLOUD_DEV_
GROUP'}]
2023-07-22 01:34:45.112  INFO 14912 --- [           main]
ltd.newbee.cloud.ConfigApplication       : The following profiles are active:
dev
2023-07-22 01:34:45.623  INFO 14912 --- [           main]
o.s.cloud.context.scope.GenericScope     : BeanFactory
id=0d83762a-1dbe-395c-91b2-19ae9cc97ba9
2023-07-22 01:34:45.898  INFO 14912 --- [           main]
o.s.b.w.embedded.tomcat.TomcatWebServer  : Tomcat initialized with port(s):
8094 (http)
2023-07-22 01:34:45.906  INFO 14912 --- [           main]
o.apache.catalina.core.StandardService   : Starting service [Tomcat]
2023-07-22 01:34:45.907  INFO 14912 --- [           main]
org.apache.catalina.core.StandardEngine  : Starting Servlet engine: [Apache
Tomcat/9.0.56]
2023-07-22 01:34:46.007  INFO 14912 --- [           main]
o.a.c.c.C.[Tomcat].[localhost].[/]       : Initializing Spring embedded
WebApplicationContext
2023-07-22 01:34:46.008  INFO 14912 --- [           main]
w.s.c.ServletWebServerApplicationContext : Root WebApplicationContext:
initialization completed in 885 ms
2023-07-22 01:34:46.904  INFO 14912 --- [           main]
o.s.b.w.embedded.tomcat.TomcatWebServer  : Tomcat started on port(s): 8094
(http) with context path ''
2023-07-22 01:34:46.924  INFO 14912 --- [           main]
c.a.c.n.registry.NacosServiceRegistry    : nacos registry, DEFAULT_GROUP
newbee-cloud-config-service 192.168.110.131:8094 register finished
2023-07-22 01:34:47.007  INFO 14912 --- [           main]
ltd.newbee.cloud.ConfigApplication       : Started ConfigApplication in
3.135 seconds (JVM running for 3.493)
2023-07-22 01:34:47.011  INFO 14912 --- [           main]
c.a.c.n.refresh.NacosContextRefresher    : listening config:
dataId=newbee-cloud-config-service, group=NEWBEE_CLOUD_DEV_GROUP
2023-07-22 01:34:47.012  INFO 14912 --- [           main]
c.a.c.n.refresh.NacosContextRefresher    : listening config:
dataId=newbee-cloud-config-service-dev.properties,
group=NEWBEE_CLOUD_DEV_GROUP
2023-07-22 01:34:47.013  INFO 14912 --- [           main]
c.a.c.n.refresh.NacosContextRefresher    : listening config:
dataId=newbee-cloud-config-service.properties,
group=NEWBEE_CLOUD_DEV_GROUP
```

打开浏览器，输入如下请求地址：

```
http://localhost:8094/dataSource
```

浏览器输出的内容如下：

```
数据源类型：HikariDataSource (hikariCP)，是否连接成功：true
```

进入 Nacos 控制台页面，可以看到该服务已经出现在“服务列表”页面中了，如图 6-33 所示。

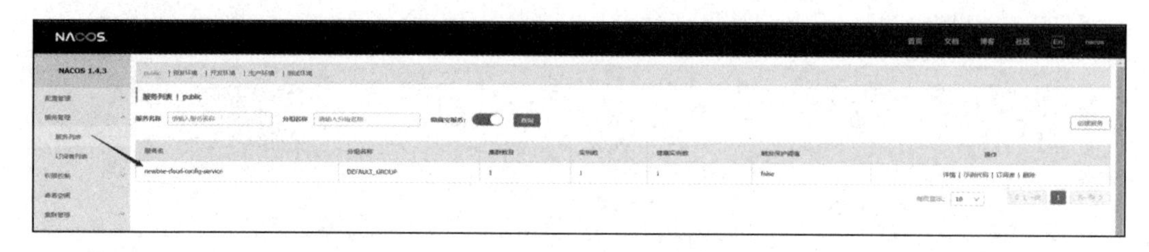

图 6-33　Nacos 控制台中的“服务列表”页面

有些读者可能会问：服务怎么会注册到 public 命名空间？

这是因为笔者在服务注册的相关配置中并没有对 spring.cloud.nacos.discovery.namespace 和 spring.cloud.nacos.discovery.group 两个参数赋值，而是直接使用了它们的默认值，因此 newbee-cloud-config-service 会注册在 public 命名空间且分组名称为 DEFAULT_GROUP。笔者在 bootstrap.properties 文件中指定的是程序与配置中心的连接参数，命名空间和分组的配置名称分别是 spring.cloud.nacos.config.namespace 和 spring.cloud. nacos.config.group，配置项名称不同，作用也不同，读者一定要注意区分。

不仅是这几条配置项容易混淆，初学者在引入 Nacos 依赖项时也容易搞混。Nacos 组件既可以作为微服务架构中的服务注册中心，也可以作为配置中心。引入 Nacos 的服务发现功能，需要添加 spring-cloud-starter-alibaba-nacos-discovery 包；而引入 Nacos 的配置管理功能，需要添加 spring-cloud-starter-alibaba-nacos-config 包。读者一定要注意这些微小的差别，不要弄错了。

到这里，功能验证的结果就出来了。整合 Nacos 配置中心后，项目能够正常启动，数据库连接成功，服务也正确地注册到 Nacos Server。这些都表明整合成功，程序能够正确地通过 Nacos 配置中心远程拉取配置内容。

6.8　集成Nacos实现配置动态刷新

通过前文的讲解，读者应该掌握了在应用程序中整合 Nacos 配置中心并从 Nacos 配置中心获取配置项的方法，本节将通过实际的编码来实现整合 Nacos 配置中心后非常实用的功能：配置动态刷新和多配置文件读取。

6.8.1　实现业务开关

业务开关是一种用于控制系统功能的设备，通过开启或关闭来影响系统的行为。配置动态刷新的一个非常实用的功能就是控制相关功能点的开启或关闭。Nacos 可以通过可视化界面或 API 动态修改配置项的值，从而实现业务开关的开启或关闭。

先在 Nacos Server 中创建一个配置项，用于存储业务开关的状态值。

然后在业务代码中使用 Nacos API 读取该开关配置项的值，并在运行时判断是否启用业务逻辑。

接下来，笔者将结合实际的编码来实现对某个业务功能的开关控制。

比如，项目中存在某个功能模块，但是这个功能并不会一直开启，而是在部分时间开启，此时就可以借助 Nacos 配置中心的配置动态刷新功能来实现这个业务开关。

本节将继续在 spring-cloud-alibaba-nacos-config-demo 项目的基础上开发和讲解。在 ltd.newbee.cloud.api 包中新建 ConfigTestController 类，并新增如下代码：

```
package ltd.newbee.cloud.api;

import org.springframework.beans.factory.annotation.Value;
import org.springframework.cloud.context.config.annotation.RefreshScope;
import org.springframework.web.bind.annotation.GetMapping;
import org.springframework.web.bind.annotation.RestController;

@RestController
@RefreshScope //配置动态刷新
public class ConfigTestController {

    //在配置中心输入的配置项(默认值为 false)
    @Value("${activitySwitch.val:false}")
    private Boolean activitySwitch;

    @GetMapping("/configTest")
    public String configTest() {
        if (activitySwitch) {
            return "活动页面渲染所需数据";
        } else {
            return "活动未开启";
```

```
        }
    }
}
```

在代码中定义了一个布尔值变量 activitySwitch，并使用@Value 注解读取该变量，由于此时已经集成了 Nacos 配置中心，因此会读取 Nacos 配置中心里所配置的内容。activitySwitch 变量的默认值为 false，即使无法正确通过 Nacos Server 获取该配置项，应用程序也可以使用默认值完成启动加载。

之后，创建了一个 configTest()方法，其业务逻辑是根据 activitySwitch 变量的值来控制是否返回活动页面所需的数据，如果 activitySwitch 变量值为 true，则返回“活动页面渲染所需数据”，否则返回“活动未开启”。

另外，实现配置动态刷新的重点是@RefreshScope 注解，在类上声明了该注解，Nacos 配置中心里的属性变动就会动态同步到当前类的变量中。如果不添加@RefreshScope 注解，即使监听到属性变更，变量的值也不会被刷新。

编码完成后进行功能验证。打开浏览器并进入 Nacos 控制台页面，在 newbee-cloud-config-service-dev.properties 中增加一行配置（如图 6-34 所示）：

```
# activitySwitch 开关值
activitySwitch.val=false
```

添加完成后，单击“发布”按钮即可。

图 6-34　在 Nacos 控制台中增加一行配置

下面启动 nacos-config-demo 项目（需保证 Nacos Server 和 MySQL Server 已经正常运行）。如果一切正常，则打开浏览器，输入如下请求地址：

```
http://localhost:8094/configTest
```

浏览器输出的内容如下：

```
活动未开启
```

再次进入 Nacos 控制台页面，修改 newbee-cloud-config-service-dev.properties 配置中的 activitySwitch.val 值为 true，修改前后的内容对比如图 6-35 所示。修改完成后，单击“确认发布”按钮。

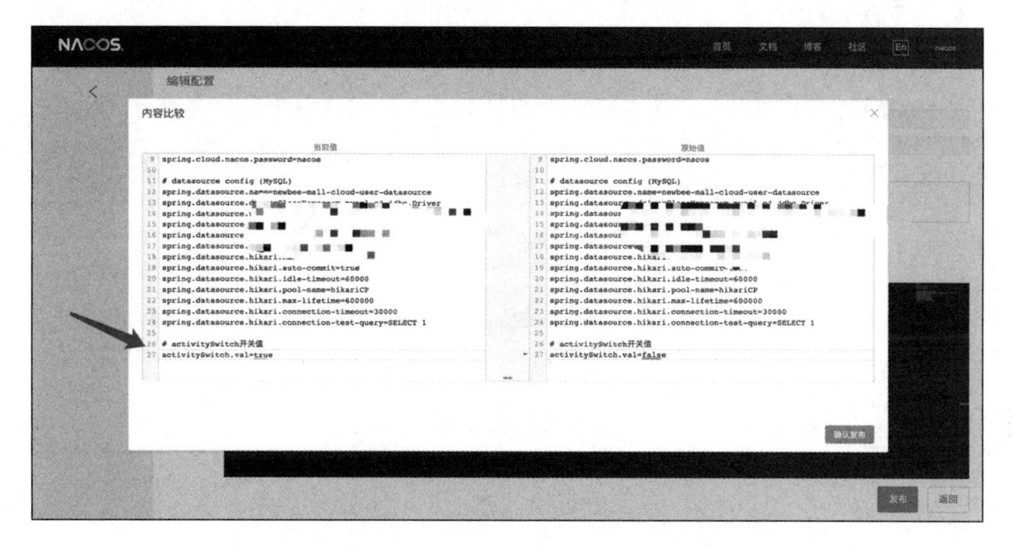

图 6-35　配置修改前后的内容对比

此时，观察项目的启动日志，多了一行内容，日志如下：

```
2023-07-18 16:11:35.890  INFO 56695 --- [1.185_17748-dev]
o.s.c.e.event.RefreshEventListener  : Refresh keys changed: [activitySwitch.val]
```

这行日志说明配置项 activitySwitch.val 值的更改已被程序实时监听到，再次在浏览器中访问如下请求地址：

```
http://localhost:8094/configTest
```

此时，浏览器输出的内容如下：

```
活动页面渲染所需数据
```

验证通过，程序并未重新启动就能够实时读取配置中心里的最新数据，说明配置动态刷新功能开发完成。

6.8.2 配置动态刷新功能的好处及应用场景

配置动态刷新功能可以给应用程序带来如下好处。

（1）更灵活的控制：可以在不重启应用程序的情况下动态更改配置。

（2）更快的问题修复：可以在发现问题后立即修复配置，而不是等到重启应用程序时。

（3）更高的可用性：可以避免因重启应用程序导致的服务中断。

（4）更好的灵活性：可以根据需求随时调整配置。

总结起来就是可以让开发人员在不重启应用程序的前提下更新配置信息，给系统应用带来更多的灵活性。常见的应用场景有业务开关、业务规则实时更新、灰度发布，以及动态刷新数据源、动态刷新日志级别等非常实用的场景。

不过，千万不要不加控制地使用动态刷新功能，也不要刻意去追求配置的灵活性，这些都是对动态刷新功能的滥用。比如，引入配置中心后为了追求所谓的灵活性而在代码中添加了过多的“业务开关”，乍一看灵活了很多，但是这样会极大地增加维护成本，甚至后来者根本不清楚甚至看不懂之前遗留的一些“业务开关”。一套服务代码里有几十个甚至几百个所谓的“业务开关”，代码理解起来费劲，修改起来又担心改错，如果开发和维护变成这个样子，为了追求灵活性而做的一些事情反而给项目带来掣肘，就是典型的南辕北辙了。

另外，某些动态刷新的场景需要进行二次编码，并不是仅改几行配置代码就能完成的，像动态刷新数据源、动态刷新日志级别就需要自行实现监听逻辑进行二次开发。以动态刷新数据源为例，如果在 Nacos 控制台中修改了数据源的地址——spring.datasource.url 配置项，应用程序也能够实时监听到，系统运行日志如下：

```
2023-07-22 01:47:21.117  INFO 1264 --- [1.185_17748-dev] o.s.c.e.event.
RefreshEventListener  : Refresh keys changed: [spring.datasource.url]
```

不过，虽然 spring.datasource.url 配置项刷新了，但是应用程序中连接的依然是原来的数据库。也就是说，仅仅修改配置项不会使数据源刷新生效，没生效的原因并不是 spring.datasource.url 配置项没更新，该配置项更新了，应用程序中对应的变量值也更新了，在项目中读取是能够读到最新的参数值的。但是，因为数据源对象及相关的代理对象在项目启动期间已经生成，这里虽然读到了最新的 spring.datasource.url 配置项，但是并不会重新执行数据源对象的构建操作。看到这里读者应该明白了，spring.datasource.url 会随着 Nacos 配置中心里的更改而更新，但是数据源对象（如 HikariDataSource 类型的

Bean）是不会随着 spring.datasource.url 配置项的更改而更新的，这是两回事。

想要动态刷新数据源或日志级别，不是简简单单读取一个配置项更新就能完成的。此时需要开发人员在应用程序中做额外的编码，在监听到相关配置项更新时，重新构造数据源对象或日志工厂对象，再放到 IoC 容器中，这样才能完成数据源对象/日志级别的刷新，这种操作基本上属于热更新了。

数据源动态刷新这种需求其实并不多见，因此本书就不再赘述了，读者实在有类似的需求，可以看一看类似的教程。另外，对于不同的数据源对象刷新，编码也是不同的，如常用的 Hikari 数据源和 Druid 数据源，这些都能够搜索到，可以使用如下关键字进行搜索，如“整合 Nacos 动态刷新日志级别”“整合 Nacos 动态刷新数据源”。

6.9　多配置文件读取

在实际的开发工作中，存在多个微服务共用一些配置的情况，如某几个服务共用一份 MySQL、Redis、Elastic Search 中间件的连接配置，或者某几个服务共享同一份业务规则的配置。在这种情况下就可以将部分配置分离，在 Nacos 控制台中创建多个配置文件，不需要在每个微服务中单独管理通用配置。在之前的编码演示中都只创建了一个配置文件，接下来笔者将演示如何读取 Nacos 配置中心里的多个配置文件。

6.9.1　extension-configs 配置项简介

Nacos 配置中心可以通过指定不同的 Data ID 读取多个配置文件，每个 Data ID 对应一个配置文件，可以通过配置中心的 API 读取对应的配置内容。在实际编码时，在 bootstrap 配置文件中增加 extension-configs 配置项对 Nacos 配置中心的多个配置文件进行配置和读取。extension-configs 是一个扩展配置功能，允许用户在 Nacos 配置中心里存储额外的配置信息，并且可以通过插件的形式扩展配置的加载和解析，这样能够更方便地管理应用程序的配置信息。在实际编码时增加的代码如下。

properties 格式配置文件的写法如下：

```
spring.cloud.nacos.config.extension-configs[0].dataId=xxx-config.properties
spring.cloud.nacos.config.extension-configs[0].group=xx_GROUP
spring.cloud.nacos.config.extension-configs[0].refresh=true

spring.cloud.nacos.config.extension-configs[1].dataId=xxx--xxx-config.properties
spring.cloud.nacos.config.extension-configs[1].group=xx_GROUP
```

```
spring.cloud.nacos.config.extension-configs[1].refresh=true
```

yml 格式配置文件的写法如下：

```
extension-configs:
    - dataId: xxx-config.yml
      group: xx_GROUP
      refresh: true
    - dataId: xxx-xxx-config.yml
      group: xx_GROUP
      refresh: true
```

extension-configs 中配置的是一个链表的结构，每个节点都有 dataId、group 和 refresh 三个属性，分别代表读取的配置文件名称、分组、是否需要动态刷新。

6.9.2 在配置中心创建多个配置文件

打开浏览器并进入 Nacos 控制台页面，新建 switch-config.properties 配置，如图 6-36 所示。

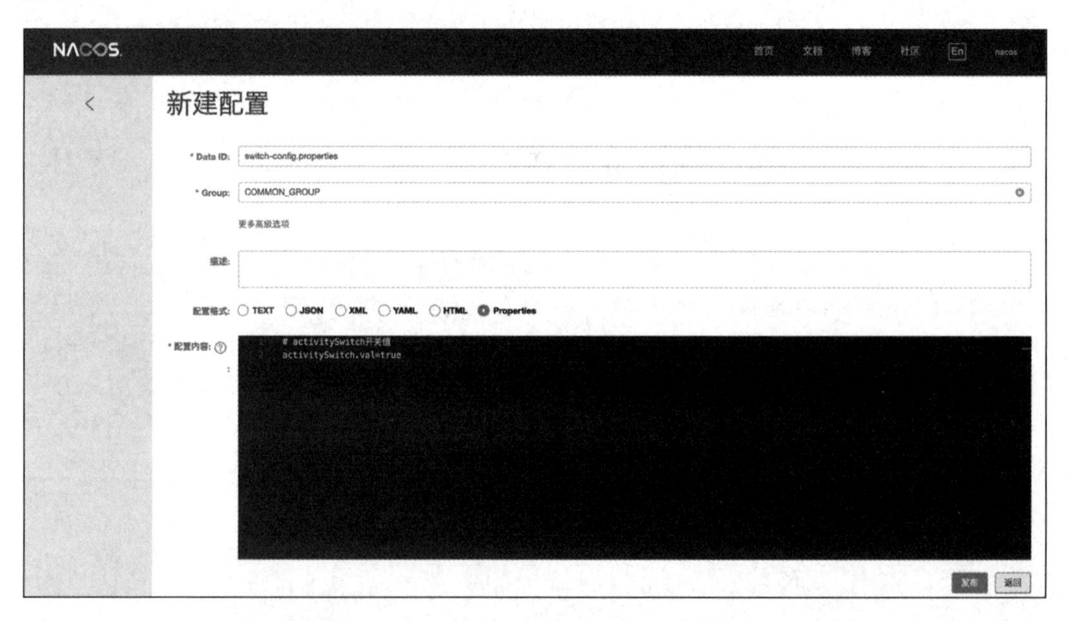

图 6-36　在 Nacos 控制台中新建 switch-config.properties 配置

在“新建配置”页面中，笔者指定了 Data ID 为 switch-config.properties、Group 为自定义分组 COMMON_GROUP、配置格式为 Properties。在“配置内容”文本框中，笔者将活动开关变量从 newbee-cloud-config-service-dev.properties 中分离出来并放入该配置文件。之后创建 redis-config.properties 配置，由于只是功能演示，因此该配置中并未添加任何内容。

最终的配置列表如图 6-37 所示。

图 6-37　配置列表

6.9.3　在代码中增加多配置读取的配置及功能验证

打开项目中的 bootstrap.application 文件，新增如下代码：

```
spring.cloud.nacos.config.extension-configs[0].dataId=switch-config.properties
spring.cloud.nacos.config.extension-configs[0].group=COMMON_GROUP
spring.cloud.nacos.config.extension-configs[0].refresh=true

spring.cloud.nacos.config.extension-configs[1].dataId=redis-config.properties
spring.cloud.nacos.config.extension-configs[1].group=COMMON_GROUP
spring.cloud.nacos.config.extension-configs[1].refresh=true
```

本项目在启动后除读取 newbee-cloud-config-service-dev.properties 配置外，还会额外读取 switch-config.properties 和 redis-config.properties 配置。

一切设置妥当之后，就可以启动应用程序进行功能验证了。

启动 nacos-config-demo 项目（需保证 Nacos Server 和 MySQL Server 已经正常运行）。若启动过程中没有报错，则启动日志如下：

```
省略部分日志
```

```
2023-07-22 18:25:20.977  INFO 58324 --- [           main]
b.c.PropertySourceBootstrapConfiguration : Located property source:
[BootstrapPropertySource
{name='bootstrapProperties-newbee-cloud-config-service-dev.properties,NE
WBEE_CLOUD_DEV_GROUP'}, BootstrapPropertySource
{name='bootstrapProperties-newbee-cloud-config-service.properties,NEWBEE
_CLOUD_DEV_GROUP'}, BootstrapPropertySource
{name='bootstrapProperties-newbee-cloud-config-service,NEWBEE_CLOUD_DEV_
GROUP'}, BootstrapPropertySource
{name='bootstrapProperties-redis-config.properties,COMMON_GROUP'},
BootstrapPropertySource
{name='bootstrapProperties-switch-config.properties,COMMON_GROUP'}]

省略部分日志

2023-07-22 18:25:24.192  INFO 58324 --- [           main]
c.a.c.n.refresh.NacosContextRefresher    : listening config:
dataId=redis-config.properties, group=COMMON_GROUP
2023-07-22 18:25:24.193  INFO 58324 --- [           main]
c.a.c.n.refresh.NacosContextRefresher    : listening config:
dataId=newbee-cloud-config-service, group=NEWBEE_CLOUD_DEV_GROUP
2023-07-22 18:25:24.195  INFO 58324 --- [           main]
c.a.c.n.refresh.NacosContextRefresher    : listening config:
dataId=switch-config.properties, group=COMMON_GROUP
```

可以看到在项目启动过程中，会拉取 Nacos 配置中心的多个配置文件。

接下来，在 Nacos 控制台中修改 switch-config.properties 中的配置内容。修改后也能够正常监听，日志如下：

```
2023-07-22 18:27:38.530  INFO 58324 --- [1.185_17748-dev] o.s.c.e.event.
RefreshEventListener       : Refresh keys changed: [activitySwitch.val]
```

到这里，功能验证的结果就出来了，对 Nacos 配置中心里的多配置文件读取功能编码完成。

7

第7章

百里挑一：Spring Cloud LoadBalancer负载均衡器

前文讲解了服务发现的原理并借助它来获取可用的服务实例信息，之后将服务名称转换为可用的请求地址并发起服务通信。在这个环节，其实是有一个问题需要读者认真思考一下的。在获取可用的服务实例信息时读取的是 serviceInfoMap 变量，在这个对象中存储的服务实例信息是一个 List（列表）对象。比如，名称为“newbee-cloud-goods-service”的服务包括 192.168.1.101:9009、192.168.1.102:9009、192.168.1.103:9009 三个服务实例的信息，那么程序在运行时通过服务发现机制获取的可用实例信息就有三条，而最终结果肯定是向其中的某一个实例发起请求。注意，是向一个实例而不是向三个实例都发起请求。此时，服务通信过程中是怎样实现选择目标实例的呢？

这就引出了本章将介绍的知识——微服务架构中的负载均衡器，笔者将结合实际的编码和源码分析来介绍。

7.1 认识负载均衡

负载均衡（Load Balance），其含义就是将负载（工作任务）进行平衡，分摊到多个操作单元上运行，如 FTP 服务器、Web 服务器、企业核心应用服务器和其他主要任务服务器等，从而协同完成工作任务。

负载均衡构建在原有网络结构上，提供了一种透明且廉价、有效的方法扩展服务器和网络设备的带宽，加强网络数据处理能力，增加吞吐量，提高网络的可用性和灵活性。

简单来说，负载均衡就是把请求根据规则分摊到集群中的不同服务器上。

提升系统的吞吐量，避免出现单点的问题。后端开发人员对负载均衡肯定不会陌生，常见的负载均衡软件是 Nginx，Haproxy、Apache 等软件也提供负载均衡功能，常见的负载均衡+集群的部署简图如图 7-1 所示。

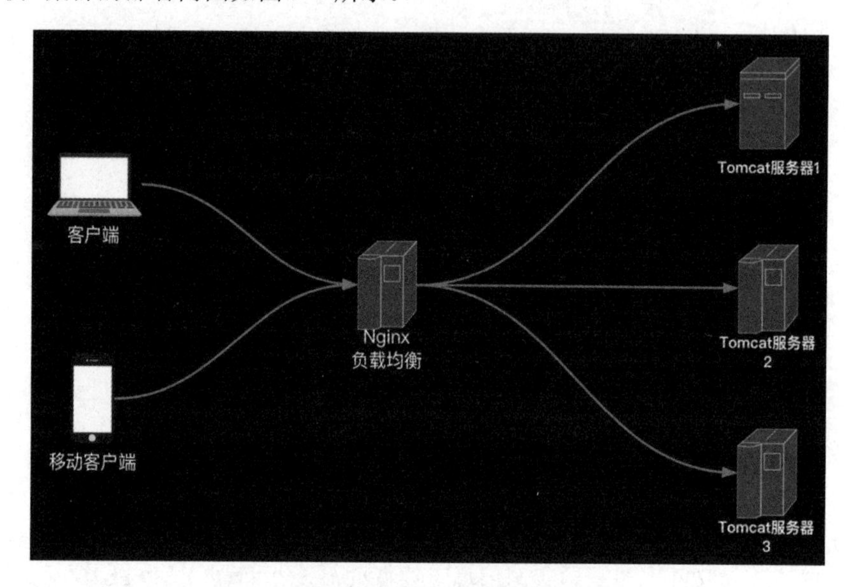

图 7-1　常见的负载均衡+集群的部署简图

不过，在 Nacos 服务注册的编码实现讲解中，并没有引入 Nginx 或类似的负载均衡软件。查看代码可以发现，笔者只是在 pom.xml 文件中添加了 spring-cloud-starter-loadbalancer 依赖并在 RestTemplate 类中添加了一个@LoadBalance 注解，这是另外一种负载均衡的实现方案。

7.2　Spring Cloud LoadBalancer简介

引入的 spring-cloud-starter-loadbalancer 依赖对应的负载均衡方案，就是本节的主角——Spring Cloud LoadBalancer。

Spring Cloud LoadBalancer 是负载均衡器 Ribbon 的替代方案。在 3.4 节中，介绍了 Spring Cloud 的主流套件，Spring Cloud 2020 版本以后，默认移除了对 Netflix 的依赖，其中就包括 Ribbon。现在 Spring Cloud 官方推荐使用 LoadBalancer 正式替代 Ribbon，LoadBalancer 现在也是 Spring Cloud 体系中负载均衡器的唯一实现。

与 Nginx、Haproxy 等软件不同，不管是 Ribbon 还是 LoadBalancer，它们都只是一个负载均衡器，或者说是一个依赖包，必须集成在服务实例中，甚至可以把它们看作某个 Spring Boot 项目中的一个功能模块。它们并不是一个独立的软件，也不需要独立部署。当然，也有一种说法把 Ribbon 和 LoadBalancer 称作"客户端服务均衡"。项目中只需要添加相关的依赖，在项目运行期间它们自己就完成了负载均衡的工作，根据某种负载均衡策略选择一个可用的目标实例进行访问，不需要借助其他额外的软件。

这种方案有什么优点呢？

- 减少整个系统的复杂度，不需要额外部署负载均衡软件。
- 可以减少不必要的网络开销，因为请求不需要额外经过 Nginx 等负载均衡软件的一层转发。可用的目标实例信息都存储在本实例的 serviceInfoMap 变量中，选择其中一个直接发起请求即可。

Spring Cloud LoadBalancer 中内置的负载均衡规则实现类见表 7-1。

表 7-1　Spring Cloud LoadBalancer 中内置的负载均衡规则实现类

类名	说明	是否默认
org.springframework.cloud.loadbalancer.core.RoundRobinLoadBalancer	轮询算法	是
org.springframework.cloud.loadbalancer.core.RandomLoadBalancer	随机算法	否

LoadBalancer 只提供了两种基础的负载均衡算法。虽然现在 Spring Cloud 官方推荐使用 Loadbalancer 替代 Ribbon，但是也不得不吐槽一下 Loadbalancer 有些小家子气，与 Ribbon 默认提供的七种负载均衡算法相比，确实有些相形见绌。好在开发人员可以自行定义负载均衡算法，这个知识点笔者也会讲解。

7.3　负载均衡器的功能演示

接下来，笔者将结合实际的代码来演示负载均衡器的功能和效果。

该基础工程是在 spring-cloud-alibaba-nacos-demo 项目的基础上修改的，因为是编写与 LoadBalancer 相关的代码，所以这里把项目名称修改为 spring-cloud-alibaba-load-balance-demo，root 节点的 pom.xml 文件内容也修改一下。之后复制 nacos-provider-demo 两次，分别命名为 nacos-provider-demo2 和 nacos-provider-demo3。

root 节点中 pom.xml 文件的最终内容如下：

```
<modelVersion>4.0.0</modelVersion>
<groupId>ltd.newbee.cloud</groupId>
<artifactId>spring-cloud-alibaba-load-balance-demo</artifactId>
```

```
<version>0.0.1-SNAPSHOT</version>
<name>spring-cloud-alibaba-load-balance-demo</name>
<packaging>pom</packaging>
<description>Spring Cloud Alibaba Load Balance Demo</description>

<modules>
  <module>nacos-provider-demo</module>
  <module>nacos-provider-demo2</module>
  <module>nacos-provider-demo3</module>
  <module>nacos-consumer-demo</module>
</modules>
```

最终的目录结构如图 7-2 所示。

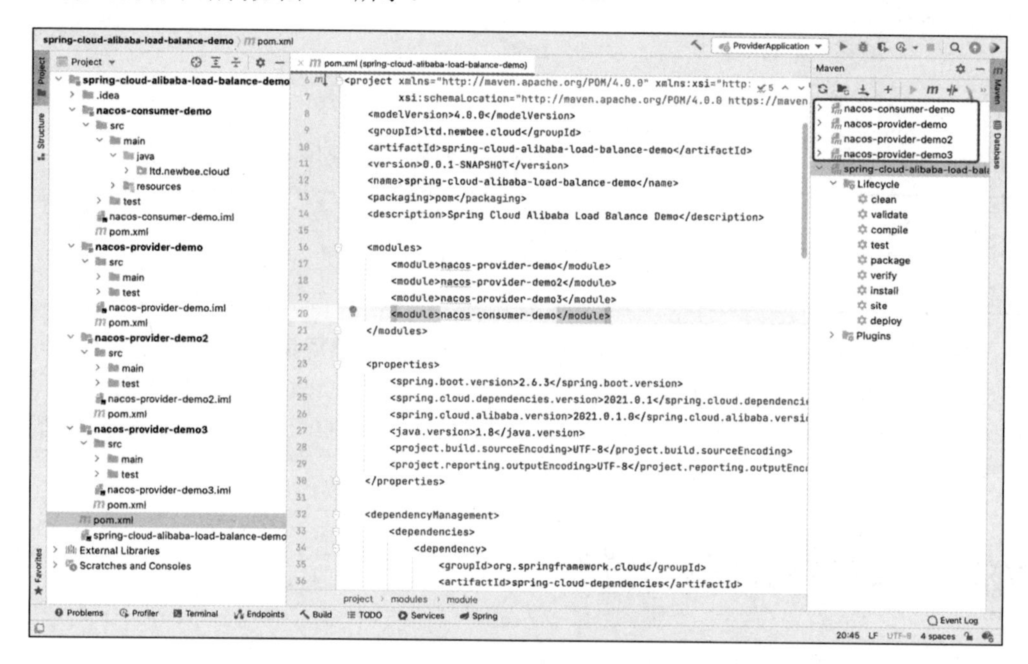

图 7-2　最终的目录结构

为了与其他章节做区分，把各个模块中 application.properties 配置文件的启动端口号进行一些简单的修改，nacos-consumer-demo 中的 REST 测试类也做了修改，代码如下：

```
package ltd.newbee.cloud.api;

import org.springframework.web.bind.annotation.GetMapping;
import org.springframework.web.bind.annotation.RestController;
import org.springframework.web.client.RestTemplate;
```

```
import javax.annotation.Resource;

@RestController
public class LoadBalancerTestController {

    @Resource
    private RestTemplate restTemplate;

    private final String SERVICE_URL = "http://newbee-cloud-goods-service";

    // 测试 LoadBalancer 负载均衡
    @GetMapping("/loadBalancerTest")
    public String loadBalancerTest() {
        return restTemplate.getForObject(SERVICE_URL+"/goodsServiceTest",String.class);
    }
}
```

接下来，需要启动 Nacos Server，之后依次启动这四个项目。如果未能成功启动，则开发人员需要查看控制台中的日志是否报错，并及时确认问题和修复。启动成功后进入 Nacos 控制台，单击“服务管理”中的服务列表，可以看到列表中已经存在三条 newbee-cloud-goods-service 的服务信息和一条 newbee-cloud-goods-service-consumer 的信息，如图 7-3 所示。如果实例的数量不对，也需要检查哪里出了问题。

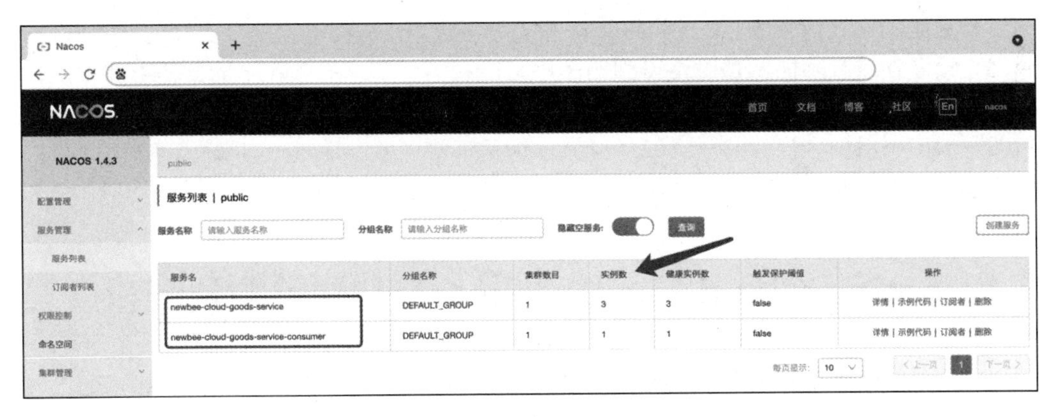

图 7-3　Nacos 控制台中的“服务列表”页面

打开浏览器，验证负载均衡器的功能，在地址栏中输入如下地址：

```
http://localhost:8105/loadBalancerTest
```

第一次访问后，结果如图 7-4 所示。

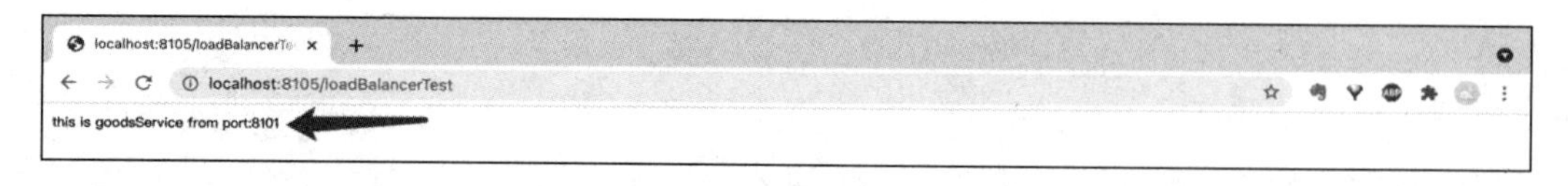

图 7-4 /loadBalancerTest 请求的访问结果

此时得到的结果是 8101 实例上返回的。重复访问会依次得到 8102 实例和 8103 实例上的数据响应，如图 7-5 所示。

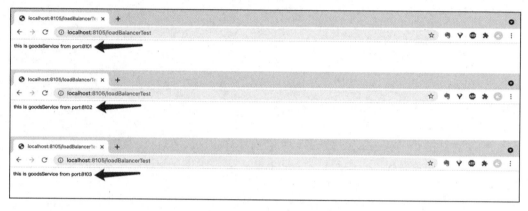

图 7-5 多次请求/loadBalancerTest 的访问结果

在后续的重复请求中，会按照这个顺序轮询下去，分别获得这三个实例的数据响应。当然，读者在进行功能测试时，得到的顺序可能和笔者演示的顺序不同。笔者在做测试时得到的轮询顺序是 8101→8102→8103，读者在进行功能演示时获取的顺序可能是 8102→8103→8101 或 8103→8102→8101，这是正常现象。注意一旦顺序确定，之后就一直以一个顺序轮询下去了。

7.4 Spring Cloud LoadBalancer 自动配置源码分析

下面笔者结合源码来分析负载均衡器的原理，主要解释它到底是怎样起作用的，以及它都做了什么。

在编码时仅仅添加了 spring-cloud-starter-loadbalancer 依赖和一个@LoadBalance 注解，负载均衡器就生效了。毋庸置疑，肯定是 Spring Boot 框架的自动装配（Auto Configuration）机制生效了。

本节介绍的 LoadBalancer 自动配置类是 org.springframework.cloud.client.loadbalancer.LoadBalancerAutoConfiguration，其源码在 spring-cloud-commons-3.1.1.jar 中，如图 7-6

所示。

有一个与 LoadBalancerAutoConfiguration 同名的类，不过类路径不同，读者要注意区分。

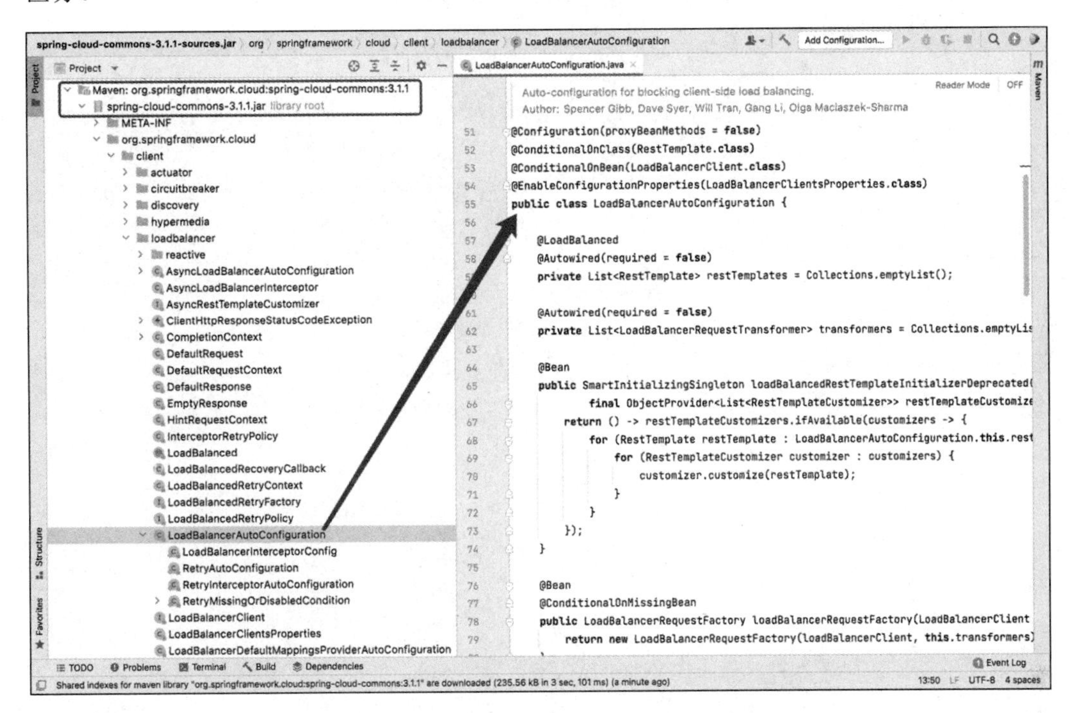

图 7-6　LoadBalancerAutoConfiguration 类源码截图

LoadBalancerAutoConfiguration 自动配置类的定义和源码注释如下：

```
package org.springframework.cloud.client.loadbalancer;

// 配置类
@Configuration(proxyBeanMethods = false)
// 当前项目的 classpath 下存在 RestTemplate 类时生效
@ConditionalOnClass(RestTemplate.class)
// 当前 IoC 容器中存在 LoadBalancerClient 类型的 Bean 时生效
@ConditionalOnBean(LoadBalancerClient.class)
@EnableConfigurationProperties(LoadBalancerClientsProperties.class)
public class LoadBalancerAutoConfiguration {
    省略部分代码

    @Bean // 注册 LoadBalancerRequestFactory 到 IoC 容器中
    @ConditionalOnMissingBean // 当前 IoC 容器中存在 LoadBalancerRequestFactory
```

```
类型的 Bean 时注册
    public LoadBalancerRequestFactory loadBalancerRequestFactory
(LoadBalancerClient loadBalancerClient) {
        return new LoadBalancerRequestFactory(loadBalancerClient,
this.transformers);
    }

    @Configuration(proxyBeanMethods = false)
    @Conditional(RetryMissingOrDisabledCondition.class)
    static class LoadBalancerInterceptorConfig {

        @Bean // 注册 LoadBalancerInterceptor 到 IoC 容器中
        public LoadBalancerInterceptor loadBalancerInterceptor
(LoadBalancerClient loadBalancerClient,
                LoadBalancerRequestFactory requestFactory) {
            return new LoadBalancerInterceptor(loadBalancerClient,
requestFactory);
        }

        @Bean // 注册 RestTemplateCustomizer 到 IoC 容器中
        @ConditionalOnMissingBean // 当前 IoC 容器中存在 RestTemplateCustomizer 类
型的 Bean 时注册
        public RestTemplateCustomizer restTemplateCustomizer(final
LoadBalancerInterceptor loadBalancerInterceptor) {
            return restTemplate -> {
                List<ClientHttpRequestInterceptor> list = new ArrayList<>
(restTemplate.getInterceptors());
                list.add(loadBalancerInterceptor);
                restTemplate.setInterceptors(list);
            };
        }

    }
}
```

由源码可知，LoadBalancerAutoConfiguration 自动配置类的生效条件有两个。

一个条件是当前项目的 classpath 下存在 RestTemplate 类。由于在 pom.xml 文件中引入了 spring-boot-starter-web 依赖，而 spring-boot-starter-web 依赖中包括 spring-web.jar，RestTemplate 类就在 spring-web.jar 中定义，因此该条件会生效。

另一个条件是当前 IoC 容器中存在 LoadBalancerClient 类型的 Bean。LoadBalancerClient 是一个接口，其唯一的实现类为 org.springframework.cloud.loadbalancer.blocking.client.

BlockingLoadBalancerClient 类。而 BlockingLoadBalancerClient 类也有一个自动配置类 BlockingLoadBalancerClientAutoConfiguration，在 BlockingLoadBalancerClientAutoConfiguration 类定义上有以下明确的代码：

```
@AutoConfigureBefore({ org.springframework.cloud.client.loadbalancer.
LoadBalancerAutoConfiguration.class,
        AsyncLoadBalancerAutoConfiguration.class })
```

也就是说，自动配置类 BlockingLoadBalancerClientAutoConfiguration 一定会在自动配置类 org.springframework.cloud.client.loadbalancer.LoadBalancerAutoConfiguration 之前先走完自动配置流程，然后向 IoC 容器中注册 BlockingLoadBalancerClient 类型的 Bean。所以第二个条件也会生效。

继续来看 LoadBalancerAutoConfiguration 自动配置类生效后做了哪些事情。

根据源码可知，在自动配置类生效后，会向 IoC 容器中注册一个 org.springframework.cloud.client.loadbalancer.LoadBalancerRequestFactory 类型的 Bean、一个 org.springframework.cloud.client.loadbalancer.LoadBalancerInterceptor 类型的 Bean 和一个 RestTemplateCustomizer 类型的 Bean。其中，RestTemplateCustomizer 是 RestTemplate 类的定制器，也就是说，在该自动配置类生效后，会获取当前 IoC 容器中 RestTemplate 类型的 Bean，并且把一个 LoadBalancerInterceptor 类型的拦截器注入 RestTemplate 类型的 Bean。

简单来说，就是 LoadBalancerAutoConfiguration 自动配置类生效后，会在 RestTemplate 工具中做定制化的修改，“塞”一个拦截器进去。

为了更直观地感受这个过程，打断点后走一遍流程。在自定义的 RestTemplateConfig 类中的第 23 行、LoadBalancerAutoConfiguration 类中的第 89 行和第 98 行分别打一个断点，之后以 Debug 模式启动项目。

在启动过程中，程序直接在 RestTemplateConfig 类中的第 23 行这个断点处停住了，如图 7-7 所示。

此时正在构造一个 RestTemplate 类型的 Bean 并将其注册到 IoC 容器中。注意此时构造的这个 Bean——RestTemplate@4735（这是笔者在分析时的结果，读者在分析时生成的 RestTemplate 内容可能不同）。单击“Resume Program”按钮跳过这个断点，程序将分别在 LoadBalancerAutoConfiguration 类中的第 89 行和第 98 行的断点处停住。

如图 7-8 所示，第 98 行的这行代码在执行时会向 IoC 容器中 RestTemplate 类型的 Bean 添加一个拦截器，而此时获取的 RestTemplate 类型的 Bean 就是自定义 RestTemplateConfig 类中构造的那个 Bean——RestTemplate@4735。也就是说，本来 RestTemplate 类好好的，但是 LoadBalancer 集成进来之后，把它给改造了，往里面加了一个拦截器，拦截器中有一个重要的类 BlockingLoadBalancerClient。

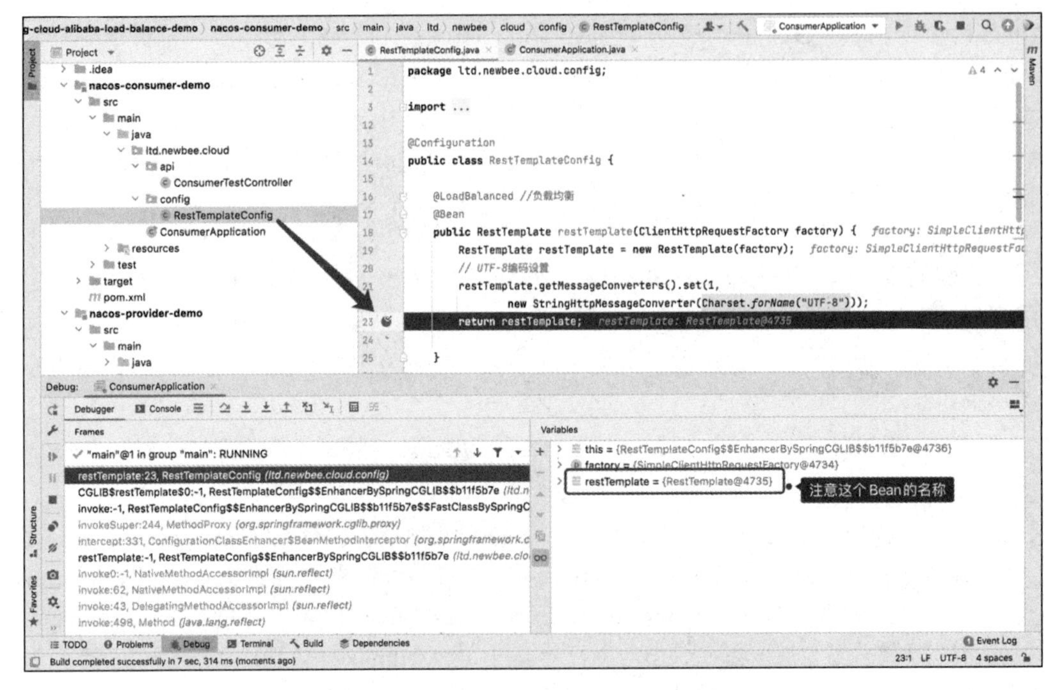

图 7-7　Debug 模式下的 RestTemplate 对象截图

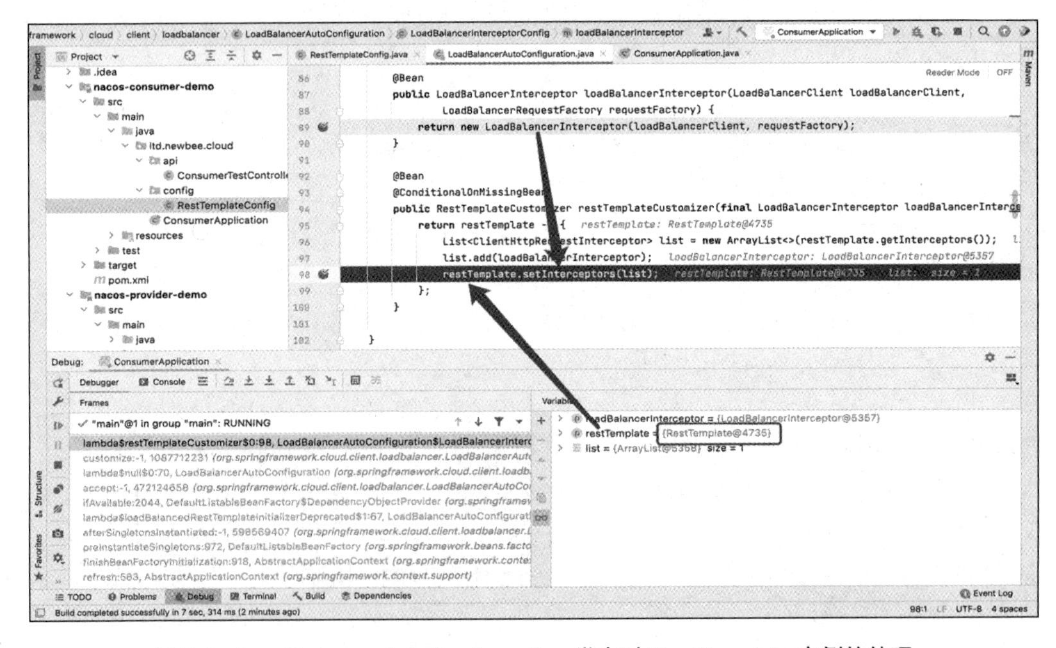

图 7-8　LoadBalancerAutoConfiguration 类中对 RestTemplate 实例的处理

以上就是 LoadBalancer 自动配置时的源码分析，主要包括自动配置类的生效条件解释，以及自动配置类生效之后做了哪些事情，读者可以根据分析过程理解和实践。

需要注意，LoadBalancer 自动配置类不止本节中提到的 LoadBalancerAutoConfiguration 这一个。如果未使用 RestTemplate 工具，而使用了 Web Flux 的 WebClient 工具，那么它的自动配置类是另外一个。当前的自动配置类就不会生效了，因篇幅有限，不再拓展，感兴趣的读者可以自行查阅相关资料，其过程和作用是类似的。

7.5　引入负载均衡器后发起请求的源码分析

前文中讲到的源码和作用，是项目启动时就做好的事情，更像一个准备过程。

什么意思呢？就是在项目启动时，RestTemplateConfig 类的实例对象已经构造好了且随时可以使用，而且它还被 LoadBalancer 自动配置类改造过了，里面多了一个拦截器 LoadBalancerInterceptor，拦截器中所需的 BlockingLoadBalancerClient 类型的实例对象也构造好了且可以随时使用。注意，这些对象都在 IoC 容器中随时待命，并没有真正开始工作。

想要它们开始工作且弄懂它们是怎样工作的，就需要解答下面三个问题。

(1) RestTemplate 中没有拦截器时是怎样工作的？

(2) 被定制化后的 RestTemplate 对象是怎样进入拦截器逻辑的？

(3) 拦截器中请求的发起流程是什么样的？

接下来笔者就结合源码一一解答这些问题。

7.5.1　RestTemplate 中没有拦截器时是怎样工作的

RestTemplate 类中的 getForObject()方法源码如下：

```
public <T> T getForObject(String url, Class<T> responseType, Object...
uriVariables) throws RestClientException {
    RequestCallback requestCallback = acceptHeaderRequestCallback(responseType);
    HttpMessageConverterExtractor<T> responseExtractor =
        new HttpMessageConverterExtractor<>(responseType, getMessageConverters(),
logger);
    return execute(url, HttpMethod.GET, requestCallback, responseExtractor,
uriVariables);
}
```

发起请求后，最终会调用 org.springframework.http.client.InterceptingClientHttpRequest 类中的 execute()方法，源码及注释如下：

```
public ClientHttpResponse execute(HttpRequest request, byte[] body) throws
IOException {
    // 判断是否有拦截器
    if (this.iterator.hasNext()) {
        ClientHttpRequestInterceptor nextInterceptor = this.iterator.next();
        // 如果有拦截器，就执行其拦截器中的 intercept()方法
        return nextInterceptor.intercept(request, body, this);
    }
    else {
        //如果没有拦截器，就构造 ClientHttpRequest 对象并发起 HTTP 请求
        HttpMethod method = request.getMethod();
        Assert.state(method != null, "No standard HTTP method");
        ClientHttpRequest delegate = requestFactory.createRequest
(request.getURI(), method);
        request.getHeaders().forEach((key, value) -> delegate.getHeaders().
addAll(key, value));
        if (body.length > 0) {
            if (delegate instanceof StreamingHttpOutputMessage) {
                StreamingHttpOutputMessage streamingOutputMessage =
(StreamingHttpOutputMessage) delegate;
                streamingOutputMessage.setBody(outputStream -> StreamUtils.
copy(body, outputStream));
            }
            else {
                StreamUtils.copy(body, delegate.getBody());
            }
        }
        return delegate.execute();
    }
}
```

在 execute()方法中，会判断是否存在拦截器，如果有拦截器，就执行拦截器中的 intercept()方法；如果没有拦截器，就构造 ClientHttpRequest 对象并发起请求。比如，第 5 章中的代码案例，当时并没有引入微服务架构中的套件或组件，就是在没有拦截器的情况下直接发起 HTTP 请求，这个过程比较简单。

7.5.2　被定制化后的 RestTemplate 对象是怎样进入拦截器逻辑的

通过前文的源码分析知道了在 execute()方法中会判断是否存在拦截器。在引入了微服务架构中的组件后，LoadBalancer 自动配置生效时会向 RestTemplate 类型的实例注入 LoadBalancerInterceptor 拦截器，因此会进入拦截器中的 intercept()，此时的请求处理就由这个拦截器来接管了。

为了更清楚地看懂这个流程，可以在 org.springframework.cloud.client.loadbalancer. LoadBalancerInterceptor 类的第 53 行打一个断点，并以 Debug 模式启动项目，之后访问如下地址：

```
http://localhost:8105/consumerTest
```

请求发出后程序会在这个断点处停住，如图 7-9 所示。

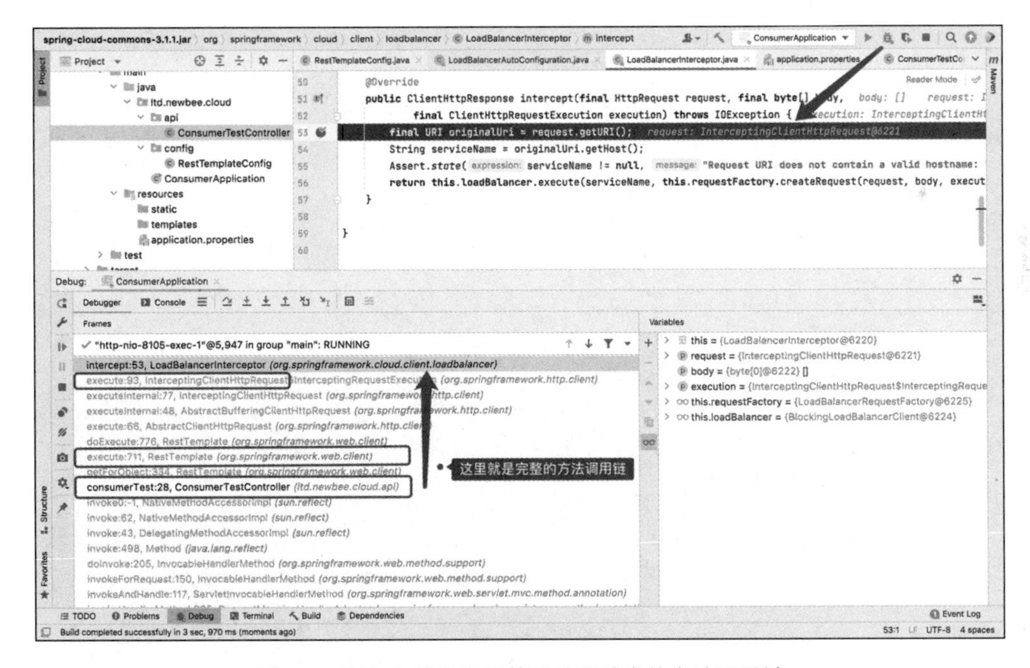

图 7-9　引入负载均衡组件后处理请求的方法调用链

在图 7-9 中可以看到完整的方法调用链。

一切都由下方这行编码开始：

```
return restTemplate.getForObject(SERVICE_URL + "/goodsServiceTest", String.class);
```

之后进入 restTemplate.getForObject()方法，进入 InterceptingClientHttpRequest 类中的 execute()方法后会判断是否存在拦截器。现在是存在拦截器的，所以执行 LoadBalancerInterceptor 类中的 intercept()方法，源码如下：

```
public ClientHttpResponse intercept(final HttpRequest request, final byte[] body,
            final ClientHttpRequestExecution execution) throws IOException {
    final URI originalUri = request.getURI();
    String serviceName = originalUri.getHost();
    Assert.state(serviceName != null, "Request URI does not contain a valid
hostname: " + originalUri);
    // 交给 BlockingLoadBalancerClient 类来处理
    return this.loadBalancer.execute(serviceName, this.requestFactory.createRequest
(request, body, execution));
}
```

7.5.3 拦截器中处理请求的流程

引入负载均衡器后，请求最终会交由 BlockingLoadBalancerClient 类来处理。对于 BlockingLoadBalancerClient 类，读者应该不陌生，在服务发现的源码分析中提到了这个类。源码及源码注释如下：

```
public class BlockingLoadBalancerClient implements LoadBalancerClient {

    已省略部分代码

    private final ReactiveLoadBalancer.Factory<ServiceInstance>
loadBalancerClientFactory;

    @Override
    public <T> T execute(String serviceId, LoadBalancerRequest<T> request)
throws IOException {
        String hint = getHint(serviceId);
        LoadBalancerRequestAdapter<T, DefaultRequestContext> lbRequest =
new LoadBalancerRequestAdapter<>(request,
                new DefaultRequestContext(request, hint));
        Set<LoadBalancerLifecycle> supportedLifecycleProcessors =
getSupportedLifecycleProcessors(serviceId);
        supportedLifecycleProcessors.forEach(lifecycle -> lifecycle.onStart
(lbRequest));
        // 此时尚未获取具体的请求实例，需要调用 choose()方法获取一个可用的实例信息
        ServiceInstance serviceInstance = choose(serviceId, lbRequest);
```

```
        if (serviceInstance == null) {
            supportedLifecycleProcessors.forEach(lifecycle -> lifecycle. onComplete(
                    new CompletionContext<>(CompletionContext.Status.
DISCARD, lbRequest, new EmptyResponse())));
            throw new IllegalStateException("No instances available for " +
serviceId);
        }
        // 执行下一个 execute()方法
        return execute(serviceId, serviceInstance, lbRequest);
    }

    @Override
    public <T> T execute(String serviceId, ServiceInstance serviceInstance,
LoadBalancerRequest<T> request)
            throws IOException {
        DefaultResponse defaultResponse = new DefaultResponse(serviceInstance);
        Set<LoadBalancerLifecycle> supportedLifecycleProcessors =
getSupportedLifecycleProcessors(serviceId);
        Request lbRequest = request instanceof Request ? (Request) request :
new DefaultRequest<>();
        supportedLifecycleProcessors
                .forEach(lifecycle -> lifecycle.onStartRequest(lbRequest,
new DefaultResponse(serviceInstance)));
        try {
            // 此时已获取具体要发送请求的一个服务实例，发送 HTTP 请求并接收响应
            T response = request.apply(serviceInstance);
            Object clientResponse = getClientResponse(response);
            supportedLifecycleProcessors
                    .forEach(lifecycle -> lifecycle.onComplete(new
CompletionContext<>(CompletionContext.Status.SUCCESS, lbRequest,
                            defaultResponse, clientResponse)));
            return response;
        }
        catch (IOException iOException) {
            supportedLifecycleProcessors.forEach(lifecycle -> lifecycle.onComplete(
                    new CompletionContext<>(CompletionContext.Status.
FAILED, iOException, lbRequest, defaultResponse)));
            throw iOException;
        }
        catch (Exception exception) {
            supportedLifecycleProcessors.forEach(lifecycle -> lifecycle.
onComplete(
                    new CompletionContext<>(CompletionContext.Status.
```

```
FAILED, exception, lbRequest, defaultResponse)));
            ReflectionUtils.rethrowRuntimeException(exception);
        }
        return null;
    }

    // 获取一个可用的实例信息
    public <T> ServiceInstance choose(String serviceId, Request<T> request) {
        // 获取一个负载均衡器，默认为 RoundRobinLoadBalancer
        ReactiveLoadBalancer<ServiceInstance> loadBalancer = loadBalancer
ClientFactory.getInstance(serviceId);
        if (loadBalancer == null) {
            return null;
        }
        // 获取服务实例列表，并根据负载均衡算法获取其中一个可用的实例
        // 在这里触发了服务发现的逻辑，根据服务名称获取 serviceInfoMap 变量中的可用实
例列表，可结合服务发现的源码进行理解
        Response<ServiceInstance> loadBalancerResponse = Mono.from
(loadBalancer.choose(request)).block();
        if (loadBalancerResponse == null) {
            return null;
        }
        return loadBalancerResponse.getServer();
    }

}
```

通过源码可知，这个类的主要作用就是先获取一个负载均衡器，然后调用负载均衡器中的方法获取一个可用的实例，再调用 LoadBalancerRequestFactory 类中的 createRequest()方法创建请求对象，接着根据已知的实例信息获取真实的请求地址，最后发起请求并接收响应结果。

7.6 内置负载均衡器的源码分析

Spring Cloud LoadBalancer 内置了两个负载均衡器，都实现自 ReactorServiceInstance LoadBalancer 接口，分别使用了轮询算法和随机算法。默认采用的是使用了轮询算法的 RoundRobinLoadBalancer 类，源码及源码注释如下：

```
package org.springframework.cloud.loadbalancer.core;

public class RoundRobinLoadBalancer implements ReactorServiceInstanceLoadBalancer {
```

```
  已省略部分代码

    @SuppressWarnings("rawtypes")
    @Override
    public Mono<Response<ServiceInstance>> choose(Request request) {
         // 获取可用实例列表提供者 ServiceInstanceListSupplier
         ServiceInstanceListSupplier supplier = serviceInstanceListSupplierProvider
                   .getIfAvailable(NoopServiceInstanceListSupplier::new);
         // 封装获取可用实例的逻辑
         return supplier.get(request).next()
                   .map(serviceInstances -> processInstanceResponse(supplier,
serviceInstances));
    }

    private Response<ServiceInstance> processInstanceResponse
(ServiceInstanceListSupplier supplier,List<ServiceInstance>
serviceInstances) {
         // 根据轮询算法获取一个可用的服务实例信息
         Response<ServiceInstance> serviceInstanceResponse = getInstance
Response(serviceInstances);
         if (supplier instanceof SelectedInstanceCallback && serviceInstance
Response.hasServer()) {
              ((SelectedInstanceCallback) supplier).selectedServiceInstance
(serviceInstanceResponse.getServer());
         }
         return serviceInstanceResponse;
    }

    private Response<ServiceInstance> getInstanceResponse(List<Service
Instance> instances) {
         // 判空
         if (instances.isEmpty()) {
              if (log.isWarnEnabled()) {
                   log.warn("No servers available for service: " + serviceId);
              }
              return new EmptyResponse();
         }

         // 有一个AtomicInteger原子类型的position变量，从ServiceInstanceListSupplier
中读取所有可用的实例列表，之后将position加1，对列表大小取模，返回列表中这个位置的服务
实例ServiceInstance
```

```
        int pos = Math.abs(this.position.incrementAndGet());

        ServiceInstance instance = instances.get(pos % instances.size());

        return new DefaultResponse(instance);
    }

}
```

这个负载均衡器的实现很简单，有一个AtomicInteger原子类型的position变量，从ServiceInstanceListSupplier中读取所有可用的实例列表，之后将position加1，对列表大小取模，返回列表中这个位置的服务实例ServiceInstance，是非常标准的轮询算法。

7.7 自定义负载均衡算法

下面笔者结合实际的编码实现一个自定义的负载均衡算法，并使用该负载均衡器来测试负载均衡的效果。

在ltd.newbee.cloud包下新建balancer包，并新建NewBeeCloudLoadBalancer类。注意，该类一定要实现ReactorServiceInstanceLoadBalancer接口，源码如下：

```
package ltd.newbee.cloud.balancer;

import org.springframework.beans.factory.ObjectProvider;
import org.springframework.cloud.client.ServiceInstance;
import org.springframework.cloud.client.loadbalancer.DefaultResponse;
import org.springframework.cloud.client.loadbalancer.EmptyResponse;
import org.springframework.cloud.client.loadbalancer.Request;
import org.springframework.cloud.client.loadbalancer.Response;
import org.springframework.cloud.loadbalancer.core.ReactorServiceInstanceLoad
Balancer;
import org.springframework.cloud.loadbalancer.core.ServiceInstanceList
Supplier;
import reactor.core.publisher.Mono;

import java.util.List;
import java.util.concurrent.atomic.AtomicInteger;

public class NewBeeCloudLoadBalancer implements
ReactorServiceInstanceLoadBalancer {

    private ObjectProvider<ServiceInstanceListSupplier> serviceInstance
```

```
ListSupplierProvider;

    private String serviceName;

    public NewBeeCloudLoadBalancer(ObjectProvider<ServiceInstance
ListSupplier> serviceInstanceListSupplierProvider, String serviceName) {
        this.serviceName = serviceName;
        this.serviceInstanceListSupplierProvider = serviceInstanceList
SupplierProvider;
    }

    private AtomicInteger atomicCount = new AtomicInteger(0);

    private AtomicInteger atomicCurrentIndex = new AtomicInteger(0);

    @Override
    public Mono<Response<ServiceInstance>> choose(Request request) {
        ServiceInstanceListSupplier supplier = serviceInstanceList
SupplierProvider.getIfAvailable();
        return supplier.get().next().map(this::getInstanceResponse);
    }


    /**
     * 使用自定义方法获取服务
     *
     * @param instances
     * @return
     */
    private Response<ServiceInstance> getInstanceResponse(
            List<ServiceInstance> instances) {
        ServiceInstance serviceInstance = null;

        if (instances.isEmpty()) {
            System.out.println("注册中心无可用实例:" + serviceName);
            return new EmptyResponse();
        }

        // 累加并得到值（请求次数）
        int requestNumber = atomicCount.incrementAndGet();

        //自定义算法
        if (requestNumber < 2) {
```

```java
            serviceInstance = instances.get(atomicCurrentIndex.get());
        } else {
            // 已经大于2了，重置
            atomicCount = new AtomicInteger(0);

            // atomicCurrentIndex变量加1
            atomicCurrentIndex.incrementAndGet();

            if (atomicCurrentIndex.get() >= instances.size()) {
                atomicCurrentIndex = new AtomicInteger(0);
                serviceInstance = instances.get(instances.size() - 1);
                return new DefaultResponse(serviceInstance);
            }
            //从可用的实例中获取一个实例来进行操作，类似轮询算法
            serviceInstance = instances.get(atomicCurrentIndex.get() - 1);
        }
        return new DefaultResponse(serviceInstance);
    }

    @Override
    public Mono<Response<ServiceInstance>> choose() {
        return ReactorServiceInstanceLoadBalancer.super.choose();
    }
}
```

自定义的负载均衡算法与轮询算法类似，不过并不是执行一次请求就使用下一个实例，而是每个实例执行两次才会轮询到下一个实例，该值由atomicCount变量控制。

自定义的负载均衡算法编写完成后，还需要做一次配置才能使用。在config包中新建配置类NewBeeCloudLoadBalancerConfiguration，源码如下：

```java
package ltd.newbee.cloud.config;

import ltd.newbee.cloud.balancer.NewBeeCloudLoadBalancer;
import org.springframework.cloud.client.ServiceInstance;
import org.springframework.cloud.loadbalancer.core.ReactorLoadBalancer;
import org.springframework.cloud.loadbalancer.core.ServiceInstanceListSupplier;
import org.springframework.cloud.loadbalancer.support.LoadBalancerClientFactory;
import org.springframework.context.annotation.Bean;
import org.springframework.core.env.Environment;

public class NewBeeCloudLoadBalancerConfiguration {

    @Bean
```

```
    public ReactorLoadBalancer<ServiceInstance> customLoadBalancer
(Environment environment, LoadBalancerClientFactory loadBalancerClientFactory) {

        String name = environment.getProperty(LoadBalancerClient
Factory.PROPERTY_NAME);

        return new NewBeeCloudLoadBalancer(loadBalancerClientFactory.
getLazyProvider(name,
                ServiceInstanceListSupplier.class), name);
    }
}
```

需要在启动类上添加一个@LoadBalancerClient 注解，将该配置类和目标服务做好关联。启动类代码改动如下：

```
@SpringBootApplication
@EnableDiscoveryClient
//对 newbee-cloud-goods-service 服务使用自定义的负载均衡算法
@LoadBalancerClient(value = "newbee-cloud-goods-service",configuration =
NewBeeCloudLoadBalancerConfiguration.class)
public class LoadBalancerApplication {

    public static void main(String[] args) {
        SpringApplication.run(LoadBalancerApplication.class, args);
    }

}
```

最后，重启项目并测试效果，自定义负载均衡算法编码完成。

7.8　服务通信和服务治理知识总结

在未引入微服务架构前，服务通信比较简单，使用 RestTemplate 工具和 WebClient 工具可以很简单地发起请求调用。尝试微服务化之后，也就是将服务治理的概念整合到项目后，又加入了 Nacos 组件，同时也依次引入了服务注册和服务发现的机制，此时的服务通信就需要解决由服务名称到 HTTP 请求地址的问题，还需要解决在多个实例中如何选出具体请求实例的问题，并且引入了负载均衡器的内容。

此时，服务通信已经由简简单单的 RestTemplate 工具直接发起请求，变成了图 7-10 中的流程。

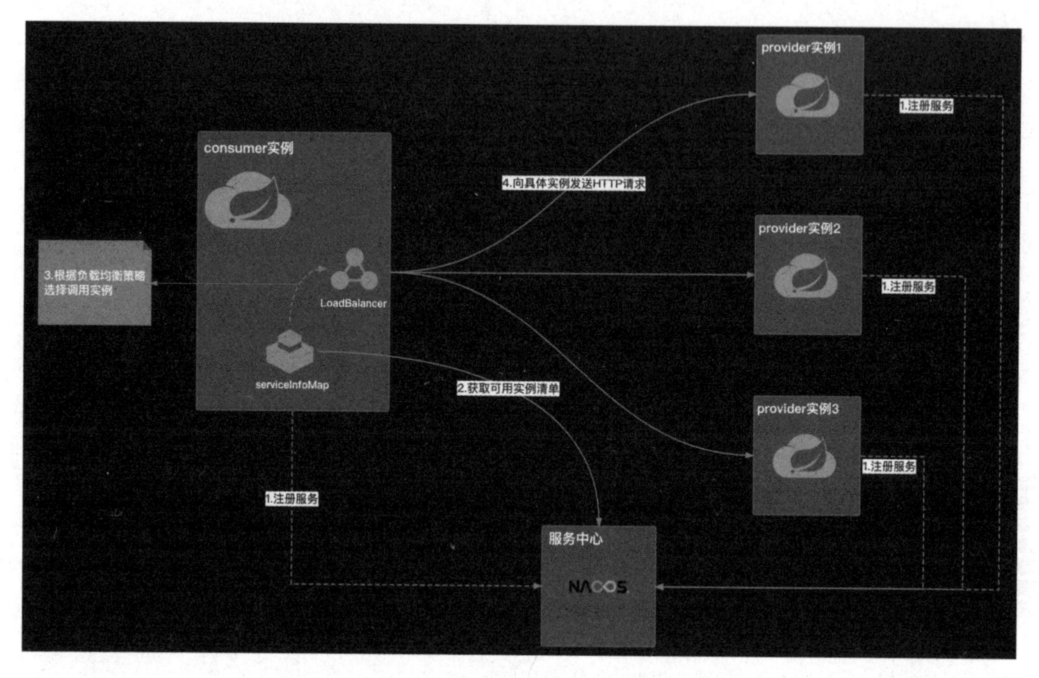

图7-10　引入负载均衡组件后服务间通信的流程

完整流程总结如下。

（1）服务注册，这是最基础的操作，调用端和被调用端都需要进行服务注册。

（2）服务发现，获取可用的实例清单并存储在serviceInfoMap变量中。

（3）读取serviceInfoMap变量中的可用实例列表，并根据负载均衡策略选择具体的调用实例。

（4）根据选中的调用实例信息拼接HTTP地址并向某一个具体的实例发起HTTP请求。

在项目启动时已经完成了各个服务实例的注册过程，Nacos Server中已经有了这些服务实例的信息。不止服务注册，由于自动配置机制的存在，NacosService Discovery类型的Bean、RestTemplate类型的Bean、BlockingLoadBalancerClient类型的Bean等都已经构造完成。RestTemplate类型的Bean中也被加入了拦截器，一切准备就绪，就等着开始工作了。

在实际处理服务通信时，依然由RestTemplate工具处理，只是它被加入了拦截器，所以最终执行任务的execute()方法是BlockingLoadBalancerClient类中的。在execute()方法中完成了从Nacos Server获取服务实例信息（并开启更新线程）、通过负载均衡算法获取一个具体的可用实例、Request对象的包装、实际发送HTTP请求并处理响应的过程。

这就是服务治理和服务通信结合后的完整流程。即使整合的是其他与微服务相关的技术栈和中间件，流程也是类似的。比如，不使用 Alibaba 套件，或者服务中心不使用 Nacos 中间件，或者负载均衡器不使用 Spring Cloud LoadBalancer。虽然在具体的代码实现上有些区别，但是底层原理和流程依然如此。

第 5～7 章中的内容是微服务架构中最基础、最核心的知识，包括服务注册、服务发现、服务中心、负载均衡，微服务的基础要素都囊括在内。掌握之后会对微服务架构具有更深刻的理解，对掌握微服务架构也有更好的帮助。

为什么说这些知识是最基础、最核心的知识？

因为这些知识是微服务架构的地基，只有地基建好了、打牢固了，才能继续往上建造一幢完美的大厦，而且上述的这些知识是微服务架构中根本少不了的。一个微服务架构的项目中没有分布式事务的处理方案，而选择较轻量级的事务处理方式，是完全可以的。一个微服务架构的项目中不使用链路追踪，也不是什么太大的问题，但是一个微服务架构的项目中没有服务治理，或者服务通信模块不完善，那是不行的。至于后面章节中要整合的 OpenFeign 组件、Spring Cloud Gateway 网关组件、Seata 分布式事务组件、Spring Cloud Sleuth 组件等都是一些锦上添花的技术或组件，可以有针对性地解决架构中的痛点（如 Seata、Spring Cloud Sleuth），提升开发人员的编码效率（如 OpenFeign）。但是真地刨根问底起来，其底层原理依然绕不开第 5～7 章中的内容。由于图片大小限制，在这些章节的图解实例中，都只画了两个服务。在真实的项目开发中，会有更多的服务和实例，也会使用封装度更高一些的框架。但是，核心知识一定要掌握，只有这样才能更好地理解大型项目。强烈建议读者认真地、重点地看一下这几个章节中的内容。

7.9　multi-service-demo模板项目创建

本节将结合第 5～7 章中的知识点，构建一个 Spring Cloud Alibaba 整合服务治理后的多模块模板项目。业务场景就是商城中的订单生成流程。用户在商品详情页将商品添加至购物车页面，之后在购物车页面单击“结算”按钮生成订单。在这个场景中包括三个功能模块：商品、购物车、订单。按照前文中讲解的知识将这三个功能模块抽象为三个服务：商品服务、购物车服务、订单服务。三个服务间的调用方式如图 7-11 所示。

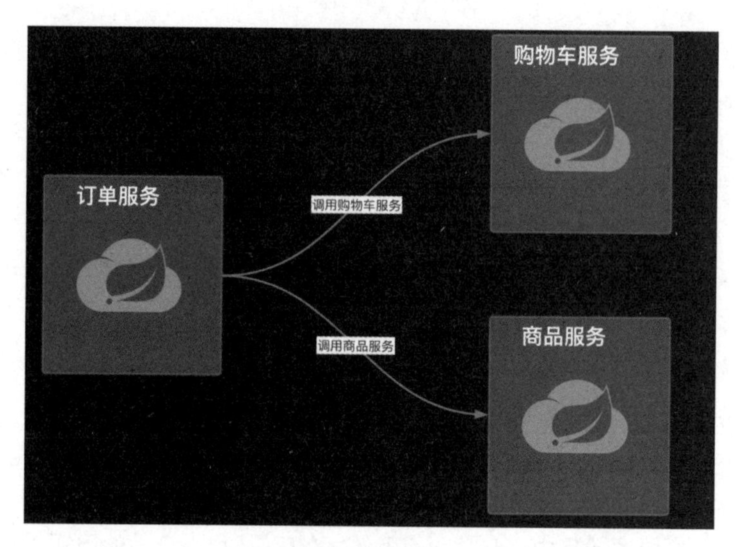

图 7-11　商品服务、购物车服务、订单服务间的调用方式

下面笔者结合三个模块的调用方式做一个简单的演示，供后续章节使用。过程并不复杂，就是在本章代码的基础上进行修改。

先修改项目名称为 spring-cloud-alibaba-multi-service-demo，然后将 nacos-consumer-demo 修改为 order-service-demo、将 nacos-provider-demo 修改为 shopcart-service-demo、将 nacos-provider-demo2 修改为 goods-service-demo，再依次修改项目中的启动类名称和 application.properties 配置文件（主要是端口号和应用名称）。下面修改 root 节点的 pom.xml 配置文件，代码如下：

```
<modelVersion>4.0.0</modelVersion>
<groupId>ltd.newbee.cloud</groupId>
<artifactId>spring-cloud-alibaba-multi-service-demo</artifactId>
<version>0.0.1-SNAPSHOT</version>
<name>spring-cloud-alibaba-multi-service-demo</name>
<packaging>pom</packaging>
<description>Spring Cloud Alibaba Demo</description>

<modules>
    <module>goods-service-demo</module>
    <module>shopcart-service-demo</module>
    <module>order-service-demo</module>
</modules>
```

在 goods-service-demo 项目中新建 NewBeeCloudGoodsAPI 类，代码及注释如下：

```
package ltd.goods.cloud.newbee.controller;
```

```
import org.springframework.beans.factory.annotation.Value;
import org.springframework.web.bind.annotation.GetMapping;
import org.springframework.web.bind.annotation.PathVariable;
import org.springframework.web.bind.annotation.RestController;

@RestController
public class NewBeeCloudGoodsAPI {

    @Value("${server.port}")
    private String applicationServerPort;// 读取当前应用的启动端口

    @GetMapping("/goods/{goodsId}")
    public String goodsDetail(@PathVariable("goodsId") int goodsId) {
        // 根据id查询商品并返回调用端
        if (goodsId < 1 || goodsId > 100000) {
            return "查询商品为空，当前服务的端口号为" + applicationServerPort;
        }
        String goodsName = "商品" + goodsId;
        // 返回信息给调用端
        return goodsName + "，当前服务的端口号为" + applicationServerPort;
    }
}
```

在 shopcart-service-demo 项目中新建 NewBeeCloudShopCartAPI 类，代码及注释如下：

```
package ltd.shopcart.cloud.newbee.controller;

import org.springframework.beans.factory.annotation.Value;
import org.springframework.web.bind.annotation.GetMapping;
import org.springframework.web.bind.annotation.PathVariable;
import org.springframework.web.bind.annotation.RestController;

@RestController
public class NewBeeCloudShopCartAPI {

    @Value("${server.port}")
    private String applicationServerPort;// 读取当前应用的启动端口

    @GetMapping("/shop-cart/{cartId}")
    public String cartItemDetail(@PathVariable("cartId") int cartId) {
        // 根据id查询商品并返回调用端
        if (cartId < 0 || cartId > 100000) {
            return "查询购物项为空，当前服务的端口号为" + applicationServerPort;
        }
```

```
        String cartItem = "购物项" + cartId;
        // 返回信息给调用端
        return cartItem + "，当前服务的端口号为" + applicationServerPort;
    }
}
```

在 order-service-demo 项目中新建 NewBeeCloudOrderAPI 类，使用 RestTemplate 工具调用另外两个服务，代码及注释如下：

```
package ltd.order.cloud.newbee.controller;

import org.springframework.web.bind.annotation.GetMapping;
import org.springframework.web.bind.annotation.RequestParam;
import org.springframework.web.bind.annotation.RestController;
import org.springframework.web.client.RestTemplate;

import javax.annotation.Resource;

@RestController
public class NewBeeCloudOrderAPI {

    @Resource
    private RestTemplate restTemplate;

    // 商品服务调用地址
    private final String CLOUD_GOODS_SERVICE_URL =
"http://newbee-cloud-goods-service";

    // 购物车服务调用地址
    private final String CLOUD_SHOPCART_SERVICE_URL =
"http://newbee-cloud-shopcart-service";

    @GetMapping("/order/saveOrder")
    public String saveOrder(@RequestParam("cartId") int cartId,
@RequestParam("goodsId") int goodsId) {
        // 简单地模拟下单流程，包括服务间的调用流程。后续与 OpenFeign 相关的改造和优化
将基于当前项目

        // 调用商品服务
        String goodsResult = restTemplate.getForObject(CLOUD_GOODS_SERVICE_
URL + "/goods/" + goodsId, String.class);

        // 调用购物车服务
        String cartResult = restTemplate.getForObject(CLOUD_SHOPCART_
```

```
SERVICE_URL + "/shop-cart/" + cartId, String.class);

        // 执行下单逻辑

        return "success! goodsResult={" + goodsResult + "},cartResult={" +
cartResult + "}";
    }
}
```

编码完成后，spring-cloud-alibaba-multi-service-demo 项目的最终目录结构如图 7-12 所示。

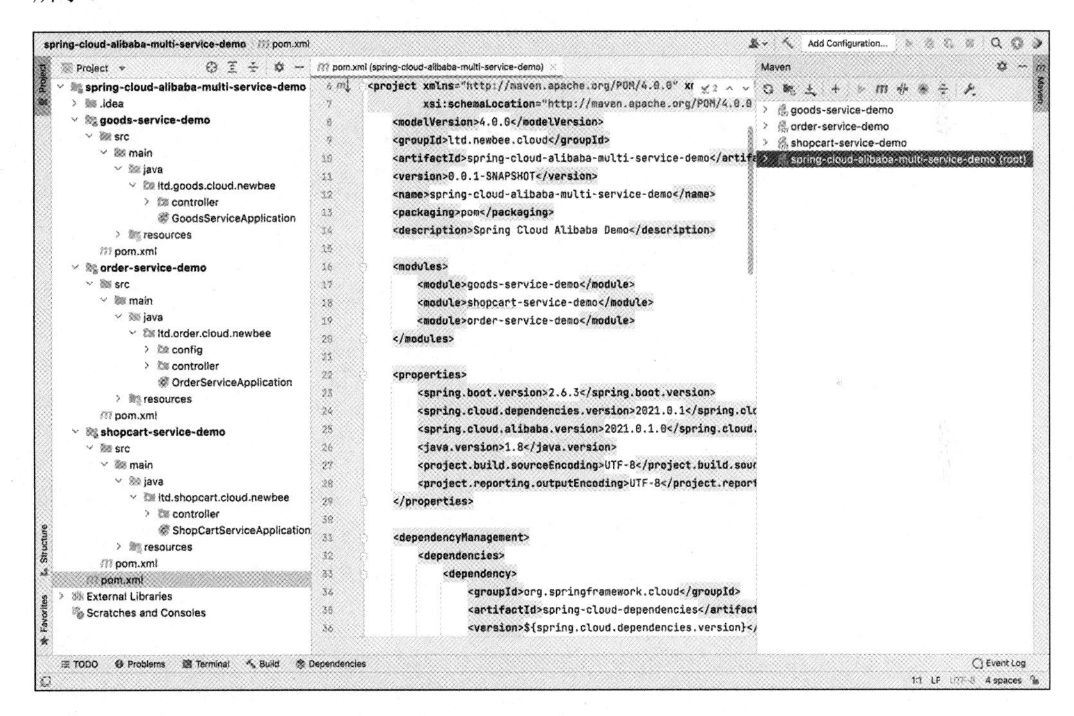

图 7-12　spring-cloud-alibaba-multi-service-demo 项目的最终目录结构

下面需要启动 Nacos Server，之后依次启动这三个项目。如果未能成功启动，则开发人员需要查看控制台中的日志是否报错，并及时确认问题和修复。启动成功后进入 Nacos 控制台，单击“服务管理”中的服务列表，可以看到列表中已经存在这三个服务的服务信息，如图 7-13 所示。

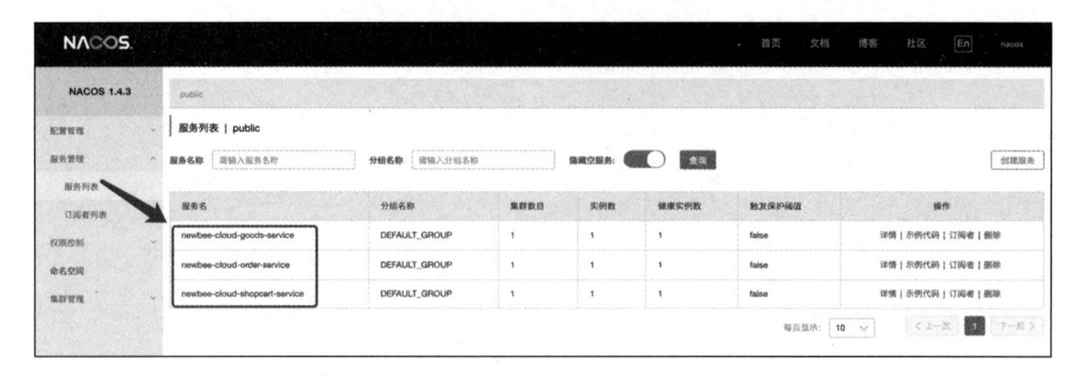

图 7-13　Nacos 控制台中的服务列表

打开浏览器并在地址栏中输入如下地址：

```
http://localhost:8117/order/saveOrder?cartId=13&goodsId=2022
```

响应结果如图 7-14 所示。

图 7-14　/order/saveOrder 请求的访问结果

order-service-demo 项目中对另外两个服务的远程调用没有问题，测试成功！

与第 4 章中简单的 Spring Cloud Alibaba 代码模板相比，spring-cloud-alibaba-multi-service-demo 项目更加复杂一些，整合了更多的内容，如 RestTemplate、Nacos 和 LoadBalancer，此时的项目就有了微服务架构的雏形了，后续章节中将会以 spring-cloud-alibaba-multi-service-demo 多模块项目为模板进行其他组件的整合和功能演示。

第 8 章

8

云中锦书：OpenFeign 远程调用实践

前文的编码实践中在调用远程接口时使用的是 RestTemplate 工具，在实际开发过程中使用这种方式进行远程调用是比较少的，这种方式需要自行定义远程地址，还要配置请求参数等，过程复杂且编码不简洁。本章介绍一种更简单、更优雅的远程调用方式——OpenFeign。

8.1 OpenFeign简介

不管是 RestTemplate 工具，还是 WebClient 工具，虽然对 HTTP 请求处理的封装已经足够完善，但是开发人员在使用它们编码时依然需要处理一些细节问题，如请求 URL、请求参数、等待响应结果等。这种做法不够简洁，而且把底层的编码暴露出来，不利于团队间协作，因此需要一种更简单、更优雅的方式。

OpenFeign 组件由 Spring Cloud 官方维护并提供给开发人员，相较于之前的请求处理过程，OpenFeign 组件的封装度更高，更加符合面向接口编程的规范。OpenFeign 的前身是 Spring Cloud Netflix 套件中的 Feign 组件。Feign 是 Netflix 套件中的一个轻量级 RESTful 的 HTTP 服务客户端，内置了 Ribbon 负载均衡器来完成服务通信流程。OpenFeign 是 Spring Cloud 在 Feign 组件的基础上迭代出的功能更强大的组件。

比如，前面章节中使用 RestTemplate 工具进行服务通信的一段代码：

```
String result= estTemplate.getForObject(SERVICE_URL + "/goodsServiceTest",
String.class);
```

使用 OpenFeign 组件后，发起远程服务调用的代码风格就变成了下面这样：

```
String result = goodsService.test(13);
```

这种代码风格是不是和本地方法调用很像？这就是 OpenFeign 组件给服务通信编码所带来的影响，集成 OpenFeign 并进行简单的配置后，就会让发起 HTTP 请求看起来像调用本地方法一样简单。当然，只是从代码风格上看起来像，底层依然是服务通信的机制，不能将远程调用与本地调用混淆。

8.2 编码集成OpenFeign

下面笔者结合实际的编码讲解 OpenFeign 是怎样把服务通信变得像本地方法调用一样简单的。本节代码是在 spring-cloud-alibaba-multi-service-demo 模板项目的基础上修改的，具体步骤如下。

（1）修改项目名称。

将项目名称修改为 spring-cloud-alibaba-openfeign-demo，并把各个模块中 pom.xml 文件的 artifactId 修改为 spring-cloud-alibaba-openfeign-demo。

（2）引入 OpenFeign 依赖。

打开 order-service-demo 项目中的 pom.xml 文件，在 dependencies 标签下引入 OpenFeign 依赖文件，新增代码如下：

```
<!-- 引入 openfeign -->
<dependency>
   <groupId>org.springframework.cloud</groupId>
   <artifactId>spring-cloud-starter-openfeign</artifactId>
</dependency>
```

（3）新增 OpenFeign 代码。

在 order-service-demo 项目中新建 ltd.order.cloud.newbee.openfeign 包，在 openfeign 包中依次新增 NewBeeGoodsDemoService 文件和 NewBeeShopCartDemoService 文件，分别用于创建对商品服务和购物车服务的 OpenFeign 调用。

NewBeeGoodsDemoService.java 代码如下：

```
package ltd.order.cloud.newbee.openfeign;

import org.springframework.cloud.openfeign.FeignClient;
import org.springframework.web.bind.annotation.GetMapping;
import org.springframework.web.bind.annotation.PathVariable;
```

```
@FeignClient(value = "newbee-cloud-goods-service", path = "/goods")
public interface NewBeeGoodsDemoService {

    @GetMapping(value = "/{goodsId}")
    String getGoodsDetail(@PathVariable(value = "goodsId") int goodsId);
}
```

NewBeeShopCartDemoService.java 代码如下：

```
package ltd.order.cloud.newbee.openfeign;

import org.springframework.cloud.openfeign.FeignClient;
import org.springframework.web.bind.annotation.GetMapping;
import org.springframework.web.bind.annotation.PathVariable;

@FeignClient(value = "newbee-cloud-shopcart-service", path = "/shop-cart")
public interface NewBeeShopCartDemoService {

    @GetMapping(value = "/{cartId}")
    String getCartItemDetail(@PathVariable(value = "cartId") int cartId);
}
```

@FeignClient 注解的常用字段如下。

- name：指定 FeignClient 的名称，如果项目中使用了负载均衡器，则 name 属性将作为服务实例的名称，用于服务发现。其作用与 value 字段的作用一致。
- value：其作用与 name 字段的作用一致。
- url：一般用于调试，手动指定@FeignClient 调用的地址。
- decode404：当发生 404 错误时，如果该字段为 true，则调用 decoder 进行解码，否则抛出异常。
- configuration：指定设置自定义的相关配置类。
- fallback：指定处理服务容错的类。
- fallbackFactory：工厂类，用于生成 fallback 类实例，通过这个字段配置可以实现每个接口通用的容错逻辑，减少重复的代码。
- path：定义当前 FeignClient 路径的统一前缀。

（4）增加配置，启用 OpenFeign 并使 FeignClient 生效。

在 order-service-demo 项目的启动类上添加@EnableFeignClients 注解启用，并配置相关的 FeignClient 类，代码如下：

```
@SpringBootApplication
@EnableFeignClients(basePackages = {"ltd.order.cloud.newbee.openfeign"})
public class OrderServiceApplication {
    public static void main(String[] args) {
        SpringApplication.run(OrderServiceApplication.class, args);
    }
}
```

这里直接使用 basePackages 配置了扫描包，即 ltd.order.cloud.newbee.openfeign 包中标注了@FeignClient 注解的类都会生效。也可以使用 clients 字段直接指定所有的类名，代码如下：

```
@EnableFeignClients(clients={ltd.order.cloud.newbee.openfeign.NewBeeShop
CartDemoService.class,ltd.order.cloud.newbee.openfeign.NewBeeGoodsDemoSe
rvice.class})
```

（5）使用 OpenFeign 声明的接口实现服务通信。

由于已经使用 OpenFeign 声明了相关接口并配置完毕，因此这里修改 NewBeeCloud OrderAPI 类中远程调用 HTTP 请求的方式即可。先分别注入 NewBeeGoodsDemoService 和 NewBeeShopCartDemoService，然后将使用 RestTemplate 工具调用商品服务和购物车服务的代码删掉，改为调用本地方法形式的代码。

修改 NewBeeCloudOrderAPI 类的代码如下：

```
@RestController
public class NewBeeCloudOrderAPI {

    @Resource
    private NewBeeGoodsDemoService newBeeGoodsDemoService;

    @Resource
    private NewBeeShopCartDemoService newBeeShopCartDemoService;

    @GetMapping("/order/saveOrder")
    public String saveOrder(@RequestParam("cartId") int cartId, @RequestParam
("goodsId") int goodsId) {
        // 简单地模拟下单流程，包括服务间的调用流程

        // 调用商品服务
        String goodsResult = newBeeGoodsDemoService.getGoodsDetail(goodsId);

        // 调用购物车服务
        String cartResult = newBeeShopCartDemoService.getCartItemDetail(cartId);
```

```
        // 执行下单逻辑

        return "success! goodsResult={" + goodsResult + "},cartResult={" +
cartResult + "}";
    }
}
```

使用 OpenFeign 之前的代码如下：

```
@RestController
public class NewBeeCloudOrderAPI {

    @Resource
    private RestTemplate restTemplate;

    // 商品服务调用地址
    private final String CLOUD_GOODS_SERVICE_URL = "http://newbee-cloud-goods-service";

    // 购物车服务调用地址
    private final String CLOUD_SHOPCART_SERVICE_URL =
"http://newbee-cloud-shopcart-service";

    @GetMapping("/order/saveOrder")
    public String saveOrder(@RequestParam("cartId") int cartId,
@RequestParam("goodsId") int goodsId) {
        // 简单地模拟下单流程，包括服务间的调用流程
        // 调用商品服务
        String goodsResult = restTemplate.getForObject(CLOUD_GOODS_SERVICE_
URL + "/goods/" + goodsId, String.class);

        // 调用购物车服务
        String cartResult = restTemplate.getForObject(CLOUD_SHOPCART_
SERVICE_URL + "/shop-cart/" + cartId, String.class);

        // 执行下单逻辑

        return "success! goodsResult={" + goodsResult + "},cartResult={" +
cartResult + "}";
    }
}
```

二者的区别是很明显的：不用在业务代码里处理 HTTP 请求地址、与请求参数相关的内容，只需要暴露 OpenFeign 接口，直接调用本地方法即可；代码风格上更统一、服务通信的编码也更简洁，并且二者所得到的效果是相同的。这就是真实的项目开发普遍

选择 OpenFeign 的原因。当然，本书所编写的测试代码，不管是传参还是响应，结果都是简单的 Java 类型字符串，如果是对象类型或复杂类型的对象，使用 OpenFeign 与不使用 OpenFeign 的区别就更明显了。

（6）进行功能测试。

启动 Nacos Server，之后依次启动这三个项目。如果未能成功启动，则开发人员需要查看控制台中的日志是否报错，并及时确认问题和修复。启动成功后进入 Nacos 控制台，单击“服务管理”中的服务列表，可以看到服务列表中已经存在这三个服务的服务信息，如图 8-1 所示。

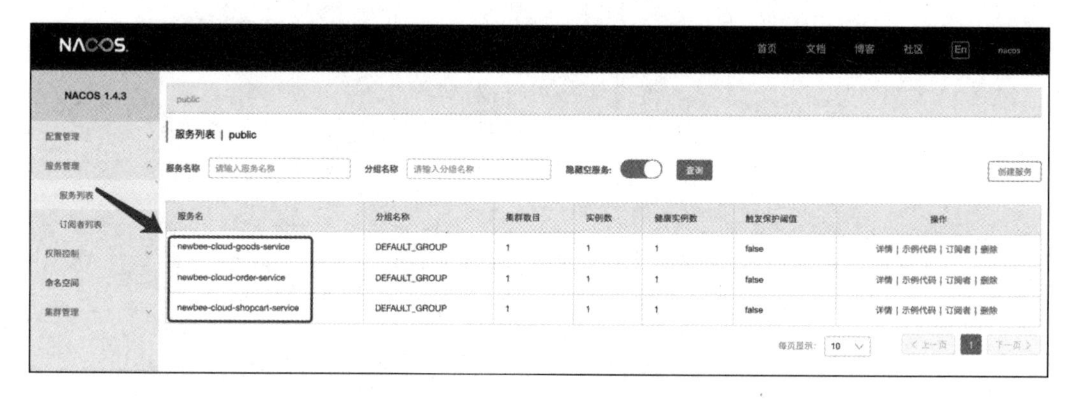

图 8-1 Nacos 控制台中的服务列表

打开浏览器验证是否整合成功，在地址栏中输入如下地址：

```
http://localhost:8117/order/saveOrder?cartId=2022&goodsId=2035
```

响应结果如图 8-2 所示。

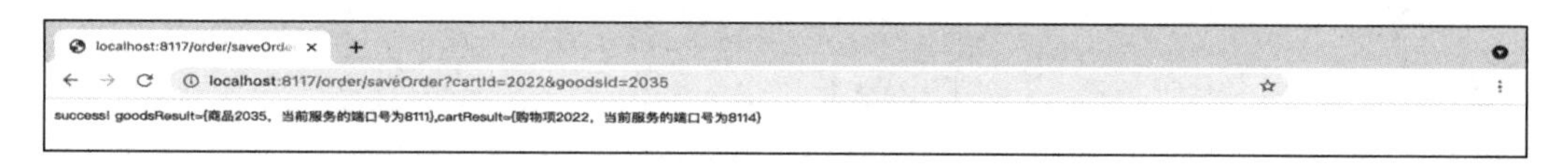

图 8-2 /order/saveOrder 请求的访问结果

整合 OpenFeign 组件后，order-service-demo 对另外两个服务的调用没有问题，测试成功！通信组件由 RestTemplate+Spring Cloud LoadBalancer 成功替换为 OpenFeign+Spring Cloud LoadBalancer。

以 NewBeeShopCartDemoService.java 为例，该接口中定义了一个方法 getCartItemDetail()，参数是 cartId。同时，NewBeeShopCartDemoService.java 被@FeignClient 注解标注，其 value 字段为 newbee-cloud-shopcart-service。“newbee-cloud-shopcart-service”就是购物车

服务在 Nacos Server 上注册的名称。path 字段为/shop-cart，表示 FeignClient 路径的统一前缀。getCartItemDetail()方法其实已经表明了调用时的通信地址，即 http://newbee-cloud-shopcart-service/shop-cart/{cartId}。读者对这个地址的写法应该很熟悉，前面几个章节中介绍过的基于服务中心的通信地址皆如此。

上层方法在调用 getCartItemDetail()方法时，会传入一个 Int 类型的 cartId 参数，如 2022。上述的这个请求地址就变成了 http://newbee-cloud-shopcart-service/shop-cart/2022。

读者看明白了吗？OpenFeign 组件的整合其实与之前使用 RestTemplate 这类工具的整合并没有太大区别，只是 OpenFeign 会让服务通信的编码工作变得像方法调用一样简单。在项目启动时，OpenFeign 自己生成了一些代理对象，利用这些增强的代理 Bean 来完成请求处理。先是负责解析@FeignClient 标注接口类中这些方法的请求地址，然后依然获取负载均衡器、解析服务地址、发起请求、处理响应。与未整合 OpenFeign 组件之前相比，又多了解析 FeignClient 接口中方法调用时的服务请求地址这个步骤。

关于源码解析，可以参考笔者在前几章中的步骤。看一下与 OpenFeign 组件相关的自动配置流程中做了什么操作，请求又是如何被 OpenFeign 接管的。因篇幅有限，这里就不再赘述了。不过有一个类读者可以重点关注一下——FeignBlockingLoadBalancerClient，打一下断点，之后根据这个类去看一下向其他服务发出请求后的方法调用栈。这个类的名称也很眼熟，读者是否能够联想到之前介绍过的一个类？对！BlockingLoadBalancer Client 类。

其实源码分析到最后，会发现请求流程仍然是建立在第 5～7 章中介绍过的知识上。微服务架构的核心基础知识是服务通信和服务治理，OpenFeign 组件或类似组件的出现及整合，大大地方便了开发人员编码，使用起来逻辑也变得更加清晰。不过底层依然还是那些知识点，只是在原有知识的基础上多做了一些封装。

任它东西南北风，我自岿然不动。

8.3　OpenFeign参数传递编码实践

已经成功整合 OpenFeign，并且能够正常调用远程服务了。不过，整合代码演示中传递的参数和处理的响应结果都是 Java 基本类型。在真实的项目开发中，参数类型和响应结果的类型肯定不只是 String 或 Int 这种 Java 基本类型。简单类型、列表类型、简单对象类型、复杂对象类型，这些都是真实项目开发中会用到的。所以，本节单独来讲一下使用 OpenFeign 如何传递参数及如何处理结果响应。

8.3.1 简单类型处理

简单类型包括 Java 基本类型（如 String 类型和 Integer 类型）、数组和链表类型。接下来将用实际编码演示 OpenFeign 组件整合后，如何使用简单类型进行参数传递和响应结果的接收。

先在服务提供方编写接口，这里以 goods-service-demo 项目为例。编写第一个接口，参数为基本类型，代码如下：

```
@GetMapping("/goods/detail")
//传递多个参数，参数都是 URL
public String goodsDetailByParams(@RequestParam("sellStatus") int
sellStatus, @RequestParam("goodsId") int goodsId) {

    System.out.println("参数如下：sellStatus=" + sellStatus + ",goodsId=" +
goodsId);

    // 根据 id 查询商品并返回给调用端
    if (goodsId < 1 || goodsId > 100000) {
        return "goodsDetailByParams 查询商品为空，当前服务的端口号为" +
applicationServerPort;
    }
    String goodsName = "商品" + goodsId + ",上架状态 "+sellStatus;
    // 返回信息给调用端
    return "goodsDetailByParams " + goodsName + "，当前服务的端口号为" +
applicationServerPort;
}
```

接收到参数后，进行简单的处理，然后返回一个 String 类型的结果给调用端。

接着编写第二个接口和第三个接口，参数分别为 Array（数组）类型和 List（链表）类型，代码如下：

```
@GetMapping("/goods/listByIdArray")
//传递数组类型
public String[] listByIdArray(@RequestParam("goodsIds") Integer[] goodsIds) {

    // 根据 goodsIds 查询商品并返回给调用端
    if (goodsIds.length < 1) {
        return null;
```

```
    }

    String[] goodsInfos = new String[goodsIds.length];

    for (int i = 0; i < goodsInfos.length; i++) {
        goodsInfos[i] = "商品" + goodsIds[i];
    }

    // 接收参数为数组，返回信息给调用端，也为数组类型
    return goodsInfos;
}

@GetMapping("/goods/listByIdList")
//传递链表类型
public List<String> listByIdList(@RequestParam("goodsIds") List<Integer>
goodsIds) {

    // 根据 goodsIds 查询商品并返回给调用端
    if (CollectionUtils.isEmpty(goodsIds)) {
        return null;
    }

    List<String> goodsInfos = new ArrayList<>();

    for (int goodsId : goodsIds) {
        goodsInfos.add("商品" + goodsId);
    }

    // 接收参数为链表，返回信息给调用端，也为链表类型
    return goodsInfos;
}
```

接收到参数后，进行简单的数值处理，返回同样的类型给调用端。

数据传递有两条路径：消费端传给服务端，是参数传递；服务端返回给消费端，是响应结果。所以，在接下来的代码演示中，为了一次完成两条路径的传递讲解，传参传哪种类型，响应就是哪种类型，这样就不用重复写多种代码了，也方便读者理解。

完成接口定义后，在 FeignClient 接口类中新增对应的方法，这样就可以直接调用了。打开 order-service-demo 项目，在 NewBeeGoodsDemoService.java 文件中新增三个方法，代码如下：

```
@GetMapping(value = "/detail")
String getGoodsDetail3(@RequestParam(value = "goodsId") int goodsId,
```

```
@RequestParam(value = "sellStatus") int sellStatus);

@GetMapping(value = "/listByIdArray")
List<String> getGoodsArray(@RequestParam(value = "goodsIds") Integer[] goodsIds);

@GetMapping(value = "/listByIdList")
List<String> getGoodsList(@RequestParam(value = "goodsIds") List<Integer>
goodsIds);
```

这三个方法一一对应 goods-service-demo 项目中新增的三个接口，直接调用这三个方法就相当于远程调用 goods-service-demo 项目的三个接口。

另外，像 getGoodsDetail3()、getGoodsArray()、getGoodsList()这些方法名称是可以自行定义的，没有强制性的规范。只要对应接口的请求方法、URL、参数别写错就可以了。比如，goods-service-demo 项目中新增的 goodsDetailByParams()接口方法，其请求方法是 GET，URL 是/goods/detail，请求参数是基本类型，名称分别为 sellStatus 和 goodsId。在 getGoodsDetail3()方法中要把这些内容进行一一对应，否则是调用不到这个接口的。

在调用端编写测试方法，之后调用 FeignClient 中定义的三个方法。打开 order-service-demo 项目，在 controller 包中新建 NewBeeCloudTestSimpleParamAPI 类，代码如下：

```
package ltd.order.cloud.newbee.controller;

import ltd.order.cloud.newbee.openfeign.NewBeeGoodsDemoService;
import org.springframework.web.bind.annotation.GetMapping;
import org.springframework.web.bind.annotation.RequestParam;
import org.springframework.web.bind.annotation.RestController;

import javax.annotation.Resource;
import java.util.ArrayList;
import java.util.List;

@RestController
public class NewBeeCloudTestSimpleParamAPI {

    @Resource
    private NewBeeGoodsDemoService simpleParamService;

    @GetMapping("/order/simpleParamTest")
    public String simpleParamTest2(@RequestParam("sellStatus") int
sellStatus, @RequestParam("goodsId") int goodsId) {
        String resultString = simpleParamService.getGoodsDetail3(goodsId,
sellStatus);
```

```
        return resultString;
    }

    @GetMapping("/order/listByIdArray")
    public String listByIdArray() {

        Integer[] goodsIds = new Integer[4];
        goodsIds[0] = 1;
        goodsIds[1] = 3;
        goodsIds[2] = 5;
        goodsIds[3] = 7;

        List<String> result = simpleParamService.getGoodsArray(goodsIds);
        String resultString = "";
        for (String s : result) {
            resultString += s + " ";
        }
        return resultString;
    }

    @GetMapping("/order/listByIdList")
    public String listByIdList() {
        List<Integer> goodsIds = new ArrayList<>();
        goodsIds.add(2);
        goodsIds.add(4);
        goodsIds.add(6);
        goodsIds.add(8);

        List<String> result = simpleParamService.getGoodsList(goodsIds);
        String resultString = "";
        for (String s : result) {
            resultString += s + " ";
        }
        return resultString;
    }
}
```

编码完成后，依次启动 goods-service-demo 项目和 order-service-demo 项目。注意，一定要启动 Nacos Server。在浏览器中输入如下请求地址来测试这三个接口：

http://localhost:8117/order/simpleParamTest?sellStatus=1&goodsId=2035

http://localhost:8117/order/listByIdArray

http://localhost:8117/order/listByIdList

请求后的结果分别如图 8-3～图 8-5 所示。

图 8-3　/order/simpleParamTest 请求的访问结果

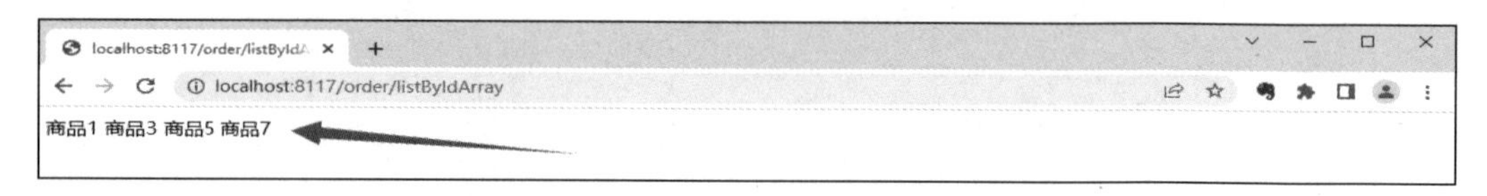

图 8-4　/order/listByIdArray 请求的访问结果

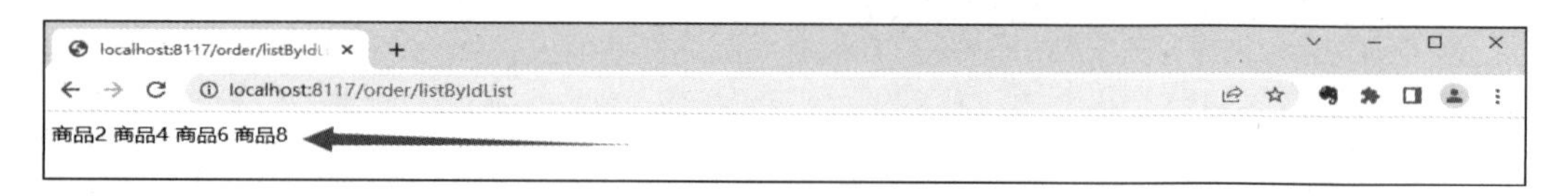

图 8-5　/order/listByIdList 请求的访问结果

与预期结果一致，测试成功！

8.3.2　简单对象类型处理

在实际的项目开发中，简单对象的传输是比较常见的。为什么叫简单对象呢？这种对象一般就是普通的 POJO 对象，其中的字段都是基本类型或简单类型，不会出现一个对象里包含另一个对象这种复杂的情况。复杂对象类型处理将在第 8.3.3 节进行讲解。

因为要传输对象，并且在调用方服务和被调用方服务都用到，所以需要创建一个公共模块，在这个模块中新建要传递的对象。新建一个模块并命名为 service-common，Java 代码的包名为 ltd.newbee.cloud。在该模块的 pom.xml 配置文件中增加 parent 标签，与上层 Maven 建立好关系。

当然，也可以不创建公共模块，而是在调用方服务和被调用方服务各自定义一个类，这样也是可以的。

接下来新建 entity 包并新建 NewBeeGoodsInfo 类，代码如下：

```
package ltd.common.newbee.cloud.entity;

// 简单对象实体类
public class NewBeeGoodsInfo {
```

```
    private int goodsId;

    private String goodsName;

    private int stock;

    public void setGoodsId(int goodsId) {
        this.goodsId = goodsId;
    }

    public int getGoodsId() {
        return this.goodsId;
    }

    public void setStock(int stock) {
        this.stock = stock;
    }

    public int getStock() {
        return this.stock;
    }

    public void setGoodsName(String goodsName) {
        this.goodsName = goodsName;
    }

    public String getGoodsName() {
        return this.goodsName;
    }

    public String toString() {
        StringBuilder sb = new StringBuilder();
        sb.append(getClass().getSimpleName());
        sb.append(" [");
        sb.append(" goodsName=").append(goodsName);
        sb.append(", goodsId=").append(goodsId);
        sb.append(", stock=").append(stock);
        sb.append("]");
        return sb.toString();
    }
}
```

公共模块创建完毕后，在调用方服务和被调用方服务中引入这个公共依赖。在 goods-service-demo 和 order-service-demo 项目的 pom.xml 文件的 dependencies 标签下新增如下代码：

```
<dependency>
    <groupId>ltd.newbee.cloud</groupId>
    <artifactId>service-common</artifactId>
    <version>0.0.1-SNAPSHOT</version>
</dependency>
```

在服务提供方编写接口，依然以 goods-service-demo 项目为例。编写一个接口，参数为简单对象类型，代码如下：

```
@PostMapping("/goods/updNewBeeGoodsInfo")
public NewBeeGoodsInfo updNewBeeGoodsInfo(@RequestBody NewBeeGoodsInfo
newBeeGoodsInfo) {

    if (newBeeGoodsInfo.getGoodsId() > 0) {
        int stock = newBeeGoodsInfo.getStock();
        stock -= 1;
        //库存减一
        newBeeGoodsInfo.setStock(stock);
    }

    return newBeeGoodsInfo;
}
```

HTTP 请求方式为 POST，使用@RequestBody 注解来接收对象参数 NewBeeGoodsInfo，对其中的字段进行简单处理后，将这个对象响应给调用端。

完成接口定义后，在 FeignClient 接口类中新增对应的方法，这样就可以直接调用了。打开 order-service-demo 项目，在 NewBeeGoodsDemoService.java 文件中新增如下代码：

```
@PostMapping(value = "/updNewBeeGoodsInfo")
NewBeeGoodsInfo updNewBeeGoodsInfo(@RequestBody NewBeeGoodsInfo newBeeGoodsInfo);
```

在调用端编写测试方法，之后调用 FeignClient 中定义的方法。打开 order-service-demo 项目，在 controller 包中新建 NewBeeCloudTestObjectAPI 类，代码如下：

```
@RestController
public class NewBeeCloudTestObjectAPI {

    @Resource
    private NewBeeGoodsDemoService simpleObjectService;

    @GetMapping("/order/simpleObjectTest")
```

```
    public String simpleObjectTest1() {

        NewBeeGoodsInfo newBeeGoodsInfo = new NewBeeGoodsInfo();
        newBeeGoodsInfo.setGoodsId(2022);
        newBeeGoodsInfo.setGoodsName("Spring Cloud Alibaba 微服务架构");
        newBeeGoodsInfo.setStock(2035);

        NewBeeGoodsInfo result = simpleObjectService.updNewBeeGoodsInfo
(newBeeGoodsInfo);

        return result.toString();
    }
}
```

编码完成后，依次启动 goods-service-demo 项目和 order-service-demo 项目。注意，一定要启动 Nacos Server。在浏览器中输入如下请求地址来测试这个接口：

```
http://localhost:8117/order/simpleObjectTest
```

请求后的结果如图 8-6 所示。

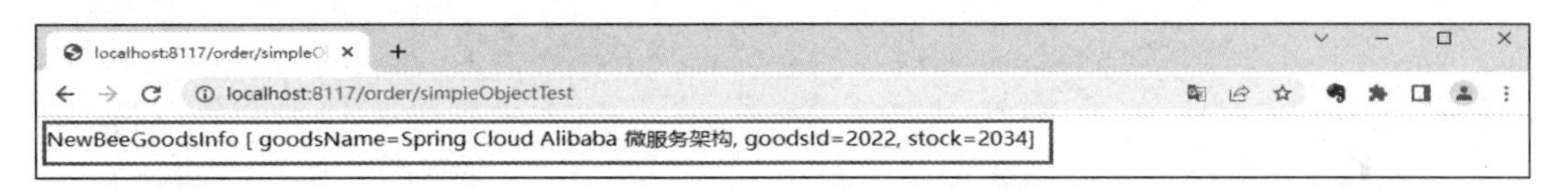

图 8-6　/order/simpleObjectTest 请求的访问结果

在传过去的对象参数中，stock 字段为 2035，updNewBeeGoodsInfo()接口接收到后进行了减一的操作，所以显示在页面上的结果是正确的，这个结果也说明参数传递和结果响应的接收两个步骤都没有问题。当然，读者在测试时也可以打上断点通过 Debug 来验证各个环节。

8.3.3　复杂对象类型处理

从字面上理解，复杂对象类型与简单对象类型都是常见的对象类型，只是其中的字段和属性略有差别。

先打开 service-common 项目，在 entity 包下新建 NewBeeCartItem 对象，代码如下：

```
package ltd.common.newbee.cloud.entity;

public class NewBeeCartItem {
```

```
    private int itemId;

    private String cartString;


    public void setItemId(int itemId) {
        this.itemId = itemId;
    }

    public int getItemId() {
        return this.itemId;
    }

    public void setCartString(String cartString) {
        this.cartString = cartString;
    }

    public String getCartString() {
        return this.cartString;
    }


    public String toString() {
        StringBuilder sb = new StringBuilder();
        sb.append(getClass().getSimpleName());
        sb.append(" [");
        sb.append(" itemId=").append(itemId);
        sb.append(", cartString=").append(cartString);
        sb.append("]");
        return sb.toString();
    }

}
```

然后新建 param 包并新建 ComplexObject 类，这个类就是一个复杂对象类型，包括基本类型，也包括简单对象类型，代码如下：

```
package ltd.common.newbee.cloud.param;

import ltd.common.newbee.cloud.entity.NewBeeCartItem;
import ltd.common.newbee.cloud.entity.NewBeeGoodsInfo;

import java.util.List;
```

```
// 复杂对象类型，包含基本类型和简单对象类型
public class ComplexObject {

    private int requestNum;

    private List<Integer> cartIds;

    private List<NewBeeGoodsInfo> newBeeGoodsInfos;

    private NewBeeCartItem newBeeCartItem;

    public void setRequestNum(int requestNum) {
        this.requestNum = requestNum;
    }

    public int getRequestNum() {
        return this.requestNum;
    }

    public void setCartIds(List<Integer> cartIds) {
        this.cartIds = cartIds;
    }

    public List<Integer> getCartIds() {
        return this.cartIds;
    }

    public void setNewBeeGoodsInfos(List<NewBeeGoodsInfo> newBeeGoodsInfos) {
        this.newBeeGoodsInfos = newBeeGoodsInfos;
    }

    public List<NewBeeGoodsInfo> getNewBeeGoodsInfos() {
        return this.newBeeGoodsInfos;
    }

    public void setNewBeeCartItem(NewBeeCartItem newBeeCartItem) {
        this.newBeeCartItem = newBeeCartItem;
    }

    public NewBeeCartItem getNewBeeCartItem() {
        return this.newBeeCartItem;
    }
```

```
    @Override
    public String toString() {
        return "ComplexObject{" +
                "requestNum=" + requestNum +
                ", cartIds=" + cartIds +
                ", newBeeGoodsInfos=" + newBeeGoodsInfos +
                ", newBeeCartItem=" + newBeeCartItem +
                '}';
    }
}
```

复杂对象就是对象里面包含一个或多个其他对象，其本质还是一个对象，只是在处理时要麻烦一些。比如，在 ComplexObject 类的定义中，就包含了基本类型、基本类型的链表、简单对象类型和简单对象的链表。

接下来通过实际的编码来演示复杂对象的传递。

在服务提供方编写接口，依然以 goods-service-demo 项目为例。编写一个接口，参数为复杂对象类型。在 NewBeeCloudGoodsAPI 文件中新增如下代码：

```
@PostMapping("/goods/testComplexObject")
public ComplexObject testComplexObject(@RequestBody ComplexObject
complexObject) {

  int requestNum = complexObject.getRequestNum();
  requestNum -= 1;
  complexObject.setRequestNum(requestNum);

  // 由于字段过多，因此这里用 Debug 方式来查看接收的复杂对象参数
  return complexObject;
}
```

HTTP 请求方式为 POST，使用@RequestBody 注解来接收对象参数 ComplexObject，对其中的字段进行简单处理后，将这个对象响应给调用端。在测试时，可以通过 Debug 方式查看复杂对象中的各个属性，确认是否被正确接收。

完成接口定义后，在 FeignClient 接口类中新增对应的方法，这样就可以直接调用了。打开 order-service-demo 项目，在 NewBeeGoodsDemoService.java 文件中新增如下代码：

```
@PostMapping(value = "/testComplexObject")
ComplexObject testComplexObject(@RequestBody ComplexObject complexObject);
```

在调用端编写测试方法，之后调用 FeignClient 中定义的方法。打开 order-service-demo 项目，在 NewBeeCloudTestObjectAPI 类中新增如下代码：

```
@GetMapping("/order/complexObjectTest")
public String complexObjectTest() {

  ComplexObject complexObject = new ComplexObject();

  complexObject.setRequestNum(13);

  List<Integer> cartIds = new ArrayList<>();
  cartIds.add(2022);
  cartIds.add(13);
  complexObject.setCartIds(cartIds);

  NewBeeCartItem newBeeCartItem = new NewBeeCartItem();
  newBeeCartItem.setItemId(2023);
  newBeeCartItem.setCartString("newbee cloud");
  complexObject.setNewBeeCartItem(newBeeCartItem);

  List<NewBeeGoodsInfo> newBeeGoodsInfos = new ArrayList<>();
  NewBeeGoodsInfo newBeeGoodsInfo1 = new NewBeeGoodsInfo();
  newBeeGoodsInfo1.setGoodsName("Spring Cloud Alibaba 大型微服务架构项目实战(上册)");
  newBeeGoodsInfo1.setGoodsId(2024);
  newBeeGoodsInfo1.setStock(10000);

  NewBeeGoodsInfo newBeeGoodsInfo2 = new NewBeeGoodsInfo();
  newBeeGoodsInfo2.setGoodsName("Spring Cloud Alibaba 大型微服务架构项目实战(下册)");
  newBeeGoodsInfo2.setGoodsId(2025);
  newBeeGoodsInfo2.setStock(10000);
  newBeeGoodsInfos.add(newBeeGoodsInfo1);
  newBeeGoodsInfos.add(newBeeGoodsInfo2);

  complexObject.setNewBeeGoodsInfos(newBeeGoodsInfos);

  // 以上这些代码相当于平时开发时的请求参数整理

  ComplexObject result = simpleObjectService.testComplexObject(complexObject);
  return result.toString();
}
```

在功能测试 complexObjectTest()方法中，主要是对复杂对象进行构造和参数填充，之后将其传递给被调用端，被调用端返回的对象同样是一个复杂对象。

编码完成后，依次启动 goods-service-demo 项目和 order-service-demo 项目。注意，一定要启动 Nacos Server。在浏览器中输入如下请求地址来测试这个接口：

```
http://localhost:8117/order/complexObjectTest
```

请求后的结果如图 8-7 所示。

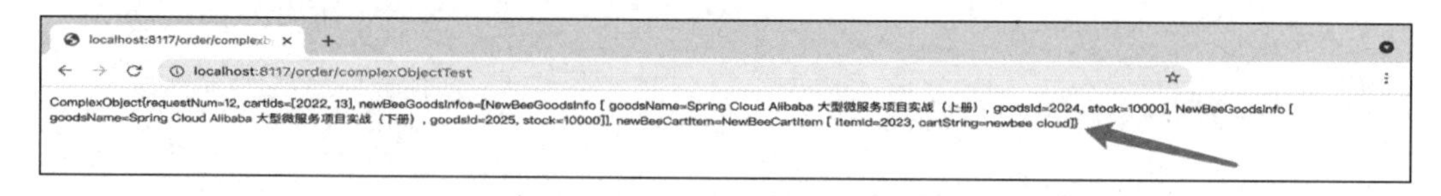

图 8-7 /order/complexObjectTest 请求的访问结果

在传递的对象参数中，requestNum 字段为 13，testComplexObject()接口接收后进行了减 1 的操作，而页面上的所有数据都是通过被调用端的接口响应的，这个结果也说明参数传递和结果响应的接收两个步骤都没有问题，测试完成。

8.3.4 通用结果类 Result

项目中使用统一的结果响应对象来处理请求的数据响应，这样做的好处是可以保证所有接口响应数据格式的统一，大大地减少处理接口响应数据的工作量，同时避免因为数据格式不统一而造成的开发问题。以后端 API 项目中的功能模块为例，有些接口需要返回简单的对象，如字符串或数字；有些接口需要返回一个复杂的对象，如用户详情接口、商品详情接口，这些接口需要返回不同的对象；有些接口需要返回列表对象或分页数据，这些对象又复杂了一些。

本项目的结果响应类代码如下：

```
public class Result<T> implements Serializable {

    //业务码，如成功、失败、权限不足等代码，可自行定义
    private int resultCode;
    //返回信息，后端在进行业务处理后返回给前端一个提示信息，可自行定义
    private String message;
    //数据结果，泛型，可以是列表、单个对象、数字、布尔值等
    private T data;

    public Result() {
    }

    public Result(int resultCode, String message) {
        this.resultCode = resultCode;
```

```
        this.message = message;
    }

    public int getResultCode() {
        return resultCode;
    }

    public void setResultCode(int resultCode) {
        this.resultCode = resultCode;
    }

    public String getMessage() {
        return message;
    }

    public void setMessage(String message) {
        this.message = message;
    }

    public T getData() {
        return data;
    }

    public void setData(T data) {
        this.data = data;
    }

    @Override
    public String toString() {
        return "Result{" +
                "resultCode=" + resultCode +
                ", message='" + message + '\'' +
                ", data=" + data +
                '}';
    }
}
```

每次请求响应的结果都会根据以上格式进行数据封装，包括业务码、返回信息、实际的数据结果。接收该结果后对数据进行解析，并通过业务码进行相应的逻辑操作，之后获取 data 字段中的数据并进行后续的业务操作。

实际返回的数据格式示例如下：

列表数据：

```
{
    "resultCode": 200,
    "message": "SUCCESS",
    "data": [{
        "id": 2,
        "name": "user1",
        "password": "123456"
    }, {
        "id": 1,
        "name": "13",
        "password": "12345"
    }]
}
```

单条数据：

```
{
    "resultCode": 200,
    "message": "SUCCESS",
    "data": true
}
```

以上两条数据分别是返回的列表数据和单条数据，接口在进行业务处理后将返回一个 Result 类型的对象，如果用浏览器访问，可以看到一个 JSON 格式的字符串。resultCode 字段的值等于 200 时表示数据请求成功，该字段也可以自行定义，如 0、1001、500 等。message 字段的值为 SUCCESS，读者也可以自行定义返回信息，如“获取成功”“列表数据查询成功”等。一个返回码只表示一个含义，而 data 字段中的数据可以是一个对象数组，也可以是一个字符串、数字等类型，根据不同的业务返回不同的结果。其实这个类也算是复杂对象类型，笔者创建了一个示例供读者进行测试。因篇幅有限，这里不再赘述，读者可以自行下载本章代码来测试。

9 第9章 一夫当关：微服务网关——Spring Cloud Gateway

本章将介绍一个新的微服务组件——Spring Cloud Gateway，它在微服务架构中的职责是“服务网关”。

9.1 微服务网关介绍

9.1.1 认识微服务网关

随着微服务架构中的服务不断增加，一定会出现多个服务地址（IP 地址+端口号），每个服务中也有多个接口地址，进而会出现多个服务接口地址。客户端想要调用项目中的接口就需要使用多个地址，而维护多个地址是很不方便的，这时就需要一个组件对这些接口地址进行管理。

图 9-1 是每个微服务实例中的地址直接暴露给调用端。

这种处理方式主要有如下几个问题。

（1）客户端调用服务的问题。在微服务架构内除使用 HTTP 通信外，还有 RPC 通信和其他通信方式。不论使用哪种通信方式，都是微服务间的信息传递，属于架构内服务与服务的通信方式。如果某些服务使用了不同的通信方式，这种直接暴露接口的方式让客户端不得不处理不同的通信方式，无法做到统一。

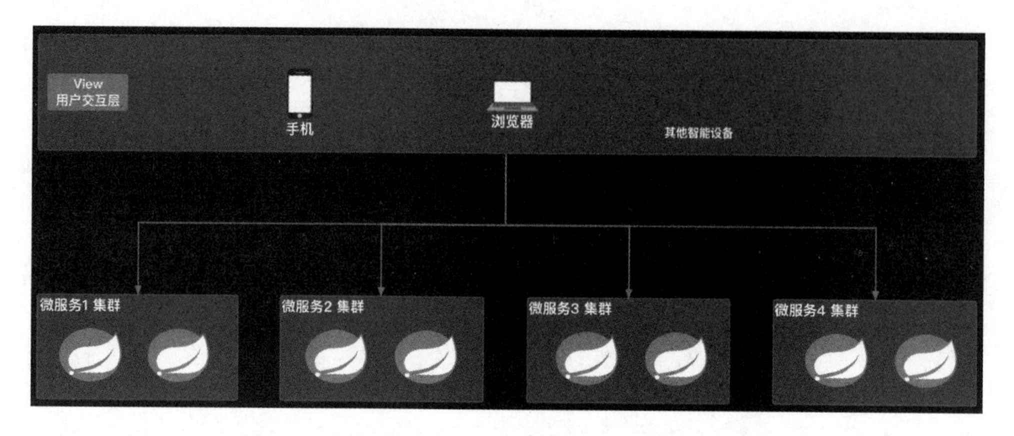

图 9-1　每个微服务实例中的地址直接暴露给调用端

（2）暴露给用户的接口地址太多，并且地址的写法不固定，难以管理。

（3）不安全与不可控的问题。比如，微服务 2 中有 20 个接口，其中 19 个接口是供其他微服务调用的底层接口，向用户层开放的只有 1 个接口。全部开放就会出现不安全和不可控的情况，用户会访问不属于自身权限的功能。

（4）无法做到统一的前置处理。在请求到达各服务实例前，如果需要对用户进行权限认证或定制化的拦截，就需要在每个服务实例中进行编码，在真实的项目开发中需要避免出现这个问题。

在 Spring Cloud 一站式解决方案中，早早地给出了服务网关这个组件来解决上述问题。

在微服务架构中整合网关组件后，就打通了客户端到微服务架构内部的通道，也算架起了一座桥梁。通过服务网关为请求提供了统一的访问入口，同时也能够对请求做一些定制化的前置处理，如图 9-2 所示。

微服务网关的作用如下。

（1）统一通信方式，减少客户端的接入难度。可以使用服务网关对外提供 RESTful 风格的接口，请求到达网关后，由网关组件将请求转发到对应的微服务中。

（2）服务网关作为客户端到微服务架构的唯一入口，管理所有的接入请求，可以统一接口的 URL 写法。同时，也能够作为一道屏障，屏蔽一些后端服务的处理细节。

（3）服务网关可以对后端各个服务做统一的管控和配置管理，用于保护、增强和控制对后端服务的访问。

（4）服务网关可以做一些定制化编码，对请求进行统一的处理和拦截，从而完成一些前置处理，隐藏在微服务网关后面的业务系统就可以更加专注于业务本身。

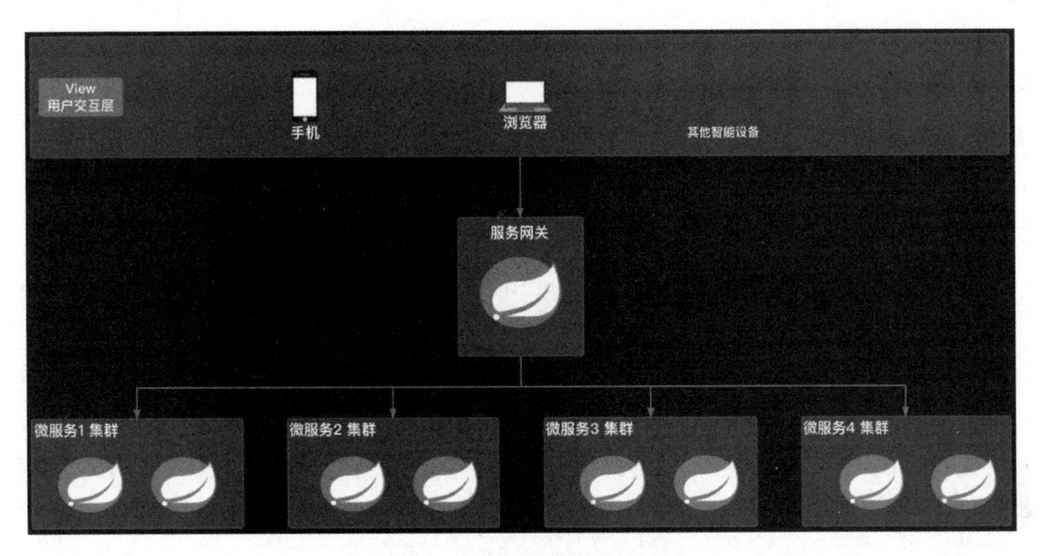

图 9-2　引入服务网关后的访问形式

微服务网关是微服务架构中一个非常关键的角色，作为后端服务的统一入口，负责统筹和管理后端服务。服务网关提供的功能有路由、负载均衡、安全认证、流量染色、灰度发布、限流熔断、协议转换、接口文档中心、日志收集等。

9.1.2　网关层的主流技术选型

其实，一提到“网关”这个词，大部分读者的脑海中会立刻想到 Nginx、Apache、Kong 这些产品。尤其是后端开发人员，对 Nginx、OpenResty 这两个产品应该更熟悉。图 9-3 是 2021 年 11 月 23 日 Netcraft 发布的全球 Web 服务器调查报告。

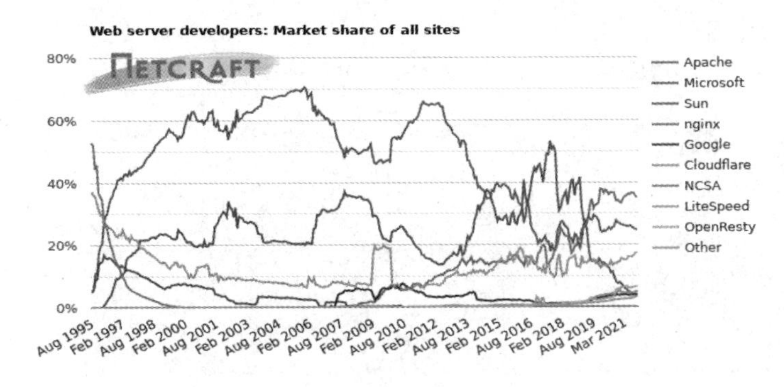

图 9-3　2021 年 Netcraft 发布的全球 Web 服务器调查报告

该报告中显示，前文中提到的 Apache、Nginx、OpenResty 这三个产品的总市场占有率达到了 66.03%，数据见表 9-1。

表 9-1　Apache、Nginx、OpenResty 市场占有率

产品	2021 年 10 月使用数据	市场占有率
Nginx	412222221	34.95%
Apache	290462410	24.63%
OpenResty	76038576	6.45%

通过数据可以很直观地看出这些产品在全球各个企业里的应用非常广泛。既然这些产品已经这么“能打”了，为什么还要引入一个新的网关组件呢？难道是 Spring Cloud 提供的网关组件性能太强了？还是说 Spring Cloud 官方“护犊子”，不允许使用其他网关组件呢？其实都不是，微服务网关组件与 Nginx 这类网关产品的定位是不同的，微服务网关是微服务架构内部的网关组件，算底层的组件，而 Nginx 是更上层的网关。如图 9-4 所示，从客户端发送的请求真正到达微服务层，是需要经过两层甚至多层网关的。

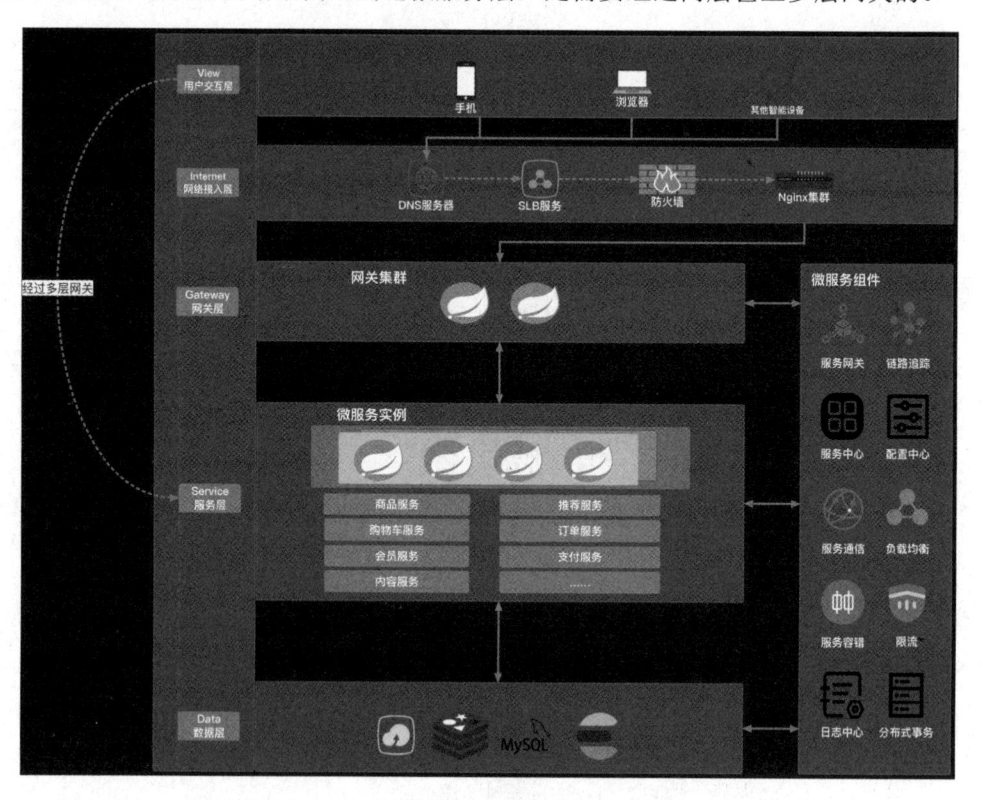

图 9-4　访问服务实例需经过多层网关

这里以平时回家刷门禁卡的流程做一个简单的类比。到达小区大门时，一般无法立刻进入小区，可能需要刷门禁卡或刷脸识别，成功后小区大门才会打开，到家门口时也无法立刻进入家门，需要用钥匙开门或刷门禁卡后才能进门。在此场景中，“小区大门”相当于上层的网关，面向需要进入整个小区的人员，而“家门”相当于下层的网关，只负责一个家庭的人员。与小区大门前的门禁设备相比，家里的门锁只负责自己家庭成员的身份信息验证。类比到网关产品中，与 Nginx、OpenResty 这类上层网关相比，微服务网关的功能和应用更加聚焦一些，只负责微服务架构中的网关工作，如图 9-5 所示。

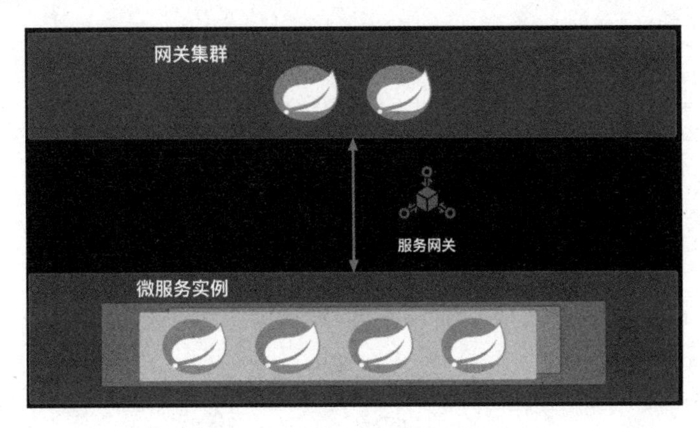

图 9-5　微服务架构中的网关

常见的网关技术选型整理如下。

1. Nginx+Lua

Nginx 是一个高性能的 HTTP 和反向代理服务器，使用 Lua 动态脚本语言可以完成灵活的定制功能。Nginx 一方面可以做反向代理，另一方面可以做静态资源服务器。Nginx+Lua 脚本的组合是网关层技术选型中比较常见的，如 OpenResty 网关就是以此为底层基础的。开发人员可以使用 Lua 脚本语言调用 Nginx 支持的模块完成网关层的功能开发和配置。

笔者在刚开始接触微服务架构时，微服务网关的选型就是 OpenResty，Lua 脚本也比较简单。不过，Spring Cloud 比较推荐自家的网关产品，后期笔者就选择了 Netflix Zuul 和 Spring Cloud Gateway。这并不意味着 OpenResty 就没人用了，它依然是一个非常优秀的产品，在其他领域发挥着它的作用。

2. Kong

Kong 是一个轻量级、快速、灵活的云原生 API 网关，可以让开发人员很方便地管理、配置项目中的各个接口。它本身是基于 Nginx+Lua 的，但提供了比 Nginx 更简单的配置方式，可以用与之配套的开源软件 Konga 实现在 Web 页面上配置和管理接口。

3. Netflix Zuul

Zuul 是 Netflix 公司开源的一个 API 网关组件，结合 Spring Cloud 提供的服务治理体系，可以完成请求转发、路由规则配置、负载均衡和集成 Hystrix 实现熔断功能。在早期 Spring Cloud 与 Netfilx 合作时，Zuul 是 Spring Cloud 微服务架构解决方案中的首选网关产品。

4. Spring Cloud Gateway

Netflix 套件不更新了。Netflix Zuul 1 版本进入维护期，Netflix Zuul 2 版本宣布闭源，于是 Spring 官方推出了一款微服务网关组件，就是本章的主角——Spring Cloud Gateway。虽然后来 Netflix Zuul 2 版本又宣布开源了，但是覆水难收，Spring Cloud 微服务架构解决方案中的首选网关产品已经易主了。

Spring Cloud Gateway 官方介绍如下：

This project provides a library for building an API Gateway on top of Spring WebFlux. Spring Cloud Gateway aims to provide a simple, yet effective way to route to APIs and provide cross cutting concerns to them such as: security, monitoring/metrics, and resiliency.

Spring Cloud Gateway 是基于 Spring WebFlux 的高性能网关产品，它旨在为微服务架构提供一种简单、高效的 API 路由管理方式，并为它们提供跨领域的关注点，如安全、监控指标、熔断等。为了提升网关的性能，Spring Cloud Gateway 是基于 WebFlux 框架实现的，而 WebFlux 框架底层则使用了高性能的 Reactor 模式通信框架 Netty。

以下是 Spring Cloud Gateway 的关键特征。

- 基于 Spring Framework 5+Project Reactor+Spring Boot 2.0 构建。
- 能够匹配任何请求属性上的路由。
- 集成了熔断器。
- 集成了 Spring Cloud DiscoveryClient。
- 断言和过滤器的编码较简单。

9.1.3 选择 Spring Cloud Gateway 的原因

接下来讲解为什么选择 Spring Cloud Gateway 作为服务网关。

像上述的 Apache、Nginx、OpenResty、Kong 等产品，功能非常强大，也能够提供网关的功能。它们不仅是网关，还能提供正向代理、反向代理、HTTP 服务器、负载均衡等功能，网关只是其中一个可供使用的功能。这些产品也根本不是单纯为了微服务架构才出现的，甚至早在微服务架构出现之前就已经获得了业内的普遍认可，在各自领域都非常成功，市场占有率也非常高。除作为网关使用外，它们主要作为 Web 服务器使用，提供负载均衡等功能，网关只是它们的“副业”。

Netflix Zuul、Spring Cloud Gateway 这两个组件都是细分领域下的一个产品。与上述几种产品相比，不论是性能还是提供的功能都有差距，并不是一个量级的。更准确地说，Netflix Zuul、Spring Cloud Gateway 就是服务网关，属于微服务架构这个细分领域中的组件，只在一个地方发力，并不是大而全的产品，它们随着 Spring Cloud 解决方案而出现，在微服务架构中扮演着重要的角色。除此之外，在其他应用场景下，它们其实并没有太多“用武之地”。

前文中给出了一张完整的架构图，不过用户交互层和网络接入层并不是本次微服务实战的重点，由后端开发人员做的工作主要是图 9-6 中的这部分内容。

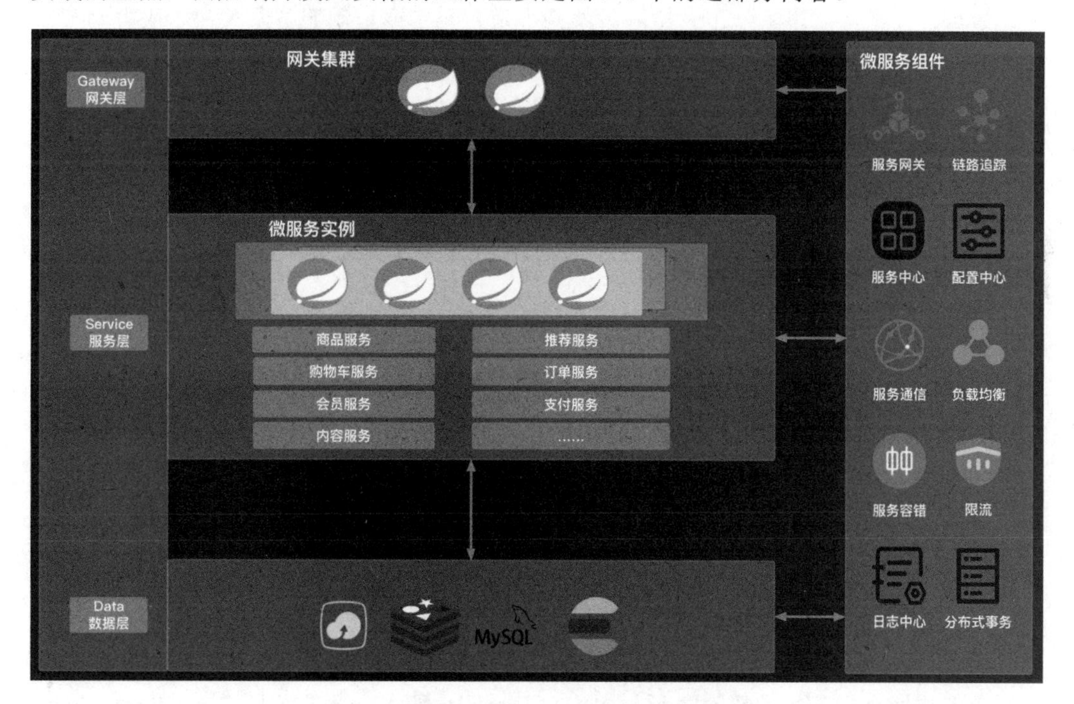

图 9-6　后端开发人员主要负责的工作内容

这里可以确认一点，需要选择的组件是服务网关。而服务网关有 Netflix Zuul、Spring Cloud Gateway 这两个组件，答案就非常清晰了。Spring Cloud Gateway 是 Spring Cloud

技术栈中网关组件的首选。同时，Spring Cloud Gateway 十分优秀，Spring Cloud Alibaba 套件中也默认选用该组件作为网关产品，其优点如下。

- 在实际编码和部署时，Spring Cloud Gateway 可以像其他微服务实例一样来开发和部署。Spring Cloud Gateway 提供了很多特性，而且配置和集成都非常简单，只需要简单配置就能够完成各种复杂的路由逻辑。同时，Spring Cloud Gateway 能够对请求进行统一的处理和拦截，从而完成一些前置处理和功能定制。
- 与其他的微服务实例一样，它会注册到服务中心，这也表明它可以通过服务发现的机制获取服务中心里所需的实例清单。如此一来，Spring Cloud Gateway 就可以很轻松地根据本地配置的路由，将请求转发到对应的服务实例中。另外，由于服务中心及服务发现机制的存在，当其他微服务实例有增加或删减的情况时，Spring Cloud Gateway 也能够及时获取这些变动，不需要进行额外的配置，就能够实现高伸缩性的目标。

最后，读者可以思考一下，微服务架构中是否一定要使用服务网关呢？服务网关的技术选型是否一定要使用 Spring Cloud Gateway 呢？

通过本文的讲解和分析，读者应该有了自己的答案，按照官方推荐来选择 Spring Cloud Gateway 肯定不会有太多问题。但是，有些读者会说："我就要选择 OpenResty 来做服务网关。""我就是要用 Kong 作为网关模块。"这些产品笔者都使用过，如果它们确实更适合当前团队和当前的项目，肯定要选择更合适的。如果没有其他原因，按照官方推荐选择 Spring Cloud Gateway 作为服务网关就可以了。

9.2 整合Spring Cloud Gateway编码实践

接下来就通过实际的编码，把微服务网关整合到项目中，顺便体验一下 Spring Cloud Gateway 的功能。

9.2.1 编码整合 Spring Cloud Gateway

笔者将结合实际的编码来讲解如何构建一个网关服务。本节代码是在 spring-cloud-alibaba-multi-service-demo 模板项目的基础上修改的，具体步骤如下。

（1）修改项目名称。

修改项目名称为 spring-cloud-alibaba-gateway-demo，并把各个模块中 pom.xml 文件

的 artifactId 修改为 spring-cloud-alibaba-gateway-demo。

（2）新建网关模块并引入 Spring Cloud Gateway 依赖。

新建一个模块，并命名为 gateway-demo，Java 代码的包名为 ltd.newbee.cloud。在该模块的 pom.xml 配置文件中增加 parent 标签，与上层 Maven 建立好关系。

打开 gateway-demo 项目中的 pom.xml 文件，在 dependencies 标签下引入 Spring Cloud Gateway 的依赖文件，新增代码如下：

```
<!-- 引入 gateway -->
<dependency>
  <groupId>org.springframework.cloud</groupId>
  <artifactId>spring-cloud-starter-gateway</artifactId>
</dependency>
```

（3）增加网关配置。

打开 gateway-demo 项目中的 application.properties 文件，主要配置项目端口及路由，配置项为 spring.cloud.gateway.routes.*，最终的配置文件内容如下：

```
server.port=8127

spring.cloud.gateway.routes[0].id=goods-demo-route
spring.cloud.gateway.routes[0].uri=http://localhost:8120
spring.cloud.gateway.routes[0].order=1
spring.cloud.gateway.routes[0].predicates[0]=Path=/goods/**

spring.cloud.gateway.routes[1].id=shopcart-demo-route
spring.cloud.gateway.routes[1].uri=http://localhost:8122
spring.cloud.gateway.routes[1].order=1
spring.cloud.gateway.routes[1].predicates[0]=Path=/shop-cart/**
```

这里主要配置 gateway-demo 到 goods-service-demo 和 shopcart-service-demo 的路由信息。如果访问网关项目的路径是以/goods 开头的，就路由到 goods-service-demo，该项目的 URL 为 http://localhost:8120；如果访问网关项目的路径是以/shop-cart 开头的，就路由到 shopcart-service-demo，该项目的 URL 为 http://localhost:8122。

另外，在 goods-service-demo 和 shopcart-service-demo 中分别新增两个接口用于测试。

在 NewBeeCloudGoodsAPI 类中新增如下代码：

```
@GetMapping("/goods/page/{pageNum}")
public String goodsList(@PathVariable("pageNum") int pageNum) {
  // 返回信息给调用端
  return  "请求 goodsList，当前服务的端口号为" + applicationServerPort;
}
```

在 NewBeeCloudShopCartAPI 类中新增如下代码：

```
@GetMapping("/shop-cart/page/{pageNum}")
public String cartItemList(@PathVariable("pageNum") int pageNum) throws
InterruptedException {
  // 返回信息给调用端
  return "请求 cartItemList，当前服务的端口号为" + applicationServerPort;
}
```

（4）验证网关是否正确整合。

依次启动 gateway-demo、goods-service-demo 和 shopcart-service-demo 这三个项目。启动成功后，打开浏览器验证网关的功能，在地址栏中依次输入如下地址进行测试：

```
http://localhost:8127/goods?goodsId=2025
http://localhost:8127/goods/page/2
http://localhost:8127/shop-cart?cartId=2035
http://localhost:8127/shop-cart/page/3
```

四次访问的最终结果如图 9-7 所示。

localhost:8127/goods?goodsId=2025

商品2025，当前服务的端口号为8120

localhost:8127/goods/page/2

请求goodsList，当前服务的端口号为8120

localhost:8127/shop-cart?cartId=2035

购物项2035，当前服务的端口号为8122

localhost:8127/shop-cart/page/3

请求cartItemList，当前服务的端口号为8122

图 9-7　网关整合后的访问结果

Spring Cloud Gateway 网关整合成功！

另外，有一个知识点需要注意：不要在网关模块中加入 spring-boot-starter-web 依赖，否则网关项目是无法正常启动的，报错内容如下：

```
***************************
APPLICATION FAILED TO START
***************************

Description:

Spring MVC found on classpath, which is incompatible with Spring Cloud Gateway.
```

Spring 官方文档中也做了重点提示，内容如下：

```
Spring Cloud Gateway requires the Netty runtime provided by Spring Boot and
Spring Webflux. It does not work in a traditional Servlet Container or when
built as a WAR.
```

在使用 Spring Cloud Gateway 组件时，不能使用传统的 Servlet 容器，也不能打包成 WAR 包。

9.2.2　将网关服务整合到服务中心

前文中只是简单地整合网关和功能验证，并没有整合服务中心，即网关模块并没有被真正纳入微服务架构中。在配置文件中定义的路由地址是“写死的”，这种做法在真实项目中肯定是不推荐的。接下来要做的就是把 Spring Cloud Gateway 注册到服务中心，通过服务中心（本书中的技术选型为 Nacos）把请求路由到对应的服务实例中。

新建一个模块，命名为 gateway-demo2，Java 代码的包名为 ltd.newbee.cloud。在该模块的 pom.xml 配置文件中增加 parent 标签，与上层 Maven 建立好关系。打开 gateway-demo2 项目中的 pom.xml 文件，在 dependencies 标签下引入 Spring Cloud Gateway 和服务发现的依赖文件，最终代码如下：

```xml
<?xml version="1.0" encoding="UTF-8"?>
<project xmlns="http://maven.apache.org/POM/4.0.0"
xmlns:xsi="http://www.w3.org/2001/XMLSchema-instance"
       xsi:schemaLocation="http://maven.apache.org/POM/4.0.0
https://maven.apache.org/xsd/maven-4.0.0.xsd">
    <modelVersion>4.0.0</modelVersion>
    <groupId>ltd.newbee.cloud</groupId>
    <artifactId>gateway-demo2</artifactId>
    <version>0.0.1-SNAPSHOT</version>
    <name>gateway-demo2</name>
    <description>Spring Cloud Alibaba Gateway Demo</description>
```

```
    <parent>
        <groupId>ltd.newbee.cloud</groupId>
        <artifactId>spring-cloud-alibaba-gateway-demo</artifactId>
        <version>0.0.1-SNAPSHOT</version>
    </parent>

    <properties>
        <java.version>1.8</java.version>
    </properties>

    <dependencies>
        <dependency>
            <groupId>org.springframework.cloud</groupId>
            <artifactId>spring-cloud-starter-gateway</artifactId>
        </dependency>

        <dependency>
          <groupId>com.alibaba.cloud</groupId>
          <artifactId>spring-cloud-starter-alibaba-nacos-discovery</artifactId>
        </dependency>
    </dependencies>
</project>
```

下面修改 gateway-demo2 项目中的 application.properties 配置文件，增加服务发现的配置项和路由配置项，代码如下：

```
server.port=8129
# 应用名称
spring.application.name=newbee-cloud-gateway-service
# 注册中心 Nacos 的访问地址
spring.cloud.nacos.discovery.server-addr=127.0.0.1:8848
# 登录名(默认为 nacos，可自行修改)
spring.cloud.nacos.username=nacos
# 密码(默认为 nacos，可自行修改)
spring.cloud.nacos.password=nacos

spring.cloud.gateway.discovery.locator.enabled=true
spring.cloud.gateway.discovery.locator.lower-case-service-id=true

spring.cloud.gateway.routes[0].id=goods-service-route
spring.cloud.gateway.routes[0].uri=lb://newbee-cloud-goods-service
spring.cloud.gateway.routes[0].order=1
spring.cloud.gateway.routes[0].predicates[0]=Path=/goods/**
```

```
spring.cloud.gateway.routes[1].id=shopcart-service-route
spring.cloud.gateway.routes[1].uri=lb://newbee-cloud-shopcart-service
spring.cloud.gateway.routes[1].order=1
spring.cloud.gateway.routes[1].predicates[0]=Path=/shop-cart/**
```

路由配置与前文中介绍的路由配置区别不大，只是将“写死”的地址修改为对应服务的地址，这样就能通过服务发现机制路由到对应的服务实例中了。另外，地址前缀由 http 改为了 lb，表示启用负载均衡功能。微服务中负载均衡这个知识点的编码和源码，笔者都已经讲解过。

在本书中，Spring Boot 项目的配置文件都是.properties 格式的。如果平时开发时习惯使用.yml 格式的配置文件，可自行修改。

编码完成后，最终 spring-cloud-alibaba-gateway-demo 项目的目录结构如图 9-8 所示。

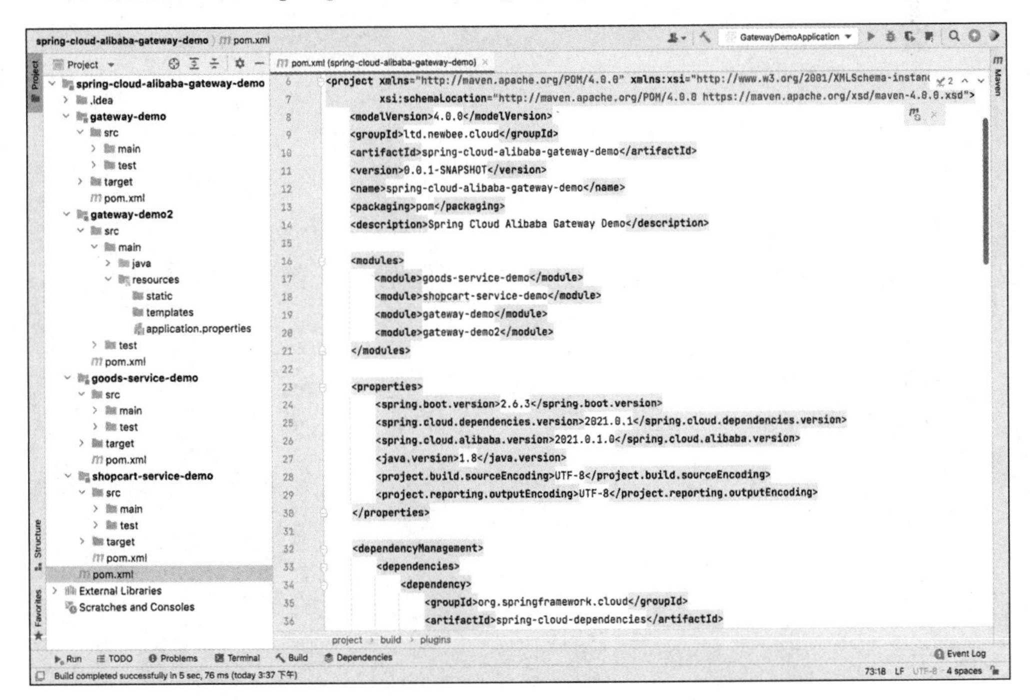

图 9-8　spring-cloud-alibaba-gateway-demo 项目的目录结构

编码完成后进行功能验证，需要启动 Nacos Server，之后依次启动 gateway-demo2、goods-service-demo 和 shopcart-service-demo 这三个项目。如果未能成功启动，则开发人员需要查看控制台中的日志是否报错，并及时确认问题和修复。启动成功后进入 Nacos 控制台，单击“服务管理”中的服务列表，可以看到列表中已经存在这三个服务的服务信息，如图 9-9 所示。

打开浏览器验证网关的功能，在地址栏中依次输入如下地址进行测试：

```
http://localhost:8129/goods?goodsId=2025
http://localhost:8129/goods/page/2
http://localhost:8129/shop-cart?cartId=2035
http://localhost:8129/shop-cart/page/3
```

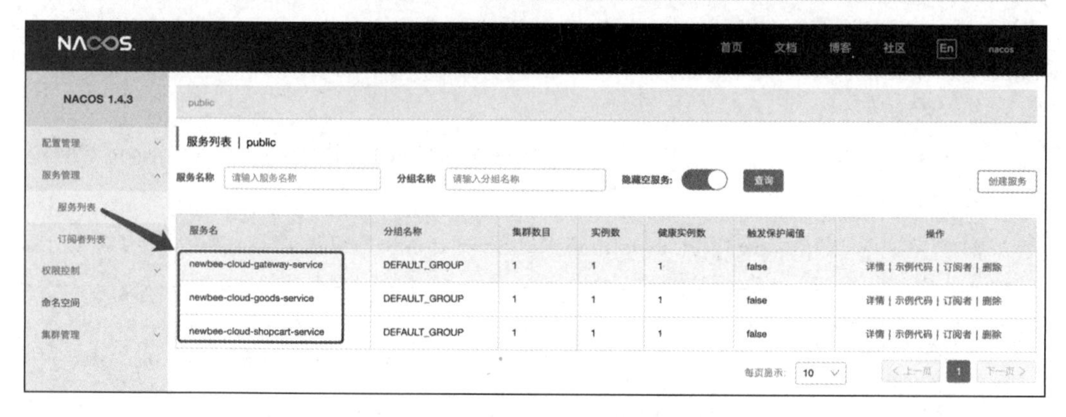

图 9-9　Nacos 控制台中的服务列表

9.2.3　整合 Spring Cloud Gateway 报错 503 的问题解决方法

此时页面中显示的结果如下：

```
Whitelabel Error Page

This application has no configured error view,so you are seeing this as a
fallback.

Mon Jun 5 16:28:12 CST 2023

[0223c41b-3]There was an unexpected error(type=Service
Unavaiable,status=503).
```

并未获取正确的结果，而是一个 503 的报错提示。

报错主要是因为 Spring Cloud Gateway 的相关依赖中没有负载均衡器，因此无法正确将请求路由到对应的服务中。修改方式比较简单，在 Gateway 项目的依赖文件中加上负载均衡器的依赖就可以了，新增如下代码：

```
<dependency>
  <groupId>org.springframework.cloud</groupId>
```

```
  <artifactId>spring-cloud-loadbalancer</artifactId>
</dependency>
```

添加代码后记得刷新一下 Maven 依赖，之后重新启动这个项目，在浏览器中就能够获取正确的数据了。

为什么要单独讲一下这个问题呢？主要是因为浏览器中报了这个错误，但是在网关项目的日志文件中并没有这个错误的异常信息栈，这就导致开发人员在看到这个问题后，无法判断出现这个问题的具体原因，进而不知道如何处理它。

现在，服务网关也整合到项目中了。不过，仅仅整合和简单的配置是远远不够的，接下来笔者将介绍 Spring Cloud Gateway 组件中的重要知识——Predicate（断言）和 Filter（过滤器）。

9.3　微服务网关Spring Cloud Gateway之Predicate

Spring Cloud Gateway 官方文档中对 Predicate 的定义如下：

This is a Java 8 Function Predicate. The input type is a Spring Framework ServerWeb Exchange. This lets you match on anything from the HTTP request, such as headers or parameters.

它属于 Java 8 语言中的 Predicate 函数（Predicate 可以翻译为谓词、断言，不同的中文文档中叫法可能不同），参数为 ServerWebExchange 对象。可以让开发人员匹配任意的 HTTP 请求，不论是通过请求头还是请求参数。

简单理解，Spring Cloud Gateway 中的 Predicate 配置就是一个条件判断工具。开发人员在服务网关项目中配置之后，可以使用它来验证接收的请求，如果符合当前配置的规则，就通过验证，进而服务网关将该请求路由到微服务；如果不符合当前配置的规则，就无法通过验证，也不会将当前请求路由到微服务，而是返回错误信息。

在配置文件中，断言的配置项为 spring.cloud.gateway.routes.predicates，可以配置一个断言，即满足一个条件后路由配置生效，也可以配置多个断言，需要同时满足多个条件，路由配置才会生效。比如，前文中的 Path 就是一个断言配置，Path=/goods/**使用了内置的 PathRoutePredicateFactory 断言工厂，表示若访问网关项目的路径是以/goods 开头的，路由配置就生效。

9.3.1　Spring Cloud Gateway 内置断言工厂

Spring Cloud Gateway 中提供了很多的内置断言供开发人员直接使用，能够帮助开发人员实现不同的路由配置。

1. 内置断言工厂列表及功能

内置的断言工厂类都实现了 AbstractRoutePredicateFactory 抽象类，在 3.1.1 版本中共有 14 个，内置断言工厂列表如图 9-10 所示。

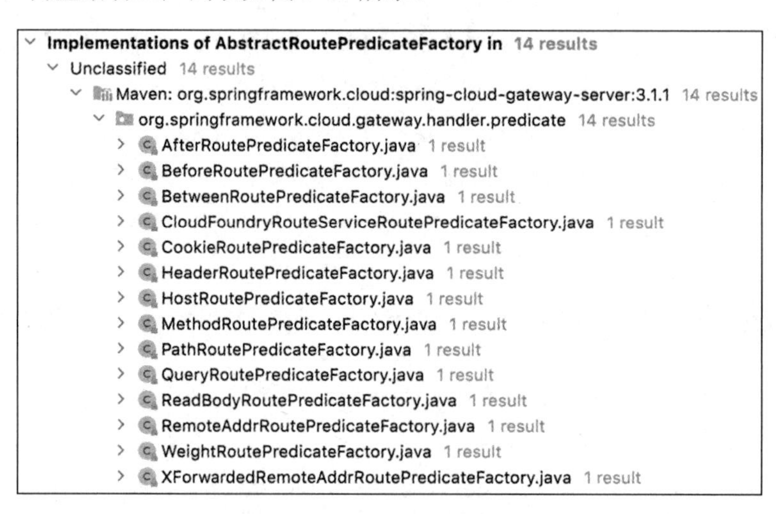

图 9-10　内置断言工厂列表

常用的断言工厂介绍如下。

AfterRoutePredicateFactory：设置时间参数，表示路由配置在指定时间点之后生效。配置格式如下：

```
- After=2025-05-20T08:00:00.000+08:00[Asia/Shanghai]
```

BeforeRoutePredicateFactory：设置时间参数，表示路由配置在指定时间点之前生效。配置格式如下：

```
- Before=2035-05-20T08:00:00.000+08:00[Asia/Shanghai]
```

BetweenRoutePredicateFactory：设置时间区间，表示路由配置在指定的时间区间内生效。配置格式如下：

```
- Between=2025-05-20T08:00:00.000+08:00[Asia/Shanghai],2035-05-20T
08:00:00.000+08:00[Asia/Shanghai]
```

CookieRoutePredicateFactory：设置 Cookie 名称和 Cookie 值的正则表达式，表示路由配置在匹配该 Cookie 配置后生效。配置格式如下：

```
- Cookie=myCookie,newbee*
```

HeaderRoutePredicateFactory：设置请求 Header 名称和 Header 值的正则表达式，表示路由配置在匹配该请求 Header 配置后生效。配置格式如下：

```
- Header=token,newbee*
```

HostRoutePredicateFactory：设置请求 Host，表示路由配置在请求的 Host 符合条件后生效，多个 Host 以逗号分开。配置格式如下：

```
- Host=**.newbee.ltd,**.newbee.com
```

MethodRoutePredicateFactory：设置请求方法，表示路由配置在请求方法符合条件后生效。配置格式如下：

```
- Method=POST,GET
```

PathRoutePredicateFactory：设置请求路径规则，表示路由配置在匹配该请求路径配置后生效，有多个规则以逗号分开。配置格式如下：

```
用 - Path=/goods/**
```

QueryRoutePredicateFactory：设置请求参数和参数值的正则表达式，表示路由配置在请求参数符合条件后生效。配置格式如下：

```
- Query=goodsName,iPhone.
```

这些断言工厂的实现主要针对请求的时间信息及请求中的地址信息、参数信息设定特定的规则，以此来判断当前的路由规则是否生效。更多内容可以参考 Spring Cloud Gateway 的官方文档，见网址 5。

2. 使用内置断言工厂配置路由规则

Spring Cloud Gateway 的内置断言介绍完毕，接下来笔者使用内置的 MethodRoutePredicateFactory 和 QueryRoutePredicateFactory 编写一个示例演示它们的作用。本节代码是在 spring-cloud-alibaba-gateway-demo 项目的基础上修改的，具体步骤如下。

（1）修改项目名称。

修改项目名称为 spring-cloud-alibaba-gateway-predicate-demo，之后把各个模块中 pom.xml 文件的 artifactId 修改为 spring-cloud-alibaba-gateway-predicate-demo。

（2）修改基本配置。

为了做章节区分，这里把 gateway-demo 和 gateway-demo2 项目中的端口号分别修改为 8137 和 8139，并且在 gateway-demo 项目配置文件中添加注册中心的配置。

修改 goods-service-demo 项目中 goodsList 接口的请求方式为 POST，代码如下：

```
@PostMapping("/goods/page/{pageNum}")
public String goodsList(@PathVariable("pageNum") int pageNum) {
```

```
  // 返回信息给调用端
  return  "请求 goodsList，当前服务的端口号为" + applicationServerPort;
}
```

（3）设置路由规则。

除 Path 路径规则外，分别增加参数规则和请求方法的规则，代码如下：

```
spring.cloud.gateway.routes[0].id=goods-service-route
spring.cloud.gateway.routes[0].uri=lb://newbee-cloud-goods-service
spring.cloud.gateway.routes[0].order=1
spring.cloud.gateway.routes[0].predicates[0]=Path=/goods
#goodsId 参数必须为数字
spring.cloud.gateway.routes[0].predicates[1]=Query=goodsId,^\+?[1-9][0-9]*$

spring.cloud.gateway.routes[1].id=goods-service-route2
spring.cloud.gateway.routes[1].uri=lb://newbee-cloud-goods-service
spring.cloud.gateway.routes[1].order=0
#路径以/goods/page/开头的请求，其请求方法必须是 POST 方式
spring.cloud.gateway.routes[1].predicates[0]=Path=/goods/page/**
spring.cloud.gateway.routes[1].predicates[1]=Method=POST
```

上述断言配置分别表示当请求路径为/goods 的接口时，必须包含 goodsId 参数，并且参数为数字；当请求路径以/goods/page/开头时，其请求方法必须是 POST 方式。

编码完成后进行功能验证，需要启动 Nacos Server，之后依次启动 gateway-demo 和 goods-service-demo 项目。如果未能成功启动，则开发人员需要查看控制台中的日志是否报错，并及时确认问题和修复。启动成功后进入 Nacos 控制台，单击“服务管理”中的服务列表，可以看到列表中已经存在两个服务的服务信息。

依次使用不同的地址进行测试，结果见表 9-2。

表 9-2　使用不同的地址进行测试

请求 URL	是否正确路由	响应结果
http://localhost:8137/goods?goodsId=aaa	否	There was an unexpected error (type=Not Found, status=404).
http://localhost:8137/goods?goodsId=520	是	商品 520，当前服务的端口号为 8130
http://localhost:8137/goods/page/1 GET	否	There was an unexpected error (type=Not Found, status=404).
http://localhost:8137/goods/page/1 POST	是	请求 goodsList，当前服务的端口号为 8130

还有其他内置断言工厂可供使用，因篇幅有限，就不再一一举例了，读者可以自行对照前文中介绍的内置断言工厂进行编码和测试。

9.3.2　自定义断言编码实践

Spring Cloud Gateway 提供了非常丰富和功能完善的断言工厂供开发人员使用。不过，除使用内置的断言工厂外，开发人员也可以根据具体的业务需求，自定义断言工厂并进行配置。

自定义断言工厂的编码并不复杂，前文中介绍的内置断言工厂都实现了 AbstractRoutePredicateFactory 抽象类，命名方式为 xxxRoutePredicateFactory，在配置文件中写上-xxx 即可。根据这几个固定的写法，可以自行实现一个断言工厂类。比如，只允许查询 goodsId 为 10000～100000 的商品数据，以下为具体的实现步骤。

（1）编写 GoodsIdRoutePredicateFactory 类。

在 gateway-demo2 项目中新建 ltd.gateway.cloud.newbee.predicate 包，并新建 GoodsIdRoutePredicateFactory.java 文件，具体代码及注释如下：

```
package ltd.gateway.cloud.newbee.predicate;

import java.util.Arrays;
import java.util.List;
import java.util.function.Predicate;

import org.springframework.cloud.gateway.handler.predicate.
AbstractRoutePredicateFactory;
import org.springframework.cloud.gateway.handler.predicate.
GatewayPredicate;
import org.springframework.stereotype.Component;
import org.springframework.validation.annotation.Validated;
import org.springframework.web.server.ServerWebExchange;

// 自定义路由断言工厂处理 goodsId
@Component
public class GoodsIdRoutePredicateFactory extends
AbstractRoutePredicateFactory<GoodsIdRoutePredicateFactory.Config> {

    public GoodsIdRoutePredicateFactory() { // 构造函数
        super(Config.class);
    }
```

```java
    @Override
    public List<String> shortcutFieldOrder() {
        // 定义配置文件中的参数项（最大值和最小值）
        return Arrays.asList("minValue", "maxValue");
    }

    @Override
    public Predicate<ServerWebExchange> apply(Config config) {
        return new GatewayPredicate() {
            @Override
            public boolean test(ServerWebExchange exchange) {
                // 获取 goodsId 参数的值
                String goodsId = exchange.getRequest().getQueryParams().
                                 getFirst("goodsId");
                if (null != goodsId) {
                    int numberId = Integer.parseInt(goodsId);
                    // 判断 goodsId 是否在配置区间内
                    if (numberId > config.getMinValue() && numberId <
                     config.getMaxValue()) {
                        // 符合条件，返回 true，路由规则生效
                        return true;
                    }
                }
                // 不符合条件，返回 false，路由规则不生效
                return false;
            }

        };
    }

   @Validated
   //接收配置文件中定义的最大值和最小值
   public static class Config {

       private int minValue;

       private int maxValue;

       public int getMinValue() {
```

```
            return minValue;
        }

        public void setMinValue(int minValue) {
            this.minValue = minValue;
        }

        public int getMaxValue() {
            return maxValue;
        }

        public void setMaxValue(int maxValue) {
            this.maxValue = maxValue;
        }
    }
}
```

该类代码分别定义了配置文件中定义的区间参数 minValue 和 maxValue。在 test()方法中是具体的判断逻辑，获取 goodsId 参数值后判断是否在配置的区间内，若符合条件，就返回 true，路由规则生效；若不符合条件，就返回 false，路由规则不生效。

（2）配置自定义断言工厂。

在 application.properties 配置文件中配置这个自定义的断言工厂。路由配置如下：

```
spring.cloud.gateway.routes[0].id=goods-service-route
spring.cloud.gateway.routes[0].uri=lb://newbee-cloud-goods-service
spring.cloud.gateway.routes[0].order=1
spring.cloud.gateway.routes[0].predicates[0]=Path=/goods
# 自定义断言配置，配置项为 goodsId，最大值为 100000，最小值为 10000
spring.cloud.gateway.routes[0].predicates[1]=GoodsId=10000,100000
```

（3）功能验证。

编码完成后，需要启动 Nacos Server，之后依次启动 gateway-demo2 和 goods-service-demo 项目。如果未能成功启动，则开发人员需要查看控制台中的日志是否报错，并及时确认问题和修复。启动成功后进入 Nacos 控制台，单击“服务管理”中的服务列表，可以看到列表中已经存在两个服务的服务信息。

（4）打开浏览器进行功能验证，依次使用不同的地址进行测试，页面显示内容如图 9-11 所示。结果整理见表 9-3。

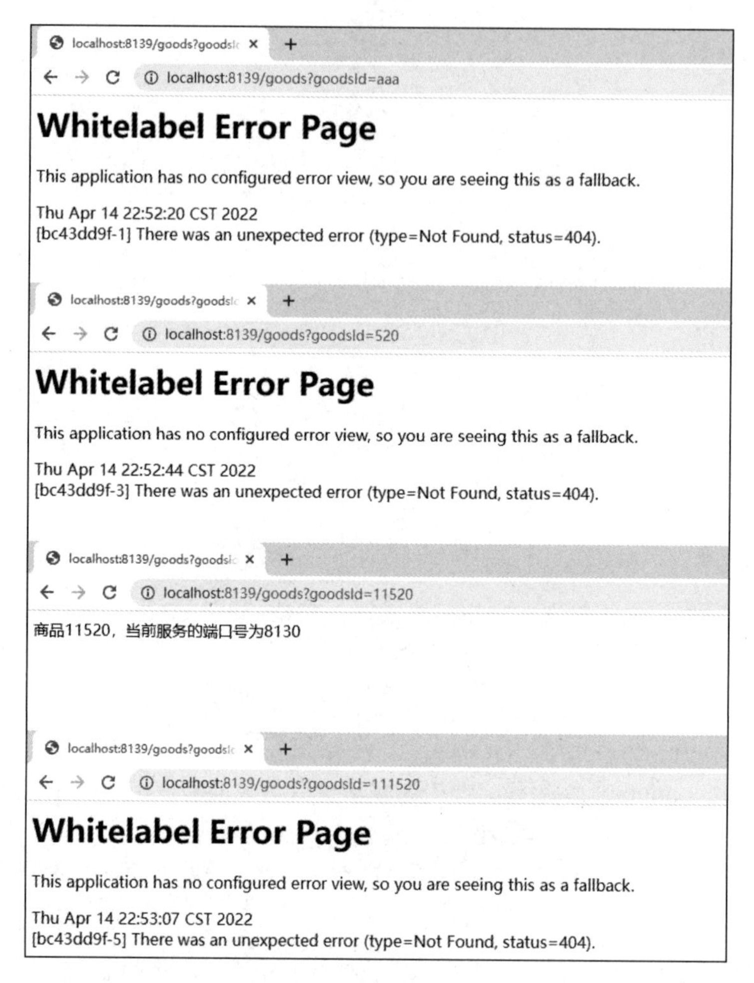

图 9-11　使用 GoodsIdRoutePredicateFactory 断言后的请求测试结果

表 9-3　使用不同的地址进行测试的结果

请求 URL	是否正确路由	简单分析
http://localhost:8139/goods?goodsId=aaa	否	不是数字
http://localhost:8139/goods?goodsId=520	否	数字小于 10000
http://localhost:8139/goods?goodsId=11520	是	数字在配置区间内
http://localhost:8139/goods?goodsId=111520	否	数字大于 100000

自定义断言工厂功能验证成功！

考虑到读者的知识储备不同，本书中项目的配置文件都是.properties 格式的，这种方式最简单也最好理解。除这种写法外，还可以使用 YML 配置文件进行网关路由的配置。当然，也可以使用 Java 代码来声明路由，写法如下：

```
@Bean
public RouteLocator customRouteLocator(RouteLocatorBuilder builder,
ThrottleGatewayFilterFactory throttle) {
    return builder.routes()
            .route(r -> r.host("**.abc.org").and().path("/image/png")
                .uri("http://httpbin.org:80")
            )
            .route(r -> r.path("/image/webp")
                .uri("http://httpbin.org:80")
            )
            .route(r -> r.order(-1)
                .host("**.throttle.org").and().path("/get")
                .uri("http://httpbin.org:80")
            )
            .build();
}
```

读者可根据实际需要来完成服务网关项目的配置，虽然三种写法有些区别，但是其底层知识点是一模一样的。

9.4　微服务网关Spring Cloud Gateway之Filter

在 Spring Cloud Gateway 中，除断言外，Filter（过滤器）也是一个重要知识点。

提起过滤器，做过 Java 开发的读者应该不会陌生，Spring Cloud Gateway 网关中的过滤器也如此，可以在网关路由到具体的微服务请求之前或网关收到具体的微服务响应之后，为请求对象和响应对象添加一些自定义的编码。

在实际项目的开发过程中，使用过滤器的场景要比使用断言工厂的场景多一些。Spring Cloud Gateway 内置的断言工厂中最常用的其实是路径判断，即 PathRoutePredicateFactory。而过滤器的适用场景和功能比断言的适用场景和功能多一些，如路由规则匹配了，但是还需要对 Request 对象或 Response 对象做额外的定制操作，就可以把过滤器搬过来。与断言工厂不同的一点是，断言工厂只负责判断并返回一个布尔值，并没有额外的操作，而在过滤器中可以直接修改 Request 对象和 Response 对象，如果在进入过滤器后某些请求依然不符合规则，就可以直接自定义响应内容。

Spring Cloud Gateway 根据作用范围可将过滤器分为 GatewayFilter 和 GlobalFilter，通俗一点理解就是局部过滤器和全局过滤器。其中，局部过滤器只对某一个路由配置生效，而全局过滤器作用于所有路由配置。Spring Cloud Gateway网关中的这两类过滤器都支持开发人员自定义操作，除Spring Cloud Gateway内置的过滤器外，也可以自行添加过滤器来实现一些特殊的需求。

9.4.1 Spring Cloud Gateway的内置过滤器

1. 内置过滤器列表及功能

Spring Cloud Gateway组件中内置的局部过滤器都实现了AbstractGatewayFilterFactory抽象类，在3.1.1版本中共有30多个，部分内置的局部过滤器列表如图9-12所示。

图9-12 部分内置的局部过滤器列表

常见的内置过滤器介绍如下。

StripPrefixGatewayFilterFactory：该过滤器接收一个 parts 参数，parts 参数表示在将请求发送到微服务实例之前要从请求 URL 中剥离的路径数量。比如，发送的请求路径为/newbee-ltd/manage/goods/save，如果配置参数为 1，则实际路由到微服务实例的 URL 为/manage/goods/save；如果配置参数为 2，则实际路由到微服务实例的 URL 为/goods/save。配置格式如下：

```
- StripPrefix=2
```

SetStatusGatewayFilterFactory：该过滤器接收一个 status 参数，修改 Response 对象的 HTTP 状态码。status 参数必须是有效的状态码，可以用整数值 404 或枚举的字符串 NOT_FOUND 表示。配置格式如下：

```
- SetStatus=404
```

AddRequestHeaderGatewayFilterFactory：该过滤器会给当前的 Request 对象添加一个 Header 参数及参数值。配置格式如下：

```
- AddRequestHeader=os,HarmonyOS
```

AddRequestParameterGatewayFilterFactory：该过滤器会给当前的 Request 对象添加一个请求参数及参数值。配置格式如下：

```
- AddRequestParameter=name,newbee-mall-cloud
```

AddResponseHeaderGatewayFilterFactory：该过滤器会给当前的 Response 对象添加一个 Header 参数及参数值。配置格式如下：

```
- AddResponseHeader=token,newbee*
```

PrefixPathGatewayFilterFactory：该过滤器接收一个 Prefix 参数，Prefix 参数表示在将请求发送到微服务实例之前要在请求 URL 中添加的路径。配置格式如下：

```
- PrefixPath=/newbee-cloud
```

比如，发送的请求路径为/goods/save，那么实际路由到微服务实例的 URL 为/newbee-cloud/goods/save。

PreserveHostGatewayFilterFactory：此过滤器无须配置参数值，主要用于确定是否发送原始主机头，而不是由 HTTP 客户端确定主机头。配置格式如下：

```
- PreserveHost
```

RedirectToGatewayFilterFactory：该过滤器接收两个参数 status 和 url。status 参数应为 300 系列的 HTTP 状态码，如 301、302。url 参数应为有效 URL 地址。配置格式如下：

```
- RedirectTo=302,https://juejin.cn
```

Spring Cloud Gateway 组件中内置的全局过滤器都实现了 GlobalFilter 接口，在 3.1.1 版本中共有十几个，列表如图 9-13 所示。

```
Choose Implementation of GlobalFilter (15 found)
AdaptCachedBodyGlobalFilter (org.springframework.cloud.gateway.filter)    Maven: org.springframework.cloud:spring-cloud-gateway-server:3.1.1 (spring-cloud-gateway-server-3.1.1.jar)
DefaultValue in OnEnabledGlobalFilter (org.springframework.cloud.gateway.config.conditional)    Maven: org.springframework.cloud:spring-cloud-gateway-server:3.1.1 (spring-cloud-gateway-server-3.1.1.jar)
ForwardPathFilter (org.springframework.cloud.gateway.filter)    Maven: org.springframework.cloud:spring-cloud-gateway-server:3.1.1 (spring-cloud-gateway-server-3.1.1.jar)
ForwardRoutingFilter (org.springframework.cloud.gateway.filter)    Maven: org.springframework.cloud:spring-cloud-gateway-server:3.1.1 (spring-cloud-gateway-server-3.1.1.jar)
GatewayMetricsFilter (org.springframework.cloud.gateway.filter)    Maven: org.springframework.cloud:spring-cloud-gateway-server:3.1.1 (spring-cloud-gateway-server-3.1.1.jar)
LoadBalancerServiceInstanceCookieFilter (org.springframework.cloud.gateway.filter)    Maven: org.springframework.cloud:spring-cloud-gateway-server:3.1.1 (spring-cloud-gateway-server-3.1.1.jar)
NettyRoutingFilter (org.springframework.cloud.gateway.filter)    Maven: org.springframework.cloud:spring-cloud-gateway-server:3.1.1 (spring-cloud-gateway-server-3.1.1.jar)
NettyWriteResponseFilter (org.springframework.cloud.gateway.filter)    Maven: org.springframework.cloud:spring-cloud-gateway-server:3.1.1 (spring-cloud-gateway-server-3.1.1.jar)
NoLoadBalancerClientFilter in GatewayNoLoadBalancerClientAutoConfiguration (org.springframework.cloud.gateway.config)    Maven: org.springframework.cloud:spring-cloud-gateway-server:3.1.1 (spring-cloud-gateway-server-3.1.1.jar)
ReactiveLoadBalancerClientFilter (org.springframework.cloud.gateway.filter)    Maven: org.springframework.cloud:spring-cloud-gateway-server:3.1.1 (spring-cloud-gateway-server-3.1.1.jar)
RemoveCachedBodyFilter (org.springframework.cloud.gateway.filter)    Maven: org.springframework.cloud:spring-cloud-gateway-server:3.1.1 (spring-cloud-gateway-server-3.1.1.jar)
RouteToRequestUrlFilter (org.springframework.cloud.gateway.filter)    Maven: org.springframework.cloud:spring-cloud-gateway-server:3.1.1 (spring-cloud-gateway-server-3.1.1.jar)
WebClientHttpRoutingFilter (org.springframework.cloud.gateway.filter)    Maven: org.springframework.cloud:spring-cloud-gateway-server:3.1.1 (spring-cloud-gateway-server-3.1.1.jar)
WebClientWriteResponseFilter (org.springframework.cloud.gateway.filter)    Maven: org.springframework.cloud:spring-cloud-gateway-server:3.1.1 (spring-cloud-gateway-server-3.1.1.jar)
WebsocketRoutingFilter (org.springframework.cloud.gateway.filter)    Maven: org.springframework.cloud:spring-cloud-gateway-server:3.1.1 (spring-cloud-gateway-server-3.1.1.jar)
```

图 9-13　内置的全局过滤器列表

全局过滤器功能非常全面，包括请求的基本处理、负载均衡功能、响应结果处理、监控等。感兴趣的读者可以阅读这些类的源码，逻辑并不复杂。代码量比较多的是 ReactiveLoadBalancerClientFilter 过滤器，其实看到这个类的名称，读者应该很熟悉，在前面章节中介绍过 LoadBalancerClient 这个类，它们非常相似，该过滤器的功能是结合服务发现机制进行负载均衡操作。

Spring Cloud Gateway 中内置的过滤器较多，功能也非常丰富，更多内容可以参考 Spring Cloud Gateway 的官方文档，见网址 6。

2. 使用内置的局部过滤器配置路由规则

Spring Cloud Gateway 内置过滤器介绍完毕，接下来笔者使用内置的 StripPrefixGatewayFilterFactory 和 RedirectToGatewayFilterFactory 编写一个示例演示它们的作用。本节代码是在 spring-cloud-alibaba-gateway-demo 项目的基础上修改的，具体步骤如下。

（1）修改项目名称和基本配置。

修改项目名称为 spring-cloud-alibaba-gateway-filter-demo，之后把各个模块中 pom.xml 文件的 artifactId 修改为 spring-cloud-alibaba-gateway-filter-demo。为了做章节区分，这里把 gateway-demo 项目中的端口号修改为 8147，并且在 gateway-demo 项目配置文件中添加注册中心的配置。

（2）使用内置过滤器。

除 Path 路径规则外，分别增加参数规则和请求方法的规则，代码如下：

```
spring.cloud.gateway.routes[0].id=goods-service-route
spring.cloud.gateway.routes[0].uri=lb://newbee-cloud-goods-service
spring.cloud.gateway.routes[0].order=1
spring.cloud.gateway.routes[0].predicates[0]=Path=/newbee-cloud/goods/**
```

```
## 访问/newbee-cloud/goods 开头的请求，都会被设置为/goods 开头的请求
spring.cloud.gateway.routes[0].filters[0]=StripPrefix=1

spring.cloud.gateway.routes[1].id=shopcart-service-route
spring.cloud.gateway.routes[1].uri=lb://newbee-cloud-shopcart-service
spring.cloud.gateway.routes[1].order=1
spring.cloud.gateway.routes[1].predicates[0]=Path=/shop-cart/**
## 访问/shop-cart 开头的请求，都会被重定向到掘金官网
spring.cloud.gateway.routes[1].filters[0]=RedirectTo=302,https://juejin.cn
```

在原有路由配置的基础上，分别给 goods-service-route 路由和 shopcart-service-route 路由新增一条过滤器配置。访问/newbee-cloud/goods 开头的请求，都会被设置为/goods 开头的请求。访问/shop-cart 开头的请求，都会被重定向到掘金官网。

编码完成后进行功能验证，需要启动 Nacos Server，之后依次启动 gateway-demo、goods-service-demo 和 shopcart-service-demo 项目。如果未能成功启动，则开发人员需要查看控制台中的日志是否报错，并及时确认问题和修复。启动成功后进入 Nacos 控制台，单击“服务管理”中的服务列表，可以看到列表中已经存在三个服务的服务信息。

依次使用不同的地址进行测试，结果见表 9-4。

表 9-4　使用不同的地址进行测试的结果

请求 URL	过滤器是否生效	响应结果
http://localhost:8147/goods?goodsId=2035	否	There was an unexpected error (type=Not Found, status=404).
http://localhost:8147/newbee-cloud/goods?goodsId=2035	是	商品 2035，当前服务的端口号为 8140
http://localhost:8137/shop-cart/page/1	是	掘金网站首页
http://localhost:8137shop-cart?cartId=2025	是	掘金网站首页

这里重点解释一下为什么第 1 条请求和第 2 条请求的结果不同。

首先，网关项目的端口号为 8147，商品服务项目的端口号为 8140。商品详情接口是在商品服务中的，网关项目中并没有这个接口，如果想通过网关访问这个接口，就必须路由到商品服务。

那么，访问 http://localhost:8147/goods?goodsId=2035 这个链接时，请求的是网关项目，而网关项目中的路由配置无法匹配/goods 开头的这个链接。因为路由配置中到商品服务的 Path 断言为 Path=/newbee-cloud/goods/**，无法匹配，直接报错 404。

其次，在访问 http://localhost:8147/newbee-cloud/goods?goodsId=2035 这个链接时，因为被网关中的路由配置匹配到了，所以会路由到商品服务。此时读者可能会有疑问，商品服务中并没有处理/newbee-cloud/goods 路径的接口，为什么结果是正常的呢？因为

增加了一个 StripPrefix=1 的配置，在请求路由到商品服务之前，这个请求地址已经由/newbee-cloud/goods?goodsId=2035 变成了/goods?goodsId=2035，所以能够获取正确的接口数据，即过滤器生效。

还有其他内置的局部过滤器可供开发人员使用，因篇幅有限，就不再一一举例了，读者可以自行对照前文中介绍的内容进行编码和测试。

9.4.2 自定义网关过滤器

1. 自定义局部过滤器编码实践

与自定义断言工厂一样，Spring Cloud Gateway 同样支持开发人员自定义过滤器。前文中介绍的内置断言工厂都实现了 AbstractGatewayFilterFactory 抽象类，命名方式为 xxxGatewayFilterFactory，在配置文件中写上-xxx 即可。根据这几个固定的写法，可以自行实现一个局部过滤器类。与前文中自定义断言工厂一样，这里实现一个局部过滤器只允许查询 goodsId 为 10000～100000 的商品数据，以下为具体的实现步骤。

（1）编写 GoodsIdGatewayFilterFactory 类。

在 gateway-demo 项目中，新建 ltd.gateway.cloud.newbee.filter 包，并新建 GoodsIdGatewayFilterFactory.java 文件，具体代码及注释如下：

```
package ltd.gateway.cloud.newbee.filter;

import org.springframework.cloud.gateway.filter.GatewayFilter;
import org.springframework.cloud.gateway.filter.GatewayFilterChain;
import
org.springframework.cloud.gateway.filter.factory.AbstractGatewayFilterFa
ctory;
import org.springframework.core.io.buffer.DataBuffer;
import org.springframework.http.HttpStatus;
import org.springframework.stereotype.Component;
import org.springframework.util.StringUtils;
import org.springframework.web.server.ServerWebExchange;
import reactor.core.publisher.Flux;
import reactor.core.publisher.Mono;

import java.nio.charset.StandardCharsets;
import java.util.Arrays;
import java.util.List;

@Component
```

```
public class GoodsIdGatewayFilterFactory extends
AbstractGatewayFilterFactory<GoodsIdGatewayFilterFactory.Config> {

    public GoodsIdGatewayFilterFactory() { //构造函数
        super(Config.class);
    }

    @Override
    public List<String> shortcutFieldOrder() {
        // 定义配置文件中的参数项（最大值和最小值）
        return Arrays.asList("minValue", "maxValue");
    }

    @Override
    public GatewayFilter apply(Config config) {
        return new GatewayFilter() {
            @Override
            public Mono<Void> filter(ServerWebExchange exchange, Gateway
                    FilterChain chain) {
                // 获取参数值
                String goodsIdParam = exchange.getRequest(). getQueryParams().
                        getFirst("goodsId");
                // 判空
                if (!StringUtils.isEmpty(goodsIdParam)) {
                    int goodsId = Integer.parseInt(goodsIdParam);
                    if(goodsId > config.getMinValue()&& goodsId<config.getMaxValue()) {
                        // 判断 goodsId 是否在配置区间内，直接放行
                        return chain.filter(exchange);
                    } else {
                        // 不符合条件，返回错误的提示信息，不进行后续的路由
                        byte[] bytes = ("BAD REQUEST").getBytes(Standard
                                Charsets.UTF_8);
                        DataBuffer wrap = exchange.getResponse().
                                bufferFactory().wrap(bytes);
                        exchange.getResponse().setStatusCode (HttpStatus.
                                BAD_REQUEST);
                        return exchange.getResponse().writeWith(Flux.just(wrap));
                    }
                }
                // 直接放行
                return chain.filter(exchange);
            }
        };
    }
```

```
    //接收配置文件中定义的最大值和最小值
    public static class Config {

        private int minValue;

        private int maxValue;

        public int getMinValue() {
            return minValue;
        }

        public void setMinValue(int minValue) {
            this.minValue = minValue;
        }

        public int getMaxValue() {
            return maxValue;
        }

        public void setMaxValue(int maxValue) {
            this.maxValue = maxValue;
        }
    }
}
```

在该类中，分别定义了配置文件中定义的区间参数 minValue 和 maxValue。在 filter() 方法中定义了具体的判断逻辑，获取 goodsId 参数值后判断是否在配置的区间内，若符合条件，则直接放行请求；若不符合条件，则返回错误的提示信息，不进行后续的路由。

（2）配置自定义局部过滤器。

在 application.properties 配置文件中配置自定义的断言工厂。路由配置如下：

```
spring.cloud.gateway.routes[0].id=goods-service-route
spring.cloud.gateway.routes[0].uri=lb://newbee-cloud-goods-service
spring.cloud.gateway.routes[0].order=1
spring.cloud.gateway.routes[0].predicates[0]=Path=/goods/**
# 自定义过滤器配置，配置项为 goodsId，最大值为 100000，最小值为 10000
spring.cloud.gateway.routes[0].filters[0]=GoodsId=10000,100000
```

（3）功能验证。

编码完成后，需要启动 Nacos Server，之后依次启动 gateway-demo 和 goods-service-demo 项目。如果未能成功启动，则开发人员需要查看控制台中的日志是否报错，并及时确认问题和修复。启动成功后进入 Nacos 控制台，单击“服务管理”中的服务列表，可以看到列表中已经存在两个服务的服务信息。

（4）打开浏览器进行功能验证，依次使用不同的地址进行测试，页面显示内容如图 9-14 所示，结果整理见表 9-5。

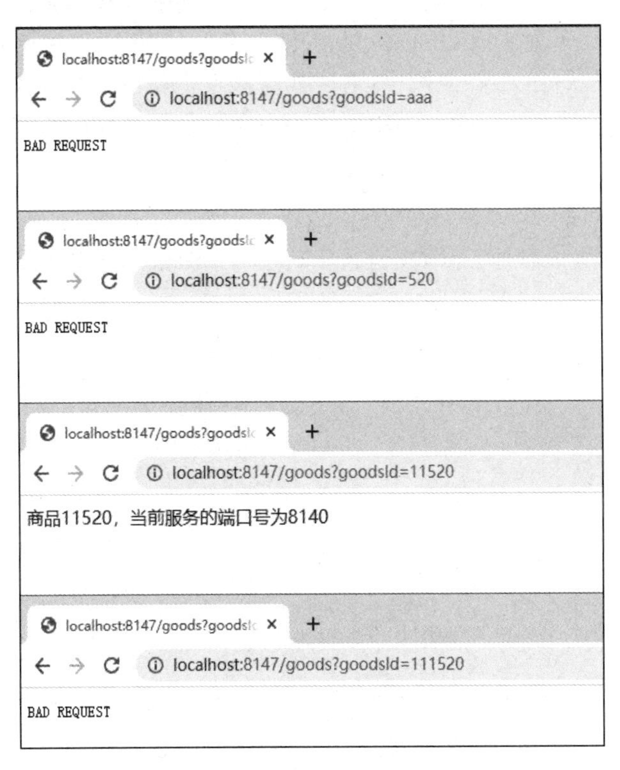

图 9-14　使用 GoodsIdGatewayFilterFactory 局部过滤器后的请求测试结果

表 9-5　使用不同的地址进行测试的结果

请求 URL	是否被自定义过滤器处理	是否路由至特定微服务	简单分析
http://localhost:8147/goods?goodsId=aaa	是	否	不是数字，被拦截，返回自定义错误信息
http://localhost:8147/goods?goodsId=520	是	否	数字小于 10000，被拦截，返回自定义错误信息
http://localhost:8147/goods?goodsId=11520	是	是	数字在配置区间内
http://localhost:8147/goods?goodsId=111520	是	否	数字大于 100000，被拦截，返回自定义错误信息

所有请求都被自定义过滤器处理，并且最终结果与预期结果一致。自定义局部过滤器验证成功！

2. 自定义全局过滤器编码实践

在 Spring Cloud Gateway 组件中，全局过滤器同样支持开发人员的自定义操作。编码实现也不复杂，只需要实现 GlobalFilter、Ordered 这两个接口即可。过滤器的命名没有限定的规则，比较自由。接下来，笔者将实现一个全局过滤器，用于统计每个请求的处理时间。之后重启项目访问各个 URL 即可在控制台看到接口调用时间。具体操作步骤如下。

（1）编写 TimeCalculateGlobalFilter 类。

在 gateway-demo 项目的 td.gateway.cloud.newbee.filter 包中新建 TimeCalculateGlobalFilter.java 文件，具体代码及注释如下：

```
package ltd.gateway.cloud.newbee.filter;

import org.springframework.cloud.gateway.filter.GatewayFilterChain;
import org.springframework.cloud.gateway.filter.GlobalFilter;
import org.springframework.core.Ordered;
import org.springframework.stereotype.Component;
import org.springframework.web.server.ServerWebExchange;
import reactor.core.publisher.Mono;

//全局过滤器，统计接口调用时间
@Component
public class TimeCalculateGlobalFilter implements GlobalFilter, Ordered {

    @Override
    public Mono<Void> filter(ServerWebExchange exchange, GatewayFilterChain chain) {
        // 请求开始时间
        long startTime = System.currentTimeMillis();
        String requestURL = String.format("Host:%s Path:%s Params:%s",
                exchange.getRequest().getURI().getHost(),
                exchange.getRequest().getURI().getPath(),
                exchange.getRequest().getQueryParams());

        System.out.println(requestURL);

        return chain.filter(exchange).then(Mono.fromRunnable(() -> {
            // 请求结束时间
            long endTime = System.currentTimeMillis();
            // 打印调用时间
            long requestTime = endTime - startTime;

            System.out.println(exchange.getRequest().getURI().getPath() +
```

```
"请求时间为" + requestTime + "毫秒");
        }));
    }

    @Override
    public int getOrder() {
        return Ordered.LOWEST_PRECEDENCE;
    }
}
```

该类中的逻辑比较简单，先获取请求开始的时间，然后等待具体微服务的响应，并记录请求结束时间，最后计算调用时间并输出到控制台。

（2）功能验证。

此时，gateway-demo 项目的配置文件如下：

```
server.port=8147
# 应用名称
spring.application.name=newbee-cloud-gateway-service
# 注册中心 Nacos 的访问地址
spring.cloud.nacos.discovery.server-addr=127.0.0.1:8848
# 登录名(默认为 nacos，可自行修改)
spring.cloud.nacos.username=nacos
# 密码(默认为 nacos，可自行修改)
spring.cloud.nacos.password=nacos

spring.cloud.gateway.routes[0].id=goods-service-route
spring.cloud.gateway.routes[0].uri=lb://newbee-cloud-goods-service
spring.cloud.gateway.routes[0].order=1
spring.cloud.gateway.routes[0].predicates[0]=Path=/goods/**

spring.cloud.gateway.routes[1].id=shopcart-service-route
spring.cloud.gateway.routes[1].uri=lb://newbee-cloud-shopcart-service
spring.cloud.gateway.routes[1].order=1
spring.cloud.gateway.routes[1].predicates[0]=Path=/shop-cart/**
```

全局过滤器不用在配置文件中做额外的配置，所有请求都会使用它。

编码完成后，需要启动 Nacos Server，之后依次启动 gateway-demo、goods-service-demo 和 shopcart-service-demo 这三个项目。如果未能成功启动，则开发人员需要查看控制台中的日志是否报错，并及时确认问题和修复。启动成功后进入 Nacos 控制台，单击“服务管理”中的服务列表，可以看到列表中已经存在三个服务的服务信息。

（3）打开浏览器进行功能验证，依次使用不同的地址进行测试，结果整理见表 9-6。

表 9-6　使用不同的地址进行测试的结果

请求 URL	是否被自定义过滤器处理	打印结果
http://localhost:8147/goods/page/2	是	Host:localhost Path:/goods/page/2 Params:{} /goods/page/2 请求时间为 7 毫秒
http://localhost:8147/goods?goodsId=2035	是	Host:localhost Path:/goods Params:{goodsId=[2035]} /goods 请求时间为 158 毫秒
http://localhost:8147/shop-cart?cartId=2025	是	Host:localhost Path:/shop-cart Params:{cartId=[2025]} /shop-cart 请求时间为 92 毫秒
http://localhost:8147/shop-cart/page/3	是	Host:localhost Path:/shop-cart/page/3 Params:{} /shop-cart/page/3 请求时间为 88 毫秒

所有请求都被自定义的 TimeCalculateGlobalFilter 过滤器处理，并且每个请求所花费的时间都被计算并打印出来。自定义全局过滤器功能验证成功！

第 10 章

10

登高望远：分布式事务解决方案——Seata

在传统架构中，基本都是单体应用，对应的数据库也是单库的形式，由于 MySQL、Oracle 数据库本身就具有事务机制，因此完全可以保证数据的一致性。而随着业务的变化，单体应用和单库越来越不满足发展的需求，可能会采取服务拆分、分库分表等优化手段，于是就出现了一个新的技术问题——分布式事务。本章将介绍分布式事务产生的原因，以及如何在微服务架构中引入 Alibaba Seata 组件来解决分布式事务。

10.1 分布式事务详解

10.1.1 数据库事务简介

所有的数据访问技术都离不开事务处理，否则会造成数据不一致，在目前企业级应用开发中，事务管理是必不可少的。

数据库事务是指作为单个逻辑工作单元执行的一系列操作，要么完全地执行，要么完全地不执行。事务处理可以确保除非事务性单元内的所有操作都成功完成，否则不会永久更新面向数据的资源。通过将一组相关操作组合为一个要么全部成功要么全部失败的单元，可以简化错误恢复并使应用程序更加可靠。一个逻辑工作单元要成为事务，必须满足所谓的 ACID（原子性、一致性、隔离性和持久性）属性，事务是数据库运行中的逻辑工作单位，由数据库中的事务管理子系统负责事务的处理。

对于实战项目新蜂商城中的订单生成逻辑来说，其流程图如图 10-1 所示。

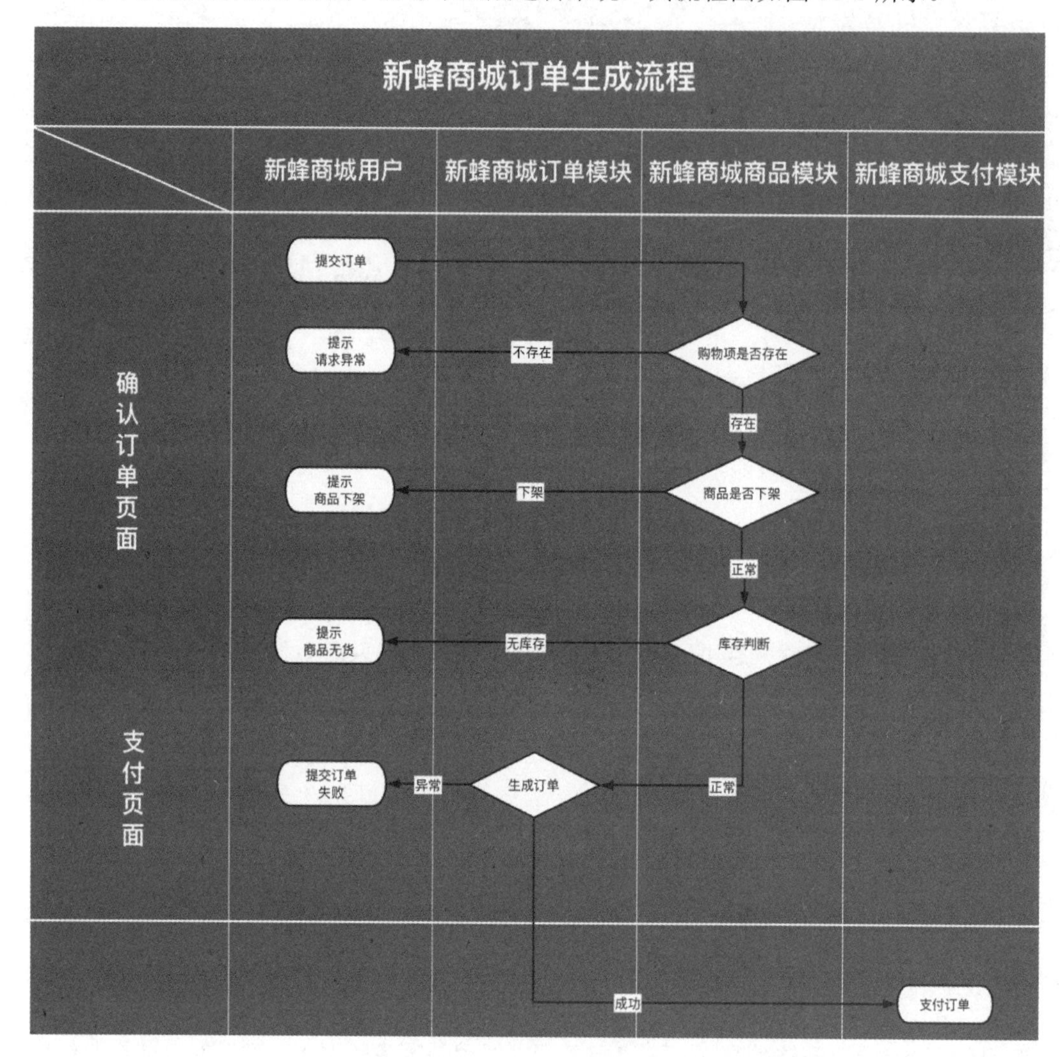

图 10-1　订单生成流程图

具体的实现代码如下：

```
@Transactional //开启事务
public String saveOrder(MallUser loginMallUser, MallUserAddress address,
List<NewBeeMallShoppingCartItemVO> myShoppingCartItems) {
  List<Long> itemIdList = myShoppingCartItems.stream().map
(NewBeeMallShoppingCartItemVO::getCartItemId).collect(Collectors.toList());
  List<Long> goodsIds =
```

```
myShoppingCartItems.stream().map(NewBeeMallShoppingCartItemVO::getGoodsI
d).collect(Collectors.toList());
  List<NewBeeMallGoods> newBeeMallGoods = newBeeMallGoodsMapper.
selectByPrimaryKeys(goodsIds);
  //检查是否包含已下架商品
  List<NewBeeMallGoods> goodsListNotSelling = newBeeMallGoods.stream()
    .filter(newBeeMallGoodsTemp -> newBeeMallGoodsTemp.getGoodsSell
Status() != Constants.SELL_STATUS_UP)
    .collect(Collectors.toList());
  if (!CollectionUtils.isEmpty(goodsListNotSelling)) {
    //goodsListNotSelling 对象非空则表示有下架商品
    NewBeeMallException.fail(goodsListNotSelling.get(0).getGoodsName() + "
已下架，无法生成订单");
  }
  Map<Long, NewBeeMallGoods> newBeeMallGoodsMap =
newBeeMallGoods.stream().collect(Collectors.toMap(NewBeeMallGoods::getGo
odsId, Function.identity(), (entity1, entity2) -> entity1));
  //判断商品库存
  for (NewBeeMallShoppingCartItemVO shoppingCartItemVO : myShoppingCartItems) {
    //查出的商品中不存在购物车中的这条关联商品数据，直接返回错误提醒
    if (!newBeeMallGoodsMap.containsKey(shoppingCartItemVO.getGoodsId())) {
      NewBeeMallException.fail(ServiceResultEnum.SHOPPING_ITEM_ERROR.getResult());
    }
    //存在数量大于库存数量的情况，直接返回错误提醒
    if (shoppingCartItemVO.getGoodsCount() > newBeeMallGoodsMap.get
(shoppingCartItemVO.getGoodsId()).getStockNum()) {
      NewBeeMallException.fail(ServiceResultEnum.SHOPPING_ITEM_COUNT_
ERROR.getResult());
    }
  }
  //删除购物项
  if (!CollectionUtils.isEmpty(itemIdList)
&& !CollectionUtils.isEmpty(goodsIds) && !CollectionUtils.isEmpty
(newBeeMallGoods)) {
    if (newBeeMallShoppingCartItemMapper.deleteBatch(itemIdList) > 0) {
      List<StockNumDTO> stockNumDTOS =
BeanUtil.copyList(myShoppingCartItems, StockNumDTO.class);
      int updateStockNumResult = newBeeMallGoodsMapper.updateStockNum
(stockNumDTOS);
      if (updateStockNumResult < 1) {
        NewBeeMallException.fail(ServiceResultEnum.SHOPPING_ITEM_COUNT_
ERROR.getResult());
      }
```

```
        //生成订单号
        String orderNo = NumberUtil.genOrderNo();
        int priceTotal = 0;
        //保存订单
        NewBeeMallOrder newBeeMallOrder = new NewBeeMallOrder();
        newBeeMallOrder.setOrderNo(orderNo);
        newBeeMallOrder.setUserId(loginMallUser.getUserId());
        //总价
        for (NewBeeMallShoppingCartItemVO newBeeMallShoppingCartItemVO :
myShoppingCartItems) {
            priceTotal += newBeeMallShoppingCartItemVO.getGoodsCount() *
newBeeMallShoppingCartItemVO.getSellingPrice();
        }
        if (priceTotal < 1) {
            NewBeeMallException.fail(ServiceResultEnum.ORDER_PRICE_ERROR.
getResult());
        }
        newBeeMallOrder.setTotalPrice(priceTotal);
        String extraInfo = "";
        newBeeMallOrder.setExtraInfo(extraInfo);
        //生成订单项并保存订单项记录
        if (newBeeMallOrderMapper.insertSelective(newBeeMallOrder) > 0) {
            //生成订单收货地址快照，并保存至数据库
            NewBeeMallOrderAddress newBeeMallOrderAddress = new
NewBeeMallOrderAddress();
            BeanUtil.copyProperties(address, newBeeMallOrderAddress);
            newBeeMallOrderAddress.setOrderId(newBeeMallOrder.getOrderId());
            //生成所有的订单项快照，并保存至数据库
            List<NewBeeMallOrderItem> newBeeMallOrderItems = new ArrayList<>();
            for (NewBeeMallShoppingCartItemVO newBeeMallShoppingCartItemVO :
myShoppingCartItems) {
                NewBeeMallOrderItem newBeeMallOrderItem = new NewBeeMallOrderItem();
                //使用BeanUtil工具类将newBeeMallShoppingCartItemVO中的属性复制到
newBeeMallOrderItem对象中
                BeanUtil.copyProperties(newBeeMallShoppingCartItemVO, newBeeMallOrderItem);
                //NewBeeMallOrderMapper文件的insert()方法中使用了useGeneratedKeys,
因此orderId可以获取到
                newBeeMallOrderItem.setOrderId(newBeeMallOrder.getOrderId());
                newBeeMallOrderItems.add(newBeeMallOrderItem);
            }
            //保存至数据库
            if (newBeeMallOrderItemMapper.insertBatch(newBeeMallOrderItems) > 0 &&
newBeeMallOrderAddressMapper.insertSelective(newBeeMallOrderAddress) > 0) {
```

```
          //所有操作成功后，将订单号返回，以供 Controller 方法跳转到订单详情
          return orderNo;
        }
        NewBeeMallException.fail(ServiceResultEnum.ORDER_PRICE_ERROR.getResult());
      }
      NewBeeMallException.fail(ServiceResultEnum.DB_ERROR.getResult());
    }
    NewBeeMallException.fail(ServiceResultEnum.DB_ERROR.getResult());
  }
  NewBeeMallException.fail(ServiceResultEnum.SHOPPING_ITEM_ERROR.getResult());
  return ServiceResultEnum.SHOPPING_ITEM_ERROR.getResult();
}
```

订单生成的方法总结一下就是先验证，然后进行订单数据封装，最后将订单数据和订单项数据保存到数据库。

结合订单生成流程图来理解，订单生成的详细过程如下。

（1）检查是否包含已下架商品，如果有，则抛出异常；如果无，则继续后续流程。

（2）判断商品数据和商品库存，如果商品数据有误或商品库存不足，则抛出异常；如果一切正常，则继续后续流程。

（3）对象的非空判断。

（4）生成订单后，需要删除购物项数据，这里调用 NewBeeMallShoppingCartItemMapper.deleteBatch()方法将这些数据批量删除。

（5）更新商品库存记录。

（6）判断订单价格，如果所有购物项加起来的数据为 0 或小于 0，则不继续生成订单。

（7）生成订单号并封装 NewBeeMallOrder 对象，保存订单记录到数据库。

（8）封装订单项数据并保存订单项数据到数据库。

（9）生成订单收货地址快照，并保存至数据库。

（10）返回订单号。

该方法涉及的表有订单表、订单项表、购物项表、商品表、用户信息表、用户收货地址表。当然，该方法也使用了@Transactional 注解来开启事务，只要其中任何一个步骤没有通过验证或在任意一行代码中抛出异常，那么涉及这些表的操作都会回滚。这就是数据库事务的特点，要么完全地执行，要么完全地不执行。此时讲解的业务和代码在同一份工程代码中，其中所操作的表也在同一个数据库中，能够很简单地实现数据库事务的控制，如图 10-2 所示。

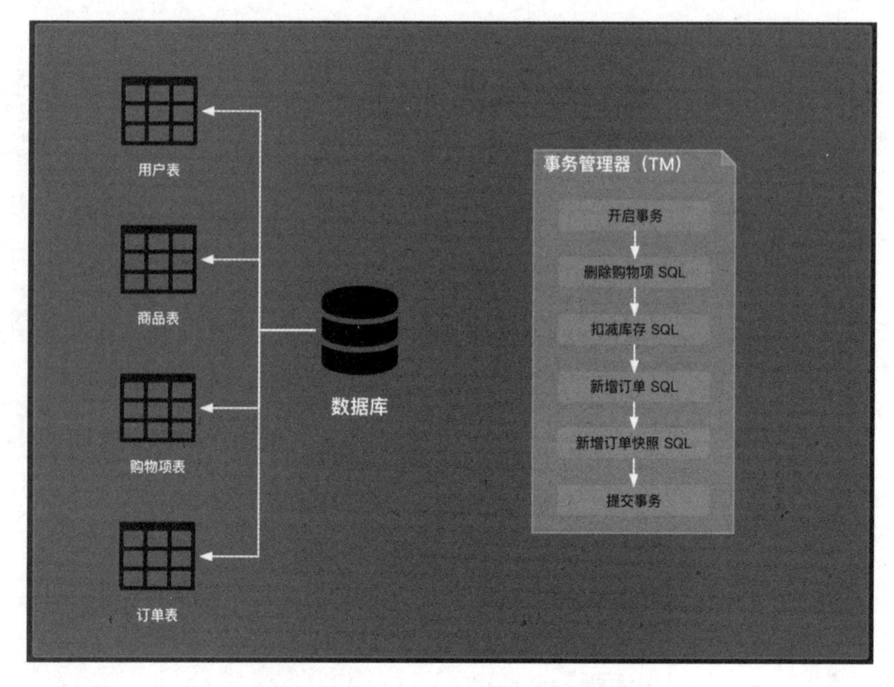

图 10-2　单库中对数据库事务的控制

如果这些表不在同一个数据库中，没有统一的事务管理器，会发生什么呢？比如，在微服务架构中，原来的单体应用会被拆分出多个微服务，所有的表也被分割到多个数据库实例中，如图 10-3 所示。

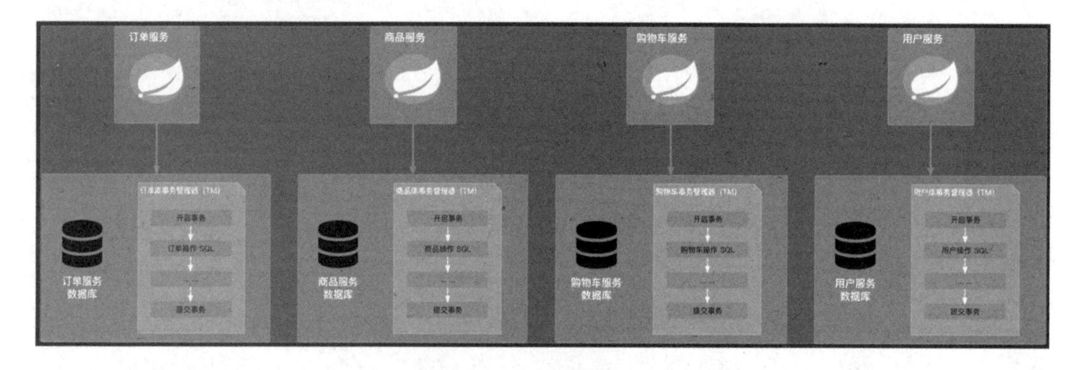

图 10-3　多服务实例和多数据库下的事务控制

此时，生成订单的这个操作就会涉及多个服务和多个数据库实例，本地事务就无法保证数据一致性了。接下来笔者将通过实际的编码来演示在微服务架构的项目中会出现的分布式事务问题，并分析该问题产生的原因，让读者更好地理解这个问题。

10.1.2　分布式事务的问题演示编码

本节演示编码是在 spring-cloud-alibaba-openfeign-demo 模板项目的基础上修改的，主要包括三个服务：商品服务、购物车服务和订单服务。示例中的逻辑很简单，下单后生成订单记录，删除购物车记录并修改商品中的库存。服务之间的通信组件使用 OpenFeign，对数据库的相关操作使用 Spring Boot 自动配置的 JdbcTemplate 工具。

在实际编码前，先修改项目名称为 spring-cloud-alibaba-distribution-demo，再把各个模块中 pom.xml 文件的 artifactId 修改为 spring-cloud-alibaba-distribution-demo，然后依次修改三个服务代码。具体操作步骤如下。

1. 编写商品服务代码

（1）创建商品服务所需的数据库和表。

将商品服务的数据库命名为 test_distribution_goods_db，将商品表命名为 tb_goods。SQL 语句如下：

```
# 创建商品服务所需的数据
CREATE DATABASE /*!32312 IF NOT EXISTS*/'test_distribution_goods_db'
/*!40100 DEFAULT CHARACTER SET utf8 */;

USE 'test_distribution_goods_db';

# 表结构
DROP TABLE IF EXISTS 'tb_goods';
CREATE TABLE 'tb_goods'  (
  'goods_id' int(11) NOT NULL AUTO_INCREMENT COMMENT '测试商品 id',
  'goods_name' varchar(100) NOT NULL DEFAULT '' COMMENT '测试商品名称',
  'goods_stock' int(11) NOT NULL DEFAULT 0 COMMENT '测试商品库存',
  PRIMARY KEY ('goods_id') USING BTREE
) ENGINE = InnoDB AUTO_INCREMENT = 1 CHARACTER SET = utf8 COLLATE =
utf8_general_ci ROW_FORMAT = Dynamic;

# 新增两条测试数据
INSERT INTO 'tb_goods' VALUES (2022, 'Spring Cloud Alibaba 大型微服务架构项
目实战（上册）', 999);
INSERT INTO 'tb_goods' VALUES (2025, 'Spring Cloud Alibaba 大型微服务架构项
目实战（下册）', 1000);
```

上述 SQL 语句主要是新建 test_distribution_goods_db 数据库并在该数据库中新增一张 tb_goods 表，以及新增两条商品表的测试数据。读者可以直接将 SQL 语句导入 MySQL 数据库，这样商品服务中数据库的准备工作就完成了。

（2）增加数据库操作的相关依赖。

开始实际的编码操作，打开 goods-service-demo 项目。

因为有数据库操作，所以要添加 JDBC 连接依赖、MySQL 数据库连接驱动，在 pom.xml 文件中增加如下依赖：

```
<!-- jdbc-starter -->
<dependency>
    <groupId>org.springframework.boot</groupId>
    <artifactId>spring-boot-starter-jdbc</artifactId>
</dependency>
<!-- MySQL 驱动包 -->
<dependency>
    <groupId>mysql</groupId>
    <artifactId>mysql-connector-java</artifactId>
</dependency>
```

（3）修改 application.properties 文件。

增加数据库连接的配置，配置项如下：

```
# datasource config
spring.datasource.url=jdbc:mysql://localhost:3306/test_distribution_goods_
db?useUnicode=true&characterEncoding=utf8&autoReconnect=true&useSSL=false
spring.datasource.driver-class-name=com.mysql.cj.jdbc.Driver
spring.datasource.username=root
spring.datasource.password=123456
```

在这里配置好数据库的地址、用户名和密码，才能在商品服务中连接到 MySQL 数据库。

为了给章节间的代码做区分，将端口号修改为 8151，配置项如下：

```
server.port=8151
```

（4）增加修改库存的接口。

打开 NewBeeCloudGoodsAPI.java 文件，在 Controller 类中增加修改库存的接口，代码如下：

```
package ltd.goods.cloud.newbee.controller;

import org.springframework.beans.factory.annotation.Autowired;
```

```
import org.springframework.jdbc.core.JdbcTemplate;
import org.springframework.web.bind.annotation.PathVariable;
import org.springframework.web.bind.annotation.PutMapping;
import org.springframework.web.bind.annotation.RestController;

@RestController
public class NewBeeCloudGoodsAPI {

    @Autowired
    private JdbcTemplate jdbcTemplate;

    @PutMapping("/goods/{goodsId}")
    public Boolean deStock(@PathVariable("goodsId") int goodsId) {
        // 减库存操作
        int result = jdbcTemplate.update("update tb_goods set goods_stock=
goods_stock-1 where goods_id=" + goodsId);
        if (result > 0) {
            return true;
        }
        return false;
    }
}
```

修改商品库存接口的逻辑并不复杂，请求方式为 PUT，接口地址为/goods/{goodsId}。先接收一个路径参数 goodsId，然后直接执行一条 update 语句，将库存字段 goods_stock 减 1，最后根据执行结果返回成功或失败。

（5）功能测试。

启动 goods-service-demo 项目并测试该接口是否正常，测试 URL 如下：

PUT http://localhost:8151/goods/2022

由于接口的请求方式为 PUT，因此笔者用 PostMan 工具来测试这个接口。当然，也可以使用命令行工具或其他测试工具。

测试过程如图 10-4 所示。接口请求成功。

当然，还需要去数据库中查看 id 为 2022 的测试数据是否被正确地修改。此时的数据库结果如图 10-5 所示。

数据与预期结果一致，编码完成。

如果有报错，则需要检查数据库连接是否写对，以及数据库是否被正常创建。

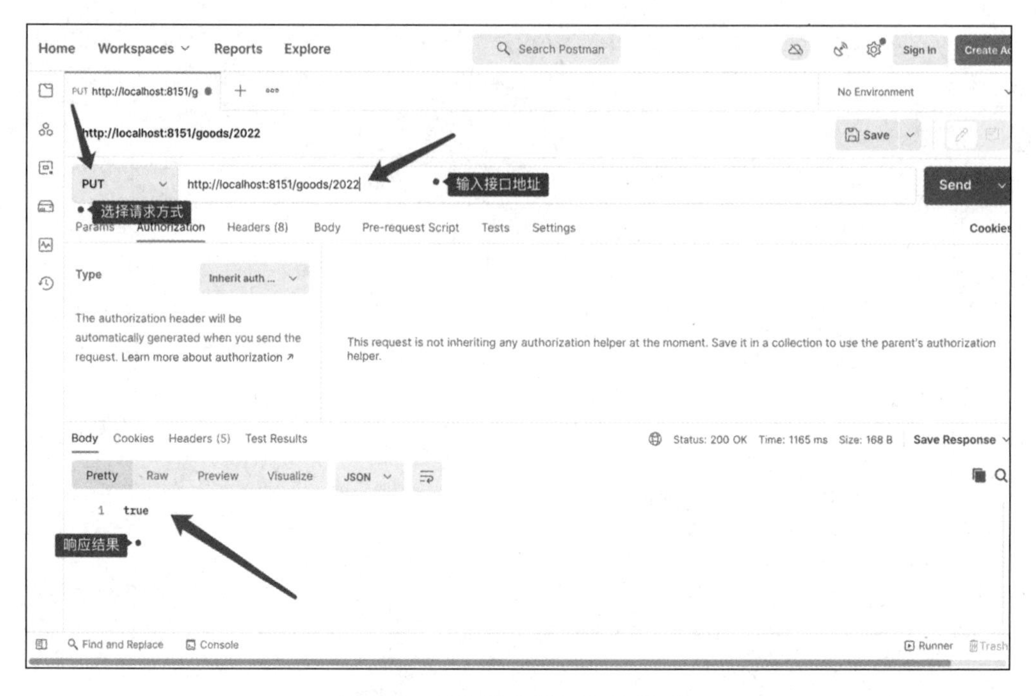

图 10-4　库存修改接口的测试过程

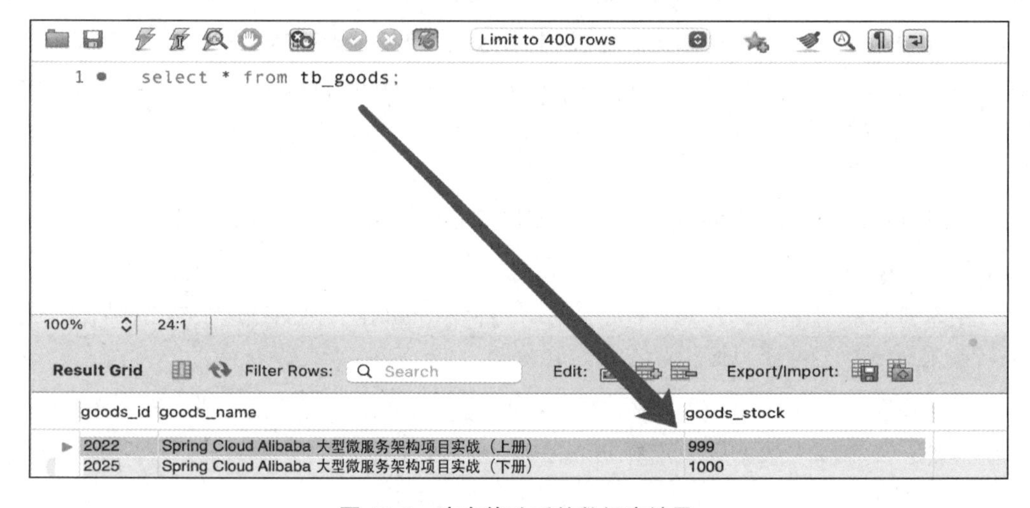

图 10-5　库存修改后的数据库结果

2. 编写购物车服务代码

（1）创建购物车服务所需的数据库和表。

将购物车服务的数据库命名为 test_distribution_cart_db，将购物项的表命名为 tb_cart_

item。SQL 语句如下：

```
# 创建购物车服务所需的数据
CREATE DATABASE /*!32312 IF NOT EXISTS*/'test_distribution_cart_db' /*!40100
DEFAULT CHARACTER SET utf8 */;

USE 'test_distribution_cart_db';

# 表结构
DROP TABLE IF EXISTS 'tb_cart_item';
CREATE TABLE 'tb_cart_item'  (
  'cart_id' int(11) NOT NULL AUTO_INCREMENT COMMENT '测试购物项 id',
  'goods_id' int(11) NOT NULL DEFAULT 0 COMMENT '测试商品 id',
  'create_time' timestamp NOT NULL DEFAULT CURRENT_TIMESTAMP COMMENT '创建
时间',
  PRIMARY KEY ('cart_id') USING BTREE
) ENGINE = InnoDB AUTO_INCREMENT = 1 CHARACTER SET = utf8 COLLATE =
utf8_general_ci ROW_FORMAT = Dynamic;

# 新增 10 条测试数据
INSERT INTO 'tb_cart_item' ('cart_id', 'goods_id') VALUES (1, 2022);
INSERT INTO 'tb_cart_item' ('cart_id', 'goods_id') VALUES (2, 2022);
INSERT INTO 'tb_cart_item' ('cart_id', 'goods_id')  VALUES (3, 2022);
INSERT INTO 'tb_cart_item' ('cart_id', 'goods_id')  VALUES (4, 2022);
INSERT INTO 'tb_cart_item' ('cart_id', 'goods_id')  VALUES (5, 2022);
INSERT INTO 'tb_cart_item' ('cart_id', 'goods_id')  VALUES (6, 2025);
INSERT INTO 'tb_cart_item' ('cart_id', 'goods_id')  VALUES (7, 2025);
INSERT INTO 'tb_cart_item' ('cart_id', 'goods_id')  VALUES (8, 2025);
INSERT INTO 'tb_cart_item' ('cart_id', 'goods_id')  VALUES (9, 2025);
INSERT INTO 'tb_cart_item' ('cart_id', 'goods_id')  VALUES (10, 2025);
```

上述 SQL 语句主要是新建数据库和表，并且新增了 10 条购物项表的测试数据。读者可以直接将 SQL 语句导入 MySQL 数据库，这样购物车服务中数据库的准备工作就完成了。

（2）增加数据库操作的相关依赖。

开始实际编码操作，打开 shopcart-service-demo 项目。

因为有数据库操作，所以要添加 JDBC 连接依赖、MySQL 数据库连接驱动，在 pom.xml 文件中增加如下依赖：

```
<!-- jdbc-starter -->
<dependency>
   <groupId>org.springframework.boot</groupId>
```

```
    <artifactId>spring-boot-starter-jdbc</artifactId>
</dependency>
<!-- MySQL 驱动包 -->
<dependency>
    <groupId>mysql</groupId>
    <artifactId>mysql-connector-java</artifactId>
</dependency>
```

（3）修改 application.properties 文件。

增加数据库连接的配置，配置项如下：

```
# datasource config
spring.datasource.url=jdbc:mysql://localhost:3306/test_distribution_cart_db?
useUnicode=true&characterEncoding=utf8&autoReconnect=true&useSSL=false
spring.datasource.driver-class-name=com.mysql.cj.jdbc.Driver
spring.datasource.username=root
spring.datasource.password=123456
```

在这里配置好数据库的地址、用户名和密码，才能在商品服务中连接到 MySQL 数据库。

为了给章节间的代码做区分，将端口号修改为 8154，配置项如下：

```
server.port=8154
```

（4）增加测试接口。

打开 NewBeeCloudShopCartAPI 文件，在 Controller 类中增加两个接口，代码如下：

```
package ltd.shopcart.cloud.newbee.controller;

import org.springframework.beans.factory.annotation.Autowired;
import org.springframework.jdbc.core.JdbcTemplate;
import org.springframework.web.bind.annotation.*;

import java.util.Map;

@RestController
public class NewBeeCloudShopCartAPI {


    @Autowired
    private JdbcTemplate jdbcTemplate;

    @GetMapping("/shop-cart/getGoodsId")
```

```
    public int getGoodsId(@RequestParam("cartId") int cartId) {
        // 根据主键id查询购物表
        Map<String, Object> cartItemObject = jdbcTemplate.queryForMap
("select * from tb_cart_item where cart_id=" + cartId + " limit 1");
        if (cartItemObject.containsKey("goods_id")) {
            // 返回商品id
            return (int) cartItemObject.get("goods_id");
        }
        return 0;
    }

    @DeleteMapping("/shop-cart/{cartId}")
    public Boolean deleteItem(@PathVariable("cartId") int cartId) {
        // 删除购物车数据
        int result = jdbcTemplate.update("delete from tb_cart_item where
cart_id=" + cartId);
        if (result > 0) {
            return true;
        }
        return false;
    }
}
```

代码中增加了两个接口，分别是根据购物项 cartId 获取对应的 goodsId 接口和根据购物项 cartId 删除记录的接口。

查询商品 id 接口的请求方式为 GET，接口地址为/shop-cart/getGoodsId。先接收一个请求参数 cartId，然后直接执行一条查询语句，将记录中的 goods_id 返回给调用端。

删除购物车数据接口的请求方式为 DELETE，接口地址为/shop-cart/{cartId}。先接收一个路径参数 cartId，然后直接执行一条删除语句，将表中 id 为 cartId 的记录删除。

（5）功能测试。

启动 shopcart-service-demo 项目并测试该接口是否正常，测试 URL 如下：

```
GET http://localhost:8154/shop-cart/getGoodsId?cartId=1
DELETE http://localhost:8154/shop-cart/1
```

查询商品 id 接口的测试过程如图 10-6 所示。

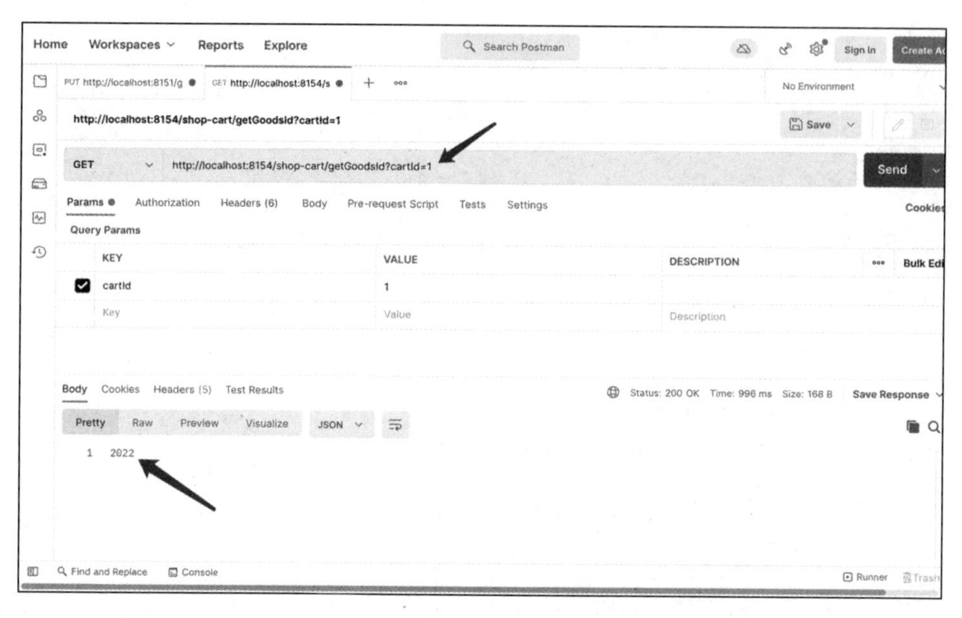

图 10-6　查询商品 id 接口的测试过程

接口请求成功。

删除购物车数据接口的测试过程如图 10-7 所示。

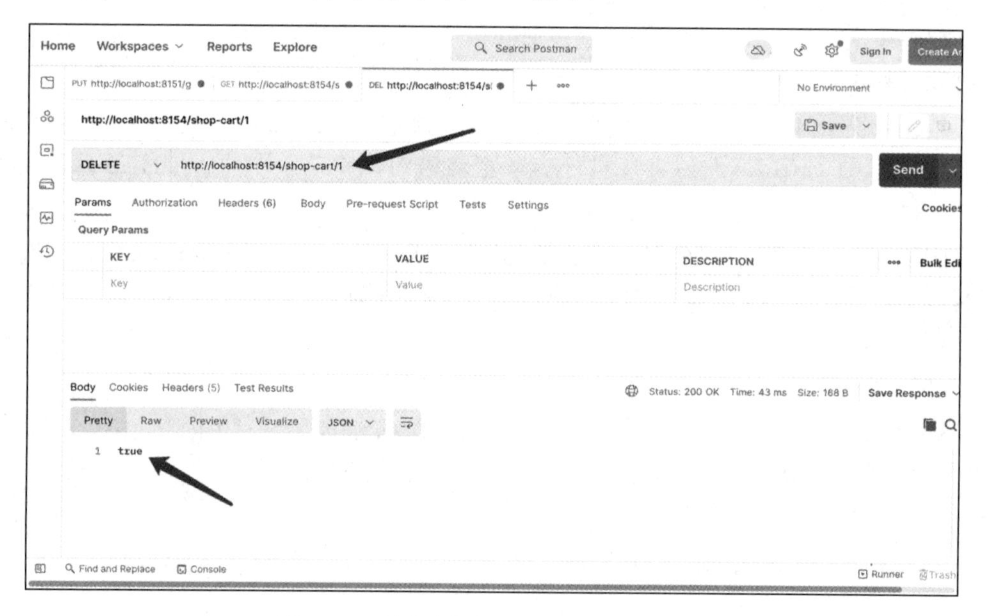

图 10-7　删除购物车数据接口的测试过程

接口请求成功。

当然，还需要去数据库中查看购物项表中 id 为 1 的测试数据是否已被删除。数据与预期结果一致，编码完成。

3. 编写订单服务代码

（1）创建订单服务所需的数据库和表。

将订单服务的数据库命名为 test_distribution_order_db，将订单表命名为 tb_order。SQL 语句如下：

```
# 创建订单服务所需的数据
CREATE DATABASE /*!32312 IF NOT EXISTS*/'test_distribution_order_db'
/*!40100 DEFAULT CHARACTER SET utf8 */;

USE test_distribution_order_db;

DROP TABLE IF EXISTS 'tb_order';
CREATE TABLE 'tb_order'  (
  'order_id' int(11) NOT NULL AUTO_INCREMENT COMMENT '测试订单 id',
  'cart_id' int(11) NOT NULL COMMENT '测试购物车 id',
  'create_time' timestamp NOT NULL DEFAULT CURRENT_TIMESTAMP COMMENT '创建
时间',
  PRIMARY KEY ('order_id') USING BTREE
) ENGINE = InnoDB AUTO_INCREMENT = 1 CHARACTER SET = utf8 COLLATE = utf8_
general_ci ROW_FORMAT = Dynamic;
```

上述 SQL 语句主要是新建数据库和表，读者可以直接将 SQL 语句导入 MySQL 数据库，这样订单服务中数据库的准备工作就完成了。

（2）增加数据库操作的相关依赖。

开始实际编码操作，打开 order-service-demo 项目。

因为有数据库操作，所以要添加 JDBC 连接依赖、MySQL 数据库连接驱动，在 pom.xml 文件中增加如下依赖：

```
<!-- jdbc-starter -->
<dependency>
    <groupId>org.springframework.boot</groupId>
    <artifactId>spring-boot-starter-jdbc</artifactId>
</dependency>
<!-- MySQL 驱动包 -->
<dependency>
    <groupId>mysql</groupId>
```

```
    <artifactId>mysql-connector-java</artifactId>
</dependency>
```

（3）修改 application.properties 文件。

主要是增加数据库配置和修改端口号，最终配置项如下：

```
server.port=8157
# 应用名称
spring.application.name=newbee-cloud-order-service
# 注册中心 Nacos 的访问地址
spring.cloud.nacos.discovery.server-addr=127.0.0.1:8848
# 登录名(默认为 nacos，可自行修改)
spring.cloud.nacos.username=nacos
# 密码(默认为 nacos，可自行修改)
spring.cloud.nacos.password=nacos

# OpenFeign 超时时间
feign.client.config.default.connectTimeout=2000
feign.client.config.default.readTimeout=5000

# datasource config
spring.datasource.url=jdbc:mysql://localhost:3306/test_distribution_orde
r_db?useUnicode=true&characterEncoding=utf8&autoReconnect=true&useSSL=fa
lse
spring.datasource.driver-class-name=com.mysql.cj.jdbc.Driver
spring.datasource.username=root
spring.datasource.password=123456
```

（4）修改 FeignClient 代码。

因为订单服务中会远程调用商品服务和购物车服务，所以这里需要声明远程调用商品服务和购物车服务中新增的接口。修改 openfeign 中的 FeignClient 代码，声明调用商品服务和购物车服务中新增的接口代码。

NewBeeGoodsDemoService.java 文件的代码修改如下：

```
package ltd.order.cloud.newbee.openfeign;

import org.springframework.cloud.openfeign.FeignClient;
import org.springframework.web.bind.annotation.PathVariable;
import org.springframework.web.bind.annotation.PutMapping;

@FeignClient(value = "newbee-cloud-goods-service", path = "/goods")
public interface NewBeeGoodsDemoService {
```

```
    @PutMapping(value = "/{goodsId}")
    Boolean deStock(@PathVariable(value = "goodsId") int goodsId);
}
```

NewBeeShopCartDemoService.java 文件的代码修改如下：

```
package ltd.order.cloud.newbee.openfeign;

import org.springframework.cloud.openfeign.FeignClient;
import org.springframework.web.bind.annotation.GetMapping;
import org.springframework.web.bind.annotation.PathVariable;
import org.springframework.web.bind.annotation.RequestParam;

@FeignClient(value = "newbee-cloud-shopcart-service", path = "/shop-cart")
public interface NewBeeShopCartDemoService {

    @GetMapping(value = "/getGoodsId")
    int getGoodsId(@RequestParam(value = "cartId") int cartId);

    @DeleteMapping(value = "/{cartId}")
    Boolean deleteItem(@PathVariable(value = "cartId") int cartId);
}
```

（5）编写订单服务中的 service 层代码和接口代码。

新建 ltd.order.cloud.newbee.service 包，并新增 OrderService.java 文件，代码及注释如下：

```
package ltd.order.cloud.newbee.service;

import ltd.order.cloud.newbee.openfeign.NewBeeGoodsDemoService;
import ltd.order.cloud.newbee.openfeign.NewBeeShopCartDemoService;
import org.springframework.beans.factory.annotation.Autowired;
import org.springframework.jdbc.core.JdbcTemplate;
import org.springframework.stereotype.Service;
import org.springframework.transaction.annotation.Transactional;

import javax.annotation.Resource;

@Service
public class OrderService {
    @Autowired
    private JdbcTemplate jdbcTemplate;

    @Resource
    private NewBeeGoodsDemoService newBeeGoodsDemoService;
```

```
    @Resource
    private NewBeeShopCartDemoService newBeeShopCartDemoService;

    @Transactional
    public Boolean saveOrder(int cartId) {
        // 简单地模拟下单流程，包括服务间的调用流程

        // 调用购物车服务-获取即将操作的goods_id
        int goodsId = newBeeShopCartDemoService.getGoodsId(cartId);

        // 调用商品服务-减库存
        Boolean goodsResult = newBeeGoodsDemoService.deStock(goodsId);

        // 调用购物车服务-删除当前购物车数据
        Boolean cartResult = newBeeShopCartDemoService.deleteItem(cartId);

        // 执行下单逻辑
        if (goodsResult && cartResult) {
            // 向订单表中新增一条记录
            int orderResult = jdbcTemplate.update("insert into tb_order
('cart_id') value (\"" + cartId + "\")");
            if (orderResult > 0) {
                return true;
            }
            return false;
        }
        return false;
    }
}
```

这个方法主要是模拟订单生成的过程，接收参数为购物项 id，方法上方也加了@Transactional 事务注解。执行逻辑如下：

① 调用购物车服务获取将要减库存的商品 id。

② 调用商品服务进行减库存的操作。

③ 调用购物车服务删除当前的购物车数据。

④ 如果两个服务都调用成功，则生成订单数据。

⑤ 向订单表中新增一条记录，根据订单操作的 SQL 语句返回内容，返回成功或失败。

修改 NewBeeCloudOrderAPI 和 saveOrder()方法，代码如下：

```
package ltd.order.cloud.newbee.controller;

import ltd.order.cloud.newbee.service.OrderService;
import org.springframework.web.bind.annotation.GetMapping;
import org.springframework.web.bind.annotation.RequestParam;
import org.springframework.web.bind.annotation.RestController;

import javax.annotation.Resource;

@RestController
public class NewBeeCloudOrderAPI {

    @Resource
    private OrderService orderService;

    @GetMapping("/order/saveOrder")
    public Boolean saveOrder(@RequestParam("cartId") int cartId) {
        return orderService.saveOrder(cartId);
    }
}
```

接收 cartId 参数，之后调用 OrderService 业务类的 saveOrder()方法。

（6）功能测试。

启动 Nacos Server，之后依次启动这三个项目。如果未能成功启动，则开发人员需要查看控制台中的日志是否报错，并及时确认问题和修复。启动成功后进入 Nacos 控制台，单击“服务管理”中的服务列表，可以看到列表中已经存在这三个服务的服务信息，如图 10-8 所示。

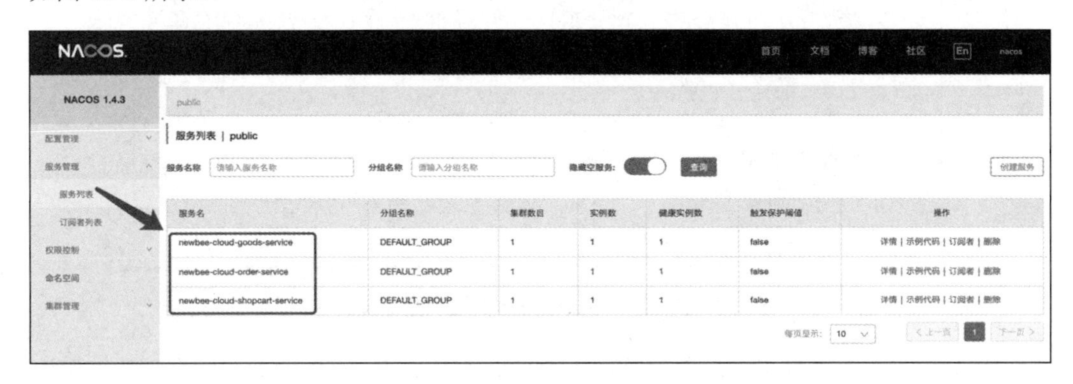

图 10-8　Nacos 控制台中的服务列表

测试生成订单的接口是否正常，测试 URL 如下：

```
GET http://localhost:8157/order/saveOrder?cartId=3
```

生成订单接口的测试过程如图 10-9 所示。

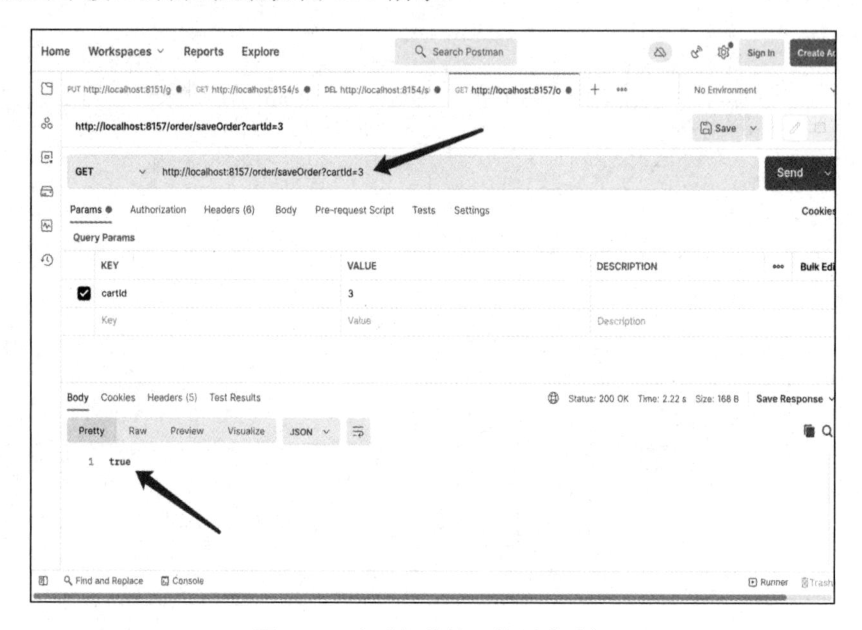

图 10-9　生成订单接口的测试过程

接口请求成功。

当然，还需要去数据库中查看，此时数据库结果如图 10-10 所示。

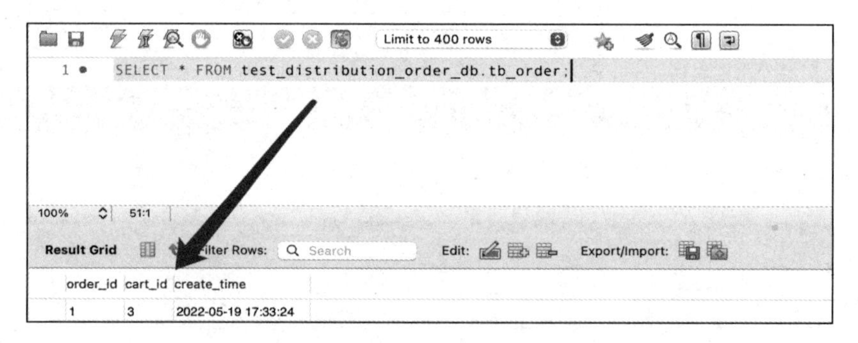

图 10-10　请求生成订单接口后的数据库结果

生成了一条订单数据，查看商品表和购物车表的记录，对应的商品库存字段的数值已经被扣减，对应的购物项也被删除。数据与预期结果一致，编码完成。

10.1.3 分布式事务问题演示

订单服务编码完成后演示的是一切都正常的情况：订单记录生成并存储至数据库，并且商品库存扣减成功，购物车数据也成功删除。这是最终期待的结果。如果商品没有扣减成功，那么购物车中的数据不应该被删除，订单记录也不应该落库成功。如果订单记录没有成功生成，则商品不应该扣减库存，购物车中的数据也不应该被删除。

如果在 saveOrder()方法执行期间，某些环节出现问题，如网络波动或代码中出现异常，就会出现数据不一致的情况。接下来，笔者就以网络波动和代码异常这两种情况来模拟分布式项目中出现的数据不一致的问题。

先模拟网络波动的情况。比如，在减库存的接口代码中故意加上一行休眠 10 秒的代码：

```
public Boolean deStock(@PathVariable("goodsId") int goodsId) {
    // 减库存操作
    int result = jdbcTemplate.update("update tb_goods set goods_stock=
goods_stock-1 where goods_id=" + goodsId);
    // 模拟网络波动问题
    try {
        Thread.sleep(10 * 1000);
    } catch (InterruptedException e) {
        e.printStackTrace();
    }
    if (result > 0) {
        return true;
    }
    return false;
}
```

然后请求测试地址：

```
http://localhost:8157/order/saveOrder?cartId=4
```

结果出现了异常信息，生成订单的接口没有返回成功的响应。控制台报出的异常信息如下：

```
java.net.SocketTimeoutException: Read timed out
    at java.net.SocketInputStream.socketRead0(Native Method) ~[na:1.8.0_361]
```

由于 feign.client.config.default.readTimeout=5000 配置了 OpenFeign 的超时时间为 5 秒，因此 saveOrder()方法执行到减库存这里就会出现超时的问题，不会继续进行下去了。

但是查看三个数据库中的数据，可以发现一个大问题：订单没有新增、购物车数据没有删除，商品库存却扣减成功了！这就出现了数据不一致的问题。当然，读者如果在购物车服务中模拟网络超时的问题，同样会出现数据不一致的问题。

接下来屏蔽网络波动，模拟OrderService#saveOrder()方法出现异常时会出现的问题。把模拟超时的休眠代码注释掉，然后修改OrderService#saveOrder()方法，添加一行执行会出现异常的代码：

```
@Transactional
public Boolean saveOrder(int cartId) {
    // 调用购物车服务-获取即将操作的goods_id
    int goodsId = newBeeShopCartDemoService.getGoodsId(cartId);
    // 调用商品服务-减库存
    Boolean goodsResult = newBeeGoodsDemoService.deStock(goodsId);
    // 调用购物车服务-删除当前购物车数据
    Boolean cartResult = newBeeShopCartDemoService.deleteItem(cartId);
    // 执行下单逻辑
    if (goodsResult && cartResult) {
        // 向订单表中新增一条记录
        int orderResult=jdbcTemplate.update("insert into tb_order('cart_id')
value (\"" + cartId + "\")");
        // 此处出现了异常
            int i=1/0;
        if (orderResult > 0) {
            return true;
        }
        return false;
    }
    return false;
}
```

重启三个项目，之后请求测试地址：

```
http://localhost:8157/order/saveOrder?cartId=5
```

结果同样出现了异常信息，生成订单的接口没有返回成功的响应。此时，控制台报出的异常信息如下：

```
java.lang.ArithmeticException: / by zero
    at ltd.order.cloud.newbee.service.OrderService.saveOrder
(OrderService.java:49) ~[classes/:na]
```

查看三个数据库中的数据，情况如下：订单数据没有新增，购物车数据被删除了，商品库存也扣减成功了！

分析一下原因。在执行到“int i=1/0;”这一行代码前执行了向订单表中新增一条记录的 SQL 请求，然而由于业务层方法中出现了异常及该方法上标注了@Transactional 注解，因此捕捉到异常后数据回滚了。所以，订单表中是没有新增数据的。另外两个服务的代码中并没有发生异常，数据正常落库。

于是数据不一致的问题就出现了。不只是微服务架构，在常见的分布式架构中，由于数据库的分割、项目代码的分割，导致事务并不在同一个事务管理器中，分布式事务的问题就出现了。分布式事务的定义如下：

分布式事务是指事务的参与者、支持事务的服务器、资源服务器及事务管理器分别位于不同的分布式系统的不同节点上。

本节的主要内容是由一个具体的生成订单逻辑开始的，讲解了在单体应用中的事务处理，进而引出同样一个业务逻辑在微服务架构中会出现的问题，并通过实际的编码模拟分布式事务的问题，代码比较简单，读者可以根据文中给出的思路自行测试。出现了一个问题，复现了一个问题，接下来就要把这个问题给解决掉。

10.2　分布式事务解决方案概览

10.2.1　分布式事务产生的原因

这里再次说明一下，分布式事务这个问题并不是微服务架构中才出现的问题，而是分布式系统下很容易出现的事务问题，微服务架构只是分布式技术中的一种架构。在分布式场景中，要完成一个功能可能涉及多个数据库或多个服务，也就会牵涉跨数据库的事务操作。

比如，一个应用中的某个业务方法需要操作多个数据库中的多张表，此时就出现了跨数据库的事务问题，如图 10-11 所示。

如果系统拆分时做了分库分表的操作，那么这种情况下也极有可能出现跨数据库的事务问题，如图 10-12 所示。

在微服务架构下，各个服务都有自己独立的数据库系统。如果一个功能的实现过程中需要涉及多个服务，就会出现跨服务、跨数据库的事务问题。比如，生成订单时需要订单服务、商品服务和购物车服务，各自的数据库是独立的，跨数据库的事务问题就出现了，如图 10-13 所示。

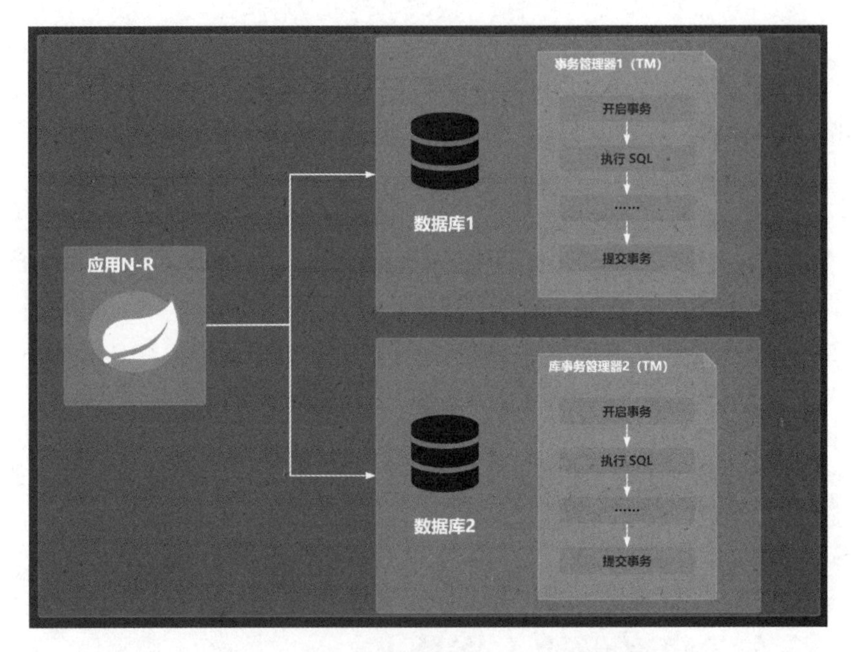

图 10-11　跨数据库可能导致分布式事务问题

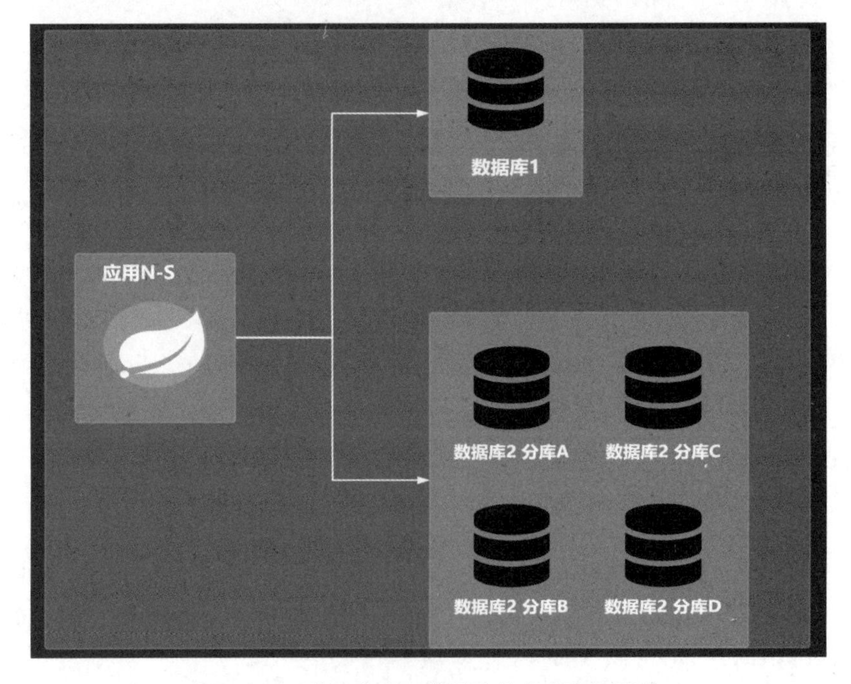

图 10-12　分库分表可能导致分布式事务问题

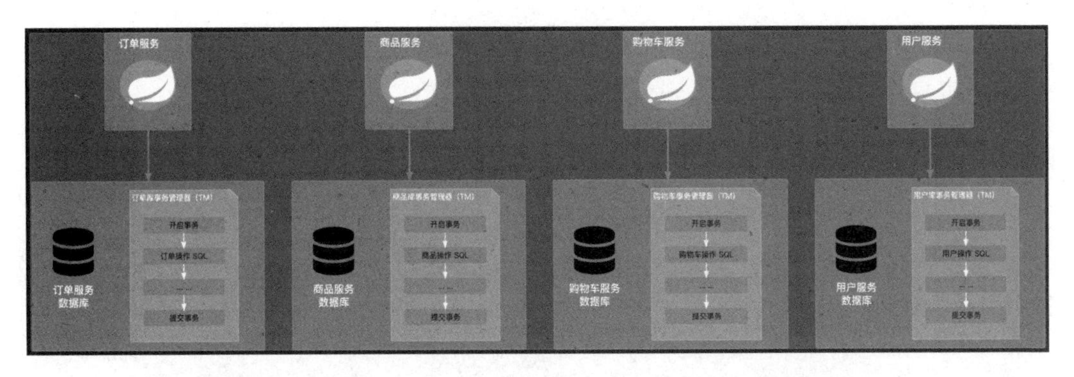

图 10-13　微服务架构下多个数据库实例可能导致分布式事务问题

在上述跨数据库、跨分区、跨服务的情况下，要保证一个方法中的 SQL 操作全部成功或全部失败，有些复杂。

10.2.2　分布式事务的解决方案

当然，分布式事务问题存在已久，业内有很多分布式事务问题的解决方案，如常见的二阶段提交（2PC）、三阶段提交（3PC）、TCC 方案和最终一致性方案。由于篇幅限制，这里就不进行拓展了，读者可以自行搜索上述关键词进行学习。这些方案都是实现原理，算是一种顶层设计，要想实际地应用到项目中，就需要使用这些方案所对应的软件产品。在 Java 开源领域能够提供分布式事务解决方案的软件中，比较有代表性的有 Sharding JDBC、Atomikos、MyCat、Alibaba Seata 等。

在这些落地方案中，不管是基于长事务的方案还是基于消息通知的方案，都是对跨数据库事务的进一步抽象，形成一个新的事务概念。在未加入分布式事务方案时，跨数据库的事务一致性问题是无法解决的，因为每个数据库都是独立的，其中的事务管理器也是独立的，互不干涉、互不影响。而上述这些分布式事务解决方案，在数据库之外引入了一个新的角色，对整个流程进行进一步的抽象，在其中加入了一个协调者（管理者），此时就存在一个第三方的管理者来协调多个数据库事务，如图 10-14 所示。

在本书中，笔者选择使用 Alibaba Seata 作为解决分布式事务问题的组件，从技术支持、成熟度、社区活跃度等角度综合来看，Alibaba Seata 都是非常优秀的分布式事务中间件。本章后续内容都将围绕 Seata 组件来讲解，包括 Seata 的介绍、搭建和实际编码，以便解决分布式事务问题。

以 Seata 组件为例，它就是一个跨数据库事务的第三方“管理者”，把跨数据库、跨服务的分布式事务场景变成了一个拥有多个分支事务的全局事务，如图 10-15 所示。通俗一些来说，就是用一条虚拟的绳子把原本独立的本地事务串联了起来，让这些跨数据库的本地事务变成了“一根绳上的蚂蚱”。

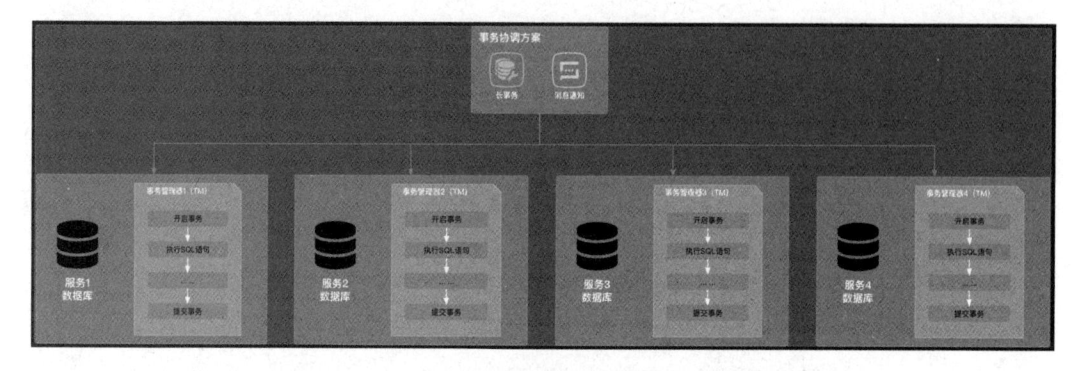

图 10-14　多个事务管理器的事务协调方案

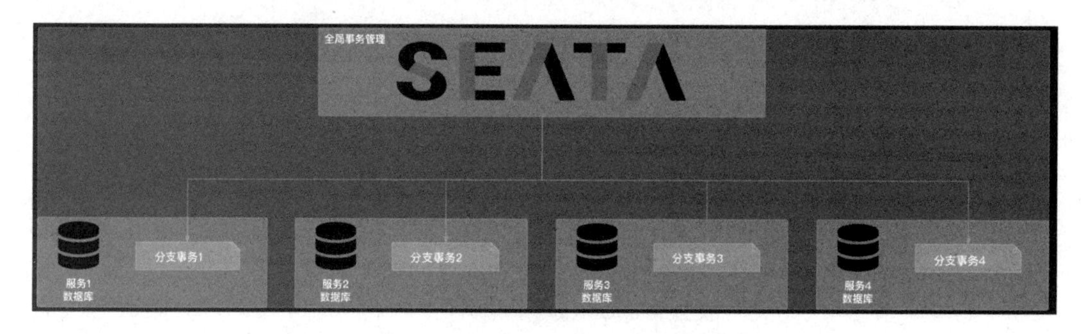

图 10-15　Seata 抽象出分支事务和全局事务

这样做的目的是解决分布式事务场景下的数据一致性问题，让全局事务下的分支事务要么全部成功，要么全部失败。所以，Alibaba Seata 中间件对跨多数据库的多个独立事务做了进一步的抽象，形成了全局事务的概念，如图 10-16 所示。

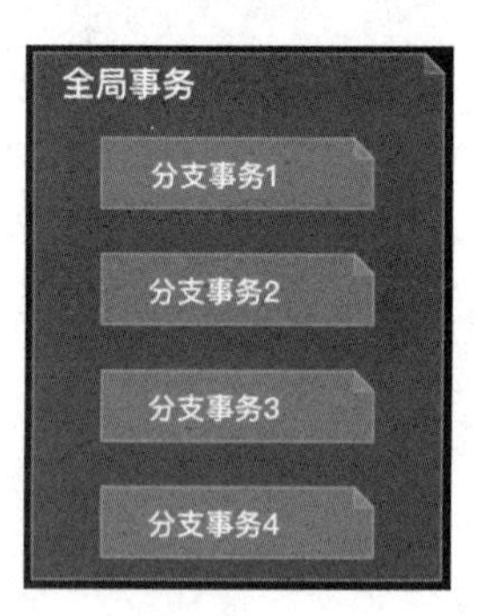

图 10-16　分支事务和全局事务的关系

以前文中的 saveOrder()方法举例，订单的 SQL 操作、购物车的 SQL 操作和商品的 SQL 操作都是在各自的数据库中进行的，如果不加入分布式事务组件，则数据一致性不能完全保证。而加入分布式事务组件后，saveOrder()方法操作下的所有跨数据库的事务就会被抽象为一个全局事务 S，订单事务被抽象为分支事务 branch-o，购物车事务被抽象为分支事务 branch-s，商品服务事务被抽象为分支事务 branch-g。在分布式事务组件的协调下，全局事务 S 下的 branch-o、branch-s、branch-g 要么全部成功，此时生成一条订单数据、购物车数据被删除、商品库存被扣减，要么全部失败，此时不会生成新的订单数据、购物车数据不会被删除、商品库存不变。

只有所有的分支事务都成功了，全局事务才算成功（Commit）。只要有一个分支事务失败了，全部分支事务就失败，所有的分支事务都会回滚（Rollback）。更进一步理解，加入全局事务的概念和技术实现后，所有跨数据库的本地事务都成为全局事务中的一个分支，在全局事务管理器的协调下，所有本地事务（分支事务）中执行的 SQL 语句，要么全部都执行，要么全部都不执行。

10.2.3　Alibaba Seata 简介

Seata 是一个开源的分布式事务解决方案，致力于在微服务架构下提供高性能和简单易用的分布式事务服务。Seata 为用户提供了 AT、TCC、SAGA 和 XA 事务模式，为用户打造一站式的分布式解决方案，官网页面如图 10-17 所示。

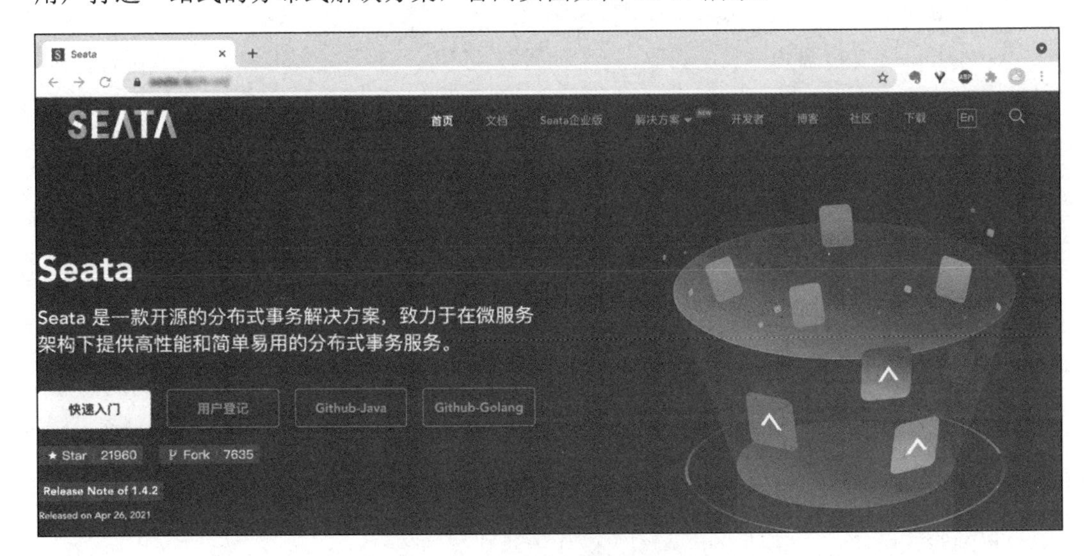

图 10-17　Seata 官网页面

在 Seata 开源之前，其内部版本在阿里巴巴经济体内部一直扮演着应用架构层数据一致性的中间件角色，帮助经济体平稳地度过历年的“双 11”，对上层业务进行了有力的技术支撑。经过多年沉淀与积累，Seata 于 2019 年 1 月正式对外开源，并以社区共建的形式帮助用户快速落地分布式事务解决方案。

10.3 安装Seata

10.3.1 下载 Seata Server 安装包

Seata 安装包的下载网址为网址 7，本书选择的版本是 1.4.2，下载网址为网址 8。

选择 Seata 1.4.2 版本的原因主要是参考了官方组件版本的对应关系，本书中所使用的 Spring Cloud Alibaba 的版本为 2021.0.1.0，官方推荐 Spring Cloud Alibaba 2021.0.1.0 对应的 Nacos 版本为 1.4.2。

下载成功后，会得到一个名称为 seata-server-1.4.2.zip 的文件，解压缩后的目录结构如下。

（1）bin：存放启动 Seata Server 的脚本文件。

（2）conf：Seata Server 的配置目录。

（3）lib：Seata Server 的 Jar 包存放目录。

（4）logs：存放日志文件。

下载并解压缩后，还需要对关键配置做一些更改。

10.3.2 Seata Server 的持久化配置

Seata Server 作为全局事务的管理者，需要记录和存储一些数据，因此需要存储介质来做数据持久化的工作。

Seata 支持 file、db、redis 三种持久化模式。file 是本地文件；db 是数据库，如 MySQL、Oracle、OceanBase 等；redis 就是使用 Redis 作为存储介质。默认情况下，Seata 使用本地文件来做持久化工作，本地文件的方式不适合后期 Seata Server 的集群拓展，因此建议把 Seata Server 持久化方案修改为 db 或 redis 的方式。本书使用 MySQL 来做 Seata Server 的持久化工作。接下来是具体的操作流程。

在 Seata 安装目录下的 conf 文件夹中，有一个名称为 file.conf 的文件，这个文件就是用来配置 Seata Server 持久化方式的。打开这个文件，并做如下修改。

（1）修改存储方式。

将 mode 配置项修改为 db，代码如下：

```
store {
  ## store mode: file、db、redis
  mode = "db"
```

（2）配置 MySQL 的连接信息。

相关的配置项同样是在 file.conf 文件中，只需要把数据库地址、登录用户和登录密码修改成自己的，其他配置项使用默认设置即可。最终配置内容如下：

```
## transaction log store, only used in seata-server
store {
  ## store mode: file、db、redis
  mode = "db"

  ## database store property
  db {
    ## the implement of javax.sql.DataSource, such as DruidDataSource(druid)/
BasicDataSource(dbcp)/HikariDataSource(hikari) etc.
    datasource = "druid"
    ## mysql/oracle/postgresql/h2/oceanbase etc.
    dbType = "mysql"
    driverClassName = "com.mysql.cj.jdbc.Driver"
    ## if using mysql to store the data, recommend add
rewriteBatchedStatements=true in jdbc connection param

    ## 修改为自己的数据库地址链接，数据库名称为 seata_server_db（可自行定义）
    url = "jdbc:mysql://127.0.0.1:3306/seata_server_db?rewriteBatchedStatements=
true&useUnicode=true&characterEncoding=utf8&autoReconnect=true&useSSL=false"
    ## 修改为自己的数据库登录用户
    user = "root"
    ## 修改为自己的数据库登录密码
    password = "123456"
    minConn = 5
    maxConn = 100
    globalTable = "global_table"
    branchTable = "branch_table"
    lockTable = "lock_table"
    queryLimit = 100
    maxWait = 5000
  }
}
```

（3）新建数据库并创建表结构。

打开数据库操作工具，新建 seata_server_db 数据库，之后导入 Seata Server 所需的表结构。具体的建表语句 Seata 官方已经提供了，见网址 9。

最终的建库、建表 SQL 内容如下：

```
# 新建 seata_server_db 数据库
CREATE DATABASE /*!32312 IF NOT EXISTS*/'seata_server_db' /*!40100 DEFAULT
CHARACTER SET utf8 */;

USE 'seata_server_db';


# 以下语句是官方提供的

-- -------------------------------- The script used when storeMode is 'db'
--------------------------------
-- the table to store GlobalSession data
CREATE TABLE IF NOT EXISTS 'global_table'
(
    'xid'                       VARCHAR(128) NOT NULL,
    'transaction_id'             BIGINT,
    'status'                    TINYINT     NOT NULL,
    'application_id'             VARCHAR(32),
    'transaction_service_group' VARCHAR(32),
    'transaction_name'           VARCHAR(128),
    'timeout'                   INT,
    'begin_time'                 BIGINT,
    'application_data'           VARCHAR(2000),
    'gmt_create'                 DATETIME,
    'gmt_modified'               DATETIME,
    PRIMARY KEY ('xid'),
    KEY 'idx_status_gmt_modified' ('status' , 'gmt_modified'),
    KEY 'idx_transaction_id' ('transaction_id')
) ENGINE = InnoDB
  DEFAULT CHARSET = utf8mb4;

-- the table to store BranchSession data
CREATE TABLE IF NOT EXISTS 'branch_table'
(
    'branch_id'         BIGINT       NOT NULL,
    'xid'               VARCHAR(128) NOT NULL,
    'transaction_id'    BIGINT,
    'resource_group_id' VARCHAR(32),
```

```
    'resource_id'       VARCHAR(256),
    'branch_type'       VARCHAR(8),
    'status'            TINYINT,
    'client_id'         VARCHAR(64),
    'application_data'  VARCHAR(2000),
    'gmt_create'        DATETIME(6),
    'gmt_modified'      DATETIME(6),
    PRIMARY KEY ('branch_id'),
    KEY 'idx_xid' ('xid')
) ENGINE = InnoDB
  DEFAULT CHARSET = utf8mb4;

-- the table to store lock data
CREATE TABLE IF NOT EXISTS 'lock_table'
(
    'row_key'        VARCHAR(128) NOT NULL,
    'xid'            VARCHAR(128),
    'transaction_id' BIGINT,
    'branch_id'      BIGINT       NOT NULL,
    'resource_id'    VARCHAR(256),
    'table_name'     VARCHAR(32),
    'pk'             VARCHAR(36),
    'status'         TINYINT      NOT NULL DEFAULT '0' COMMENT
'0:locked ,1:rollbacking',
    'gmt_create'     DATETIME,
    'gmt_modified'   DATETIME,
    PRIMARY KEY ('row_key'),
    KEY 'idx_status' ('status'),
    KEY 'idx_branch_id' ('branch_id'),
    KEY 'idx_xid_and_branch_id' ('xid' , 'branch_id')
) ENGINE = InnoDB
  DEFAULT CHARSET = utf8mb4;

CREATE TABLE IF NOT EXISTS 'distributed_lock'
(
    'lock_key'       CHAR(20) NOT NULL,
    'lock_value'     VARCHAR(20) NOT NULL,
    'expire'         BIGINT,
    primary key ('lock_key')
) ENGINE = InnoDB
  DEFAULT CHARSET = utf8mb4;

INSERT INTO 'distributed_lock' (lock_key, lock_value, expire) VALUES
```

```
('AsyncCommitting', ' ', 0);
INSERT INTO 'distributed_lock' (lock_key, lock_value, expire) VALUES
('RetryCommitting', ' ', 0);
INSERT INTO 'distributed_lock' (lock_key, lock_value, expire) VALUES
('RetryRollbacking', ' ', 0);
INSERT INTO 'distributed_lock' (lock_key, lock_value, expire) VALUES
('TxTimeoutCheck', ' ', 0);
```

当然，这些字段的定义中某些参数是可以根据自身系统进行修改的。比如，lock_table 表中的 table_name 字段，部分业务表的表名太长导致超出了 32 个字符长度，在执行分布式事务流程时就会报错。那么，在建表时就可以把这个字段的长度增加，如 VARCHAR(64)或 VARCHAR(128)，这一点需要格外注意。

直接导入 seata_server_db 数据库即可，导入成功后的数据库结构如图 10-18 所示。

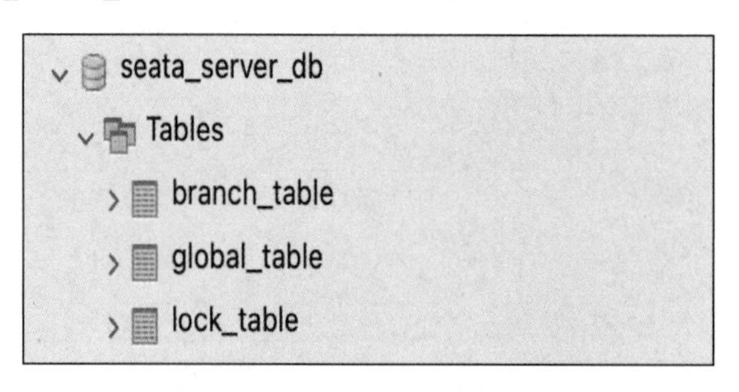

图 10-18　seata_server_db 数据库结构

另外，读者需要注意的一点是，这个数据库与微服务中的数据库并没有什么关系，只需要把数据库当作 Seata Server 中间件的一部分即可。

10.4　Seata Server整合Nacos服务中心

配置好 Seata Server 持久化之后，还要考虑一个问题：存在分布式事务的微服务实例是如何与 Seata 组件通信的呢？

在微服务架构下，当然离不开服务注册与服务发现的机制。此时又要请出“老朋友”Nacos 了。Seata Server 是可以作为一个服务实例注册到 Nacos 服务中心的，进而需要引入分布式事务组件的微服务（如订单服务、购物车服务和商品服务），然后就能够通过服务发现与 Seata Server 进行通信。接下来，笔者将讲解如何设置 Seata Server 的服务注册功能。

10.4.1　配置 Nacos 的连接信息

在 Seata 安装目录下的 conf 文件夹中，有一个名称为 registry.conf 的文件，这个文件就是用来配置 Seata Server 服务发现功能的。打开这个文件，并做如下修改。

（1）修改服务中心的技术选项。

默认为 file，同样支持 nacos、eureka、redis、zk、consul、etcd3、sofa 等服务中心。这里需要把 type 配置项修改为 nacos，代码如下：

```
registry {
  # file 、nacos 、eureka、redis、zk、consul、etcd3、sofa
  type = "nacos"
```

（2）配置 Nacos 的连接信息。

相关的配置项同样是在 registry.conf 文件中，把 Nacos 服务中心的相关连接信息配置好即可。最终配置内容如下：

```
registry {
  # file 、nacos 、eureka、redis、zk、consul、etcd3、sofa
  type = "nacos"

  nacos {
    application = "seata-server"
    serverAddr = "127.0.0.1:8848"
    group = "DEFAULT_GROUP"
    namespace = "public"
    cluster = "default"
    username = "nacos"
    password = "nacos"
  }
}
```

10.4.2　启动 Seata Server

所有的准备事项都已经做好了，就差最后的临门一脚。来启动 Seata Server 吧！

启动方式比较简单，Seata 安装目录下的 bin 文件夹中存放着启动 Seata Server 的脚本文件。根据操作系统，选择直接运行 seata-server.sh 文件或 seata-server.bat 文件即可。

比如，在 Linux 系统下就可以直接运行下面的 Shell 语句：

```
# 1.使用 cd 命令进入 bin 目录，根据自己的目录名称来输入
cd /seata-1.4.2/bin

# 2.执行 seata-server.sh 脚本（-p 8091 表示启动的端口号，可自行修改）
./seata-server.sh -p 8091
```

如果在控制台中没有看到错误日志，而是看到了下面这两行日志输出：

```
INFO --- [main] com.alibaba.druid.pool.DruidDataSource
: {dataSource-1} inited
INFO --- [main] i.s.core.rpc.netty.NettyServerBootstrap
: Server started, listen port: 8091
```

则表示 Seata Server 启动成功。同时，MySQL 数据源对象也初始化成功，即成功连接到 MySQL 数据库了。之后，还需要验证 Seata Server 服务注册流程是否成功。进入 Nacos 控制台，单击“服务管理”中的服务列表，可以看到列表中已经存在 seata-server 服务的服务信息，如图 10-19 所示。

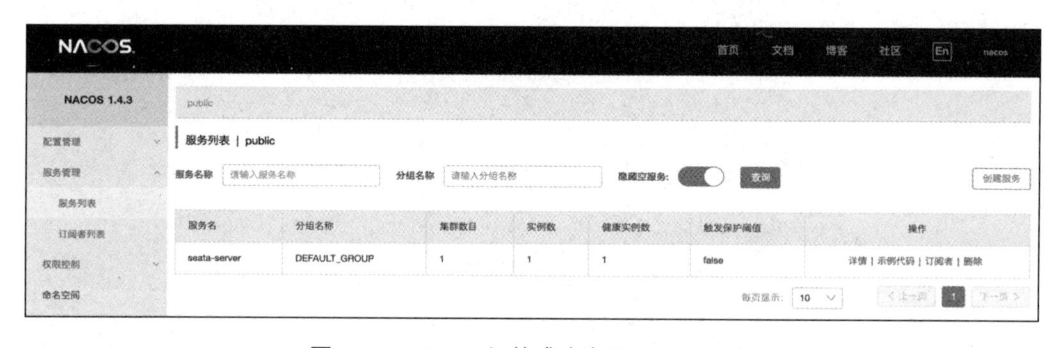

图 10-19　Seata 组件成功注册至 Nacos 中

启动 Seata Server 过程中可能遇到的问题列举如下。

- 数据库无法连接，需要检查数据库连接信息和 driverClassName 配置项的配置是否正确，新版本（5.7 及以上版本）的 MySQL 需要使用 com.mysql.cj.jdbc. Driver 这个驱动类。
- 服务中心无法连接，同样需要检查一下配置文件，查看具体的报错信息。
- 端口占用。默认端口号为 8091，可能重复启动了 Seata Server，关闭重复的进程即可。或者通过-p 参数修改 Seata Server 的启动端口号。

读者在启动时一定要关注启动日志，有任何问题都会在日志信息中详细地显示出来，看到错误日志后再有针对性地处理即可。搭建 Seata Server 并不复杂，首先配置它

的持久化模式，创建数据库并导入数据库和表，修改 file.conf 配置文件，其次是配置 Seata Server 的服务注册，修改 registry.conf 文件中的内容即可，最后执行命令启动 Seata Server。

10.5　整合Seata解决分布式事务编码实践

前文介绍了分布式解决方案和 Seata Server 的搭建，本节通过实际的编码把 Seata 中间件整合到项目中，并通过实际的编码来讲解 Seata 分布式事务的落地技巧。演示代码是在 spring-cloud-alibaba-distribution-demo 模板项目的基础上修改的，主要包括三个服务：商品服务、购物车服务和订单服务。本节将整合 Seata 对当时存在分布式事务问题的代码进行改造，解决数据不一致的问题。

10.5.1　创建 undo_log 表

在搭建 Seata Server 时，新建了一个数据库并导入了三张表，这是 Seata Server 运行时所需要的数据。如果想整合 Seata 来解决分布式问题，就需要在每个微服务实例所依赖的数据库中创建一张名称为 undo_log 的表。比如，本节将介绍三个微服务实例，需要在商品服务的数据库、购物车服务的数据库和订单服务的数据库中各自新建一张 undo_log 表。具体的建表语句 Seata 官方已经提供了，见网址 10。

在该目录下有多个文件夹，分别是 at/db、saga/db、tcc/db。因为 Seata 为开发人员提供了多种分布式事务的处理方式，如 AT、TCC、SAGA 等模式，在选择不同的处理方案时，需要引入不同的建表语句。

本节编码中使用的 Seata 处理方式是 AT 模式。AT 模式是 Seata 官方比较推荐的一套分布式事务解决方案，这种方式比较简单，对业务侵入低，不需要改动具体的业务代码，添加一个注解再添加几行配置项即可整合 Seata 来解决分布式事务，非常方便。需要引入的 undo_log 表的文件见网址 11。

最终的建表 SQL 语句如下：

```
-- for AT mode you must to init this sql for you business database. the seata
server not need it.
CREATE TABLE IF NOT EXISTS 'undo_log'
(
    'branch_id'       BIGINT            NOT NULL COMMENT 'branch transaction id',
    'xid'             VARCHAR(128)      NOT NULL COMMENT 'global transaction id',
    'context'         VARCHAR(128)      NOT NULL COMMENT 'undo_log context,such
```

```
                                    as serialization',
    'rollback_info' LONGBLOB        NOT NULL COMMENT 'rollback info',
    'log_status'    INT(11)         NOT NULL COMMENT '0:normal
                                    status,1:defense status',
    'log_created'   DATETIME(6)     NOT NULL COMMENT 'create datetime',
    'log_modified'  DATETIME(6)     NOT NULL COMMENT 'modify datetime',
    UNIQUE KEY 'ux_undo_log' ('xid', 'branch_id')
) ENGINE = InnoDB
  AUTO_INCREMENT = 1
  DEFAULT CHARSET = utf8mb4 COMMENT ='AT transaction mode undo table';
```

通过 undo_log 表的建表字段可知，该表会存储全局事务和分支事务的 id、回滚数据、执行状态等信息，如果全局事务失败，就需要依次回滚所有分支事务，需要执行的内容就保存在这个表里。所以，undo_log 这个表需要创建在各个微服务实例下的数据库中。比如，本节实战中的示例，就要在 test_distribution_cart_db 数据库、test_distribution_goods_db 数据库和 test_distribution_order_db 数据库中依次创建这个表，建表成功后的目录结构如图 10-20 所示。

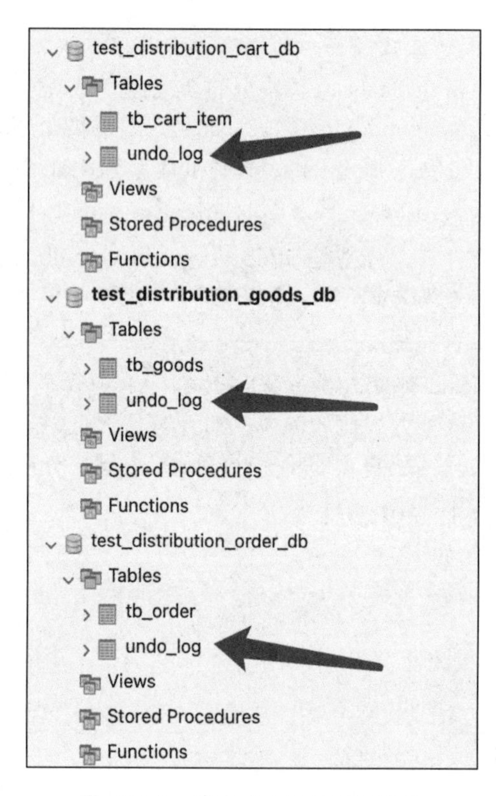

图 10-20　建表成功后的目录结构

另外，只有微服务实例需要被纳入分布式事务中时才会添加 undo_log 表，如果服务并不涉及分布式事务，就不需要在数据库中添加这个表。比如，服务架构下的服务 A、服务 B 涉及分布式事务的问题，就在这两个服务所依赖的数据库中添加 undo_log 表，而服务 E 和服务 F 中都没有相关的依赖链路使得它们出现分布式事务的问题，就无须添加 undo_log 表。

10.5.2　整合 Seata 解决分布式事务

在实际编码前，先修改项目名称为 spring-cloud-alibaba-seata-demo，再把各个模块中 pom.xml 文件的 artifactId 修改为 spring-cloud-alibaba-seata-demo，然后依次修改三个服务代码，具体操作步骤如下。

1. 添加 Seata 依赖

依次打开 goods-service-demo、order-service-demo 和 shopcart-service-demo 三个项目中的 pom.xml 文件，在 dependencies 节点下新增 Seata 的依赖项，配置如下：

```
<!-- Seata 依赖包 -->
<dependency>
    <groupId>com.alibaba.cloud</groupId>
    <artifactId>spring-cloud-starter-alibaba-seata</artifactId>
</dependency>
```

2. 添加 Seata 配置项

依次打开 goods-service-demo、order-service-demo 和 shopcart-service-demo 三个项目中的 application.properties 配置文件进行修改。为了做章节区分，先把项目中的端口号分别修改为 8161、8164 和 8167，然后添加与 Seata 相关的配置项。官方提供的配置文件可供参考，见网址 12。

这里有.properties 和.yml 两个格式的配置文件，根据自身项目配置文件的格式选择即可。主要增加的配置项如下：

```
seata.enabled：是否开启自动配置
seata.application-id：当前 Seata 客户端的应用名称
seata.tx-service-group：事务分组
seata.registry.type：服务中心的类型（本书选择的是 Nacos）
seata.registry.nacos.*：与 Nacos 相关的配置信息
```

最终增加的配置项如下：

```
#seata config

seata.enabled=true
#将三个不同的服务命名为不同的名称，如goods-server、order-server、shopcart-server
seata.application-id=goods-server
#事务分组配置
seata.tx-service-group=test_save_order_group
service.vgroupMapping.test_save_order_group=default

#连接Nacos服务中心的配置信息
seata.registry.type=nacos
seata.registry.nacos.application=seata-server
seata.registry.nacos.server-addr=127.0.0.1:8848
seata.registry.nacos.username=nacos
seata.registry.nacos.password=nacos
seata.registry.nacos.group=DEFAULT_GROUP
seata.registry.nacos.cluster=default
```

在三个项目的配置文件中依次添加上述配置项即可，其他配置项使用 Seata 的默认值即可。更多配置项内容可查看官方文档，见网址 13。

3. 数据源对象改造

在 Spring Boot 项目中，只需要在配置文件中添加几行关于数据库连接的配置项，即可获取 DataSource 对象并操作数据库，这是因为 Spring Boot 项目在启动时自动装配了数据源对象，如 HikariDataSource、DruidDataSource（默认是 HikariDataSource）。

在整合 Seata 时，最重要的一个步骤就是让 Seata 创建基于 DataSource 对象的代理来接管项目原有的 DataSource 对象，因此需要配置 DataSourceProxy 数据源代理类。DataSourceProxy 是 Seata 中间件提供的 DataSource 代理类，在分布式事务的处理过程中，用于自动生成 undo_log 回滚数据，以及自动完成分布式事务的提交或回滚操作，这些操作是项目原有的 DataSource 对象无法做到的。

当然，这个配置也不复杂，直接按照 Seata 官方文档中给出的代码进行修改即可。

依次在 goods-service-demo、order-service-demo 和 shopcart-service-demo 三个项目中创建 config 包，并新增 SeataProxyConfiguration 类，代码如下：

```
import com.alibaba.druid.pool.DruidDataSource;
import io.seata.rm.datasource.DataSourceProxy;
import
org.springframework.boot.context.properties.ConfigurationProperties;
```

```
import org.springframework.context.annotation.Bean;
import org.springframework.context.annotation.Configuration;
import org.springframework.context.annotation.Primary;

import javax.sql.DataSource;

@Configuration
public class SeataProxyConfiguration {

    //创建 Druid 数据源
    @Bean
    @ConfigurationProperties(prefix = "spring.datasource")
    public DruidDataSource druidDataSource() {
        return new DruidDataSource();
    }

    //创建 DataSource 数据源代理
    @Bean("dataSource")
    @Primary
    public DataSource dataSourceDelegation(DruidDataSource druidDataSource)
{
        return new DataSourceProxy(druidDataSource);
    }

}
```

创建 Druid 数据源并注册到 Spring 的 IoC 容器中，然后使用它来生成 DataSourceProxy 对象并注册到 Spring 的 IoC 容器中。只需简简单单的几行代码，数据源对象改造就成功了。

另外，数据源对象的改造步骤是必需的，但是在这个步骤中，开发人员可以不用编写额外的编码，即不用在项目中单独编写 SeataProxyConfiguration 类。因为创建数据源代理对象是 Seata 组件自动会做的事情（基于 Spring Boot 的自动装配机制）。在本节中，笔者将其作为一个重要步骤讲解，目的是让读者对 Seata 组件的工作原理更了解一些。为什么 Seata 组件可以对数据库做那么多的操作？因为它接管了项目中的数据源。

4. 添加@GlobalTransactional 注解

前期的准备工作基本都完成了，接下来就到了最激动人心的时刻，只需要在代码中添加一个注解就能够开启整个分布式事务的处理过程。

打开 order-service-demo 项目中的 OrderService 类，在 saveOrder()方法上添加 @GlobalTransactional 注解，代码修改如下：

```
@Transactional
//加上这个注解，开启 Seata 分布式事务
@GlobalTransactional
public Boolean saveOrder(int cartId) {
    省略部分代码
}
```

saveOrder()方法是一个涉及分布式事务的方法，在这个方法中会调用其他服务来共同完成“下单”的流程，进而会操作三个独立的数据库。在这个方法上添加的 @GlobalTransactional 注解是全局事务注解，作用是开启全局事务。当执行到 saveOrder()方法时，会自动开启全局事务。如果该方法中的代码逻辑都正常执行，则进行全局事务的 Commit 操作；如果该方法中抛出异常，则进行 RollBack 操作。

只需要在涉及全局事务的方法上添加这个注解即可，如本示例只需要在 saveOrder()方法上添加，在 goods-service-demo 和 shopcart-service-demo 方法中不需要添加这个注解，因为它们属于分支事务。

10.6 Seata整合后的基础检验

在编码完成后，验证一下是否已经成功把 Seata 整合到项目中。

10.6.1 服务注册验证

在验证前，需要启动 Nacos Server 和 Seata Server。成功启动这两个中间件后，依次启动 goods-service-demo、order-service-demo 和 shopcart-service-demo 这三个项目。上述的两个中间件和三个 Spring Boot 项目，如果未能成功启动，则开发人员需要查看控制台中的日志是否报错，并及时确认问题和修复。启动成功后进入 Nacos 控制台，单击“服务管理”中的服务列表，可以看到服务列表中已经存在三个服务和 Seata Server 的服务信息，如图 10-21 所示。

三个微服务实例和 Seata Server 都启动成功，并且成功注册到 Nacos Server 中，验证通过。

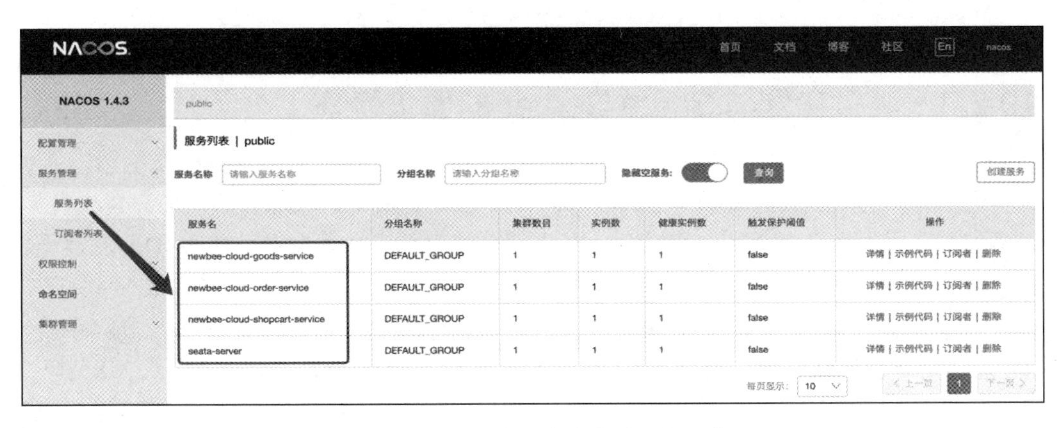

图 10-21　Nacos 控制台中的服务列表

10.6.2　数据源代理验证

接下来验证数据源是否被 Seata 成功接管。

直接查看 goods-service-demo、order-service-demo 和 shopcart-service-demo 这三个项目的控制台即可，如图 10-22 所示。

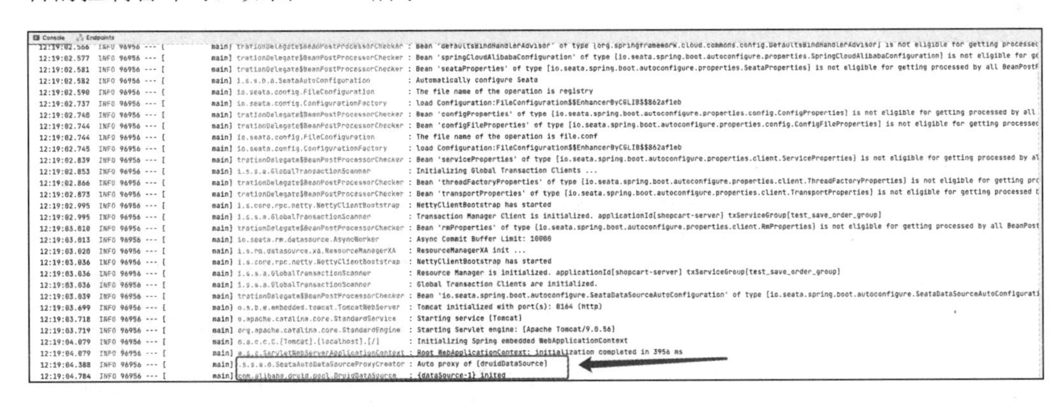

图 10-22　整合 Seata 后的启动日志

相较于整合 Seata 组件前，整合后的启动日志代码明显增多，也能够明显看到 DataSourceProxy 相关的日志。

开启 Seata 对数据源的代理，验证通过。

如果没有看到类似的日志，就需要检查一下哪个步骤出了问题，而且三个微服务实例都需要有上述的这些日志输出才行。

10.6.3 服务实例与 Seata Server 的通信验证

最后需要验证微服务实例与 Seata Server 是否通信成功。验证时不需要开发人员做额外的操作，微服务实例启动成功后，只需要耐心等待半分钟左右，观察 IDEA 编辑器的控制台以及 Seata Server 的最新日志即可。

以 goods-service-demo 项目为例，如果成功与 Seata Server 建立通信连接，就能够在 IDEA 编辑器的控制台中看到如图 10-23 所示的日志信息。

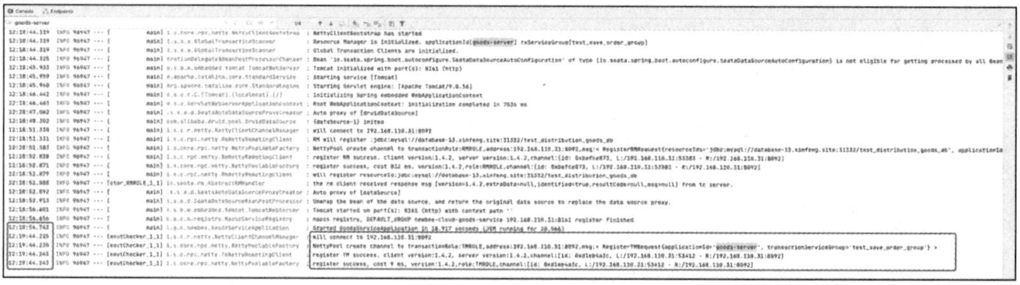

图 10-23 成功与 Seata Server 建立通信连接后的日志输出

可以看到在项目启动成功后的一段时间，出现了 goods-server 已经成功注册到 Seata Server 中的相关日志输出。

同样地，在 Seata Server 的启动界面也可以看到如下的日志信息。

```
12:18:52.886  INFO --- [rverHandlerThread_1_7_500]
i.s.c.r.processor.server.RegRmProcessor  : RM register success,
message:RegisterRMRequest{resourceIds='jdbc:mysql://127.0.0.1:3306/test_
distribution_goods_db', applicationId='goods-server',
transactionServiceGroup='test_save_order_group'},channel:[id: 0x59ab383d,
L:/192.168.110.31:8092 - R:/192.168.110.31:53383],client version:1.4.2

12:19:44.240  INFO --- [ettyServerNIOWorker_1_2_8]
i.s.c.r.processor.server.RegTmProcessor  : TM register
success,message:RegisterTMRequest{applicationId='goods-server',
transactionServiceGroup='test_save_order_group'},channel:[id: 0x0f19629c,
L:/192.168.110.31:8092 - R:/192.168.110.31:53412],client version:1.4.2
```

这属于完完全全地“双向奔赴”了。

服务实例与 Seata Server 之间的通信建立成功，验证通过。

读者需要注意，本节的示例中有三个微服务实例项目，除本节提到的 goods-service-demo 外，另外两个项目的日志信息也与笔者提供的日志信息类似。读者在练习时一定要认真观察这些日志信息，如果某个项目中没有类似的日志输出，那就是未能成功与 Seata Server 建立通信，需要检查代码是否有问题。以上是微服务实例与 Seata Server 通信成功的日志输出，如果未能通信成功，在控制台上看到的日志就是与“failure”“error”相关的日志了。

在微服务架构的项目中整合 Seata 中间件的编码和配置已经完成。接下来将测试整合 Seata 组件后的微服务实例，在同样的业务逻辑和代码下，验证 10.1.3 节中出现的分布式问题是否继续存在。之后笔者会结合代码讲解并分析 Seata 处理分布式事务的步骤和原理，让读者更加深入和全面地了解 Seata 中间件。

10.7　Seata中间件的重要概念

在验证分布式事务的代码前，笔者先介绍 Seata 中间件中的几个重要概念，以便读者能够更好地理解本节的内容。图 10-24 是 Seata 官方提供的分布式事务处理中几个角色的简易流程图。

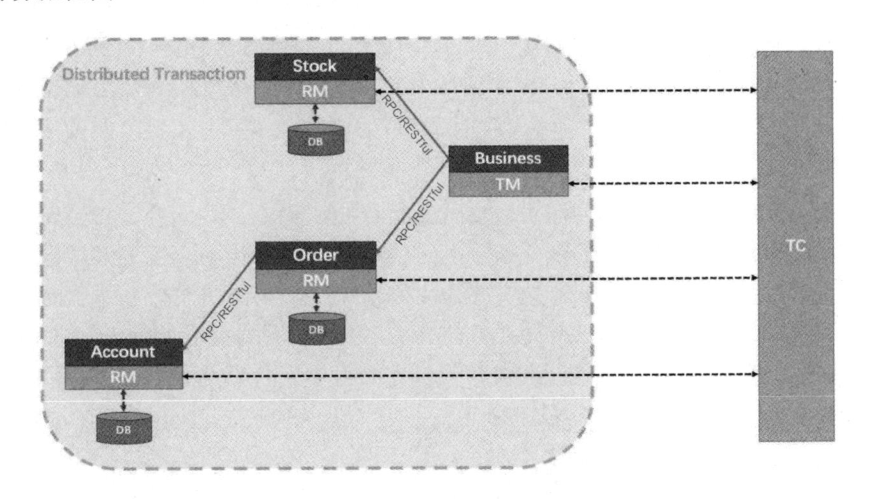

图 10-24　TC、TM、RM 三者间的分布式事务处理流程图

图 10-24 中概括了使用 Seata 处理分布式事务时的几个重要角色，主要有 TC、TM、RM，这三个角色的功能及作用如下。

- TC（Transaction Coordinator）：这个角色是事务协调者。它负责维护全局事务和分支事务的状态，驱动全局事务提交或回滚，Seata Server 就扮演这个角色。

- TM（Transaction Manager）：这个角色是事务管理器。它负责定义全局事务的范围，开始全局事务、提交或回滚全局事务。
- RM（Resource Manager）：这个角色是资源管理器。它负责管理分支事务处理的资源，与 TC 交互以注册分支事务和报告分支事务的状态，并驱动分支事务提交或回滚。

TC 就是 Seata Server，这个不用多做解释。为了让读者快速理解 Seata 分布式事务处理时 TM 和 RM 这两个角色，笔者将结合实际的代码来讲解。

在项目启动成功后，在日志中可以看到如下内容：

```
14:35:24.568  INFO --- [rverHandlerThread_1_1_500]
i.s.c.r.processor.server.RegRmProcessor  : RM register
success,message:RegisterRMRequest{resourceIds='jdbc:mysql:127.0.0.1:3306
/test_distribution_goods_db', applicationId='goods-server',
transactionServiceGroup='test_save_order_group'},channel:[id: 0xf3f5292d,
L:/192.168.110.31:8092 - R:/192.168.110.31:50838],client version:1.4.2

14:35:24.592  INFO --- [ettyServerNIOWorker_1_2_8]
i.s.c.r.processor.server.RegTmProcessor  : TM register
success,message:RegisterTMRequest{applicationId='goods-server',
transactionServiceGroup='test_save_order_group'},channel:[id: 0x3a8cb7bb,
L:/192.168.110.31:8092 - R:/192.168.110.31:50836],client version:1.4.2
```

即微服务实例在启动后会分别向 Seata Server 注册事务管理器 TM 和资源管理器 RM。在 spring-cloud-alibaba-seata-demo 项目中有三个微服务实例，成功启动后会依次注册订单服务 TM、订单服务 RM、商品服务 TM、商品服务 RM、购物车服务 TM 和购物车服务 RM。

在生成订单的 saveOrder()方法中，会依次执行扣减库存、删除购物项、保存订单这三个操作。在这个方法中，如果整个方法中的逻辑及涉及的业务全部处理成功，就表示全局事务执行成功并触发 Commit 方法进行数据入库。如果在这个方法中出现异常，则需要全部回滚。这个方法决定了全局事务的开启、提交、回滚，因此 order-service-demo 项目作为这次分布式事务的开端，本次全局事务的事务管理器是订单服务 TM。

商品服务 TM 和购物车服务 TM 虽然也注册了，但是它们并没有开启全局事务的代码。

在 saveOrder()方法运行时分别执行扣减库存、删除购物项、保存订单的操作，涉及三个微服务实例和三个不同的数据库。在全局事务开启后，也会依次开启三个分支事务，而这三个分支事务的管理分别由订单服务 RM、商品服务 RM 和购物车服务 RM 处理。

最终，结合 Seata 中间件处理分布式事务时的三个重要角色，总结出 spring-cloud-alibaba-seata-demo 项目处理分布式事务的流程，如图 10-25 所示。

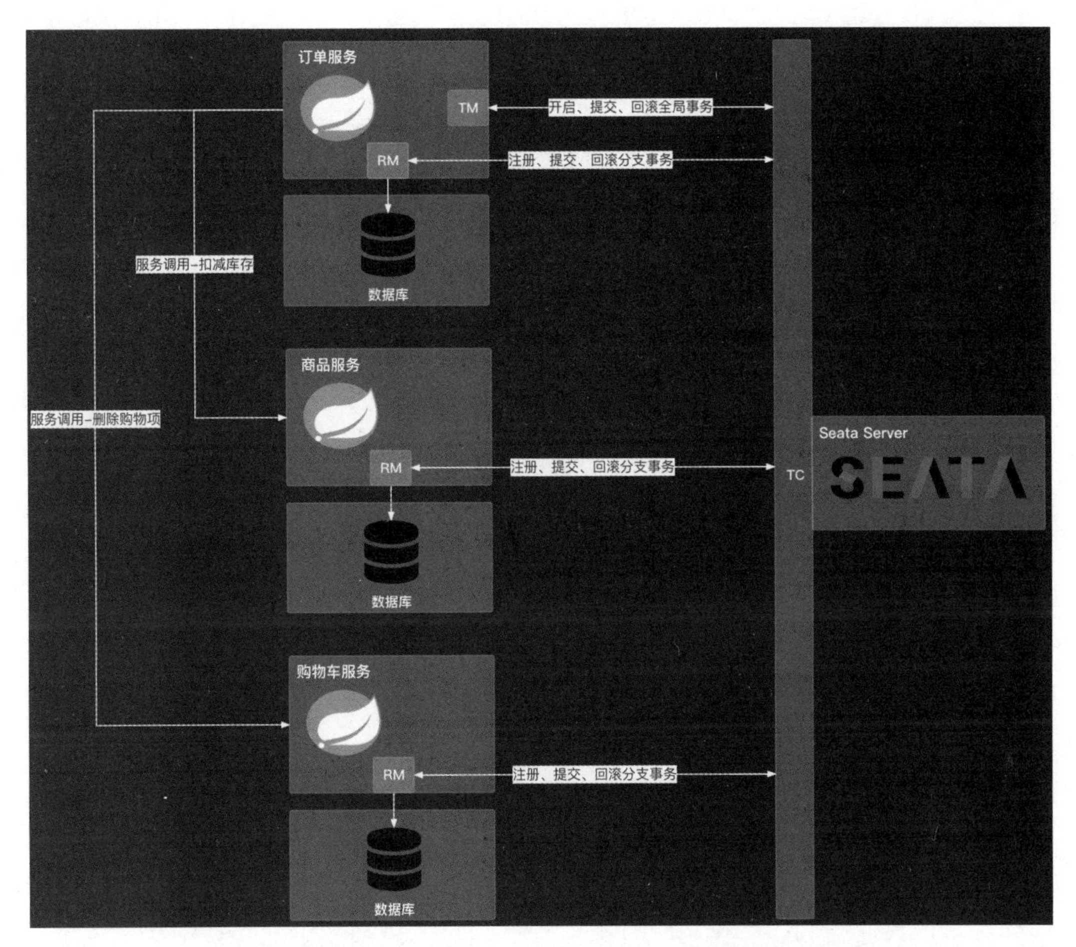

图 10-25　spring-cloud-alibaba-seata-demo 项目处理分布式事务的流程

10.8　验证分布式事务问题及日志分析

下面结合实际的代码，验证 10.1.3 节中出现的分布式问题是否还存在。在验证前一定要确保所有服务都正常启动，并且服务实例与 Seata Server 之间的通信正常。

修改 OrderService.saveOrder()方法，添加一行在执行时会出现异常的代码，如下所示：

```
@Transactional
@GlobalTransactional
public Boolean saveOrder(int cartId) {
```

```
    // 调用购物车服务-获取即将操作的goods_id
    int goodsId = newBeeShopCartDemoService.getGoodsId(cartId);
    // 调用商品服务-减库存
    Boolean goodsResult = newBeeGoodsDemoService.deStock(goodsId);
    // 调用购物车服务-删除当前购物车数据
    Boolean cartResult = newBeeShopCartDemoService.deleteItem(cartId);
    // 执行下单逻辑
    if (goodsResult && cartResult) {
        // 向订单表中新增一条记录
        int orderResult = jdbcTemplate.update("insert into tb_order('cart_id')
value (\"" + cartId + "\")");
        // 此处出现了异常
              int i=1/0;
        if (orderResult > 0) {
           return true;
        }
        return false;
    }
    return false;
}
```

之后重启订单服务并确认该服务与 Nacos Server 和 Seata Server 通信成功，再请求如下测试地址：

```
http://localhost:8167/order/saveOrder?cartId=10
```

此时的结果与 10.1.3 节中的结果相同，控制台中出现了异常信息，生成订单的接口没有返回成功的响应。控制台报出的异常信息如下：

```
java.lang.ArithmeticException: / by zero
   at ltd.order.cloud.newbee.service.OrderService.saveOrder(OrderService.
java:51) ~[classes/:na]
```

数据库中的结果却不一样了，10.1.3 节中的结果是订单数据没有新增，但是购物车数据被删除了，商品库存也扣减成功了。而整合 Seata 后，一切数据正常，订单数据没有新增，购物车数据未被删除，商品库存也未扣减成功。

明明已经调用了删除购物车的接口和扣减商品库存的接口，为什么数据库中的商品数据和购物项数据没变呢？分别查看这两个服务实例的控制台输出日志，内容如下。

商品服务的控制台输出日志：

```
2023-05-26 18:07:56.872  INFO 31232 --- [ch_RMROLE_1_2_8]
i.s.c.r.p.c.RmBranchRollbackProcessor: rm handle branch rollback
process:xid=192.168.110.31:8092:6800691518082474159,branchId=68006915180
82474168,branchType=AT,resourceId=jdbc:mysql://127.0.0.1:3306/test_distr
```

```
ibution_goods_db,applicationData=null
2023-05-26 18:07:56.872  INFO 31232 --- [ch_RMROLE_1_2_8]
io.seata.rm.AbstractRMHandler: Branch Rollbacking:
192.168.110.31:8092:6800691518082474159 6800691518082474168
jdbc:mysql://127.0.0.1:3306/test_distribution_goods_db
2023-05-26 18:07:57.834  INFO 31232 --- [ch_RMROLE_1_2_8]
i.s.r.d.undo.AbstractUndoLogManager: xid
192.168.110.31:8092:6800691518082474159 branch 6800691518082474168,
undo_log deleted with GlobalFinished
2023-05-26 18:07:57.986  INFO 31232 --- [ch_RMROLE_1_2_8]
io.seata.rm.AbstractRMHandler: Branch Rollbacked result:
PhaseTwo_Rollbacked
```

购物车服务的控制台输出日志：

```
2023-05-26 18:07:55.419  INFO 31246 --- [ch_RMROLE_1_2_8]
i.s.c.r.p.c.RmBranchRollbackProcessor: rm handle branch rollback
process:xid=192.168.110.31:8092:6800691518082474159,branchId=68006915180
82474172,branchType=AT,resourceId=jdbc:mysql://127.0.0.1:3306/test_distr
ibution_cart_db,applicationData=null
2023-05-26 18:07:55.419  INFO 31246 --- [ch_RMROLE_1_2_8]
io.seata.rm.AbstractRMHandler: Branch Rollbacking:
192.168.110.31:8092:6800691518082474159 6800691518082474172
jdbc:mysql://127.0.0.1:3306/test_distribution_cart_db
2023-05-26 18:07:56.379  INFO 31246 --- [ch_RMROLE_1_2_8]
i.s.r.d.undo.AbstractUndoLogManager: xid
192.168.110.31:8092:6800691518082474159 branch 6800691518082474172,
undo_log deleted with GlobalFinished
2023-05-26 18:07:56.545  INFO 31246 --- [ch_RMROLE_1_2_8]
io.seata.rm.AbstractRMHandler: Branch Rollbacked result: PhaseTwo_Rollbacked
```

这两个微服务实例都在 Seata 组件的协调下完成了如下的关键步骤。

（1）rm handle branch rollback process：RM 执行回滚流程。

（2）Branch Rollbacking：分支事务正在回滚。

（3）PhaseTwo_Rollbacked：分支事务回滚完成。

由于代码中出现了异常，因此导致全局事务没有执行成功，对应的分支事务都回滚了，并没有真正地执行落库操作。

查看 Seata Server 可以看到更为详细的日志信息，内容如下（笔者在日志中添加了一些中文注释）：

```
# 1.开启全局事务 xid:192.168.110.31:8092:6800691518082474159
```

```
18:07:44.623  INFO --- [batchLoggerPrint_1_1]
i.s.c.r.p.server.BatchLogHandler: SeataMergeMessage
timeout=60000,transactionName=saveOrder(int),clientIp:192.168.110.31,
vgroup:test_save_order_group
18:07:44.795  INFO --- [verHandlerThread_1_47_500]
i.s.s.coordinator.DefaultCoordinator: Begin new global transaction
applicationId: order-server,transactionServiceGroup: test_save_order_group,
transactionName:
saveOrder(int),timeout:60000,xid:192.168.110.31:8092:6800691518082474159

# 2.开启扣减库存的分支事务 branchId = 6800691518082474168

18:07:52.029  INFO --- [batchLoggerPrint_1_1]
i.s.c.r.p.server.BatchLogHandler: SeataMergeMessage
xid=192.168.110.31:8092:6800691518082474159,branchType=AT,resourceId=jdb
c:mysql://127.0.0.1:3306/test_distribution_goods_db,lockKey=tb_goods:202
5,clientIp:192.168.110.31,vgroup:test_save_order_group
18:07:53.117  INFO --- [verHandlerThread_1_48_500]
i.seata.server.coordinator.AbstractCore: Register branch successfully, xid
= 192.168.110.31:8092:6800691518082474159, branchId = 6800691518082474168,
resourceId =
jdbc:mysql://127.0.0.1:3306/test_distribution_goods_db ,lockKeys =
tb_goods:2025

# 3.开启删除购物项的分支事务 branchId = 6800691518082474172

18:07:53.653  INFO --- [batchLoggerPrint_1_1]
i.s.c.r.p.server.BatchLogHandler: SeataMergeMessage xid=
192.168.110.31:8092:6800691518082474159,branchType=AT,resourceId=jdbc:my
sql://127.0.0.1:3306/test_distribution_cart_db,lockKey=tb_cart_item:10,
clientIp:192.168.110.31,vgroup:test_save_order_group
18:07:53.837  INFO --- [verHandlerThread_1_49_500]
i.seata.server.coordinator.AbstractCore: Register branch successfully, xid
= 192.168.110.31:8092:6800691518082474159, branchId = 6800691518082474172,
resourceId = jdbc:mysql://127.0.0.1:3306/test_
distribution_cart_db ,lockKeys = tb_cart_item:10
18:07:54.948  INFO --- [batchLoggerPrint_1_1]
i.s.c.r.p.server.BatchLogHandler: SeataMergeMessage
xid=192.168.110.31:8092:6800691518082474159,extraData=null,clientIp:192.
168.110.31,vgroup:test_save_order_group

# 4.删除购物项的分支事务回滚成功
```

```
18:07:56.867  INFO --- [verHandlerThread_1_50_500] io.seata.server.
coordinator.DefaultCore: Rollback branch transaction successfully, xid =
192.168.110.31:8092:6800691518082474159 branchId = 6800691518082474172

# 5.扣减库存的分支事务回滚成功

18:07:58.235  INFO --- [verHandlerThread_1_50_500]
io.seata.server.coordinator.DefaultCore: Rollback branch transaction
successfully, xid = 192.168.110.31:8092:6800691518082474159 branchId =
6800691518082474168

# 6.全局事务回滚成功

18:07:58.785  INFO --- [verHandlerThread_1_50_500] io.seata.server.
coordinator.DefaultCore: Rollback global transaction successfully, xid =
192.168.110.31:8092:6800691518082474159.
```

在日志中可以看到，saveOrder()方法执行时会开启一个全局事务。在调用另外两个服务实例时会依次开启两个分支事务。由于 saveOrder()方法中出现了异常，因此导致了全局事务的回滚操作。

接下来把那一行导致异常的代码删除，看一看一切正常的情况下 Seata 组件会做哪些操作。修改代码后重启订单服务并确认该服务与 Nacos Server 和 Seata Server 通信成功，再次请求如下测试地址：

```
http://localhost:8167/order/saveOrder?cartId=10
```

此时，没有出现异常信息，该接口返回的结果是“true”。依次查看三个数据库中的表数据，订单表中新增了一条订单数据，id 为 10 的订单项数据被删除，id 为 2035 的商品库存也扣减成功。分别查看微服务实例的控制台输出日志，内容如下。

商品服务的控制台输出日志：

```
2023-05-26 18:39:05.429  INFO 31232 --- [ch_RMROLE_1_5_8]
i.s.c.r.p.c.RmBranchCommitProcessor: rm client handle branch commit
process:xid=192.168.110.31:8092:6800691518082474238,branchId=68006915180
82474241,branchType=AT,resourceId=jdbc:mysql://127.0.0.1:3306/test_distr
ibution_goods_db,applicationData=null
2023-05-26 18:39:05.446  INFO 31232 --- [ch_RMROLE_1_5_8]
io.seata.rm.AbstractRMHandler: Branch committing:
192.168.110.31:8092:6800691518082474238 6800691518082474241
jdbc:mysql://127.0.0.1:3306/test_distribution_goods_db null
2023-05-26 18:39:05.460  INFO 31232 --- [ch_RMROLE_1_5_8]
io.seata.rm.AbstractRMHandler: Branch commit result: PhaseTwo_Committed
```

商品服务的控制台输出日志：

```
2023-05-26 18:39:05.685  INFO 31246 --- [ch_RMROLE_1_4_8]
i.s.c.r.p.c.RmBranchCommitProcessor: rm client handle branch commit
process:xid=192.168.110.31:8092:68006915180824742388,branchId=68006915180
82474245,branchType=AT,resourceId=jdbc:mysql://127.0.0.1:3306/test_distr
ibution_cart_db,applicationData=null
2023-05-26 18:39:05.708  INFO 31246 --- [ch_RMROLE_1_4_8]
io.seata.rm.AbstractRMHandler: Branch committing:
192.168.110.31:8092:6800691518082474238 6800691518082474245
jdbc:mysql://127.0.0.1:3306/test_distribution_cart_db null
2023-05-26 18:39:05.719  INFO 31246 --- [ch_RMROLE_1_4_8]
io.seata.rm.AbstractRMHandler: Branch commit result: PhaseTwo_Committed
```

这两个微服务实例都在 Seata 组件的协调下完成了如下的关键步骤。

（1）rm client-handle branch commit process：RM 执行提交流程。

（2）Branch committing：分支事务正在提交。

（3）PhaseTwo_Committed：分支事务提交完成。

全局事务执行成功，所有的分支事务都执行了提交操作，数据库中的数据也就对应地被修改了。

查看 Seata Server 可以看到更为详细的日志信息，内容如下（笔者在日志中添加了一些中文注释）：

```
# 1.开启全局事务 xid:192.168.110.31:8092:6800691518082474238

18:38:57.806  INFO --- [batchLoggerPrint_1_1]
i.s.c.r.p.server.BatchLogHandler: SeataMergeMessage
timeout=60000,transactionName=saveOrder(int),clientIp:192.168.110.31,
vgroup:test_save_order_group
18:38:57.927  INFO --- [verHandlerThread_1_19_500]
i.s.s.coordinator.DefaultCoordinator: Begin new global transaction
applicationId: order-server,transactionServiceGroup: test_save_order_group,
transactionName:
saveOrder(int),timeout:60000,xid:192.168.110.31:8092:6800691518082474238

# 2.开启扣减库存的分支事务 branchId = 6800691518082474241

18:38:58.748  INFO --- [batchLoggerPrint_1_1]
i.s.c.r.p.server.BatchLogHandler: SeataMergeMessage
xid=192.168.110.31:8092:6800691518082474238,branchType=AT,resourceId=jdb
c:mysql://127.0.0.1:3306/test_distribution_goods_db,lockKey=tb_goods:202
```

```
5,clientIp:192.168.110.31,vgroup:test_save_order_group
18:38:59.710  INFO --- [verHandlerThread_1_20_500]
i.seata.server.coordinator.AbstractCore  : Register branch successfully,
xid = 192.168.110.31:8092:6800691518082474238, branchId =
6800691518082474241, resourceId =
jdbc:mysql://127.0.0.1:3306/test_distribution_goods_db ,lockKeys =
tb_goods:2025

# 3.开启删除购物项的分支事务 branchId = 6800691518082474245

18:39:00.655  INFO --- [batchLoggerPrint_1_1]
i.s.c.r.p.server.BatchLogHandler: SeataMergeMessage
xid=192.168.110.31:8092:6800691518082474238,branchType=AT,resourceId=jdb
c:mysql://127.0.0.1:3306/test_distribution_cart_db,lockKey=tb_cart_item:
10,clientIp:192.168.110.31,vgroup:test_save_order_group
18:39:01.604  INFO --- [verHandlerThread_1_21_500]
i.seata.server.coordinator.AbstractCore  : Register branch successfully,
xid = 192.168.110.31:8092:6800691518082474238, branchId =
6800691518082474245, resourceId =
jdbc:mysql://127.0.0.1:3306/test_distribution_cart_db ,lockKeys =
tb_cart_item:10

# 4.开启新增订单的分支事务 branchId = 6800691518082474249

18:39:02.437  INFO --- [batchLoggerPrint_1_1]
i.s.c.r.p.server.BatchLogHandler: SeataMergeMessage
xid=192.168.110.31:8092:6800691518082474238,branchType=AT,resourceId=jdb
c:mysql://127.0.0.1:3306/test_distribution_order_db,lockKey=tb_order:1
,clientIp:192.168.110.31,vgroup:test_save_order_group
18:39:03.542  INFO --- [verHandlerThread_1_22_500]
i.seata.server.coordinator.AbstractCore  : Register branch successfully,
xid = 192.168.110.31:8092:6800691518082474238, branchId =
6800691518082474249, resourceId = jdbc:mysql://127.0.0.1:3306/test_
distribution_order_db ,lockKeys = tb_order:1

# 5.全局事务提交成功

18:39:03.975  INFO --- [batchLoggerPrint_1_1]
i.s.c.r.p.server.BatchLogHandler: SeataMergeMessage
xid=192.168.110.31:8092:6800691518082474238,extraData=null
,clientIp:192.168.110.31,vgroup:test_save_order_group
```

```
18:39:06.263  INFO --- [AsyncCommitting_1_1]
io.seata.server.coordinator.DefaultCore   : Committing global transaction is
successfully done, xid = 192.168.110.31:8092:6800691518082474238.
```

本节演示了分布式事务正常提交和异常回滚的两种情况，使用 Seata AT 模式来处理分布式事务的方案就完整地实现了。

10.9 Seata（AT模式）分布式事务的处理流程

通过前文的讲解及编码实践，可以看出 Seata 组件的整合与编码并不是非常复杂。只要能够正常搭建起 Seata Server，实现分布式事务的处理只需要在代码中添加一个全局事务注解。当然，如果两句话就能让读者学会使用 Seata 处理分布式事务问题，笔者就不需要用如此大的篇幅来讲解了，归根结底还是需要读者按照本书提供的教程多实践。

为了方便读者更好地理解整合 Seata 组件后的运行流程，笔者画了一张时序图来描述整个过程，Seata（AT 模式）分布式事务的处理流程如图 10-26 所示。

（1）微服务实例启动后自动向事务协调者 Seata-Server（TC）进行注册，让 TC 知晓各个组件的信息并建立起通信。

（2）当执行 saveOrder()方法时，订单服务 TM 会向 TC 发出开启全局事务的请求，同时 TC 也会返回一个全局事务 ID（XID）。saveOrder()方法开始执行，会依次执行三个微服务实例的扣减库存、删除购物项、新增订单操作。

（3）当执行到扣减库存时，商品服务 RM 会向 TC（Seata Server）请求开启一个分支事务，同时 TC 也会返回一个分支事务 ID（BranchID），并将其纳入第 2 个步骤生成的全局事务中管理。

（4）商品服务 RM 执行扣减库存的操作，在数据库中执行 update 语句，并记录 undo_log 日志。扣减库存的 SQL 语句如下：

```
update tb_goods set goods_stock=goods_stock-1 where goods_id=xxx
```

与之对应的是，undo_log 回滚日志基于上述 SQL 语句执行反向操作。扣减库存是减一操作，Seata 对 SQL 语句进行解析后生成并保存到 undo_log 表中的反向回滚 SQL 日志如下：

```
update tb_goods set goods_stock=goods_stock+1 where goods_id=xxx
```

之后，商品服务 RM 会提交本地事务，并向 TC 端汇报当前分支事务的处理结果。

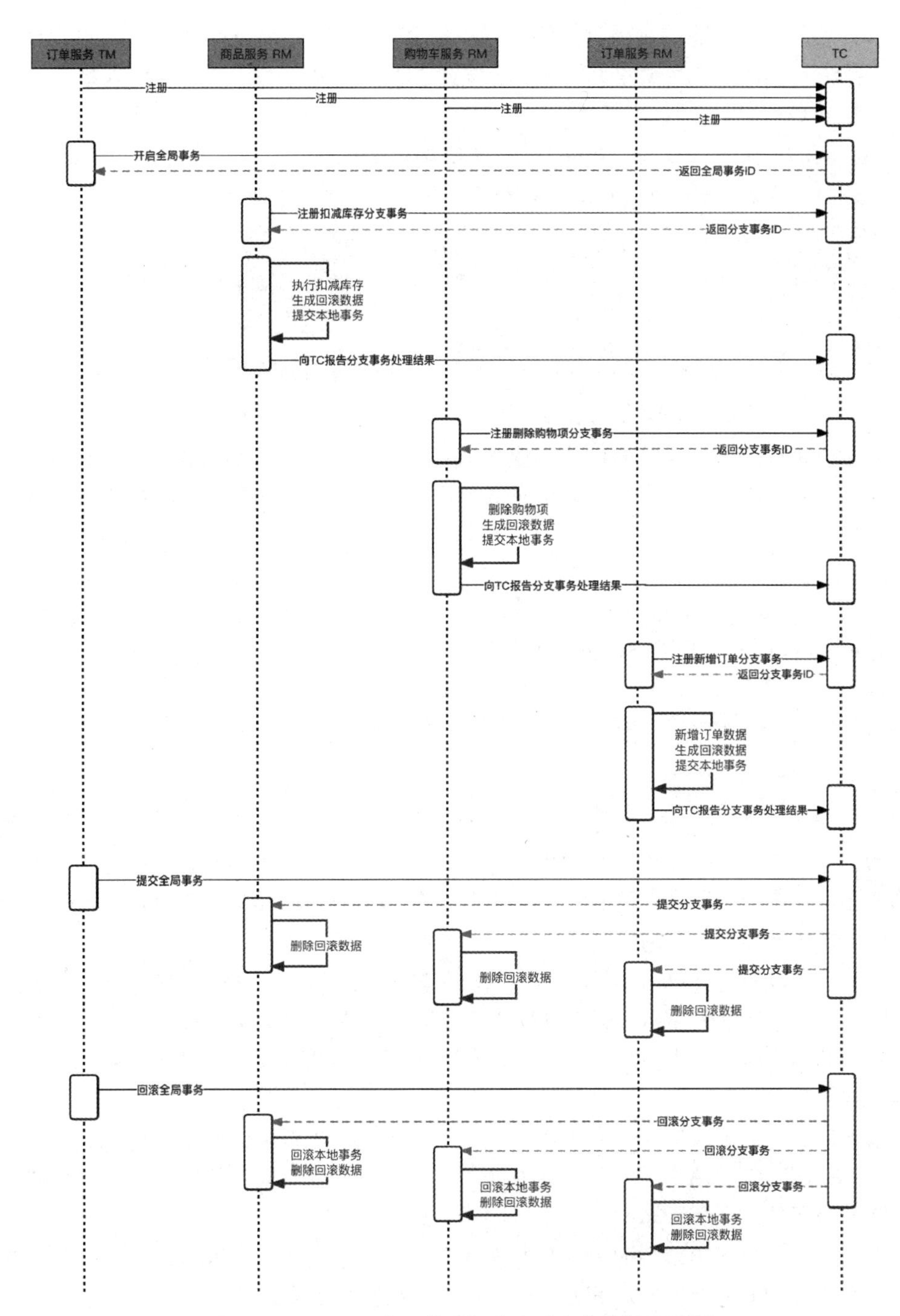

图 10-26　Seata（AT 模式）分布式事务的处理流程

（5）当执行到删除购物项时，购物车服务 RM 会向 TC（Seata Server）请求开启一个分支事务，同时 TC 也会返回一个分支事务 ID（BranchID），并将其纳入第 2 个步骤生成的全局事务中管理。

（6）购物车服务 RM 执行扣减库存的操作，在数据库中执行 delete 语句，并记录 undo_log 日志。删除购物项的 SQL 语句及反向回滚 SQL 语句如下：

```
# 删除购物项
delete from tb_cart_item where cart_id=xxx

#undo_log 表中的回滚 SQL
insert into 'tb_cart_item' ('cart_id', 'goods_id') VALUES (xx, xxx);
```

之后，购物车服务 RM 会提交本地事务，并向 TC 端汇报当前分支事务的处理结果。

（7）当执行到新增订单时，订单服务 RM 会向 TC（Seata Server）请求开启一个分支事务，同时 TC 也会返回一个分支事务 ID（BranchID），并将其纳入第 2 个步骤生成的全局事务中管理。

（8）订单服务 RM 执行新增订单的操作，在数据库中执行 insert 语句，并记录 undo_log 日志。之后，订单服务 RM 会提交本地事务，并向 TC 端汇报当前分支事务的处理结果。新增订单的 SQL 语句及反向回滚 SQL 语句如下：

```
# 新增订单
insert into tb_order('cart_id') value (xx);

#undo_log 表中的回滚 SQL
delete from 'tb_order' where order_id= xx;
```

（9）订单服务 TM 根据是否发生异常来发起本次全局事务的决议：提交或回滚。因此笔者在流程图中画了两条路径，一条是基于全局事务成功提交的路径，另一条是全局事务成功回滚的路径。

（10）TC 端根据订单服务 TM 的决议，向其所管理的所有 RM 端发起分支事务的提交或回滚。如果是提交操作，那么对应的 RM 端只需要删除 undo_log 日志。如果是回滚操作，则需要根据 undo_log 表中的记录反向回滚本地事务把数据还原，同时删除 undo_log 日志。

以上便是 Seata（AT 模式）下处理分布式事务的全部流程。当然，除 AT 模式外，Seata 还支持 TCC、SAGA 和 XA 事务模式。开发人员需要根据各自的业务和具体的代码来做分布式事务方案的整合。

本书中关于分布式事务的内容只是抛砖引玉，先把搭建、配置和编码的过程分享给读者，再把 Seata 关于分布式事务的处理流程详细罗列出来，希望读者能够掌握分布式事务的处理方案，并实际地运用到今后的工作或面试中。

11

第 11 章

防患于未然：服务容错解决方案——Sentinel

本章将讲解大型微服务系统中高可用性的重要一环：服务容错。随着业务架构的升级和微服务技术落地方案的普及，开发团队越来越重视服务的稳定性和可用性，Hystrix、Sentinel、Resilience4j 这些与服务容错相关的组件逐渐出现在人们的视野中。在第 3 章中介绍了常用的微服务架构应包含哪些组件，以及 Spring Cloud Alibaba 套件中对应的落地方案，Spring Cloud Alibaba 套件中服务容错方面的核心组件是 Sentinel。本章对 Sentinel 展开讲解，包括它的安装、使用及实现服务容错的一些具体配置过程。

11.1 服务容错详解

11.1.1 为什么要引入服务容错组件

随着微服务架构的普及和项目的实际落地，服务容错的概念逐渐流行。开发人员更加关注服务的稳定性，像 Hystrix、Sentinel 这些用于保护服务稳定运行的组件也开始涌现和发展，在保证服务的稳定性和系统的高可用中扮演着重要的角色。

高可用（High Availability，HA）的主要目的是保障“业务的连续性”，即在用户眼里，系统永远是正常（基本正常）对外提供服务的，高可用是架构设计和系统搭建时必须要考虑的一点。而谈到高可用，很多开发人员脑海中出现的第一个技术就是“搭建集群”，通过搭建集群能够有效避免由于单点故障导致的系统不可用。集群化是保障系统

“高可用”的基本操作，不过只是搭建集群还不够，还要对系统做更多的优化工作，如优化业务代码、引入缓存、引入异步操作的逻辑、优化 SQL 语句、增加服务器的物理配置等。

上述的系统优化手段已经极大地提升了系统的健壮性，但是在微服务环境下，由于硬件、网络、机器性能、算法、程序等各方面的影响，运行异常的情况也在显著增加，如果不做好异常保护，微服务架构就像空中楼阁一样随时可能崩溃。现代微服务架构都是分布式的，由非常多的服务组成。不同服务之间相互调用，组成复杂的调用链路，如图 11-1 所示。

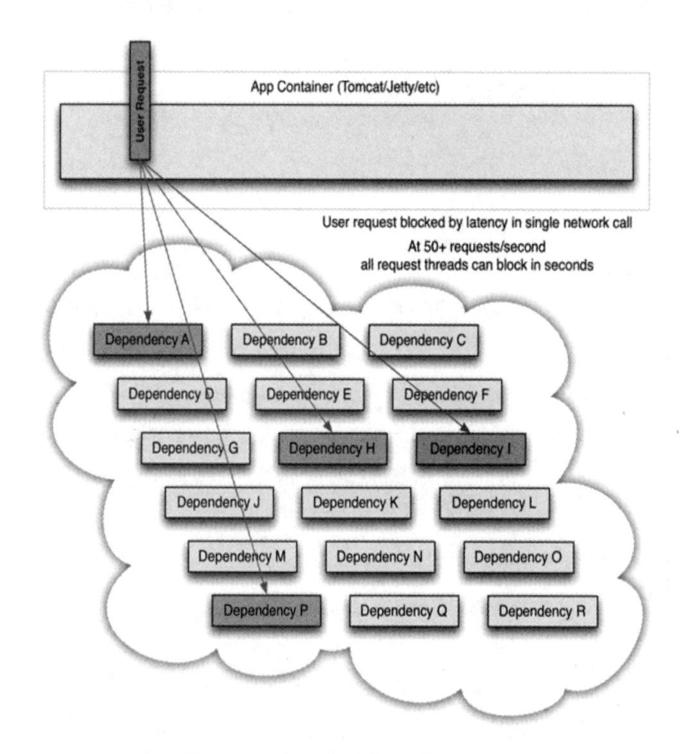

图 11-1　多服务之间复杂的链路

即使单个服务出现了不可用的情形，在链路调用中也会产生放大的效果。复杂链路上的某一环不稳定，就可能层层级联，最终导致整个链路都不可用。

这就是微服务系统高可用性的杀手——“服务雪崩”，如图 11-2 所示。“雪崩”一词指的是山地积雪由于底部溶解等原因造成的突然大块塌落的现象，具有很强的破坏力。服务雪崩效应是一种因“服务提供者的不可用”（原因）导致“服务调用者不可用”（结果），并产生级联效应将“不可用”逐渐放大的现象，最终导致整个系统不可用。

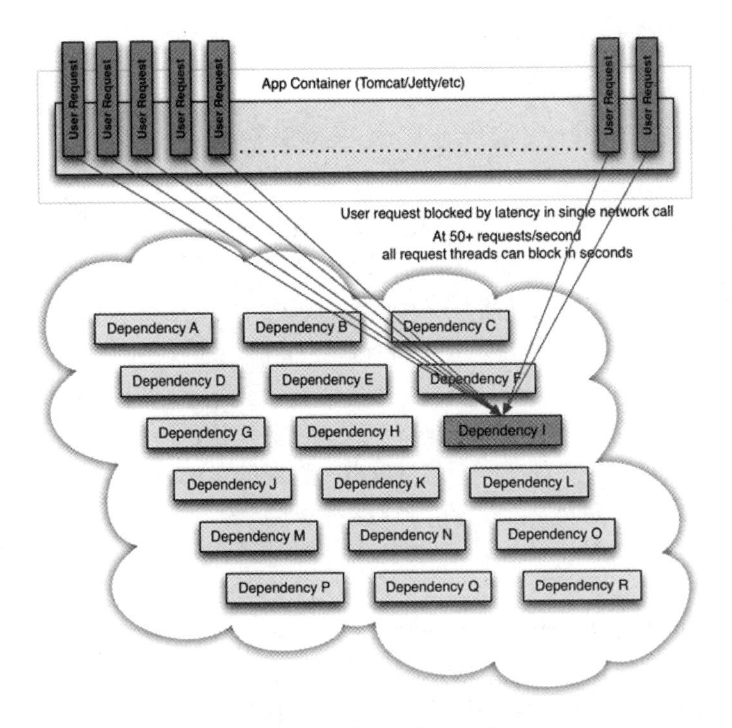

图 11-2　服务雪崩示意图

服务雪崩是一种笼统的描述，生产环境中会出现如下这些不稳定的状况。

- 活动期间导致瞬时流量过大，超出服务器物理机的承受范围，进而导致无法正常处理请求，用户只能看到一个空白的页面却无法操作。
- 热点数据击穿缓存，导致 DB 层被打垮，用户无法获取正常的数据，也无法进行正常的操作。
- 调用端服务被不稳定的下游服务拖垮，导致某条调用链路卡死，用户会看到某个功能一直处于不可用的状态。

为了避免出现上述问题，同时给微服务系统加上一层防护，保障系统的稳定性和高可用性，引入了服务容错。

11.1.2　服务容错落地方案：流量控制与降级熔断

了解了为什么要引入服务容错后，接下来笔者讲解服务容错具体的落地方案。

以服务雪崩效应为例，这种对系统造成破坏性伤害的状况有两个主要因素。

- 瞬时流量太大，超出了系统的负载。
- 部分服务响应不及时，进而逐步拖垮了上游服务。

因此，服务容错的落地方案就要针对这两个问题进行处理。首先进行流量控制，可以采用限流的方式控制请求数量，让请求流量有序地进入应用，并保证流量在一个可控的范围内。其次是针对服务内部响应慢的问题引入断路器模式，当调用链路中某个服务出现不稳定的情况（如调用一直超时或异常比例较高）时，对这个服务的调用进行限制，并让请求快速失败，避免影响系统中其他的服务。

有了解决问题的方案，就可以讲解具体落地实现了，也就是服务容错章节的主角——Sentinel。它是面向分布式、多语言异构化服务架构的流量治理组件，主要以流量为切入点，从流量路由、流量控制、流量整形、熔断降级、系统自适应过载保护、热点流量防护等多个维度帮助开发人员保障微服务的稳定性。

1. 流量控制

请求流量具有随机性且很难准确预测，前一秒可能风平浪静，后一秒就可能出现流量洪峰，然而系统的容量总是有限的，如果突然而来的流量超过了系统的承受能力，就可能导致请求处理不过来，堆积的请求处理缓慢，物理服务器的 CPU 使用率和内存使用率持续升高，最后导致系统崩溃。因此需要针对这种突发的流量进行限制，在尽可能处理请求的同时来保障服务正常运行，这就是流量控制。

Sentinel 组件可以根据需要把随机的请求调整成合适的形状，即流量整形，如图 11-3 所示。

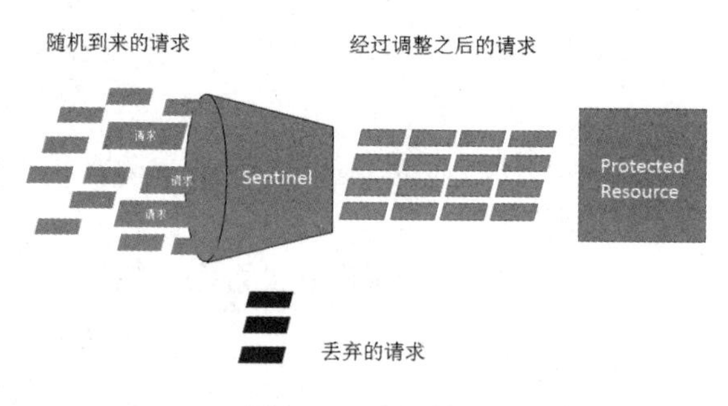

图 11-3　流量整形

Sentinel 组件中的流量控制有以下几个角度。

- 资源的调用关系，如资源的调用链路、资源和资源之间的关系。
- 运行指标，如 QPS（Queries Per Second，每秒查询率）、线程池、系统负载等。

- 控制的效果，如直接限流、冷启动、排队等。

在后续章节中对这些内容进行详细的介绍。

2. 降级熔断

微服务架构都是分布式的，通常有多个服务实例。在进行具体的功能实现时，一个服务常常会调用别的下游服务。然而，这个被依赖的服务的稳定性是不能完全保证的。如果依赖的服务出现了不稳定的情况，则上游服务对该服务的请求响应时间变长，异常调用的数量积累起来可能会拖垮上游服务，也就是人们常说的“一颗老鼠屎坏了一锅粥”。因此需要对不稳定的依赖服务进行降级熔断，暂时切断不稳定调用，避免局部不稳定因素导致整体的雪崩。

所谓降级，是指当服务调用发生了响应超时、服务异常等情况时，跳出当前的执行方法，在服务内部执行一段“降级逻辑”，在具体的编码中就是多写一个兜底方法，在这个方法里可以什么都不做，也可以直接返回提示信息或做其他处理。

所谓熔断，就是直接拒绝访问。一般是根据请求失败率或请求响应时间做熔断。熔断好比家里的漏电保护器，线路过热就会跳闸，以免烧坏线路。在 Sentinel 组件中，可以根据实际情况在控制台进行熔断规则的配置，可选的维度有异常数、异常比例和平均响应时间。

提到微服务技术栈中的熔断组件，其实开发人员对 Netflix 套件中的 Hystrix 更加熟悉，毕竟它也是红极一时的服务容错方案。不过，随着 Netflix 套件进入维护期，Hystrix 基本上已经停止更新了。后来 Sentinel 组件、Resilience4j 组件逐渐成为 Hystrix 在服务容错领域的替代方案。

Sentinel 组件、Hystrix 组件、Resilience4j 组件的对比见表 11-1。

表 11-1　Sentinel 组件、Hystrix 组件、Resilience4j 组件的对比

基础特性	Sentinel	Hystrix	Resilience4j
隔离策略	信号量隔离（并发控制）	线程池隔离/信号量隔离	信号量隔离
实时统计实现	滑动窗口（LeapArray）	滑动窗口（基于 RxJava）	Ring Bit Buffer
降级熔断策略	异常数、异常比例、平均响应时间	异常比例	异常比例、平均响应时间
控制台	提供开箱即用的控制台，可查看监控、资源信息并配置响应的规则	简单监控	不提供，需要对接其他监控平台
流量整形	支持预热模式、排队模式	不支持	简单的 Rate Limiter 模式
限流规则	QPS、线程数、调用关系	有限支持	Rate Limiter

续表

基础特性	Sentinel	Hystrix	Resilience4j
单机限流	基于 QPS，支持基于调用关系的限流	有限支持	Rate Limiter
集群流控	支持	不支持	不支持
系统自适应限流	支持	不支持	不支持
扩展方式	多种扩展点	插件	接口
动态规则配置	支持近十种动态数据源	支持多种数据源	有限支持
多语言支持	Java、Go、C++	Java	Java
社区活跃状态	活跃	停止维护	较活跃

Resilience4j 组件在国外相对来说用得较多。Hystrix 组件处于维护阶段，使用率在逐渐降低。通过组件间的对比，也能够看出 Sentinel 是一种更优的落地方案。

11.2 Sentinel简介及控制台安装

11.2.1 阿里巴巴的流量防卫兵——Sentinel

Sentinel 是阿里巴巴技术团队于 2018 年开源的一款中间件产品，官方定义为：面向分布式、多语言异构化服务架构的流量治理组件。

Sentinel 官网页面如图 11-4 所示。

图 11-4　Sentinel 官网页面

Sentinel 被称为分布式系统的流量防卫兵，是阿里巴巴开源的流量控制框架，从服务限流、降级、熔断等维度来保护服务和系统稳定，历经阿里巴巴近 10 年大流量的考验，非常值得信赖。Sentinel 提供了简洁易用的控制台，可以看到接入应用的资源数据，并且可以在控制台设置一些规则来保护应用。Sentinel 比 Hystrix 支持的范围广，如 Spring Cloud、Dubbo、gRPC 都可以很方便地整合。Sentinel 集成非常简单，只需要少量的配置和代码就能够轻松集成到项目中，也很容易完成一些定制化的逻辑。

2012 年，Sentinel 诞生于阿里巴巴集团内部，主要功能为入口流量控制。

2013—2017 年，Sentinel 在阿里巴巴集团内部迅速发展，成为基础技术模块，覆盖了所有的核心场景。Sentinel 也因此积累了大量的流量归整场景及生产实践。

2018 年 7 月，阿里巴巴宣布限流降级框架组件 Sentinel 正式开源，并持续演进。国内的微服务开源领域迎来了一位新成员——Alibaba Sentinel。

2019 年 4 月，Sentinel 贡献的 spring-cloud-circuitbreaker-sentinel 模块正式被 Spring Cloud 社区合并至 Spring Cloud Circuit Breaker，成为 Spring Cloud 官方的主流推荐选择之一。

2022 年，Sentinel 品牌升级为流量治理，领域涵盖流量路由/调度、流量染色、流控降级、过载保护/实例摘除等。同时，社区将流量治理相关标准抽到 OpenSergo 标准中，Sentinel 作为流量治理标准实现。

以上就是 Sentinel 的发展历程。

Sentinel 具备如下优良的特性，如图 11-5 所示。

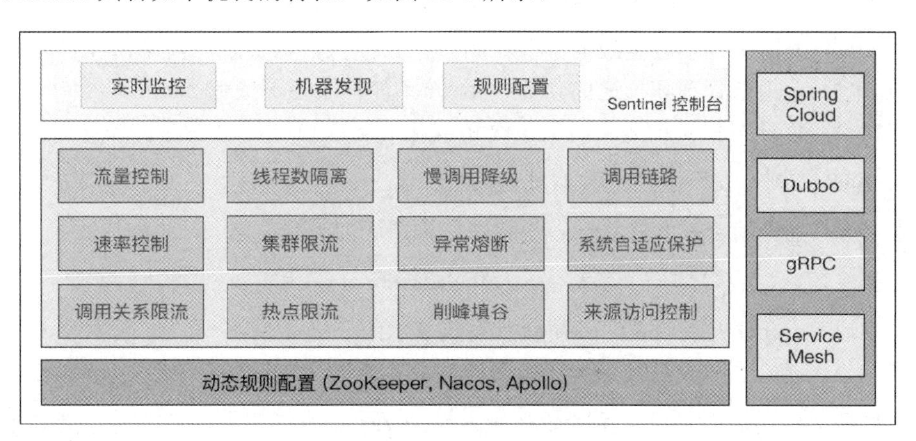

图 11-5　Sentinel 特性总结

（1）丰富的应用场景。

Sentinel 承接了阿里巴巴近 10 年的“双 11”大促流量的核心场景，如秒杀（突发流量控制在系统容量可以承受的范围）、消息削峰填谷、集群流量控制、实时熔断下游不可用应用等。

（2）完备的实时监控。

Sentinel 提供实时的监控功能。开发人员可以在控制台中看到接入应用的单台机器秒级数据，甚至 500 台以下规模的集群的汇总运行情况。

（3）广泛的开源生态。

Sentinel 提供开箱即用的与其他开源框架的整合模块，如与 Spring Cloud、Dubbo、gRPC 的整合，只需要引入相应的依赖并进行简单的配置即可快速地接入 Sentinel。

（4）完善的 SPI 扩展点。

Sentinel 提供简单易用、完善的 SPI 扩展接口。开发人员可以通过实现扩展接口来快速地定制逻辑，如定制规则管理、适配动态数据源等。

11.2.2 下载与启动 Sentinel 控制台

Sentinel 分为两部分，包括 Sentinel 控制台和 Sentinel 客户端。读者注意不要把这两部分内容弄混了。

Sentinel 客户端需要集成在 Spring Boot 微服务实例中，用于接收来自 Dashboard 配置的各种规则，并通过 Spring MVC Interceptor 拦截器技术实现应用限流、熔断保护。

Sentinel 提供了一个轻量级的开源控制台，它提供机器发现、健康情况管理和监控（单机和集群）、规则管理和推送的功能。Sentinel 客户端并不依赖 Sentinel 控制台，但是结合控制台可以取得最好的效果，有一个可视化的页面更方便也更直观。

Sentinel 控制台安装包的下载网址为网址 14。

本书选择的控制台版本是 1.8.4，下载网址为网址 15。

下载成功后，会得到一个名称为 sentinel-dashboard-1.8.4.jar 的可执行文件。

在启动 Sentinel 控制台前，必须确保系统中已经安装了 JDK 环境，版本为 JDK 8 以上版本。

下载好文件之后，可以使用命令行进入这个 Jar 包所在的目录，之后直接执行下面这行命令启动 Sentinel 控制台。

```
java -jar sentinel-dashboard-1.8.4.jar
```

启动后的日志输出内容如下：

```
  .   ____          _            __ _ _
 /\\ / ___'_ __ _ _(_)_ __  __ _ \ \ \ \
( ( )\___ | '_ | '_| | '_ \/ _` | \ \ \ \
 \\/  ___)| |_)| | | | | || (_| |  ) ) ) )
  '  |____| .__|_| |_|_| |_\__, | / / / /
 =========|_|==============|___/=/_/_/_/
 :: Spring Boot ::               (v2.5.12)

2023-06-13 14:57:11.422  INFO 64548 --- [main]
c.a.c.s.dashboard.DashboardApplication: Starting DashboardApplication
using Java 1.8.0_361 on macbook-Pro-5.local with PID 64548
2023-06-13 14:57:11.434  INFO 64548 --- [main]
c.a.c.s.dashboard.DashboardApplication: No active profile set, falling back
to 1 default profile: "default"
2023-06-13 14:57:14.097  INFO 64548 --- [main]
o.s.b.w.embedded.tomcat.TomcatWebServer: Tomcat initialized with port(s):
8080 (http)
2023-06-13 14:57:14.147  INFO 64548 --- [main]
o.apache.catalina.core.StandardService: Starting service [Tomcat]
2023-06-13 14:57:14.153  INFO 64548 --- [main]
org.apache.catalina.core.StandardEngine: Starting Servlet engine: [Apache
Tomcat/9.0.60]
2023-06-13 14:57:14.503  INFO 64548 --- [main]
o.a.c.c.C.[Tomcat].[localhost].[/]: Initializing Spring embedded
WebApplicationContext
2023-06-13 14:57:14.504  INFO 64548 --- [main]
w.s.c.ServletWebServerApplicationContext: Root WebApplicationContext:
initialization completed in 2854 ms
2023-06-13 14:57:14.669  INFO 64548 --- [main]
c.a.c.s.dashboard.config.WebConfig: Sentinel servlet CommonFilter
registered
2023-06-13 14:57:16.394  INFO 64548 --- [main]
o.s.b.w.embedded.tomcat.TomcatWebServer: Tomcat started on port(s): 8080
(http) with context path ''
2023-06-13 14:57:16.415  INFO 64548 --- [main]
c.a.c.s.dashboard.DashboardApplication: Started DashboardApplication in
6.033 seconds (JVM running for 7.36)
```

启动时的默认端口号是 8080，如果想要修改，可以在启动命令中增加-Dserver.port 参数。如想把端口号修改为 9113，可以执行如下命令：

```
java -jar -Dserver.port=9113 sentinel-dashboard-1.8.4.jar
```

```
# 如果上面这条命令报错，则执行下面这条命令，效果是一样的
java -jar sentinel-dashboard-1.8.4.jar --server.port=9113
```

启动成功后，可以直接访问如下地址：

```
http://localhost:9113
```

Sentinel 控制台的登录页面如图 11-6 所示。

图 11-6　Sentinel 控制台的登录页面

默认的用户名和密码都是 sentinel，输入后单击“登录”按钮即可进入控制台页面。登录后的初始页面如图 11-7 所示。

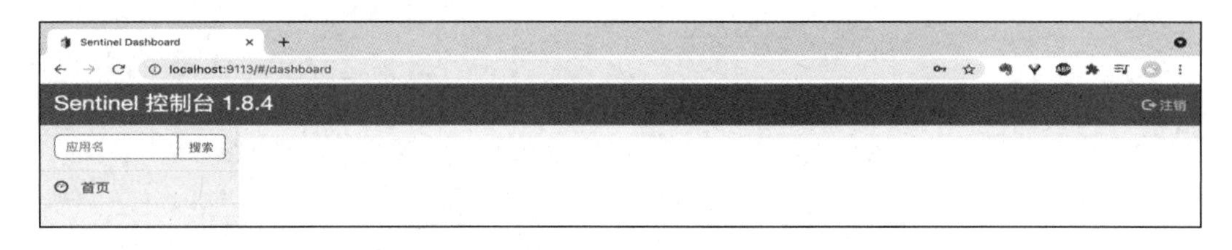

图 11-7　Sentinel 控制台的初始页面

第一次进入该页面，会发现页面中大部分版面都是空白的，没有什么内容。这是正常情况，只有真正接入数据，相关的内容才会显示出来。

11.3　整合Sentinel客户端编码实践

Sentinel 控制台已经搭建完成，过程并不复杂。接下来笔者将结合源码讲解如何集成 Sentinel 客户端，并通过 Sentinel 控制台来配置限流规则及进行最终的限流效果演示。本节代码是在第 8 章 spring-cloud-alibaba-openfeign-demo 项目代码的基础上修改的，具体步骤如下。

（1）修改项目名称。

修改项目名称为 spring-cloud-alibaba-sentinel-flow-control-demo，之后把各个模块中 pom.xml 文件的 artifactId 修改为 spring-cloud-alibaba-sentinel-flow-control-demo。

（2）引入 Sentinel 依赖。

依次打开 order-service-demo、goods-service-demo、shopcart-service-demo 项目中的 pom.xml 文件，在 dependencies 标签下引入 Sentinel 的依赖文件，新增代码如下：

```
<dependency>
    <groupId>com.alibaba.cloud</groupId>
    <artifactId>spring-cloud-starter-alibaba-sentinel</artifactId>
</dependency>
```

（3）新增 Sentinel 配置项。

依次打开 order-service-demo、goods-service-demo、shopcart-service-demo 项目中的 application.properties 配置文件，新增如下配置项：

```
# 默认为 8719，作用是启动一个 HTTP 客户端服务，该服务将在 Sentinel 控制台进行数据交互。如果该端口被占用，则从 8719 依次加 1 扫描
spring.cloud.sentinel.transport.port=8719
# 指定 Sentinel 控制台地址
spring.cloud.sentinel.transport.dashboard=127.0.0.1:9113
```

（4）新增测试代码。

为了后续的效果演示，在 order-service-demo 项目中 NewBeeCloudOrderAPI 类原有代码的基础上新增 4 个测试方法，新增代码如下：

```
@GetMapping("/order/testChainApi1")
public String testChainApi1() {
  String result = orderService.getNumber(2022);
  if ("BLOCKED".equals(result)){
    return "testChainApi1 error! "+result;
  }
  return "testChainApi1 success! "+result;
}

@GetMapping("/order/testChainApi2")
public String testChainApi2() {
  String result = orderService.getNumber(2025);
  if ("BLOCKED".equals(result)){
    return "testChainApi2 error! "+result;
  }
  return "testChainApi2 success! "+result;
```

```
}

@GetMapping("/order/testRelateApi1")
public String testRelateApi1() {
  try {
    Thread.sleep(1000);
  } catch (InterruptedException e) {
    return "testRelateApi1 error!";
  }
  return "testRelateApi1 success!";
}

@GetMapping("/order/testRelateApi2")
public String testRelateApi2() {
  try {
    Thread.sleep(1000);
  } catch (InterruptedException e) {
    return "testRelateApi2 error!";
  }
  return "testRelateApi2 success!";
}
```

到这里就完成了 Sentinel 客户端初步的整合和配置，非常简单。接下来，依次启动这三个项目（需保证 Nacos Server 和 Sentinel 控制台已经正常运行）。

启动后，登录 Sentinel 控制台。不过，页面的导航栏依然是一片空白，无法看到这些服务实例。这时需要对服务发起几次调用，触发服务信息等数据的上报，客户端收集数据并传输给 Sentinel 控制台后，才会看到数据。

打开浏览器并在地址栏中输入如下地址：

```
http://localhost:8187/order/saveOrder?cartId=2022&goodsId=2035
```

这会向 order-service 发起请求，在代码逻辑中也会分别向 goods-service 和 shopcart-service 发起 Feign 请求，所以三个服务实例的数据都会被 Sentinel 客户端上报。发起请求后，等待几秒就可以在 Sentinel 控制台页面中看到这三个微服务了，如图 11-8 所示。

左侧导航栏中已经有三个微服务实例的选项，单击后可以查看实时监控，在访问对应的微服务实例时，所有的数据都会被收集并实时显示到 Sentinel 控制台。

服务容错并不是一个很简单的技术点，需要考虑的内容和实现的功能是非常复杂的。但是由于 Hystrix、Sentinel 等开源组件的存在，使得服务容错组件变得“开箱即用”，开发人员不必花太多精力在服务容错的组件开发上，只要做一次技术栈的选择并整合到项目中即可，非常简单。由于这些"开源技术"的存在，广大的开发人员能够更加关注业务和编码，对于架构中的一些技术组件"拿来即用"就行。

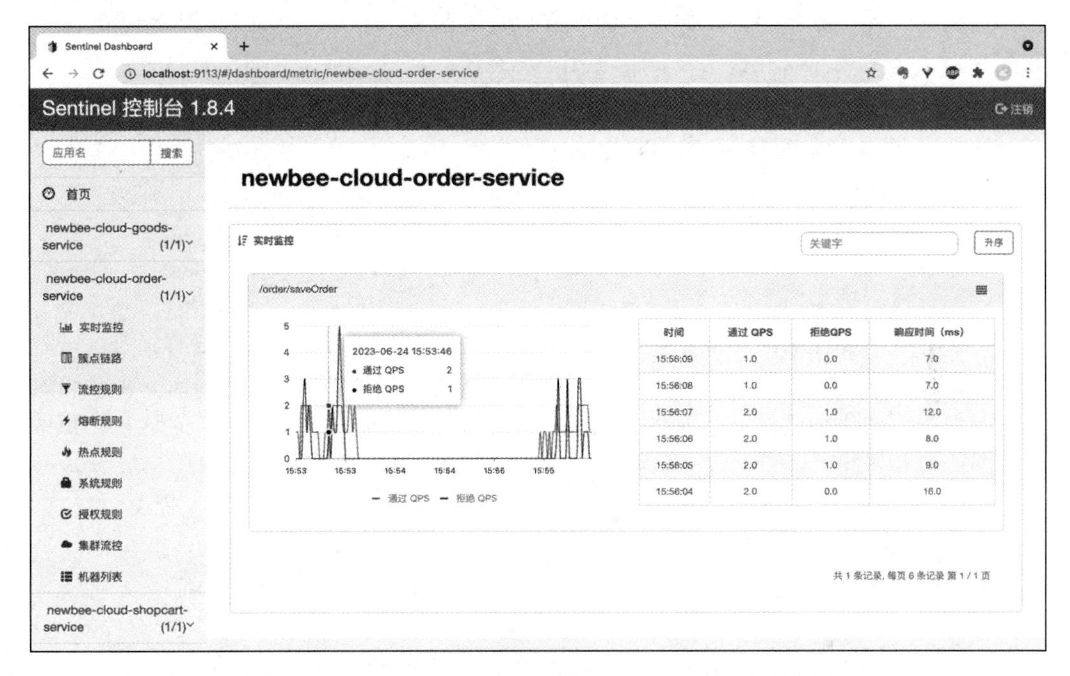

图 11-8　order-service 正常连接至 Sentinel 后的呈现效果

11.4　Sentinel中的基本概念

我们已经成功地把微服务接入 Sentinel 控制台，接下来就可以在 Sentinel 控制台里设置流控规则了。在此之前，笔者介绍一下 Sentinel 中的几个重要概念。

11.4.1　资源

资源是 Sentinel 的关键概念。它可以是 Java 应用程序中的任何内容，如由应用程序提供的服务，或者由应用程序调用的其他应用提供的服务，甚至可以是一段代码。在大部分情况下，可以使用方法签名、访问 URL，甚至服务名称作为资源名来标示资源，被标示的资源能够被 Sentinel 保护起来。

以 order-service-demo 为例，其中的 saveOrder()测试方法就是一个资源。如果没有做任何特殊配置，在默认情况下 Sentinel 控制台中会有一个“/order/saveOrder”的资源，这是一个以 URL 来标示的资源。在 Sentinel 控制台中，开发人员可以对这个资源进行流控、熔断的配置。除此之外，如果想做一些自定义配置，也可以通过@SentinelResource 注解来标示一个资源，并自定义资源名称、配置降级方法，这个注解的使用并不复杂，读者可自行查看相关资料并使用。

使用 Sentinel 做资源保护主要有如下 3 个步骤。

（1）定义资源。

（2）定义规则。

（3）检验规则是否生效。

先把可能需要保护的资源定义好，再配置规则。也可以理解为，只要有了资源，就可以在任何时候灵活地定义各种流量控制规则。在编码的时候，只需要考虑这个代码是否需要保护，如果需要保护，就将之定义为一个资源，之后通过 Sentinel 对这个资源做相应的配置和保护。

11.4.2 规则

规则就是围绕资源的实时状态设定。Sentinel 支持以下几种规则：流量控制规则、熔断降级规则、系统保护规则、来源访问控制规则和热点参数规则。所有规则可以动态实时调整。

本节主要介绍流量控制规则。在做限流配置时，重要的属性及说明如表 11-2 所示。

表 11-2　限流配置的重要属性

属性	说明	默认值
resource	资源名，资源名是限流规则的作用对象	
count	限流阈值	
grade	限流阈值类型，QPS 模式（1）或并发线程数模式（0）	QPS 模式
limitApp	流控针对的调用来源	default，代表不区分调用来源
strategy	调用关系限流策略：直接流控、链路流控、关联流控	根据资源本身（直接）
controlBehavior	流控效果（快速失败、Warm Up、匀速排队），不支持按调用关系限流	直接拒绝
clusterMode	是否集群限流	否

同一个资源可以同时拥有多个限流规则，在检查规则时会依次检查。

这个知识点并不复杂，配置流量控制规则可以简单地理解为要拦截谁？要怎样拦截？拦截之后怎样处理？

比如，对“/order/saveOrder”资源做限流，先配置限流策略，默认是直接限流，即作用于当前资源，然后配置限流的阈值（count），如配置 count=100，即 QPS 大于 100 后的请求都会被拦截下来。拦截下来后要做什么呢？此时就需要配置流控效果（controlBehavior），默认是快速失败，即直接拒绝超过阈值后的请求。

要拦谁？

——对“/order/saveOrder”资源的请求。

要怎样拦截？

——QPS 超过 100 就拦截。

拦截之后怎样处理？

——直接拒绝处理被拦截的请求。

这样通俗地解释一番后，读者应该对这个概念理解得更加透彻一些了。不过，刚刚提到的这个规则配置基本上使用的都是默认值，接下来介绍一些实际的示例并进行更为详细的解读。

11.5　限流策略和流控效果

Sentinel 支持三种不同的限流策略，分别是直接流控、关联流控和链路流控。下面将结合实际的配置页面详细讲解这三种流控方式各自的使用场景。

11.5.1　限流策略之直接流控

直接流控就相当于直接作用于当前设置的资源上，如果访问压力的值大于设定值，后续的请求就会被 Sentinel 拦截。

下面讲解在 Sentinel 控制台中配置一条直接流控规则的步骤。

在左侧导航栏中能够看到所有已经接入 Sentinel 的应用。单击 newbee-cloud-order-service 下的“簇点链路”，就能够看到当前应用下的所有资源，如图 11-9 所示。

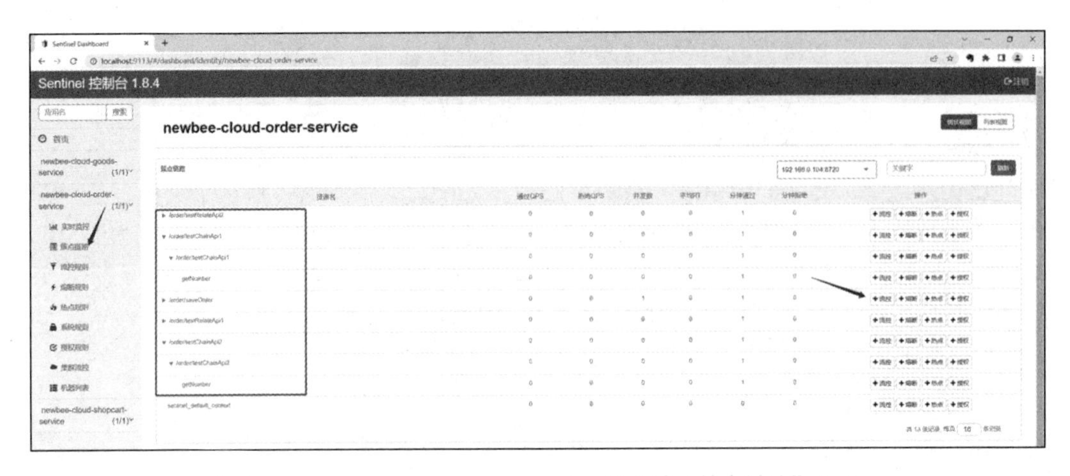

图 11-9　newbee-cloud-order-service 服务端“簇点链路”页面

如果运行本节代码后没有看到图 11-9 中的数据，就只需要对这些请求发起调用，之后会触发信息上报，等待几秒再刷新页面，就可以看到这些信息了。其实可以在每个资源的列表栏中直接单击“流控”按钮来给资源添加流控规则。

另一种配置流控规则常用的方式是在流控规则页面中操作。单击左侧菜单栏中的“流控规则”，进入流控规则页面，单击右上角的“新增流控规则”按钮，之后会弹出“新增流控规则”对话框，在这里把相关的属性添加进去，最后单击“新增”按钮就能够完成流控规则的配置了，过程如图 11-10 所示。

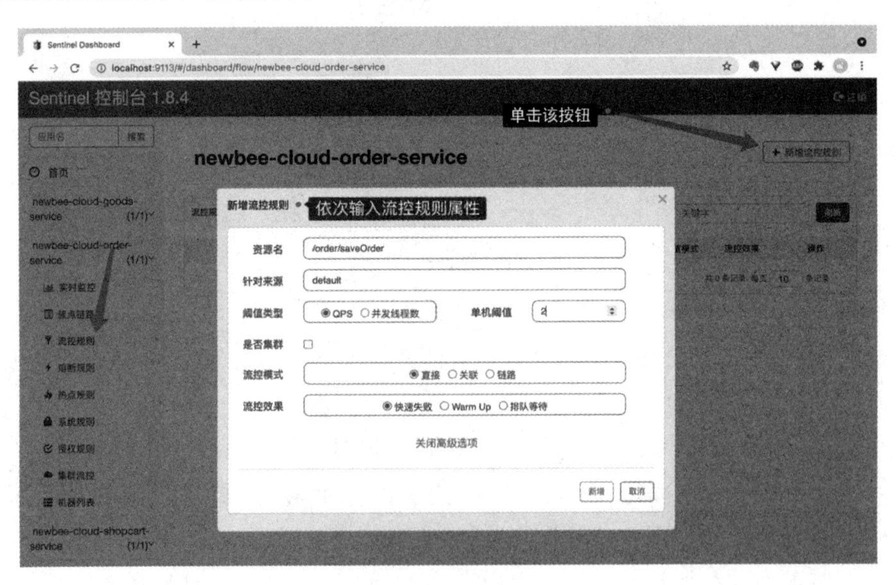

图 11-10　新增流控规则的过程展示

在这里，笔者给“order/saveOrder”这个资源新增一条直接限流的规则。设置 QPS 为限流阈值类型，一旦对该资源的请求 QPS>2，就会触发限流。

11.5.2　限流策略之关联流控

当两个资源之间具有资源争抢或依赖关系时，这两个资源便有了关联。与直接流控直接作用到当前资源本身的情况略有不同，关联流控是对两个资源进行流控配置，对资源 1 做出是否超过阈值的判断，最终的流控效果作用于资源 2，通常用于存在竞争或不同优先级的场景中。

这里以/order/testRelateApi1 和/order/testRelateApi2 为例来讲解和演示关联流控，假设这两个资源有竞争关系，并且/order/testRelateApi1 资源的优先级高于/order/testRelateApi2 资源的优先级。在这种情况下，就可以对低优先级的资源实施限流，配置细节如图 11-11 所示。

图 11-11　流控的关联规则配置示例

在“新增流控规则”对话框中，新增了一条针对/order/testRelateApi2 资源的流控规则，流控模式选择的是“关联”，而关联资源是/order/testRelateApi1。同时，设置了 QPS 为限流阈值类型，一旦对/order/testRelateApi1 资源的请求 QPS>3，就会触发对/order/testRelateApi2 资源的限流。

这里需要读者重点关注的是，关联限流的阈值判断是作用于高优先级资源上的，但是流控效果作用于低优先级资源上，这种流控模式更注重两个资源之间的优先级问题。

11.5.3　限流策略之链路流控

在一个应用中，对同一个资源有多条不同的访问链路，如果想对某一条访问链路进行限流，就可以选择“链路流控”模式。如图 11-12 所示，资源/testChainApi1 和资源/testChainApi2 的请求都调用了资源 getNumber()，而 Sentinel 是允许只根据某个入口的统计信息对资源限流的，这样就可以实现更加细粒度的限流了。

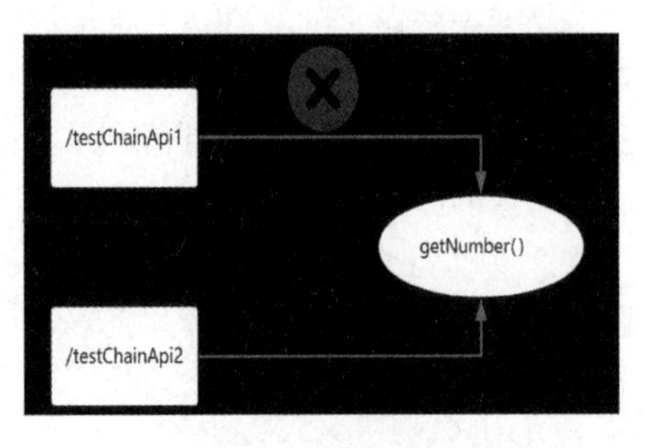

图 11-12　链路流控示意图

具体到本节的源码，/order/testChainApi1 和/order/testChainApi2 这两个接口都调用了同一个方法 getNumber()，同时该方法也被标示为一个资源（使用了@SentinelResource 注解）。如果想实现只对来自/order/testChainApi1 接口的请求进行限流，那么就可以将链路流控应用在 getNumber()上，同时指定当前流控规则的“入口资源”是/order/ testChainApi1，配置细节如图 11-13 所示。

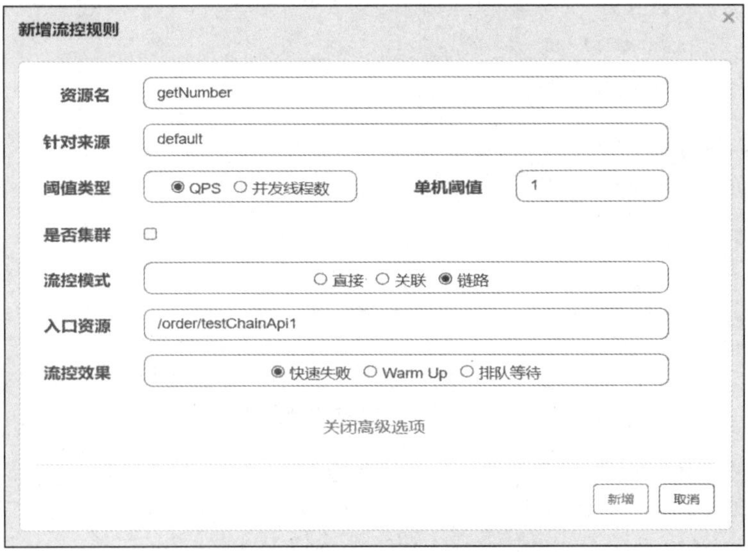

新增流控规则

资源名 getNumber
针对来源 default
阈值类型 ◉ QPS ○ 并发线程数　单机阈值 1
是否集群 ☐
流控模式 ○ 直接 ○ 关联 ◉ 链路
入口资源 /order/testChainApi1
流控效果 ◉ 快速失败 ○ Warm Up ○ 排队等待
关闭高级选项
新增　取消

图 11-13　流控的链路规则配置示例

在“新增流控规则”对话框中，新增了一条针对 getNumber()资源的流控规则，流控模式选择的是“链路”，而入口资源是/order/testChainApi1。同时，设置了 QPS 为限流阈值类型，一旦对 getNumber()资源的请求 QPS>1，同时该请求来源是/order/testChainApi1，就会触发对 getNumber()资源的限流。

这里的限流配置只对/order/testChainApi1 接口有影响，对/order/testChainApi2 接口是没有任何影响的。通俗地说，这种流控模式是一种“双标行为”，一旦设置后只对某一个入口进行统计和限流，QPS 一旦达到 1 就会触发限流。而对另一个入口是完全没有影响的，即使 QPS 达到 10000，这条链路也是完全正常的。

另外，需要注意的是，如果想使链路流控策略生效，就需要在配置文件中添加如下配置项：

```
spring.cloud.sentinel.web-context-unify=false
```

否则即使配置了链路流控的规则，也无法生效。

介绍完流控策略之后，接下来介绍 Sentinel 中的流控效果配置。Sentinel 支持三种流控效果，分别是快速失败、Warm Up 和排队等待。其实流控效果的配置在前文中的配置截图中都能看到，只不过笔者在演示时统一选择的是默认的“快速失败”。

11.5.4　流控效果之快速失败

Sentinel 默认的流控效果是快速失败，前文中在配置流控规则时都采用了这种模式。这种流控效果非常好理解，当 QPS 超过任意规则的阈值后，新的请求就会被立即拒绝，拒绝方式为抛出 FlowException 异常。

Sentinel 文档中也把默认的方式称为“直接拒绝”，和快速失败是一个含义，都表示 Sentinel 默认的流控效果。

11.5.5　流控效果之 Warm Up

Warm Up 即预热/冷启动方式。系统长期处于流量平缓的状态，当出现流量激增的情况时，直接让系统按照设定的阈值处理请求可能会把系统压垮。通过预热/冷启动方式让通过的流量缓慢增加，在一定时间内逐渐增加到阈值上限，给系统一个预热的时间。处理请求的数量慢慢地增多，经过预热的时间后，到达系统处理请求个数的最大值。Warm Up 方式就是为了实现这个目的。

举个例子，在“新增流控规则”对话框中设置的系统阈值（QPS）为20，预热时间为10秒，如图11-14所示。

图11-14 流控的预热效果配置示例

那么Sentinel会在这10秒的预热时间内将限流阈值从7缓慢拉高到20。下面的代码是某次使用Warm Up方式的限流日志：

```
0 send qps is: 3699
1656316625000,total:3699, pass:7, block:3692
1 send qps is: 3898
1656316626000,total:3898, pass:7, block:3893
2 send qps is: 3713
1656316627000,total:3713, pass:7, block:3708
3 send qps is: 3756
1656316628000,total:3756, pass:8, block:3749
4 send qps is: 3750
1656316629000,total:3750, pass:9, block:3741
5 send qps is: 3492
1656316630000,total:3492, pass:10, block:3482
6 send qps is: 3923
1656316631000,total:3923, pass:11, block:3913
7 send qps is: 3176
1656316632000,total:3176, pass:13, block:3163
8 send qps is: 3729
1656316633000,total:3729, pass:18, block:3711
9 send qps is: 3534
1656316634000,total:3534, pass:20, block:3514
10 send qps is: 3611
1656316635000,total:3611, pass:20, block:3591
```

每秒的请求数都在 3000 个以上，而一开始限流在 7 个左右，其他的请求都会被拦截，慢慢地涨到 10 个、13 个，到第 10 秒的时候，系统开始稳定地处理所设置的阈值——20 个请求。

至于起始阈值是 7，是因为冷启动方式下有一个计算公式：起始阈值=单机阈值/冷加载因子。查看源码可知，冷加载因子为 3，源码如下（com.alibaba.csp.sentinel.slots.block.flow.controller.WarmUpController）：

```
public WarmUpController(double count, int warmUpPeriodInSec) {
  this.construct(count, warmUpPeriodInSec, 3);
}
```

11.5.6　流控效果之排队等待

排队等待方式会严格控制请求通过的间隔时间，让请求以均匀的速度通过。排队等待方式有两个重要的点，其一是匀速，其二是排队。

将 QPS 设置为 2，表示 1 秒内允许 2 个请求通过，排队等待方式会控制请求通过的间隔，即每 1000/2=500 毫秒通过一个请求，如图 11-15 所示。如果将 QPS 设置为 10，则表示 1 秒内允许 10 个请求通过，即每 100 毫秒通过一个请求。

超出 QPS 阈值的请求不会立即失败，而是被放入一个队列，排好队等待被处理。然而，一旦请求在队列中等待的时间超过了设置的超时时间，请求就会触发限流。

要设置匀速排队的流控效果，可以在“新增流控规则”对话框中进行设置，如设置 QPS 为 10、超时时间为 1000 毫秒，如图 11-16 所示。

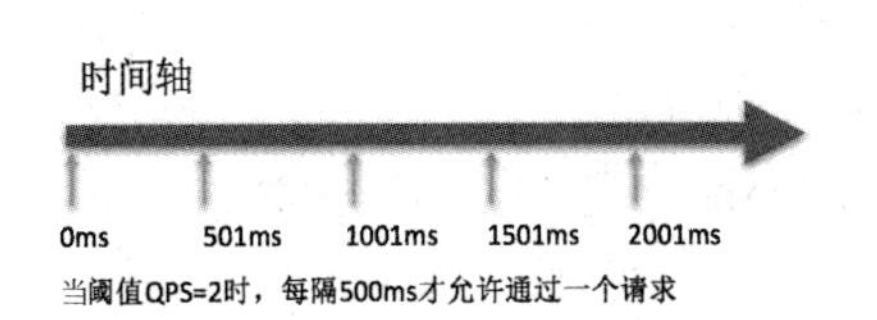

图 11-15　排队等待效果的示意图

图 11-16　流控的排队等待效果配置示例

另外，排队等待方式暂时不支持 QPS>1000 的场景。

11.5.7 规则配置及限流效果展示

本节将通过实际的限流规则演示来对 Sentinel 流量控制知识做总结。

1. 直接流控和 Warm Up

下面演示直接流控策略和 Warm Up 流控效果的流控规则。进入 Sentinel 控制台新增一条规则，配置细节如图 11-17 所示。

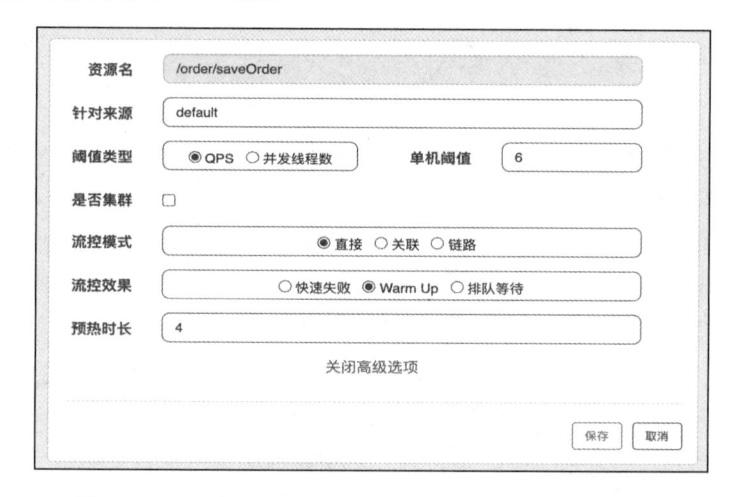

图 11-17 直接流控策略和 Warm Up 流控效果的配置示例

在这里，笔者给“order/saveOrder”资源新增了一条直接限流的规则。设置 QPS 为限流阈值类型，一旦对该资源的请求 QPS>6，就会触发限流。限流效果为 Warm Up，以预热的方式缓慢拉高限流阈值。

规则添加成功后，就可以打开浏览器或其他工具发起请求，对 Sentinel 的限流功能进行测试。在浏览器的地址栏中输入如下请求 URL：

```
http://localhost:8187/order/saveOrder?cartId=3&goodsId=102
```

笔者是直接在浏览器中测试的，比较直观，用重复刷新页面的方式模拟多次发送请求。读者在测试时也可以使用这种方式，还可以使用 JMeter 等工具来发送请求并查看效果。

图 11-18 为正常访问情况下和被限流后的响应信息。

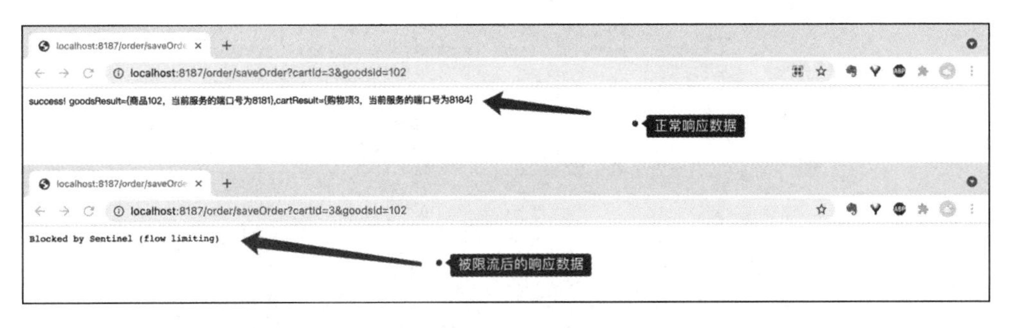

图 11-18　正常访问情况下和被限流后的响应信息

可以看出该流控规则已经生效了，请求一旦超出阈值就会被限流。不过，这里配置的 Warm Up 流控效果与快速失败流控效果不同，它有一个缓慢拉升 QPS 阈值的过程，也就是说一开始被限流的请求会更多，可以查看 Sentinel 控制台中的实时监控页面，如图 11-19 所示。

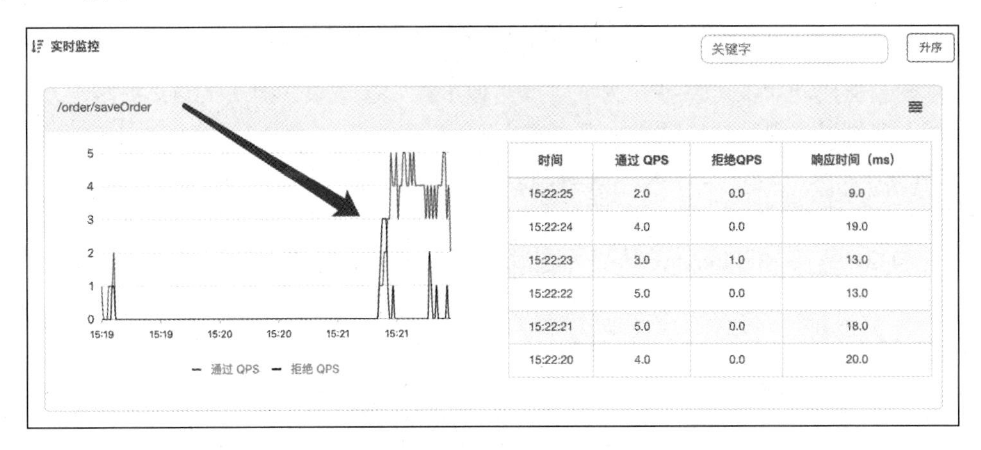

图 11-19　配置流控为直接流控策略和 Warm Up 流控效果后的请求实时监控页面

与预期效果一致，刚开始被限流的数量会多一些，经过一段时间后才会按照 QPS 阈值数限流。读者在测试时可以用不同的流控效果对比一下。

2. 关联流控和快速失败

接下来演示关联流控策略和快速失败流控效果的流控规则。进入 Sentinel 控制台，新增一条规则，配置细节如图 11-20 所示。

这里新增了一条针对/order/testRelateApi2 资源的流控规则，流控模式选择的是“关联”，而关联资源是/order/testRelateApi1。同时，设置了 QPS 为限流阈值类型，一旦对/order/testRelateApi1 资源的请求 QPS>2，就会触发对/order/testRelateApi2 资源的限流。

资源名 /order/testRelateApi2
针对来源 default
阈值类型 ◉QPS ○并发线程数 单机阈值 2
是否集群 ☐
流控模式 ○直接 ◉关联 ○链路
关联资源 /order/testRelateApi1
流控效果 ◉快速失败 ○Warm Up ○排队等待
关闭高级选项
保存 取消

图 11-20　关联流控策略和快速失败流控效果的配置示例

规则添加成功后，可以打开浏览器或其他工具发起请求，对 Sentinel 的限流功能进行测试。在浏览器地址栏中输入如下请求 URL：

```
http://localhost:8187/order/testRelateApi1
http://localhost:8187/order/testRelateApi2
```

图 11-21 是 testRelateApi1 接口未超过 QPS 阈值情况下两个接口的响应数据，一切正常。

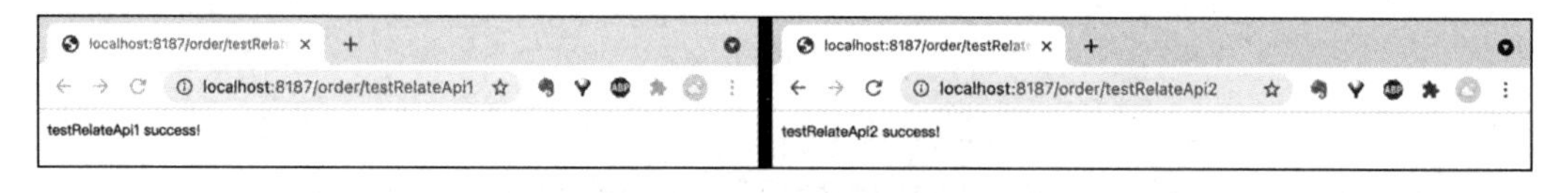

图 11-21　配置流控为关联流控策略和快速失败流控效果后的请求响应结果 1

图 11-22 是 testRelateApi1 接口超过 QPS 阈值情况下两个接口的响应数据，testRelateApi1 接口正常，而 testRelateApi2 接口被流控。

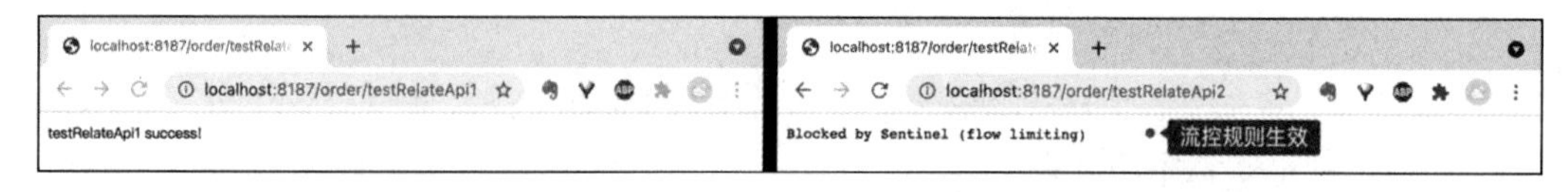

图 11-22　配置流控为关联流控策略和快速失败流控效果后的请求响应结果 2

通过查看 Sentinel 控制台中的实时监控页面会更加直观，如图 11-23 所示。

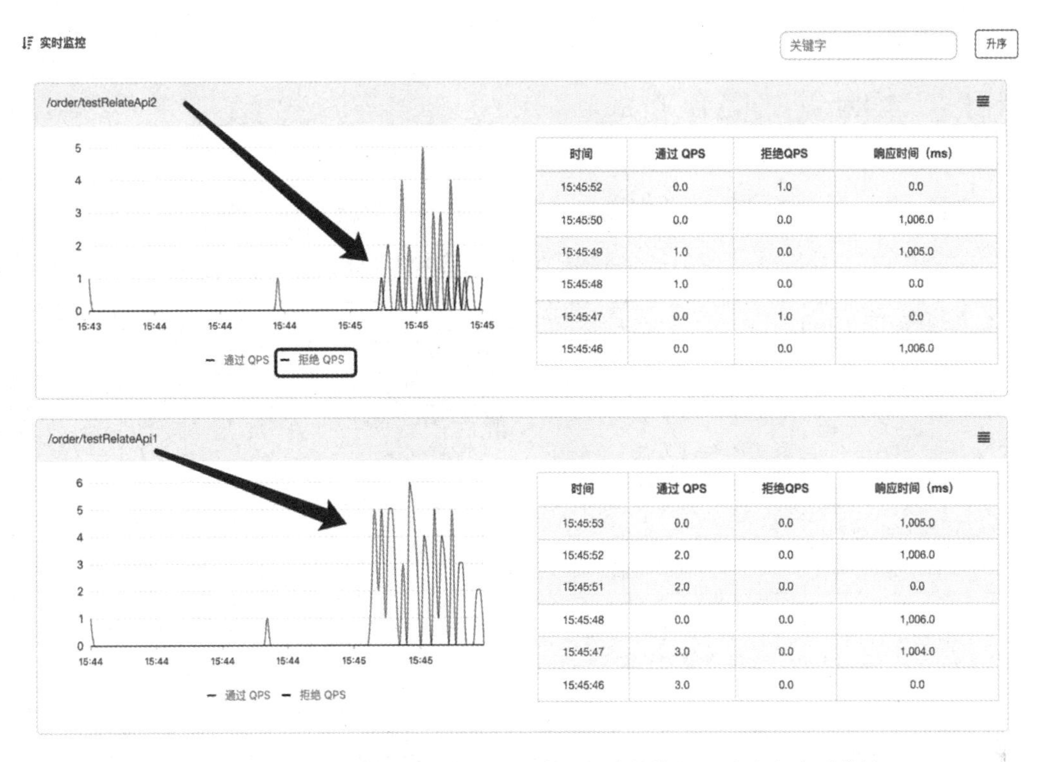

时间	通过 QPS	拒绝QPS	响应时间（ms）
15:45:52	0.0	1.0	0.0
15:45:50	0.0	0.0	1,006.0
15:45:49	1.0	0.0	1,005.0
15:45:48	1.0	0.0	0.0
15:45:47	0.0	1.0	0.0
15:45:46	0.0	0.0	1,006.0

时间	通过 QPS	拒绝QPS	响应时间（ms）
15:45:53	0.0	0.0	1,005.0
15:45:52	2.0	0.0	1,006.0
15:45:51	2.0	0.0	0.0
15:45:48	0.0	0.0	1,006.0
15:45:47	3.0	0.0	1,004.0
15:45:46	3.0	0.0	0.0

图 11-23　配置流控为关联流控策略和快速失败流控效果后的请求实时监控页面

testRelateApi1 接口的访问一直被通过，而 testRelateApi2 接口则被流控规则限制，一旦 testRelateApi1 接口的 QPS 达到 2，对 testRelateApi2 接口的请求就会直接拒绝。

由于篇幅有限，这里只展示了部分规则的配置和最后的流控效果，读者可以在此基础上对其他的规则进行配置并查看其流控效果。

本节主要讲解 Sentinel 的三大流控模式，分别是直接流控、关联流控和链路流控，以及三种流控效果，分别是快速失败、Warm Up 和排队等待。同时，笔者也通过实际的示例讲解了流控规则该如何配置，相信读者已经对 Sentinel 的各种流控效果有了比较全面的了解。接下来将讲解 Sentinel 的另一个最常用的稳定性保障手段——降级熔断。

11.6　熔断策略配置实践

除流量控制外，对调用链路中不稳定的资源进行降级熔断是保障系统高可用的重要措施。希望本节的内容能够让读者学会使用 Sentinel 的熔断策略处理各种调用异常。

11.6.1 熔断策略简介

本节主要介绍熔断策略。在做熔断配置时，重要的属性及说明见表 11-3。

表 11-3 熔断配置时重要的属性及说明

属性	说明	默认值
resource	资源名，即规则的作用对象	
grade	熔断策略，支持慢调用比例、异常比例、异常数等策略	慢调用比例策略
count	慢调用比例模式下为慢调用 RT（超出该值计为慢调用），异常比例、异常数模式下为对应的阈值	
timeWindow	熔断时长，单位为 s	
minRequestAmount	熔断触发的最小请求数，请求数小于该值时，即使异常比率超出阈值，也不会熔断（1.7.0 版本引入）	5
statIntervalMs	统计时长（单位为 ms），如 60×1000 代表分钟级（1.8.0 版本引入）	1000 ms
slowRatioThreshold	慢调用比例阈值，仅慢调用比例模式有效（1.8.0 版本引入）	

Sentinel 提供以下几种熔断策略。

- 慢调用比例（SLOW_REQUEST_RATIO）：选择以慢调用比例作为阈值，需要设置允许的慢调用 RT（最大的响应时间）。若请求的响应时间大于该值，则统计为慢调用。若单位统计时长（statIntervalMs）内请求数目大于设置的最小请求数目，并且慢调用的比例大于阈值，则接下来的熔断时长内的请求会被自动熔断。经过熔断时长后，熔断器会进入探测恢复状态（HALF-OPEN 状态），若接下来的一个请求响应时间小于设置的慢调用 RT，则结束熔断；若大于设置的慢调用 RT，则再次被熔断。
- 异常比例（ERROR_RATIO）：若单位统计时长（statIntervalMs）内请求数目大于设置的最小请求数目，并且异常的比例大于阈值，则接下来的熔断时长内的请求会被自动熔断。经过熔断时长后，熔断器会进入探测恢复状态（HALF-OPEN 状态），若接下来的一个请求成功完成（没有错误），则结束熔断，否则再次被熔断。异常比例的阈值范围是[0.0, 1.0]，代表 0%～100%。
- 异常数（ERROR_COUNT）：单位统计时长内的异常数超过阈值之后会自动进行熔断。经过熔断时长后，熔断器会进入探测恢复状态（HALF-OPEN 状态），若接下来的一个请求成功完成（没有错误），则结束熔断，否则再次被熔断。

这些知识点并不复杂，与配置限流规则类似。熔断策略的配置过程可以简单地理解为熔断策略针对哪个资源、熔断策略用哪种、熔断策略的生效条件是什么，以及熔断多长时间。

比如，对查询商品详情“/goods/{goodsId}”这个资源做熔断，先要配置熔断策略（grade），如异常比例，然后配置异常比例的阈值（count）、最小请求数（minRequestAmount）和统计时长（statIntervalMs），如配置 count=0.1、minRequestAmount=10、statIntervalMs=4000，即若 4 秒的时间区间内请求数量达到 10，并且这 10 个请求中的异常比例达到 0.1，则该资源触发熔断。熔断多长时间？此时就需要配置熔断时长（timeWindow），如 timeWindow=5，表示该资源会被熔断 5 秒。

熔断策略针对哪个资源？

——对“/goods/{goodsId}”资源的请求。

熔断策略用哪种？

——异常比例。

熔断策略的生效条件是什么？

——4 秒的时间区间内请求数量达到 10，并且这 10 个请求中的异常比例达到 0.1，则该资源触发熔断。

熔断多长时间？

——5 秒。

11.6.2　异常熔断的基础编码

本节代码是在源码 spring-cloud-alibaba-sentinel-circuit-breaking-demo 项目的基础上修改的，具体步骤如下。

（1）修改项目名称。

修改项目名称为 spring-cloud-alibaba-sentinel-circuit-breaking-demo，之后把各个模块中 pom.xml 文件的 artifactId 修改为 spring-cloud-alibaba-sentinel-circuit-breaking-demo。

（2）修改源码，模拟超时和异常，代码如下：

```
@GetMapping("/goods/{goodsId}")
public String goodsDetail(@PathVariable("goodsId") int goodsId) {
  // 模拟超时
  try {
    Thread.sleep(1000);
  } catch (InterruptedException e) {
    e.printStackTrace();
  }
```

```
    // 模拟异常
    // int i = 13/0;

    // 根据 id 查询商品并返回给调用端
    if (goodsId < 1 || goodsId > 100000) {
      return "查询商品为空，当前服务的端口号为" + applicationServerPort;
    }
    String goodsName = "商品" + goodsId;
    // 返回信息给调用端
    return goodsName + "，当前服务的端口号为" + applicationServerPort;
}
```

慢调用比例、异常比例、异常数这三种熔断策略的判断指标主要是根据资源的响应时长和异常比例/数量来决定的，所以测试代码主要模拟超时和代码中出现异常的情况，用于后续配置和演示 Sentinel 熔断功能。

接下来，启动 goods-service-demo 项目（需保证 Nacos Server 和 Sentinel 控制台已经正常运行）。

启动后，登录 Sentinel 控制台，打开浏览器并在地址栏中输入如下地址：

```
http://localhost:8191/goods/2025
```

这会向 goods-service 发起请求，该服务实例的数据都会被 Sentinel 客户端上报。发起请求后，等待几秒就可以在 Sentinel 控制台页面看到 newbee-cloud-goods-service 微服务了，如图 11-24 所示。

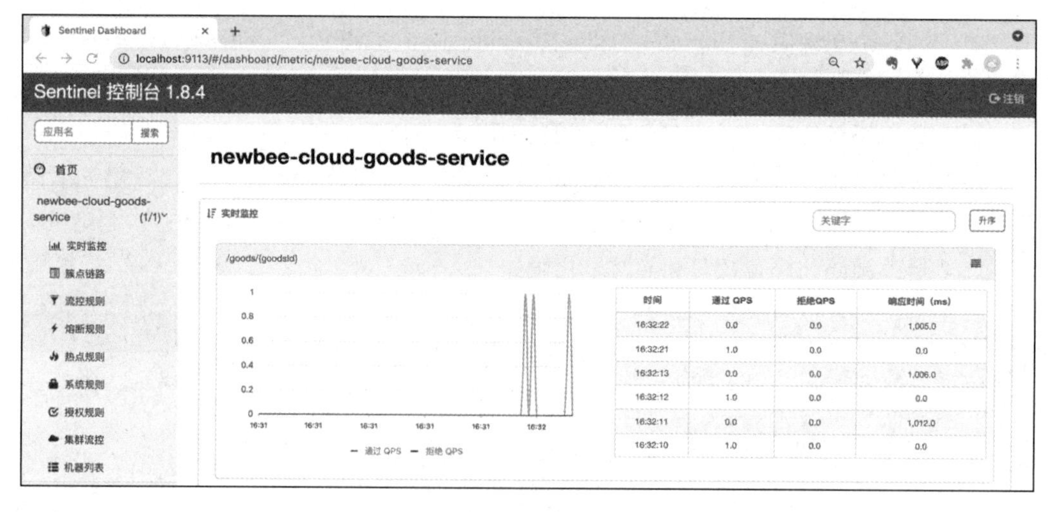

图 11-24　goods-service 正常连接至 Sentinel 后的呈现效果

11.6.3　熔断策略配置及效果演示

下面结合实际的配置页面详细讲解这三种熔断策略的配置和最终呈现的效果。

1. 慢调用比例策略配置及演示

进入 Sentinel 控制台，在左侧导航栏中能够看到所有已经接入 Sentinel 的应用。单击 newbee-cloud-goods-service 下的“簇点链路”就能够看到当前应用下的所有资源，如图 11-25 所示。

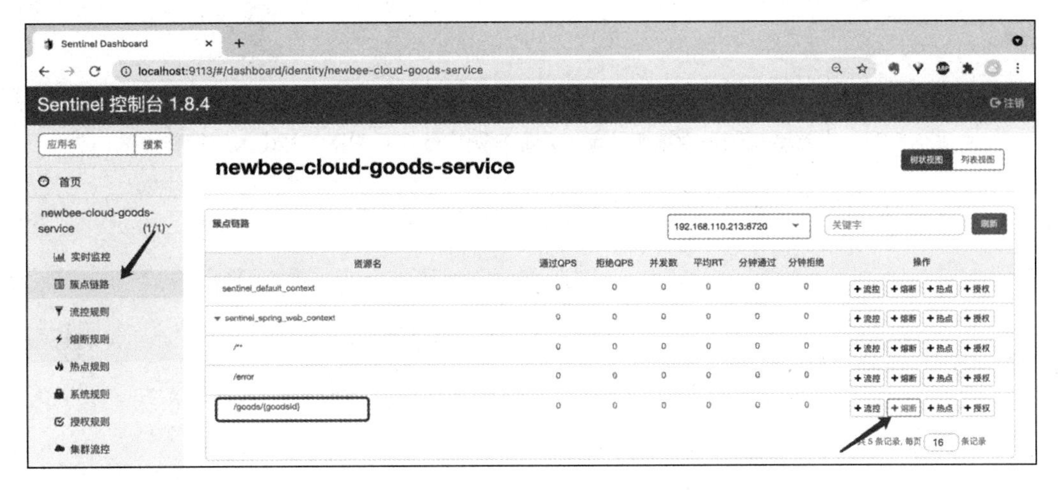

图 11-25　查看当前应用下的所有资源

可以在每个资源的列表栏中直接单击“熔断”按钮来给资源添加熔断。

另一种常用的方式是在熔断规则页面进行操作。单击左侧菜单栏中的“熔断规则”，打开熔断规则页面，单击右上角的“新增熔断规则”按钮，之后会弹出“新增熔断规则”对话框，把相关的属性添加进去，单击“新增”按钮就能够完成熔断规则的添加，过程如图 11-26 所示。

在这里给“/goods/{goodsId}”这个资源添加了一条熔断规则。熔断策略为慢调用比例，最大的响应时间为 900 毫秒，慢调用比例的阈值为 0.1，最小请求数为 10，统计时长为 5 秒、熔断时长为 5 秒，即若 5 秒的时间区间内请求数量达到 10，并且这 10 个请求中最大响应时间超过了 900 毫秒的请求占比达到 0.1，则该资源会触发熔断，熔断时长为 5 秒。

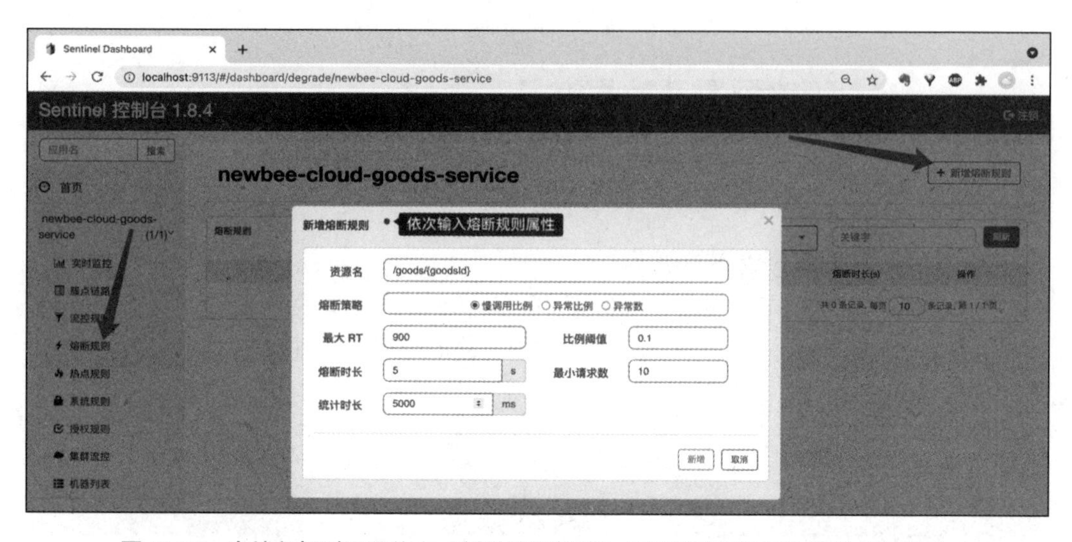

图 11-26　在熔断规则页面单击“新增熔断规则”按钮新增慢调用比例的熔断策略

规则添加成功后，就可以打开浏览器或其他工具发起请求，对 Sentinel 的熔断功能进行测试。在浏览器地址栏中输入如下地址：

```
http://localhost:8191/goods/2025
```

由于代码里增加了休眠 1 秒的代码，因此所有请求都是超时请求。一旦达到熔断条件，接口响应页面效果如图 11-27 所示。

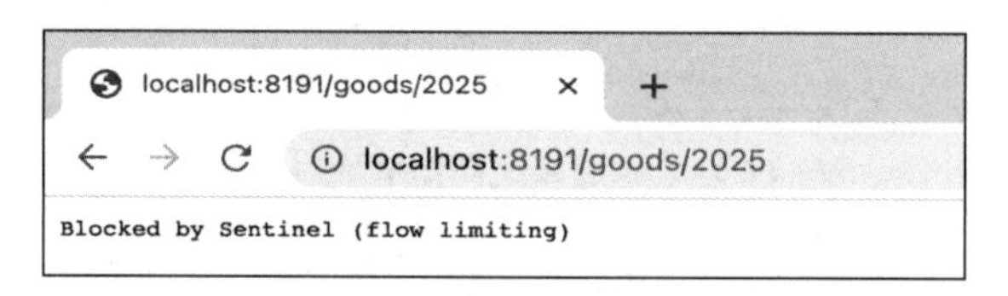

图 11-27　达到慢调用比例熔断条件后的接口被限流

此时的资源实时监控图如图 11-28 所示。

前面几个请求虽然是慢请求，但是由于没达到最小请求数量，因此未触发熔断，而一旦达到最小请求数量 10 之后，就正式进入熔断状态了，熔断状态下的请求都会被拒绝。

当然，细心的读者可能会发现，在熔断期内也有 1～2 条请求被通过了，是因为熔断器有一个探测恢复状态（HALF-OPEN 状态），若接下来的一个请求响应时间小于设置的慢调用 RT，则结束熔断；若大于设置的慢调用 RT，则再次被熔断。Sentinel 会尝试放开熔断，让部分请求顺利通过，如果该请求一切正常未达到慢调用的条件，就说明可以放开了，而如果这个请求依然是慢请求，就会继续熔断，不会再去判断最小请求数量和统计时间区间了。

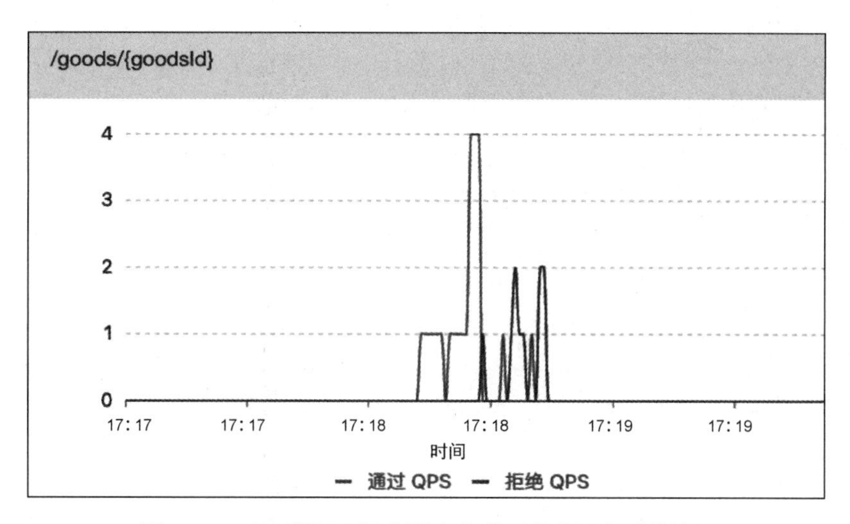

图 11-28　达到慢调用比例熔断条件后的资源实时监控图

2. 异常比例策略配置及演示

接下来演示异常比例策略。这时需要修改一下代码，先把模拟超时的代码注释掉，然后把模拟异常的代码注释放开，再重启 goods-service-demo 项目，在 Sentinel 控制台中接收到上报信息后，重新添加一条熔断规则，规则细节如图 11-29 所示。

图 11-29　新增异常比例的熔断策略示例

在这里给“/goods/{goodsId}”这个资源添加了一条熔断规则。熔断策略为异常比例，异常的比例阈值为 0.2，最小请求数为 10，统计时长为 5000ms，熔断时长为 5s，即若 5000ms 的时间区间内请求数量达到 10，并且这 10 个请求中的异常比例达到 0.2，则该资源会触发熔断，熔断时长为 5s。

规则添加成功后，就可以打开浏览器或其他工具发起请求，对 Sentinel 的熔断功能进行测试。在浏览器地址栏中输入如下地址：

```
http://localhost:8191/goods/2025
```

由于代码里增加了发生异常的代码，因此所有请求都是异常请求。一旦达到熔断条件，就会看到“Blocked by Sentinel (flow limiting)”的提示信息。

此时的资源实时监控图如图 11-30 所示。

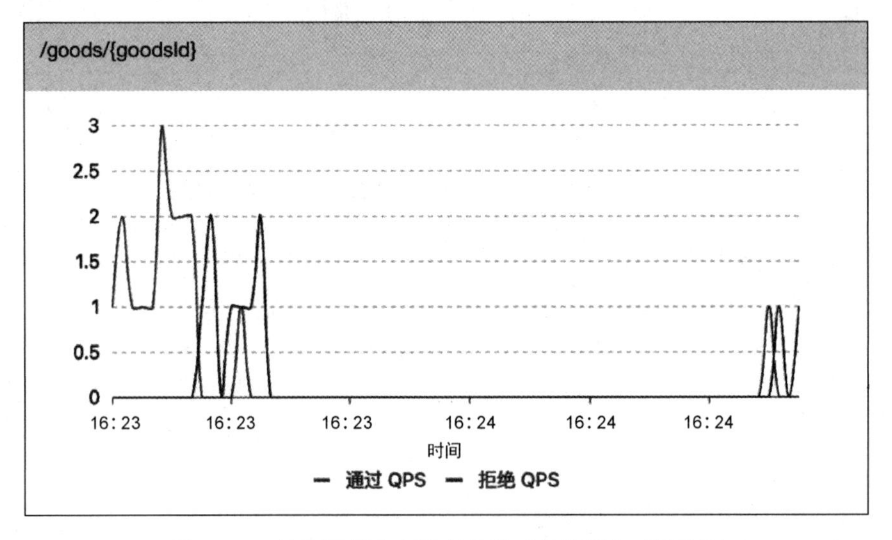

图 11-30　达到异常比例熔断条件后的资源实时监控图

前面几个请求虽然是异常请求，但是由于没达到最小请求数量，因此未触发熔断，而一旦达到最小请求数量 10 且异常比例超过 0.2 之后，就正式进入熔断状态了，熔断状态下的请求都会被拒绝。

3. 异常数策略配置及演示

接下来演示异常数策略。在 Sentinel 控制台页面中重新添加一条熔断规则，规则细节如图 11-31 所示。

在这里给“/goods/{goodsId}”这个资源添加了一条熔断规则。熔断策略为异常数，允许出现的最大异常数是 1，最小请求数为 4，统计时长为 3000ms，熔断时长为 5s，即若 3000ms 的时间区间内请求数量达到 4，并且这 4 个请求中有 1 个请求是异常请求，则该资源会触发熔断，熔断时长为 5s。该策略与异常比例策略非常类似，就不再赘述了。

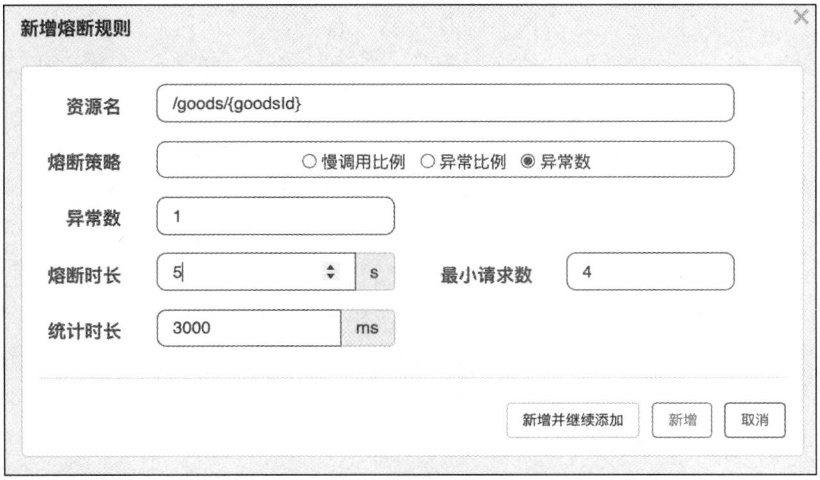

新增熔断规则
资源名
/goods/{goodsId}
熔断策略
○ 慢调用比例 ○ 异常比例 ◉ 异常数
异常数
1
熔断时长
5
s
最小请求数
4
统计时长
3000
ms
新增并继续添加
新增
取消

图 11-31　新增异常数的熔断策略示例

11.7　内外结合：降级熔断+流量控制

通过前文的讲解与实践，可知 Sentinel 服务容错的实现思路主要是降级熔断+流量控制，总结一下就是“内外结合”。

流量控制主外，在请求进入应用前就先做预处理，是一种“防患于未然”的实现思路。降级熔断主内，是应用中出现了过多程序异常的处理方案，属于“亡羊补牢”的做法。当系统中出现一定数量的慢请求或异常请求时，及时将该资源熔断，防止它级联影响其他资源和异常扩散。Sentinel“内外结合”的服务容错的实现思路如图 11-32 所示。

外：防患于未然
内：亡羊补牢
流量控制
Flow Control
降级熔断
Circuit Breaking

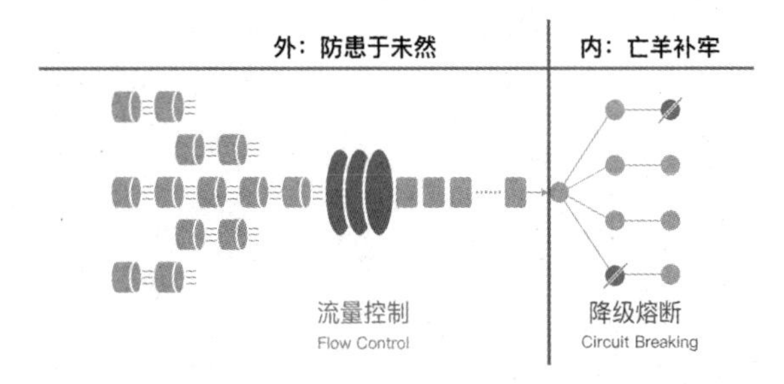

图 11-32　Sentinel“内外结合”的服务容错的实现思路

“外”是指对外部流量的控制，此时请求尚未实际地被系统处理，Sentinel 可以使用不同的限流策略对这些请求进行整形、控制、丢弃，在一定程度上让进入系统的流量处于一个合理的阈值内，避免出现瞬时流量打垮系统的情况。“内”是指对系统内部的异常治理，此时请求已经实际地被系统所处理，当调用链路中的某个资源出现不稳定的情况（如调用一直超时或异常比例较高）时，对这个资源的调用进行限制，并让请求快速失败，避免影响系统中其他的服务。“内外结合”的两种方案都可以通过 Sentinel 控制台进行规则配置，笔者已经详细地演示过流控规则和熔断规则的配置和使用，这里不再赘述。

结合流量控制和服务熔断介绍了 Sentinel 服务容错“内外结合”的实现思路，希望读者能够对 Sentinel 有一个更为全面的认识。当然，Sentinel 中间件中并不止这些知识点，因篇幅有限，笔者只介绍了其主要的功能和使用方法。还有额外的一些知识，建议读者通过网上的资料了解一下，如系统自适应保护、热点数据流控、集群流控、网关流控等，并且通过 Sentinel 控制台实际地配置和体验这些功能。

第 12 章

顺藤摸瓜：链路追踪解决方案——Spring Cloud Sleuth+Zipkin

本章将介绍一个新的微服务组件——Spring Cloud Sleuth，它在微服务架构中承担的职责是“链路追踪”。笔者会继续完善微服务架构，讲解如何在 Spring Cloud 架构下基于 Sleuth+Zipkin 实现微服务链路追踪及链路信息的收集和展示。本章的主要知识点包括微服务架构中的链路追踪、基于 Spring Cloud Sleuth 实现链路追踪和搭建 Zipkin Server 实现链路追踪的可视化管理。

12.1 服务链路追踪及技术选型

本节笔者将介绍链路追踪的相关概念，以及本书中所选择的微服务链路追踪组件——Spring Cloud Sleuth。介绍完相关概念后，将实际地进行编码实现和组件搭建，让读者能够掌握这个知识点。

12.1.1 什么是链路追踪

在微服务架构下，系统的功能是由大量的微服务协调组成的，大量的服务实例构成了复杂的分布式网络。在服务能力提升的同时，众多服务中肯定存在一些复杂而深度的调用链路，这也使得一旦出现 Bug 或异常就会让问题定位变得更加困难。当一个请求在经过诸多服务过程中出现了某一个调用失败的情况，想要查询具体的异常由哪一个服务引起的就变得十分困难，处理效率也会非常低。

如图 12-1 所示，微服务架构中难免出现一些链路复杂的请求调用。当出现问题的时候，就需要一种能够对故障点快速定位的方案，让开发人员可以尽快确认问题出现在哪个链路节点上，链路追踪技术由此而生。链路追踪就是将一次分布式请求（多个服务请求）变成一条清晰的调用链路，将一次分布式请求的调用情况集中展示，如各个服务节点上的耗时、请求具体到达哪台机器上、每个服务节点的请求状态等。

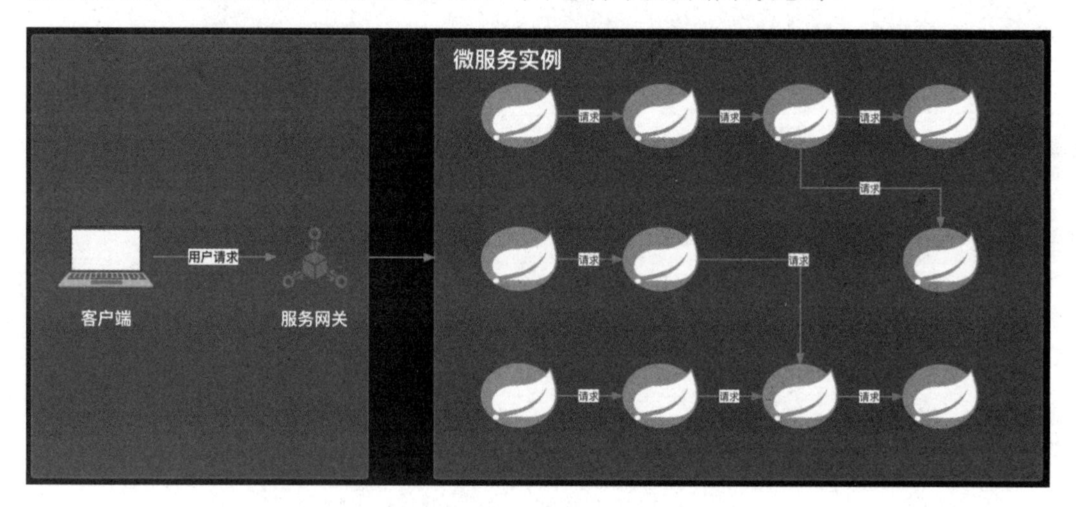

图 12-1　微服务架构中链路复杂的请求调用示意图

链路追踪其实是系统运行时通过某种方式记录服务之间的调用过程，并且将这个调用过程进行强关联的一个过程。可视化的 UI 界面或日志查询系统能够帮助开发人员快速定位出错点。链路追踪是微服务架构运维的重要组件，引入之后，即使再复杂的调用链路也会变得井井有条，能够让人非常清晰地看到服务之间的通信过程。

12.1.2　Spring Cloud Sleuth 简介

Spring Cloud Sleuth 的主要功能是在分布式系统中提供追踪解决方案。在 Spring Cloud 微服务生态下，Sleuth 组件通过扩展日志的方式实现微服务的链路追踪。

简单来说，Spring Cloud Sleuth 为每次服务调用生成几个标识字段，从服务调用的起点到终点，这个过程中的所有日志信息都会额外输出这些字段，如此就可以根据日志中的 ID 字段清晰地梳理出一次服务请求都经过了哪些微服务节点。当然，一句话概括起来比较笼统，笔者通过一个示例来讲解就会清晰一些。

如果不引入 Sleuth 组件，那么服务实例日志输出的标准格式如下：

```
2023-06-01 20:54:42.108 DEBUG 6860 --- [nio-8114-exec-2]
l.s.c.n.o.NewBeeGoodsDemoService         :
[NewBeeGoodsDemoService#getGoodsDetail2] 商品 2025，当前服务的端口号为 8201
```

引入 Sleuth 链路追踪组件后的日志格式如下：

```
2023-06-01 23:51:46.370 DEBUG [newbee-cloud-shopcart-service,
1db532812a930a69,6147c466ccbcdb3e] 5416 --- [nio-8114-exec-3]
l.s.c.n.o.NewBeeGoodsDemoService         :
[NewBeeGoodsDemoService#getGoodsDetail2] 商品 2025，当前服务的端口号为 8201
```

将两份日志进行比对后会发现，在原有日志中额外附加了下面的文本：

```
[newbee-cloud-shopcart-service,1db532812a930a69,6147c466ccbcdb3e]
```

这段文本被逗号分成三个字段，分别是服务名称、Trace ID、Span ID。

- 服务名称：说明日志是由哪个微服务产生的。
- Trace ID：标记请求链路的全局唯一 ID，用于标记整个请求链路。
- Span ID：请求链路中的每个微服务都会生成一个不同的 Span ID。一个 Trace ID 拥有多个 Span ID，而 Span ID 只属于某一个 Trace ID。

除以上三个字段外，还有 Parent Span ID 字段和 Annotation。Parent Span ID 指向当前微服务的父级应用，即上游调用方。Annotation 是用于记录各个调用环节的时间字段。如此一来，就能够通过这些信息将一个完整的调用链路有顺序地整理出来了。

Spring Cloud Sleuth 组件就是根据这几个标识字段来完成链路追踪中的三个重要功能的。其一是标记出一次调用请求中的所有日志（根据 Trace ID），其二是梳理出日志间的前后关系（根据 Span ID 和 Parent Span ID），其三是整理出整个链路及某个单独链路所消耗的时间（根据 Annotation），这样就清晰地整理出一个有序的微服务调用链路。为了能够很好地理解这些字段及调用链路的串联，笔者整理了一张整合 Spring Cloud Sleuth 组件后生成标识字段的示意图，如图 12-2 所示。

该请求涉及三个微服务，分别为服务 1、服务 2 和服务 3。在一次完整的调用链路中，不管调用了多少个微服务，Spring Cloud Sleuth 组件都会生成一个 Trace ID 字段贯穿整个链路，图 12-2 中三个微服务所对应的日志 Trace ID 都是 01xx。服务 1 是调用链路的起点，它的 Parent Span ID 为空，而起始单元的 Span ID 和 Trace ID 是相同的，其值都是 01xx。对于服务 2 来说，由于它的父级调用单元是服务 1，因此它的 Parent Span ID 指向了服务 1 的 Span ID，即 01xx。同理，服务 3 的 Parent Span ID 指向了服务 2 的 Span

ID，即 02xx。当然，图 12-2 只是一个简化的流程，在实际项目中可能比这个过程更为复杂，Spring Cloud Sleuth 组件生成的也不止这些字段，主要是让读者理解这个过程。

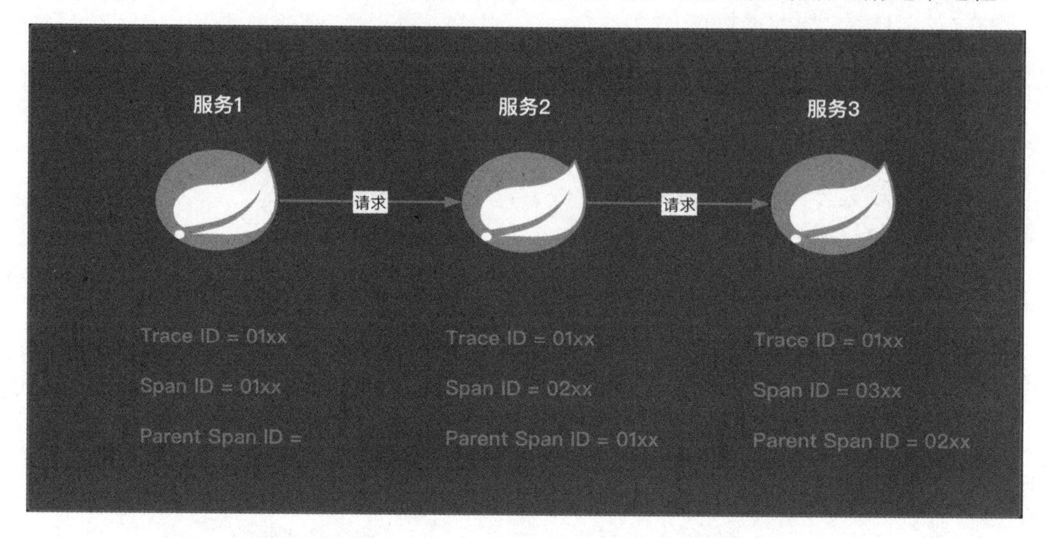

图 12-2　整合 Spring Cloud Sleuth 组件后生成标识字段的示意图

其底层实现原理就是在调用过程中生成 Trace ID、Span ID 等信息，并且通过请求的 Headers 来传输这些字段。因篇幅有限，这里就不进行拓展讲解了，感兴趣的读者可以查看 Spring Cloud Sleuth 组件的源码。

12.2　整合Spring Cloud Sleuth编码实践

12.2.1　基于 Spring Cloud Sleuth 的链路追踪实现思路

笔者将创建三个微服务实例工程，这里直接使用第 8 章的源码 spring-cloud- alibaba-openfeign-demo 项目，该项目的调用链路是 order-service 通过 OpenFeign 组件分别调用 shopcart-service 和 goods-service，如图 12-3 所示。

为了组件整合和演示需要，笔者将调用链路改为 order-service 通过 OpenFeign 组件调用 shopcart-service，shopcart-service 通过 OpenFeign 组件调用 goods-service，如图 12-4 所示。

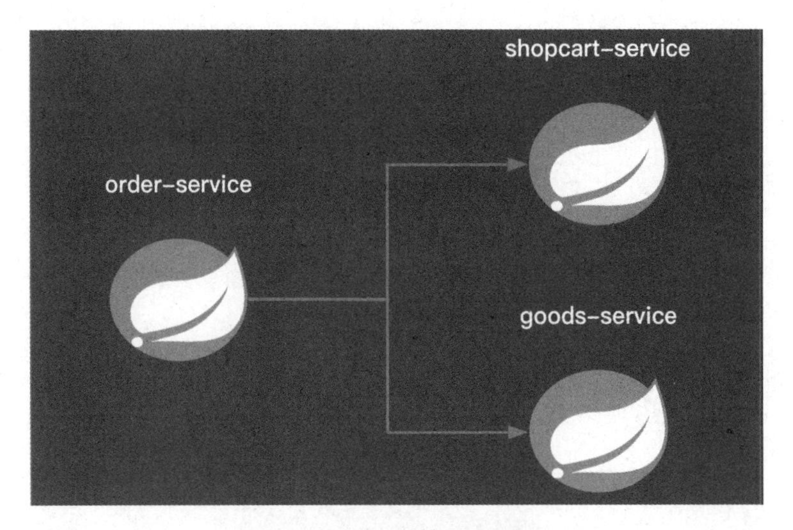

图 12-3　原调用链路示意图

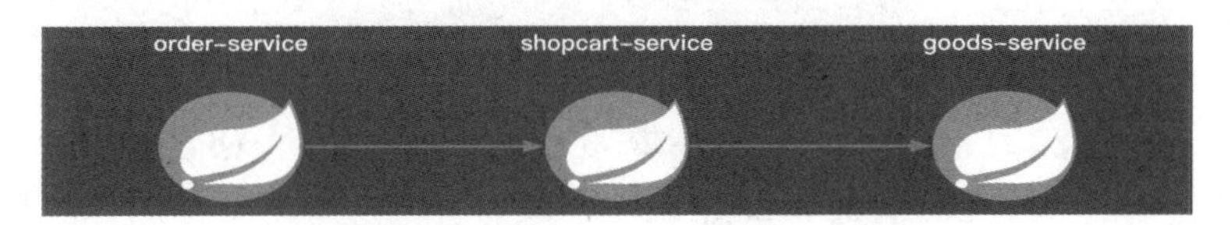

图 12-4　本节代码所需的调用链路示意图

12.2.2　代码基础改造

（1）修改项目内容。

修改项目名称为 spring-cloud-alibaba-sleuth-zipkin-demo，之后把各个模块中 pom.xml 文件的 artifactId 修改为 spring-cloud-alibaba-sleuth-zipkin-demo。

修改项目的启动端口，分别为 8201、8204 和 8207，主要是为了做章节区分。

（2）增加测试接口。

打开 goods-service-demo 项目，在 NewBeeCloudGoodsAPI 类中新增测试接口，代码如下：

```
@GetMapping("/goodsDetail2/{goodsId}")
public String goodsDetail2(@PathVariable("goodsId") int goodsId) {
  // 根据 id 查询商品并返回给调用端
  if (goodsId < 1 || goodsId > 100000) {
    return "查询商品为空，当前服务的端口号为" + applicationServerPort;
```

```
  }
  String goodsName = "商品" + goodsId;
  // 返回信息给调用端
  return goodsName + ", 当前服务的端口号为" + applicationServerPort;
}
```

（3）新增 OpenFeign 代码。

打开 shopcart-service-demo 项目中的 pom.xml 文件，在 dependencies 标签下引入 OpenFeign 的依赖文件，新增代码如下：

```
<dependency>
  <groupId>org.springframework.cloud</groupId>
  <artifactId>spring-cloud-starter-openfeign</artifactId>
</dependency>

<dependency>
  <groupId>org.springframework.cloud</groupId>
  <artifactId>spring-cloud-starter-loadbalancer</artifactId>
</dependency>
```

在 shopcart-service-demo 项目中新建 ltd.shopcart.cloud.newbee.openfeign 包，在 openfeign 包中新增 NewBeeGoodsDemoService 文件，用于创建对商品服务的 Feign 调用。

NewBeeGoodsDemoService.java 代码如下：

```
package ltd.shopcart.cloud.newbee.openfeign;

import org.springframework.cloud.openfeign.FeignClient;
import org.springframework.web.bind.annotation.GetMapping;
import org.springframework.web.bind.annotation.PathVariable;

@FeignClient(value = "newbee-cloud-goods-service", path = "/goodsDetail2")
public interface NewBeeGoodsDemoService {

    @GetMapping(value = "/{goodsId}")
    String getGoodsDetail2(@PathVariable(value = "goodsId") int goodsId);
}
```

（4）增加配置，启用 OpenFeign 并使 FeignClient 生效。

在 shopcart-service-demo 项目的启动类上添加@EnableFeignClients 注解，并配置相关的 FeignClient 类，代码如下：

```
@SpringBootApplication
@EnableFeignClients(clients={ltd.shopcart.cloud.newbee.openfeign.NewBee
GoodsDemoService.class})
```

```
public class ShopCartServiceApplication {
    public static void main(String[] args) {
        SpringApplication.run(ShopCartServiceApplication.class, args);
    }
}
```

（5）使用 OpenFeign 声明的接口实现服务通信。

由于已经使用 OpenFeign 声明了相关接口且配置完毕，因此这里修改 NewBeeCloudShopCartAPI 类中的代码并增加对 goods-service 项目中接口的远程调用就可以了。

修改 NewBeeCloudShopCartAPI 类的代码如下：

```
@RestController
public class NewBeeCloudShopCartAPI {

    @Value("${server.port}")
    private String applicationServerPort;// 读取当前应用的启动端口

    @Resource
    private NewBeeGoodsDemoService newBeeGoodsDemoService;

    @GetMapping("/shop-cart/{cartId}")
    public String cartItemDetail(@PathVariable("cartId") int cartId) {
        String detail2Result = newBeeGoodsDemoService.getGoodsDetail2(2025);
        // 根据 id 查询商品并返回给调用端
        if (cartId < 0 || cartId > 100000) {
            return "查询购物项为空，当前服务的端口号为" + applicationServerPort;
        }
        String cartItem = "购物项" + cartId;
        // 返回信息给调用端
        return cartItem + "，当前服务的端口号为" + applicationServerPort;
    }
}
```

之后，尝试启动三个项目，并在浏览器中请求 order-service 的测试接口，如果一切正常就表示代码修改成功。如此一来，就将调用链路改成了 order-service→shopcart-service→goods-service。

12.2.3 整合 Spring Cloud Sleuth 编码

前面已经完成了对演示代码的基础修改，接下来主要讲解 Spring Cloud Sleuth 的整合过程。

（1）开启 OpenFeign 的日志输出。

为了后续功能演示的效果，需要打开 OpenFeign 组件的日志输出功能，这样就能够把 OpenFeign 远程调用接口的日志内容打印出来。

在 order-service-demo 项目和 shopcart-service-demo 项目中分别新建 ltd.order.cloud.newbee.config 包和 ltd.shopcart.cloud.newbee.config 包，用于存放 OpenFeign 日志输出的配置类。之后在刚刚创建的两个 config 包下新建 OpenFeignConfiguration 类，用于设置 OpenFeign 的日志级别，代码如下：

```
@Configuration
public class OpenFeignConfiguration {
    @Bean
    public Logger.Level openFeignLogLevel() {
        // 设置 OpenFeign 的日志级别
        return Logger.Level.FULL;
    }
}
```

修改 order-service-demo 项目和 shopcart-service-demo 项目中的 application. properties 配置文件，分别新增如下配置项：

```
# order-service-demo 项目
# 演示需要，开启 OpenFeign debug 级别日志
logging.level.ltd.order.cloud.newbee.openfeign=debug
# shopcart-service-demo 项目
# 演示需要，开启 OpenFeign debug 级别日志
logging.level.ltd.shopcart.cloud.newbee.openfeign=debug
```

完成后，一旦项目中有用到 OpenFeign 远程调用的情况，就会在控制台输出对应的日志信息。

当然，开启 OpenFeign 日志输出后，读者也可以启动三个项目并调用测试接口，可以记录一下此时的日志信息，方便后续与整合 Sleuth 组件后的日志进行比对。笔者在功能测试时就记录了一下，获取的日志信息如下：

```
2023-06-01 23:54:42.104 DEBUG 6860 --- [nio-8114-exec-2]
```

```
l.s.c.n.o.NewBeeGoodsDemoService         :
[NewBeeGoodsDemoService#getGoodsDetail2] ---> GET
http://newbee-cloud-goods-service/goodsDetail2/2025 HTTP/1.1
2023-06-01 23:54:42.104 DEBUG 6860 --- [nio-8114-exec-2]
l.s.c.n.o.NewBeeGoodsDemoService         :
[NewBeeGoodsDemoService#getGoodsDetail2] ---> END HTTP (0-byte body)
2023-06-01 23:54:42.107 DEBUG 6860 --- [nio-8114-exec-2]
l.s.c.n.o.NewBeeGoodsDemoService         :
[NewBeeGoodsDemoService#getGoodsDetail2] <--- HTTP/1.1 200 (3ms)
2023-06-01 23:54:42.108 DEBUG 6860 --- [nio-8114-exec-2]
l.s.c.n.o.NewBeeGoodsDemoService         :
[NewBeeGoodsDemoService#getGoodsDetail2] connection: keep-alive
2023-06-01 23:54:42.108 DEBUG 6860 --- [nio-8114-exec-2]
l.s.c.n.o.NewBeeGoodsDemoService         :
[NewBeeGoodsDemoService#getGoodsDetail2] content-length: 44
2023-06-01 23:54:42.108 DEBUG 6860 --- [nio-8114-exec-2]
l.s.c.n.o.NewBeeGoodsDemoService         :
[NewBeeGoodsDemoService#getGoodsDetail2] content-type:
text/plain;charset=UTF-8
2023-06-01 23:54:42.108 DEBUG 6860 --- [nio-8114-exec-2]
l.s.c.n.o.NewBeeGoodsDemoService         :
[NewBeeGoodsDemoService#getGoodsDetail2] date: Sat, 02 Jul 2022 15:54:42 GMT
2023-06-01 23:54:42.108 DEBUG 6860 --- [nio-8114-exec-2]
l.s.c.n.o.NewBeeGoodsDemoService         :
[NewBeeGoodsDemoService#getGoodsDetail2] keep-alive: timeout=60
2023-06-01 23:54:42.108 DEBUG 6860 --- [nio-8114-exec-2]
l.s.c.n.o.NewBeeGoodsDemoService         :
[NewBeeGoodsDemoService#getGoodsDetail2]
2023-06-01 23:54:42.108 DEBUG 6860 --- [nio-8114-exec-2]
l.s.c.n.o.NewBeeGoodsDemoService         :
[NewBeeGoodsDemoService#getGoodsDetail2] 商品 2025，当前服务的端口号为 8201
2023-06-01 23:54:42.108 DEBUG 6860 --- [nio-8114-exec-2]
l.s.c.n.o.NewBeeGoodsDemoService         :
[NewBeeGoodsDemoService#getGoodsDetail2] <--- END HTTP (44-byte body)
```

（2）引入 Sleuth 依赖。

依次打开 order-service-demo、goods-service-demo、shopcart-service-demo 项目中的 pom.xml 文件，在 dependencies 标签下引入 Sleuth 的依赖文件，新增代码如下：

```
<!-- Sleuth 依赖项 -->
<dependency>
  <groupId>org.springframework.cloud</groupId>
  <artifactId>spring-cloud-starter-sleuth</artifactId>
</dependency>
```

整合 Spring Cloud Sleuth 组件是很简单的，不需要做额外的配置，只要添加依赖文件即可。重启三个项目并调用测试接口，此时获取的日志信息就变了，内容如下：

```
2023-06-01 23:51:46.367 DEBUG [newbee-cloud-shopcart-service,
1db532812a930a69,6147c466ccbcdb3e] 5416 --- [nio-8114-exec-3]
l.s.c.n.o.NewBeeGoodsDemoService          :
[NewBeeGoodsDemoService#getGoodsDetail2] ---> GET
http://newbee-cloud-goods-service/goodsDetail2/2025 HTTP/1.1
2023-06-01 23:51:46.367 DEBUG [newbee-cloud-shopcart-service,
1db532812a930a69,6147c466ccbcdb3e] 5416 --- [nio-8114-exec-3]
l.s.c.n.o.NewBeeGoodsDemoService          : [NewBeeGoodsDemoService
#getGoodsDetail2] ---> END HTTP (0-byte body)
2023-06-01 23:51:46.369 DEBUG [newbee-cloud-shopcart-service,
1db532812a930a69,6147c466ccbcdb3e] 5416 --- [nio-8114-exec-3]
l.s.c.n.o.NewBeeGoodsDemoService          : [NewBeeGoodsDemoService
#getGoodsDetail2] <--- HTTP/1.1 200 (2ms)
2023-06-01 23:51:46.370 DEBUG [newbee-cloud-shopcart-service,
1db532812a930a69,6147c466ccbcdb3e] 5416 --- [nio-8114-exec-3]
l.s.c.n.o.NewBeeGoodsDemoService          : [NewBeeGoodsDemoService
#getGoodsDetail2] connection: keep-alive
2023-06-01 23:51:46.370 DEBUG [newbee-cloud-shopcart-service,
1db532812a930a69,6147c466ccbcdb3e] 5416 --- [nio-8114-exec-3]
l.s.c.n.o.NewBeeGoodsDemoService          : [NewBeeGoodsDemoService
#getGoodsDetail2] content-length: 44
2023-06-01 23:51:46.370 DEBUG [newbee-cloud-shopcart-service,
1db532812a930a69,6147c466ccbcdb3e] 5416 --- [nio-8114-exec-3]
l.s.c.n.o.NewBeeGoodsDemoService          : [NewBeeGoodsDemoService
#getGoodsDetail2] content-type: text/plain;charset=UTF-8
2023-06-01 23:51:46.370 DEBUG [newbee-cloud-shopcart-service,
1db532812a930a69,6147c466ccbcdb3e] 5416 --- [nio-8114-exec-3]
l.s.c.n.o.NewBeeGoodsDemoService          : [NewBeeGoodsDemoService
#getGoodsDetail2] date: Sat, 02 Jul 2022 15:51:46 GMT
2023-06-01 23:51:46.370 DEBUG [newbee-cloud-shopcart-service,
1db532812a930a69,6147c466ccbcdb3e] 5416 --- [nio-8114-exec-3]
l.s.c.n.o.NewBeeGoodsDemoService          : [NewBeeGoodsDemoService
#getGoodsDetail2] keep-alive: timeout=60
2023-06-01 23:51:46.370 DEBUG [newbee-cloud-shopcart-service,
1db532812a930a69,6147c466ccbcdb3e] 5416 --- [nio-8114-exec-3]
l.s.c.n.o.NewBeeGoodsDemoService     : [NewBeeGoodsDemoService#getGoodsDetail2]
2023-06-01 23:51:46.370 DEBUG
[newbee-cloud-shopcart-service,1db532812a930a69,6147c466ccbcdb3e] 5416 ---
[nio-8114-exec-3] l.s.c.n.o.NewBeeGoodsDemoService          :
[NewBeeGoodsDemoService#getGoodsDetail2] 商品 2025，当前服务的端口号为 8201
```

```
2023-06-01 23:51:46.370 DEBUG [newbee-cloud-shopcart-service,
1db532812a930a69,6147c466ccbcdb3e] 5416 --- [nio-8114-exec-3]
l.s.c.n.o.NewBeeGoodsDemoService        : [NewBeeGoodsDemoService
#getGoodsDetail2] <--- END HTTP (44-byte body)
```

当然，不止 OpenFeign 调用时的日志会被打标，平时打印的一些日志信息也会被打标。为了给读者演示，笔者在 NewBeeCloudOrderAPI 类中新增如下测试代码：

```
private static final Logger log = LoggerFactory.getLogger(NewBeeCloudOrderAPI.class);

@GetMapping("/logTest")
public String logTest() {

  // 平时会打标的日志
  log.info("test info log by sleuth");
  log.error("test error log by sleuth");

  try {
    int i = 1 / 0;
  } catch (Exception e) {
    // 将异常信息通过日志输出
    log.error("test exception log by sleuth:", e);
  }

  return "logTest";
}
```

整合 Sleuth 后，打印的日志信息中也出现了打标信息，代码如下：

```
2023-06-17 15:11:21.935  INFO [newbee-cloud-order-service,3301fdd6a1845d85,
3301fdd6a1845d85] 64744 --- [nio-8207-exec-1] l.o.c.n.controller.
NewBeeCloudOrderAPI   : test controller info log by sleuth
2023-06-17 15:11:21.936 ERROR [newbee-cloud-order-service,
3301fdd6a1845d85,3301fdd6a1845d85] 64744 --- [nio-8207-exec-1] l.o.c.n.
controller.NewBeeCloudOrderAPI   : test controller error log by sleuth
2023-06-17 15:11:21.936  INFO [newbee-cloud-order-service,
3301fdd6a1845d85,3301fdd6a1845d85] 64744 --- [nio-8207-exec-1]
l.o.cloud.newbee.service.TestService     : test service info log by sleuth
2023-06-17 15:11:21.937 ERROR
[newbee-cloud-order-service,3301fdd6a1845d85,3301fdd6a1845d85] 64744 ---
[nio-8207-exec-1] l.o.cloud.newbee.service.TestService     : test service
error log by sleuth
2023-06-17 15:11:21.945 ERROR [newbee-cloud-order-service,
3301fdd6a1845d85,3301fdd6a1845d85] 64744 --- [nio-8207-exec-1]
l.o.cloud.newbee.service.TestService     : test exception log by sleuth:
```

```
java.lang.ArithmeticException: / by zero
    at ltd.order.cloud.newbee.service.TestService.test
(TestService.java:18) ~[classes/:na]
    at ltd.order.cloud.newbee.controller.NewBeeCloudOrderAPI.logTest
(NewBeeCloudOrderAPI.java:58) ~[classes/:na]
    at java.base/jdk.internal.reflect.NativeMethodAccessorImpl.invoke0
(Native Method) ~[na:na]
    at java.base/jdk.internal.reflect.NativeMethodAccessorImpl.invoke
(NativeMethodAccessorImpl.java:77) ~[na:na]
    at java.base/jdk.internal.reflect.DelegatingMethodAccessorImpl.invoke
(DelegatingMethodAccessorImpl.java:43) ~[na:na]
   at java.base/java.lang.reflect.Method.invoke(Method.java:568) ~[na:na]
    at org.springframework.web.method.support.InvocableHandlerMethod.
doInvoke(InvocableHandlerMethod.java:205) ~[spring-web-5.3.15.jar:5.3.15]
```

这样一来，在项目开发与维护时，一旦出现异常或错误信息都可以通过打标数据查找上下游的数据，对更快地定位错误有非常大的帮助。

打标的日志信息数据已经产生，但仅靠开发人员手工组织和串联这些不计其数的链路日志显然不现实，因此还需要部署链路追踪数据的分析工具 Zipkin 来完成这个工作。

12.3 搭建Zipkin Server实现链路追踪的可视化管理

Zipkin 是 Twitter 公司开源的一套分布式链路追踪系统，可以采集时序数据来协助定位延迟等问题。使用时需要独立部署 Zipkin 服务器，同时在微服务内部安装 Zipkin 客户端才能够自动实现日志的推送与展示。

部署 Zipkin 服务端后，一旦微服务产生链路追踪日志，Zipkin 客户端便会自动以异步形式将日志数据推送至 Zipkin 服务端，Zipkin 服务端会对数据进行组织和整理。之后，通过 Zipkin 内置的 UI 界面可以看到每个调用链路的链路信息、所花费的时间等内容。接下来笔者将讲解 Zipkin 服务端搭建及客户端整合的过程。

12.3.1 搭建 Zipkin Server 的详细过程

Zipkin Server 的搭建操作非常简单，可以通过官网提供的教程快速完成。快速上手的教程见网址 16。

这里提供了三种方式来搭建 Zipkin Server。笔者选择的是直接下载 Zipkin Server 的可执行 Jar 包并启动的方式，与 Sentinel 控制台的搭建方式类似。Zipkin Server 的下载网址见网址 17。

打开这个网址能够获取最新版本的 Zipkin Server 可执行 Jar 包，笔者下载的版本是 2.23.16。如果觉得使用这个网址下载很慢，可以直接使用本书配套资料中的 Jar 包。下载成功后会得到一个名为 zipkin-server-2.23.16-exec.jar 的文件，直接使用下方的命令即可启动 Zipkin Server。

```
# 默认端口号 9411
java -jar zipkin-server-2.23.16-exec.jar

# 如果想使用其他端口启动可以使用--server.port 参数
java -jar zipkin-server-2.23.16-exec.jar --server.port=9333
```

这里有一点需要注意，Zipkin Server 的默认监听端口号是 9411。启动成功后，可以在命令行中看到 Zipkin 的特色 Logo，以及一行 Serving HTTP 的运行日志，如下所示：

```
                 oo
                oooo
               oooooo
              oooooooo
             oooooooooo
            oooooooooooo
          ooooooo  ooooooo
         oooooo     ooooooo
        oooooo       ooooooo
       oooooo   o  o   oooooo
      oooooo   oo  oo   oooooo
    ooooooo  oooo  oooo  ooooooo
   oooooo   ooooo  ooooo  ooooooo
  oooooo   oooooo  oooooo  ooooooo
 oooooooo      oo  oo      oooooooo
 ooooooooooooo oo  oo ooooooooooooo
     oooooooooooo  oooooooooooo
         oooooooo  oooooooo
             oooo  oooo

     ________ ____  _  _____ _   _
    |__  /_ _|  _ \| |/ /_ _| \ | |
      / / | || |_) | ' / | ||  \| |
     / /_ | ||  __/| . \ | || |\  |
    |____|___|_|   |_|\_\___|_| \_|
```

```
:: version 2.23.16 :: commit b90f2b3 ::

2023-06-19 15:13:31.252  INFO [/] 64777 --- [oss-http-*:9411]
c.l.a.s.Server                          : Serving HTTP at
/[0:0:0:0:0:0:0:0]:9411 - http://127.0.0.1:9411/
```

访问 Zipkin Server 的 UI 页面，网址如下：

```
http://localhost:9411/zipkin/
```

显示效果如图 12-5 所示。

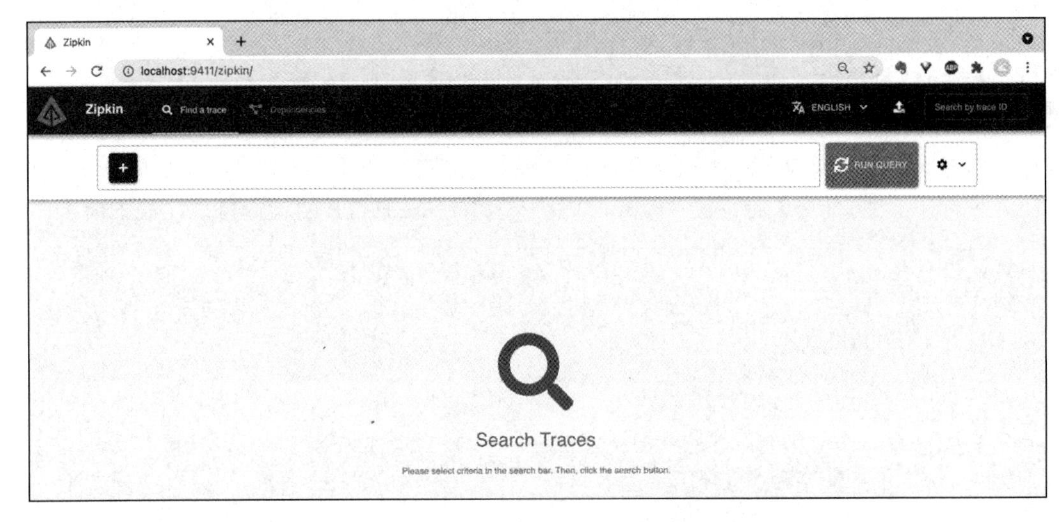

图 12-5　Zipkin Server 的 UI 页面的显示效果

这就是 Zipkin Server 内置的分析 UI 页面，当前因为没有接入服务实例，所以页面中是空数据。接下来将讲解如何将服务实例中的链路数据传输到 Zipkin Server 中。

12.3.2　整合 Zipkin Client 编码实践

先在每个微服务模块的 pom.xml 中添加 Zipkin 依赖。依次打开 order-service-demo、goods-service-demo、shopcart-service-demo 项目中的 pom.xml 文件，在 dependencies 标签下引入 Zipkin 的依赖文件，新增代码如下：

```
<!--Zipkin 依赖-->
<dependency>
  <groupId>org.springframework.cloud</groupId>
```

```
  <artifactId>spring-cloud-sleuth-zipkin</artifactId>
</dependency>
```

然后在服务实例中配置 Zipkin 的通信地址及采样率。依次打开 order-service- demo、goods-service-demo、shopcart-service-demo 项目中的 application.properties 配置文件，分别新增如下配置项：

```
# Sleuth 采样率，取值范围为[0.1,1.0]，值越大收集越及时，但性能影响也越大
spring.sleuth.sampler.probability=1.0
# 每秒数据采集量，最多 n 条/秒 Trace
spring.sleuth.sampler.rate=500

spring.zipkin.base-url=http://localhost:9411
```

spring.zipkin.base-url 配置项只要设置一个可用的 Zipkin Server 的 IP 和端口号即可。

下面对两个配置项进行重点说明。

- spring.sleuth.sampler.probability 指采样率，它是一个 Float 类型的数字，取值范围为 [0.1,1.0]。假设在过去的 1 秒 order-service 实例产生了 100 个 Trace，如果采样率为 0.1，则表示只有 10 条记录会被发送到 Zipkin 服务端进行分析和整理；如果采样率为 1.0，则表示 100 条 Trace 都会被发送到 Zipkin 服务端进行分析和整理。当然，这个值越大表示收集越及时，但性能影响也越大。
- spring.sleuth.sampler.rate 指每秒最多采集量，超出部分将直接抛弃。服务请求依然会被正常处理，只是调用链信息不会被 Zipkin Server 所采集。

12.3.3　链路追踪效果演示

依次启动三个服务实例，之后打开浏览器访问如下地址：

```
http://localhost:8207/order/saveOrder?cartId=13&goodsId=2025
```

进入 Zipkin 的控制台页面，单击“RUN QUERY”按钮，就会出现调用链路的信息，如图 12-6 所示。

在调用链路信息首页，可以通过各种搜索条件的组合，从服务名称、Span 名称、时间等不同维度查询调用链路数据，如图 12-7 所示。

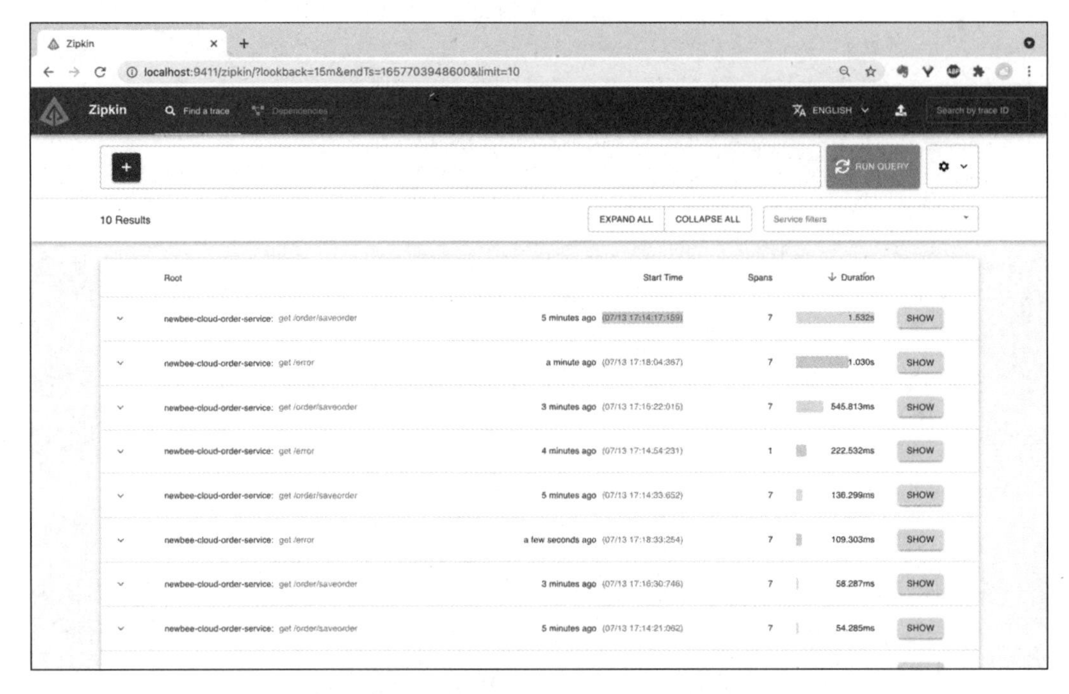

图 12-6　Zipkin 控制台页面的调用链路信息

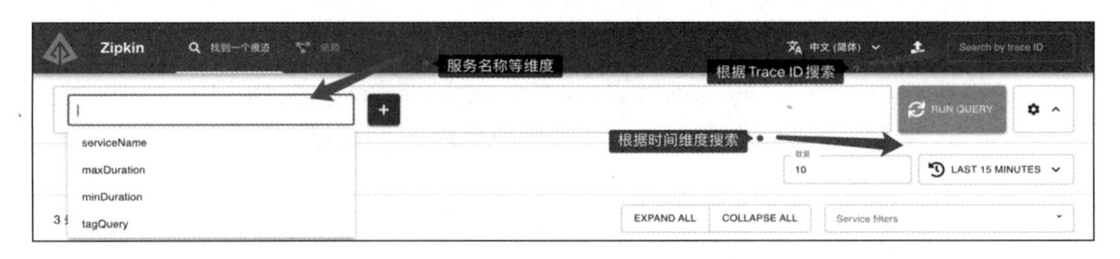

图 12-7　在 Zipkin 控制台中通过搜索条件搜索调用链路数据

某个调用链路的详情页面如图 12-8 所示。

在调用链路的详情页面中，所有 Span 都以时间序列的先后顺序进行排列，可以清晰地看到链路中每个步骤的开始时间、结束时间及处理用时。

如果某个调用链路出现了异常，就可以从调用链路的详情页面轻松地看出异常发生在哪个阶段。比如，图 12-9 中的调用链路在 OpenFeign 远程调用 goods-service 服务的时候抛出了 RuntimeException，在调用链路的详情页面上已被标红。单击对应的红色 Span，就可以看到具体的异常提示信息。

这里是笔者故意在 goods-service 的接口中写了会报错的代码模拟这种情况。

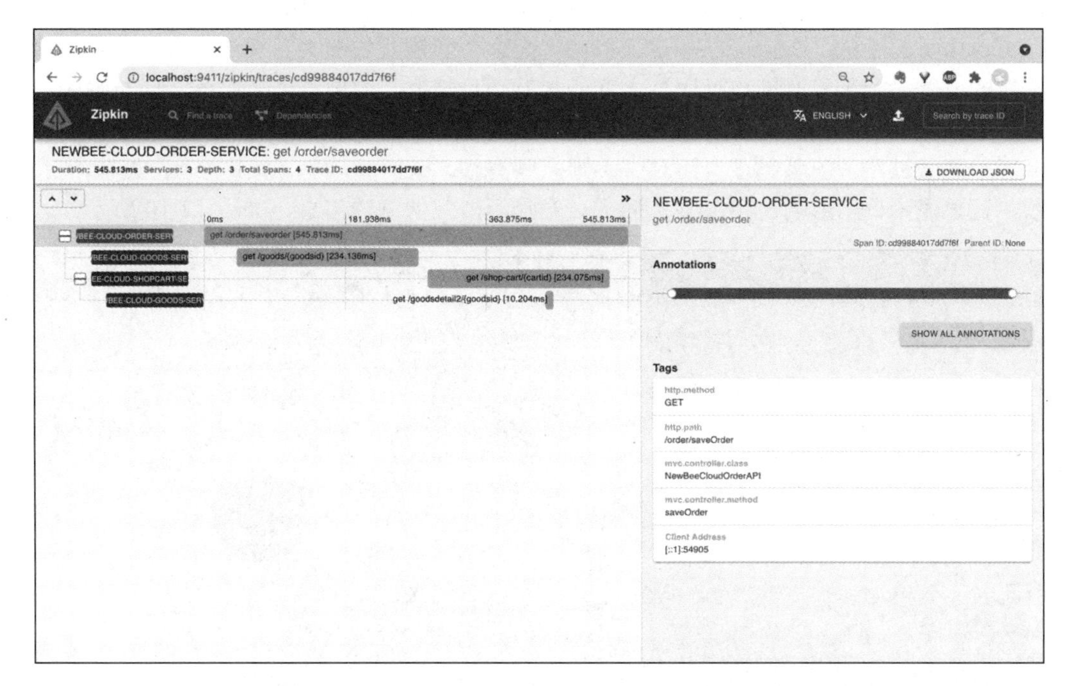

图 12-8　Zipkin 控制台中调用链路的详情页面

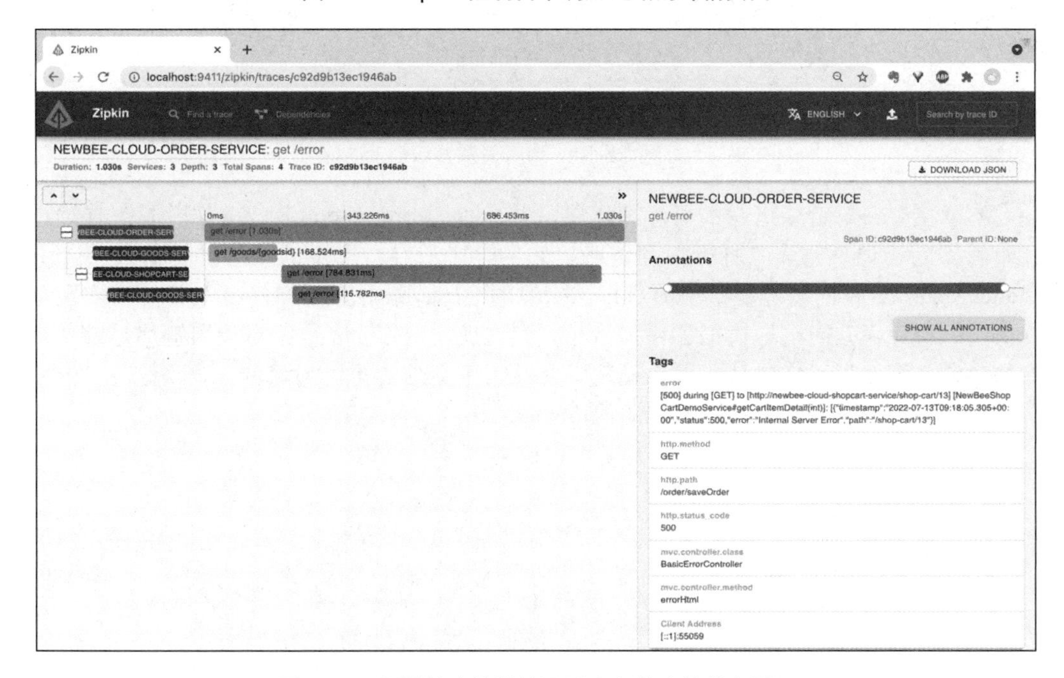

图 12-9　调用链路的详情页面中各链路的状态展示

单击页面中的“Dependencies”（依赖）会跳转到链路依赖关系页面，在这里会以图形化的方式显示某段时间内微服务之间的相互调用情况，如果两个微服务之间有调用关系，就会用一条实线将两者连接起来。实线上流动的小圆点表示调用量的多少，圆点越多表示这条链路的流量越多。而且，小圆点还有红、蓝两种颜色，其中红色表示调用失败，蓝色表示调用成功。单击某个服务，会显示对应的统计信息，如图 12-10 所示。

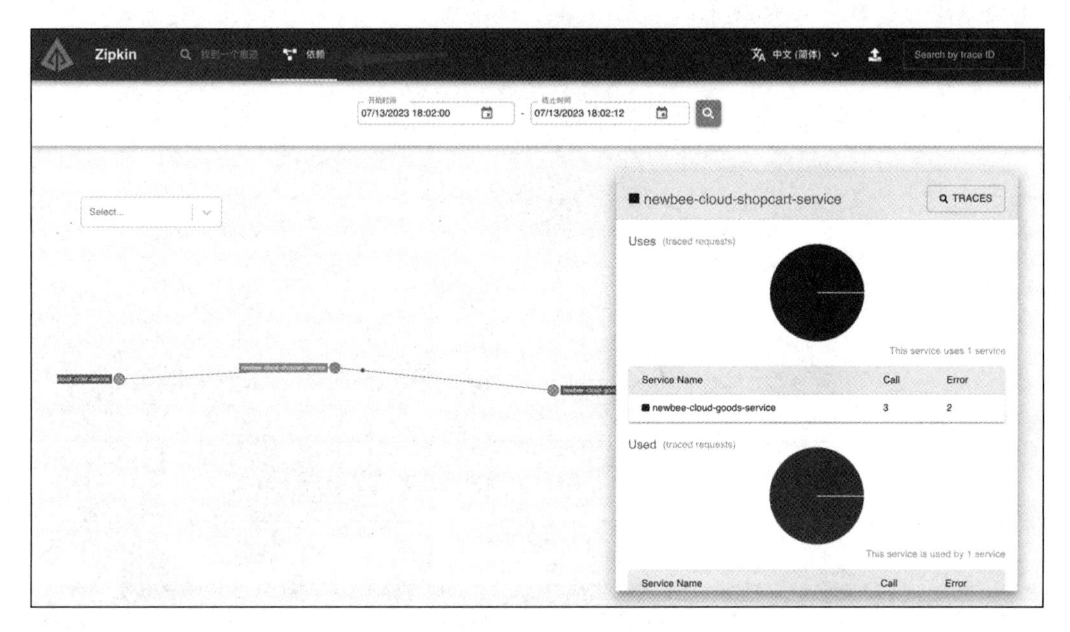

图 12-10　调用关系显示

本章主要讲解链路追踪的概念和作用，并介绍 Spring Cloud Sleuth 组件是怎样通过几个特殊的标记来完成“打标”和链路串联的，之后结合实际的编码讲解整合 Spring Cloud Sleuth 组件的过程及整合前后日志信息的对比，最后介绍如何引入 Zipkin 实现可视化链路追踪，并简单地模拟了异常情况。到这里，相信读者已经对调用链路追踪系统的搭建和使用有了一定的认识，自己动手实践一下会理解得更为深刻。

第 13 章

13

运筹帷幄：Elastic Search + Logstash + Kibana 日志中心搭建

本章将讲解日志中心的搭建和使用，包括 ELK 方案介绍、使用 Docker 完成 ELK 日志中心的搭建、将程序中的日志信息输出到 ELK，以及在 Kibana 中配置和查看日志信息。

13.1 ELK——日志收集、分析和展示的解决方案

13.1.1 认识 ELK

ELK 并不是某个技术框架的名称，它实际上是三个工具的集合，分别是 Elastic Search（ES）、Logstash 和 Kibana。ELK 的每个字母都来自一个工具名称，取这三个工具各自的首字母，就组成了 ELK。这三个工具组成了一套实用、易用的监控架构，是 Elastic 公司推出的一整套日志收集、分析和展示的解决方案，很多公司利用它来搭建可视化的海量日志分析平台。

Elastic Search 是一个基于 Lucene 的开源分布式搜索引擎，提供搜集、分析、存储数据三大功能。它提供了一个分布式多用户功能的全文搜索引擎，基于 RESTful Web 接口。Elastic Search 是基于 Java 语言开发的，并作为 Apache 许可条款下的开放源码发布，是当前流行的企业级搜索引擎。它被用于云计算中，能够进行实时搜索，稳定、可靠、快速，安装和使用方便。

Logstash 是一个用于管理日志和事件的工具，主要进行日志的搜集、分析、过滤，支持大量的数据获取方式。一般工作方式为 C/S 架构，Client 端安装在需要收集日志的主机上，Server 端负责将收到的各节点日志进行过滤、修改等操作，再一并发往 Elastic Search。

Kibana 是一个优秀的前端日志展示框架，它可以通过报表、图形化数据为 Logstash 和 Elastic Search 进行 Web 界面可视化展示，可以汇总、分析和搜索重要数据日志，为用户提供强大的数据可视化支持。

13.1.2 ELK 的工作流程

ELK 技术栈中三大组件的大致工作流程如图 13-1 所示，先由 Logstash 从各个日志源头（系统日志、程序日志、MySQL 日志等）采集日志数据并存放至 Elastic Search 中，然后由 Kibana 从 Elastic Search 中查询日志，最终呈现给开发/运维人员。

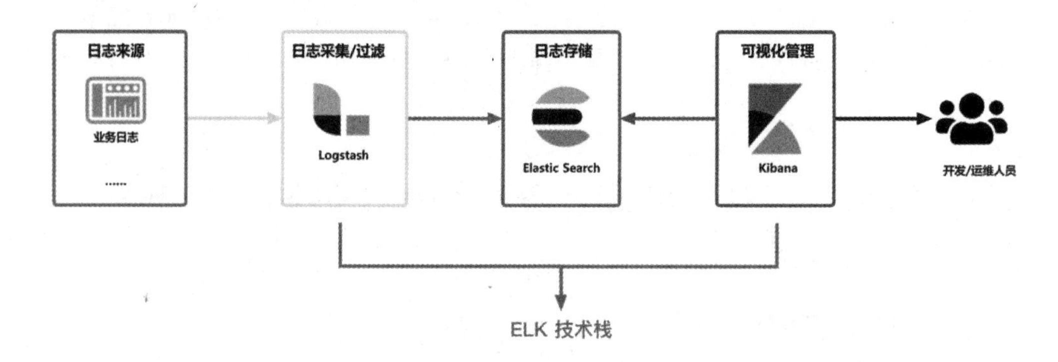

图 13-1　ELK 技术栈中三大组件的大致工作流程

在 ELK 日志中心方案里，Logstash 扮演了一个日志收集器的角色。它可以从多个数据源中对数据进行采集，并对数据进行格式化、过滤和简单的数据处理。

Elastic Search 是一个分布式的搜索和数据分析引擎，接收来自 Logstash 的日志信息，对这些日志信息进行索引处理，并将这些日志信息集中存储。这些数据在 Elastic Search 中索引完成后，便可针对这些数据进行更为复杂的搜索。Elastic Search 对外提供了多种 RESTful 风格的接口，上层应用可以通过这些接口完成数据查找和分析的任务。

Kibana 提供了一套 UI 界面，开发/运维人员可以对 Elastic Search 中索引和存储的数据进行查找。同时，Kibana 还提供了各种统计报表的功能，如柱状图、饼图、时序统计分析、图谱关联分析等。

13.1.3　ELK 的优势

在企业开发流程中，构建一套集中日志管理和搜索系统可以有效提升定位问题的效率。一个完整的集中日志管理系统需要包括以下主要功能。

- 收集：可以从各种来源收集日志信息。
- 传输：可以稳定地将日志数据传输到日志系统。
- 存储：可以存储日志数据。
- 分析：可以支持 UI 分析。
- 警告：可以提供错误报告和监控机制。

ELK 提供了一整套的解决方案，并且 ELK 技术栈中的技术全部都是开源软件，供开发人员免费使用。

当然，仅仅只是免费不可能获得开发人员那么多青睐，市面上有很多免费的框架，但是目前并没有任何一个能够撼动 ELK 的地位。除免费外，活跃的 Elastic 社区和强大的技术支持也是非常重要的原因。

另外，打铁还需自身硬，除上述的两个优势外，使用 ELK 技术栈作为日志中心的解决方案还有如下优势。

- 强大的搜索功能：Elastic Search 可以在分布式搜索模式下快速搜索，支持 DSL 语法搜索，简而言之就是通过类似配置的语言快速过滤数据。
- 完美的显示功能：可以显示非常详细的图表信息，自定义显示内容，将数据可视化到极致。
- 分布式功能：可以解决大型集群运行维护中的许多问题，包括监控、预警、日志收集和分析等。

13.1.4　ELK 增强版

谈到日志中心的搭建，ELK 确实是不二的选择。不管是大型企业、中型企业，还是小型企业，只要技术团队想要搭建日志中心，绝大多数都会选择使用由 ELK 技术栈搭建的日志中心或由 ELK 衍生的日志中心（如 ELBK 或 ELBFK）。

一般情况下，在使用 ELK 技术栈搭建日志中心时，只部署单体的 ELK 技术栈即可。整套部署下来，也只需要一个 Logstash 实例、一个 Elastic Search 实例和一个 Kibana 实例，如图 13-2 所示，大部分业务都是能够正常支撑的。

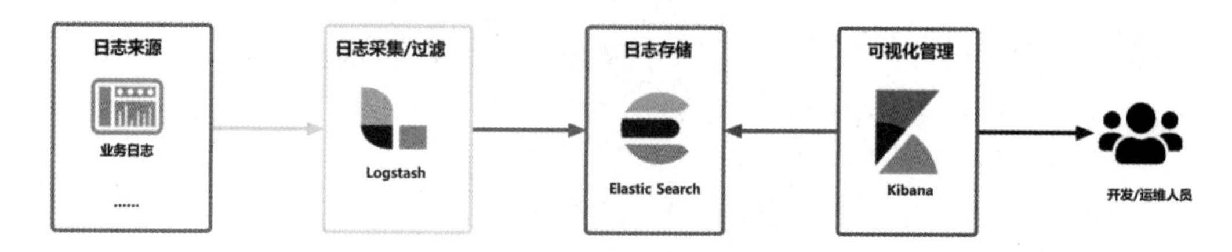

图 13-2　ELK 技术栈搭建日志中心

如果业务线较多且系统体量大，就会使日志量增多，可以在单体部署的基础上进行优化，如部署多个 Logstash 实例，Elastic Search 可采用集群部署的形式，如图 13-3 所示。

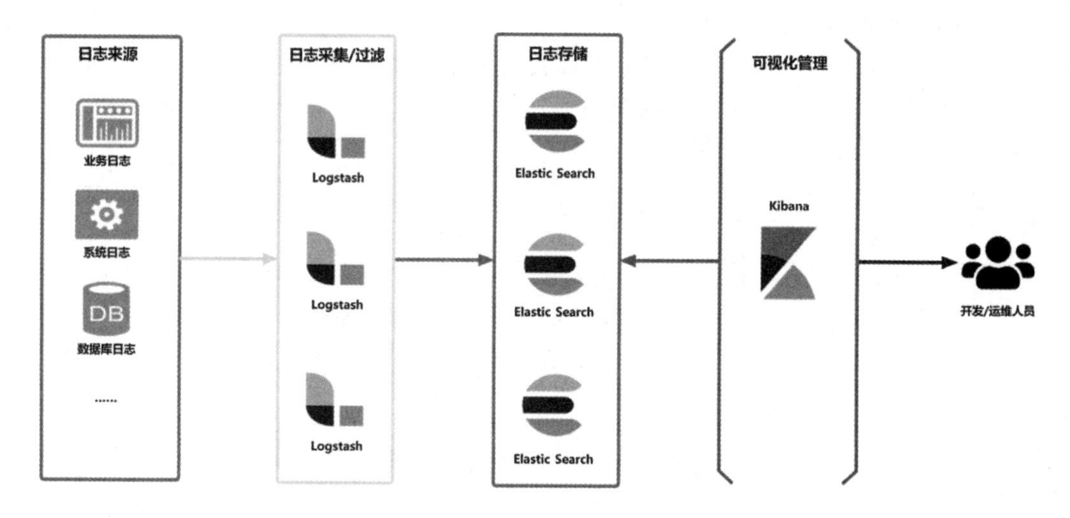

图 13-3　Elastic Search 集群部署

当然，想要一步到位，搭建 ELK 日志中心"究极体"，可以引入 FileBeat 组件和 Kafka 消息队列。Logstash 组件只作为日志过滤的工具，把日志采集流程交给 FileBeat 组件，而 Kafka 用于削峰填谷，减轻日志中心在数据采集时的压力。同时，各组件在搭建时都需要进行分布式部署或集群部署，如图 13-4 所示。

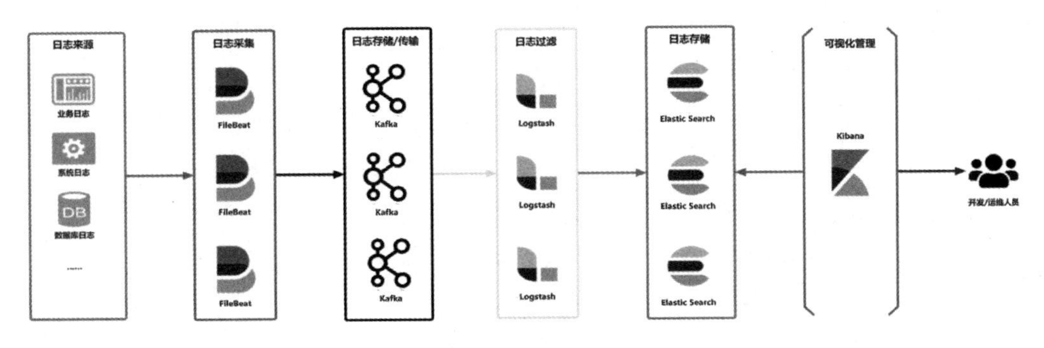

图 13-4 分布式部署

13.2 搭建ELK日志中心详细过程

13.2.1 日志环境搭建准备

现在，读者应该对 ELK 的用途、优势，以及 Elastic Search、Logstash 和 Kibana 三者间的关系有了一定的了解。接下来笔者将介绍如何从头搭建 ELK 日志环境。在具体实施方面，通常有两种搭建 ELK 日志环境的方法：一种是分别下载、配置并启动独立的 Elastic Search 实例、Logstash 实例和 Kibana 实例，并将三者连接起来；另一种是直接借助 Docker 技术，快速搭建 ELK 日志环境。

笔者比较推荐使用 Dokcer 部署的搭建方式，使用 Docker 后，不管是使用 docker-compose 分别启动三个实例，还是直接下载和启动 ELK 整套镜像都比较简单。本节介绍使用 docker-compose 一键启动 ELK 日志环境。要先确保本地电脑/服务器/虚拟机中已经安装了 Docker 环境。如果对 Docker 比较熟悉，那么可以直接使用 Docker 的命令行程序来操作镜像；如果之前没有使用过 Docker，那么需要下载 Docker 和 docker-compose 基础环境。

笔者是在 Ubuntu 20.04 系统下搭建的 ELK 日志环境，Docker 和 docker-compose 安装步骤和注释如下。

1. 安装 Docker

安装过程、启动相关的命令和注释如下：

```
# 1.通用卸载方法
apt-get remove docker docker-engine docker-ce docker.io
```

```
## 2.更新软件包索引并安装必要的依赖，添加新的软件存储库，
apt update
apt-get -y install apt-transport-https ca-certificates curl software-properties-common

## 3.导入存储库的 GPG 密钥
curl -fsSL http://mirrors.aliyun.com/docker-ce/linux/ubuntu/gpg | apt-key add -

## 4.将 Docker APT 存储库添加到系统
add-apt-repository "deb [arch=amd64]
https://download.docker.com/linux/ubuntu $(lsb_release -cs) stable"

## 5.安装 Docker
apt-get install -y docker-ce

## 启动和关闭 Docker 服务（Docker 安装后会自启动）
systemctl start docker
systemctl stop docker

## 重启 Docker 服务
service docker restart
```

安装成功后，可以执行如下两个命令进行验证：

```
## 查看 Docker 版本号
docker version

## 运行 Hello World
docker run hello-world
```

Docker 安装结果分别如图 13-5 和图 13-6 所示。

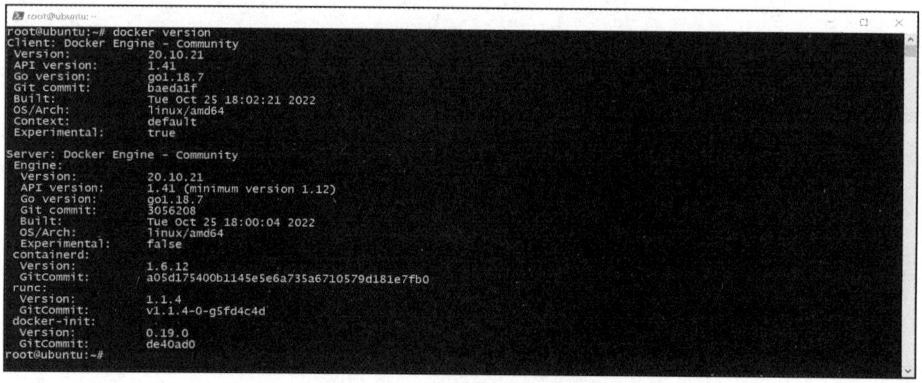

```
root@ubuntu:~# docker version
Client: Docker Engine - Community
 Version:           20.10.21
 API version:       1.41
 Go version:        go1.18.7
 Git commit:        baeda1f
 Built:             Tue Oct 25 18:02:21 2022
 OS/Arch:           linux/amd64
 Context:           default
 Experimental:      true

Server: Docker Engine - Community
 Engine:
  Version:          20.10.21
  API version:      1.41 (minimum version 1.12)
  Go version:       go1.18.7
  Git commit:       3056208
  Built:            Tue Oct 25 18:00:04 2022
  OS/Arch:          linux/amd64
  Experimental:     false
 containerd:
  Version:          1.6.12
  GitCommit:        a05d175400b1145e5e6a735a6710579d181e7fb0
 runc:
  Version:          1.1.4
  GitCommit:        v1.1.4-0-g5fd4c4d
 docker-init:
  Version:          0.19.0
  GitCommit:        de40ad0
root@ubuntu:~#
```

图 13-5　Docker 安装结果 1

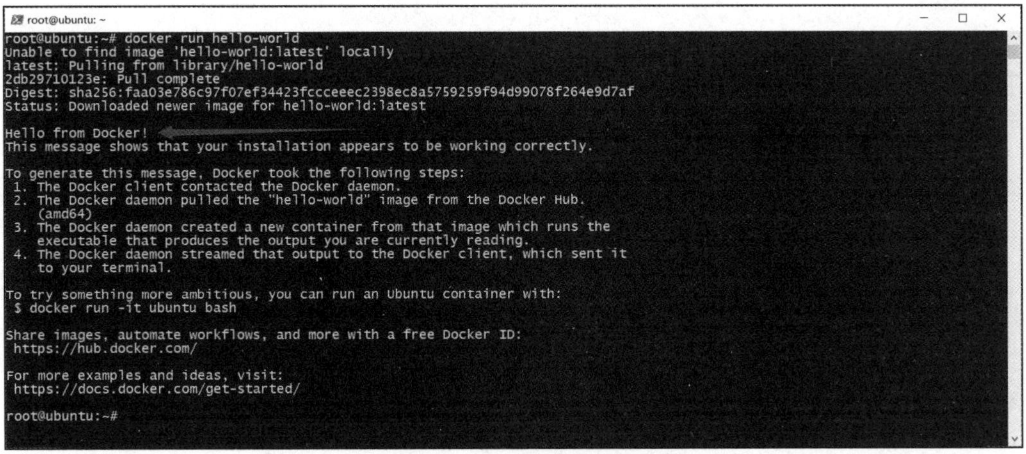

```
root@ubuntu: ~
root@ubuntu:~# docker run hello-world
Unable to find image 'hello-world:latest' locally
latest: Pulling from library/hello-world
2db29710123e: Pull complete
Digest: sha256:faa03e786c97f07ef34423fccceeec2398ec8a5759259f94d99078f264e9d7af
Status: Downloaded newer image for hello-world:latest

Hello from Docker!
This message shows that your installation appears to be working correctly.

To generate this message, Docker took the following steps:
 1. The Docker client contacted the Docker daemon.
 2. The Docker daemon pulled the "hello-world" image from the Docker Hub.
    (amd64)
 3. The Docker daemon created a new container from that image which runs the
    executable that produces the output you are currently reading.
 4. The Docker daemon streamed that output to the Docker client, which sent it
    to your terminal.

To try something more ambitious, you can run an Ubuntu container with:
 $ docker run -it ubuntu bash

Share images, automate workflows, and more with a free Docker ID:
 https://hub.docker.com/

For more examples and ideas, visit:
 https://docs.docker.com/get-started/

root@ubuntu:~#
```

图 13-6　Docker 安装结果 2

Docker 安装成功。

2. 安装 docker-compose

安装步骤及注释如下：

```
## 下载源文件并命名为 docker-compose
curl -L
"https://newbee-mall.oss-cn-beijing.aliyuncs.com/docker-compose-linux-
x86_64" -o /usr/local/bin/docker-compose

## 授予执行权限
chmod +x /usr/local/bin/docker-compose
```

安装成功后，可以执行如下命令进行验证：

```
# 验证命令
docker-compose version

# 输出结果
Docker Compose version v2.10.2
```

docker-compose 安装完成。

笔者在进行基础环境搭建时，安装 Docker 和 docker-compose 都是在 root 用户权限下操作的，如果不是 root 用户，则要在每行命令前加上 sudo 指令。

注意事项：在 Ubuntu 系统中安装 Docker，尽量不要使用 snap 安装，容易报一些乱七八糟的错误，并且没法解决。

13.2.2 搭建 ELK 日志中心

1. 创建基础目录

创建文件夹，用于 Docker 容器挂载，执行的命令及注释如下：

```
## 创建/data 目录、data/elk 目录、/data/elk/logstash 目录和/data/elk/elasticsearch 目录
mkdir -p /data/elk/{logstash,elasticsearch}
## 创建/data/elk/elasticsearch/data 目录和/data/elk/elasticsearch/plugins 目录
mkdir /data/elk/elasticsearch/{data,plugins}

## 修改文件夹权限，否则挂载时可能出问题
chmod -R 777 /data
```

2. 创建配置文件

在/data/elk 目录下创建 docker-compose.yml 文件，用于定义 ELK 中的各个实例、网络连接和数据卷挂载，命令如下：

```
vim /data/elk/docker-compose.yml
```

在 docker-compose.yml 文件中增加如下内容：

```
version: '3.2'
services:
  elasticsearch:
    image: elasticsearch:7.17.8 # 镜像名称及版本号
    container_name: newbee-mall-cloud-elk-elasticsearch # 启动后的容器名称
    privileged: true
    user: root
    environment:
      - "cluster.name=elasticsearch"
      - "discovery.type=single-node"
      - "ES_JAVA_OPTS=-Xms768m -Xmx768m"
      - "TZ=Asia/Shanghai" # 时区设置
    volumes:
      - /data/elk/elasticsearch/plugins:/usr/share/elasticsearch/plugins
# 插件文件挂载
      - /data/elk/elasticsearch/data:/usr/share/elasticsearch/data  # 数据文
件挂载
```

```
  ports:
    - 9200:9200
    - 9300:9300
 logstash:
  image: logstash:7.17.8 # 镜像名称及版本号
  container_name: newbee-mall-cloud-elk-logstash # 启动后的容器名称
  privileged: true
  environment:
    - TZ=Asia/Shanghai # 时区设置
  volumes:
    - /data/elk/logstash/logstash-server-mode.conf:/usr/share/logstash/
pipeline/logstash.conf # 挂载 Logstash 的配置文件
  depends_on:
    - elasticsearch # Logstash 容器会在 Elastic Search 容器启动后启动
  links:
    - elasticsearch:es # 可以用 ES 访问 Elastic Search 服务
  ports:
    - 4560:4560
 kibana:
  image: kibana:7.17.8 # 镜像名称及版本号
  container_name: newbee-mall-cloud-elk-kibana # 启动后的容器名称
  privileged: true
  links:
    - elasticsearch:es # 可以用 ES 访问 Elastic Search 服务
  depends_on:
    - elasticsearch # Kibana 容器会在 Elastic Search 容器启动后启动
  environment:
    - ELASTICSEARCH_HOSTS=http://es:9200 # 设置访问 Elastic Search 的地址
    - I18N_LOCALE="zh-CN" # Kibana 页面（设置中文显示）
    - TZ=Asia/Shanghai # 时区设置
  ports:
    - 5601:5601
```

这里定义了 Elastic Search、Logstash、Kibana 三个实例的版本、启动参数、依赖关系、端口号等内容。笔者选择的版本是 7.17.8，该版本发布于 2022 年 12 月 9 日。为什么这里需要定义 7.17.8 版本号呢？因为默认情况下，Docker 会尝试获取 LASTEST 标签，也就是最新版本的镜像文件，如 elasticsearch:lastest，可能会报错。另外，ELK 技术栈一直在不断地更新并发布，为了保证与本书所呈现的效果一致，笔者推荐使用相同的镜像版本，当然，只是推荐，并不强制。

在/data/logstash 目录下创建 logstash-server-mode.conf 文件，用于配置 Logstash 实例的日志接收模式及基本的过滤特性，命令如下：

```
vim /data/elk/logstash/logstash-server-mode.conf
```

之后在 logstash-server-mode.conf 文件中增加如下内容：

```
input { # 数据收集配置（输入）
  tcp {
    mode => "server"
    host => "0.0.0.0"
    port => 4560
    codec => json_lines
  }
}

output { # 数据输出配置
  elasticsearch {
    hosts => "es:9200"
    index => "newbee-mall-cloud-%{+YYYY.MM.dd}"
  }
}
```

这里指定了 Logstash 实例使用 TCP 插件作为数据输入源，并从 4560 端口收集数据。由于日志的格式为 JSON，因此这里定义了 codec 为 json_lines，解析时会根据日志内容生成字段，方便后续 Elastic Search 分析和存储。同时，通过 output 参数将处理后的日志数据输出到 Elastic Search 实例中，这里配置了 Elastic Search 实例的地址和数据索引。因为当前实例都是在 Docker 环境下的，所以即使配置 es:9200，也是可以正常访问的。

3. 启动 ELK

到这里基本配置就完成了。接下来执行下面的命令，启动 ELK 容器：

```
## 进入存放 docker-compose.yml 的目录
cd /data/elk

## 启动并在后台运行
docker-compose up -d
```

如果是第一次启动，则先下载对应的镜像文件，这里需要等待一段时间，如图 13-7 所示。

```
root@ubuntu: /data/elk
root@ubuntu:/data/elk# docker-compose up -d
[+] Running 9/35
 logstash Pulling                                                                     59.8s

   ce68bbfd60ce Extracting [==============================================>     ]  338.1MB/367.1MB   56.1s
   837cfbff93fc Download complete                                                     56.1s
[+] Running 9/35f Download complete                                                   56.1s
 logstash Pulling                                                                     63.8s

[+] Running 9/35
 logstash Pulling                                                                     68.1s
[+] Running 20/35

 kibana Pulling                                                                       86.9s

   83c87fe21ee7 Extracting      [==============>                  ]  81.89...            83.2s
   e28cfeb29d50 Download complete                                                     83.2s
   0ecaf7a5da8f Download complete                                                     83.2s
   9bee9f5efc3b Download complete                                                     83.2s
   9691dcae5272 Download complete                                                     83.2s
   aced9fc65582 Download complete                                                     83.2s
   f0c7dcac3cb1 Download complete                                                     83.2s
 elasticsearch Pulling                                                                86.9s

   7c7e458ee599 Downloading     [=======================>           ]  141....           83.2s
   00ffe59d0e26 Download complete                                                     83.2s
   aab476f874bd Download complete                                                     83.2s
   a20df4c47e64 Download complete                                                     83.2s
   ef90b430ba5b Download complete                                                     83.2s
   79f96f41bfec Download complete                                                     83.2s

   83c87fe21ee7 Extracting [=====>                                ]  27.85MB/273...      73.5s
   e28cfeb29d50 Download complete                                                     73.5s
   0ecaf7a5da8f Download complete                                                     73.5s
   9bee9f5efc3b Download complete                                                     73.5s
   9691dcae5272 Download complete                                                     73.5s
```

图 13-7　下载对应的镜像文件

如果不是第一次启动，则会瞬间启动 ELK 环境，如图 13-8 所示。

图 13-8　启动 ELK 环境

4. 查看启动和运行时的日志

ELK 容器启动和运行时的日志可以通过下面这条命令查看：

```
docker-compose logs -f --tail=200
```

ELK 启动后，可以查看运行时的日志，如图 13-9 所示。如果没有 Error 之类的错误日志，一般就没什么问题了。

图 13-9　查看运行时的日志

图 13-10 所示的日志含有不少错误信息，笔者故意写错了一些配置，在启动后就出现了不少问题。当然，ELK 中的部分实例没有启动成功，ELK 日志中心也就启动失败了。如果有错误日志，就需要仔细检查。

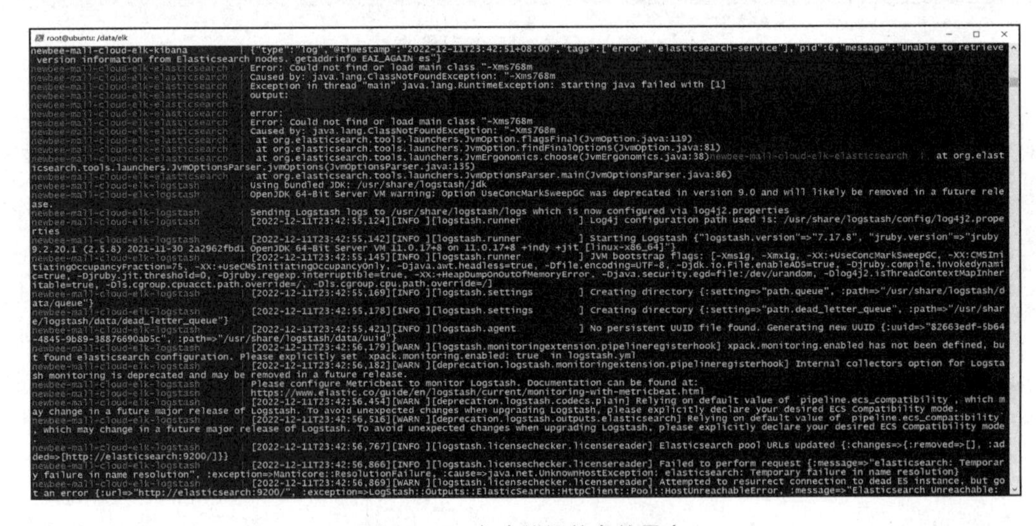

图 13-10　包含错误信息的日志

5. 验证

除查看日志外，还要实际地访问 ELK 日志中心的实例。打开浏览器，验证 Elastic Search 实例，在地址栏中输入 ELastic Search 实例所在机器的 IP 地址和 9200 端口号，比如：

```
http://localhost:9200/?pretty

http://192.168.110.11:9200/?pretty
```

如果页面显示效果与图 13-11 类似，则表示 Elastic Search 实例启动成功。

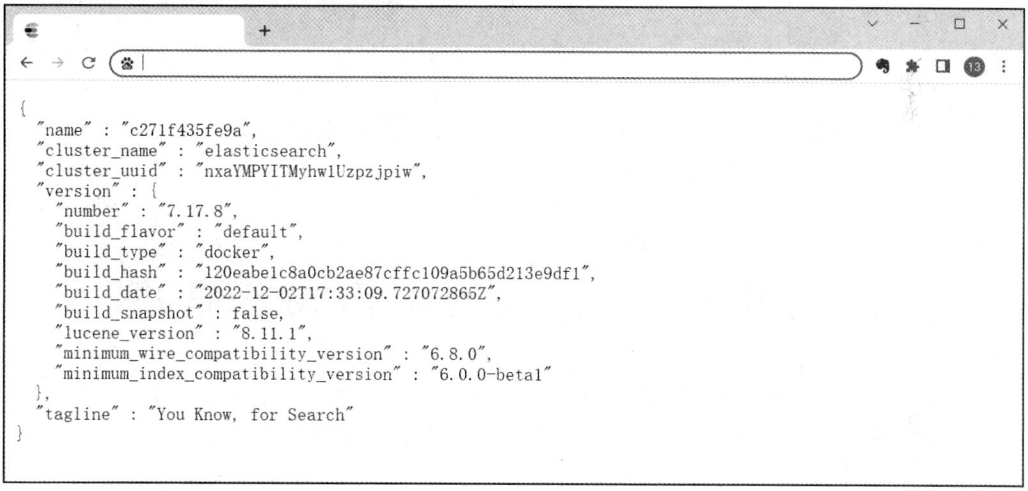

```
{
  "name" : "c271f435fe9a",
  "cluster_name" : "elasticsearch",
  "cluster_uuid" : "nxaYMPYITMyhw1Uzpzjpiw",
  "version" : {
    "number" : "7.17.8",
    "build_flavor" : "default",
    "build_type" : "docker",
    "build_hash" : "120eabe1c8a0cb2ae87cffc109a5b65d213e9df1",
    "build_date" : "2022-12-02T17:33:09.727072865Z",
    "build_snapshot" : false,
    "lucene_version" : "8.11.1",
    "minimum_wire_compatibility_version" : "6.8.0",
    "minimum_index_compatibility_version" : "6.0.0-beta1"
  },
  "tagline" : "You Know, for Search"
}
```


图 13-11　Elastic Search 实例启动成功页面

接下来访问 Kibana 页面，在地址栏中输入 Kibana 实例所在机器的 IP 地址和 5601 端口号，比如：

```
http://localhost:5601
http://192.168.110.11:5601
```

如果页面显示效果与图 13-12 类似，则表示 Kibana 实例启动成功。

注意事项：第一次进入 Kibana 页面的时候，页面上会弹出两个按钮："添加集成"和"自己浏览"。单击"自己浏览"按钮即可。

到这里，ELK 日志中心的搭建及启动就基本讲解完成了，希望读者能够根据笔者提供的开发步骤顺利地完成本节内容的学习。

图 13-12　Kibana 实例启动成功页面

13.3　Spring Boot项目将日志输出至ELK编码实践

承接前文，ELK 日志中心已经搭建和启动完毕，本节笔者将讲解如何将程序中的日志信息输出到 ELK，以及如何在 Kibana 中配置和查看日志信息。

Java 工程对接 ELK 日志中心并不复杂，这里笔者先在一个普通的 Spring Boot 项目中进行编码，把日志输出到 ELK 日志中心，接入成功后，再进行 Spring Cloud Alibaba 微服务架构项目的改造。

本节代码是在第 4 章 Spring Boot 演示项目的基础上修改的，目录结构如图 13-13 所示。

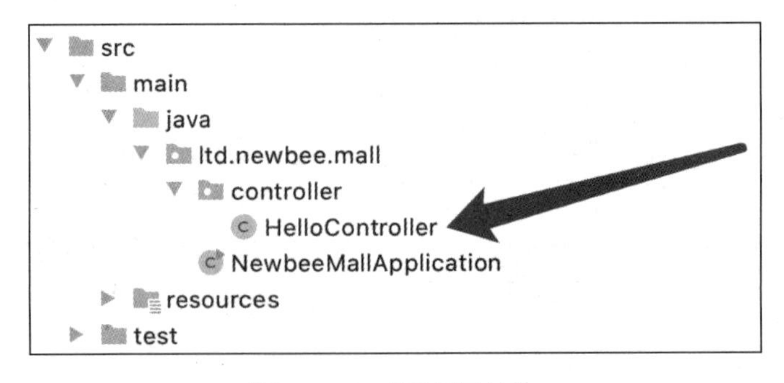

图 13-13　项目目录结构

具体编码步骤如下。

（1）引入 logstash-logback-encoder 依赖。

打开 pom.xml 文件，在 dependencies 节点下新增 logstash-logback-encoder 的依赖项，配置代码如下：

```
<dependency>
  <groupId>net.logstash.logback</groupId>
  <artifactId>logstash-logback-encoder</artifactId>
  <version>7.0.1</version>
</dependency>
```

这里使用了 7.0.1 版本，并没有使用更高的版本，因为当前的 Spring Boot 版本为 2.6.3，使用高版本的 logstash-logback-encoder 会报错。

（2）添加 Logback 日志配置文件。

在项目的 src/main/resources 目录下创建 logback.xml 配置文件，在这个文件中定义两个 Appender 用来输出日志信息，代码如下：

```
<?xml version="1.0" encoding="UTF-8"?>
<!DOCTYPE configuration>
<configuration>
    <include resource="org/springframework/boot/logging/logback/defaults.xml"/>
    <include resource="org/springframework/boot/logging/logback/console-
appender.xml"/>
    <!--应用名称-->
    <property name="APP_NAME" value="newbee-mall-elk-log"/>
    <contextName>${APP_NAME}</contextName>

    <!-- 控制台的日志输出样式 -->
    <property name="CONSOLE_LOG_PATTERN" value="%clr(%d{yyyy-MM-dd
HH:mm:ss.SSS}){faint} %clr(${LOG_LEVEL_PATTERN:-%5p}) %clr(${PID:- }){ma
genta} %clr(---){faint} %clr([%15.15t]){faint} %m%n${LOG_EXCEPTION_CONVE
RSION_WORD:-%wEx}}"/>

    <!-- 控制台输出 -->
    <appender name="CONSOLE" class="ch.qos.logback.core.ConsoleAppender">
        <filter class="ch.qos.logback.classic.filter.ThresholdFilter">
            <level>DEBUG</level>
        </filter>
        <!-- 日志输出编码 -->
        <encoder>
            <pattern>${CONSOLE_LOG_PATTERN}</pattern>
            <charset>utf8</charset>
```

```
        </encoder>
    </appender>

    <!-- 输出到 Logstash 开启的 TCP 端口 -->
    <appender name="LOGSTASH" class="net.logstash.logback.appender.
LogstashTcpSocketAppender">
        <!--可以访问的 Logstash 日志收集端口-->
        <destination>192.168.110.57:4560</destination>
        <filter class="ch.qos.logback.classic.filter.ThresholdFilter">
            <level>DEBUG</level>
        </filter>
        <encoder charset="UTF-8" class="net.logstash.logback.encoder.LogstashEncoder"/>
    </appender>
    <root level="DEBUG">
        <appender-ref ref="CONSOLE"/>
        <appender-ref ref="LOGSTASH"/>
    </root>
</configuration>
```

第一个 Appender 是 ConsoleAppender，名称为 CONSOLE，它可以将日志信息打印到控制台上，日志级别为 Debug。

第二个 Appender 是 LogstashTcpSocketAppender，名称为 LOGSTASH。因为在 ELK 日志中心配置时已经指定了 Logstash 实例使用 TCP 的方式接收日志信息，所以这个 Appender 会将日志信息输出到 Logstash。

（3）新增日志输出的测试代码。

在 ltd.newbee.mall.controller 包中新建 ELKTestController 类，并新增如下代码：

```
package ltd.newbee.mall.controller;

import org.slf4j.Logger;
import org.slf4j.LoggerFactory;

import org.springframework.stereotype.Controller;
import org.springframework.web.bind.annotation.GetMapping;
import org.springframework.web.bind.annotation.ResponseBody;

@Controller
public class ELKTestController {

    private static final Logger log =
LoggerFactory.getLogger(ELKTestController.class);
```

```
    @GetMapping("/elk-logs")
    @ResponseBody
    public String elkTest() {

        log.debug("DEBUG 级别日志输出 --> ELK");
        log.info("INFO 级别日志输出 --> ELK");
        log.error("ERROR 级别日志输出 --> ELK");

        return "hello,elk!";
    }
}
```

在浏览器的地址栏中访问/elk-logs 的 IP 地址，会输出三条不同级别的测试日志。

最终的代码目录结构如图 13-14 所示。

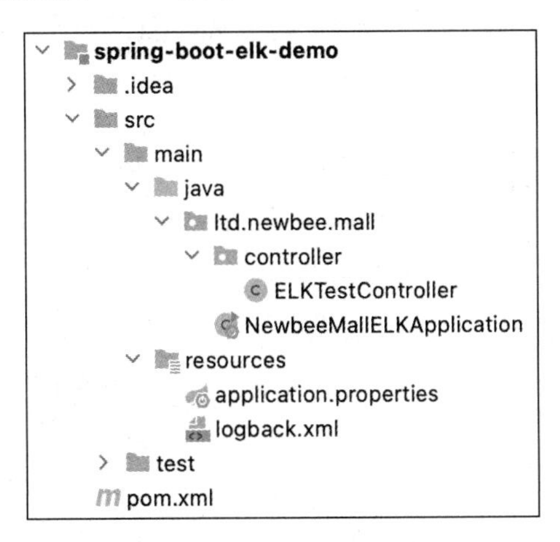

图 13-14　最终的代码目录结构

ELK 日志中心搭建完成后，如果在 Java 工程中想要接入 ELK 日志中心，只需要做两处改动就可以了，一处是添加依赖项，另一处是添加 Logback 配置文件。

至此，将日志输出至 ELK 编码就完成了。接下来，启动这个 Spring Boot 项目即可，日志成功输出后就能够在 Kibana 页面查看了。

13.4　Kibana配置索引模板和索引模式

在使用 Kibana 进行日志查询之前，需要配置索引模板和索引模式。

在前文中，笔者在 ELK 日志中心的 Logstash 配置文件中指定了 index => "newbee-mall-cloud-%{+YYYY.MM.dd}"，即 index 名称以“newbee-mall-cloud-”开头并加上一个日期的字符串，如 newbee-mall-cloud-2023.10.24 或 newbee-mall-cloud- 2024.02.14 等。这个值作为 index 参数，当 Logstash 实例向 Elastic Search 实例传输日志信息的时候，日志信息就会被写入这个索引。当通过 Kibana 读取 Elastic Search 中的数据时，需要指定读取哪些索引中的数据。就像通过 MySQL 数据库读取数据，需要指定表名。本节就是配置这个参数，具体操作介绍如下。

13.4.1 配置索引模板

进入索引管理页面，过程如图 13-15 所示。

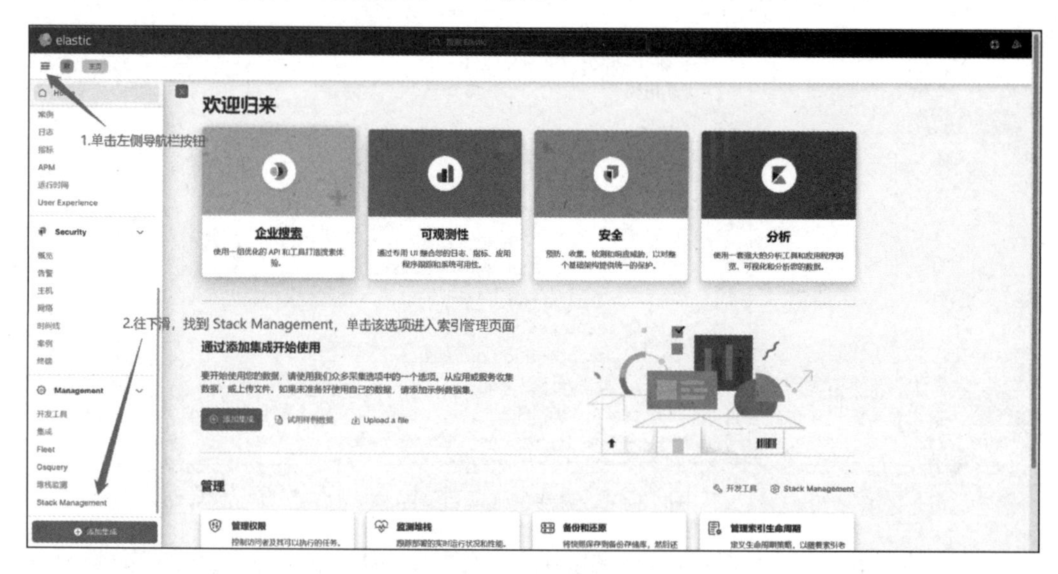

图 13-15　进入索引管理页面

在索引管理页面中单击“索引管理”，之后单击“索引模板”选项卡，此时页面中会出现“创建模板”按钮，如图 13-16 所示。

单击“创建模板”按钮，打开创建模板页面后，输入模板名称和索引模式，名称可以随便写，索引模式需要与之前 Logstash 实例中配置的索引有一定的关系。如图 13-17 所示，这里笔者配置模板名称为 newbee-mall-cloud-services-logs，配置索引模式为 newbee-mall-cloud-*，这样就可以匹配 Elastic Search 中的索引了，如 newbee-mall-cloud-2023.10.24、newbee-mall-cloud-2024.02.14、newbee-mall-cloud-2025.02.07 这些索引都会被当前配置的索引模式匹配进来。

图 13-16　索引管理页面

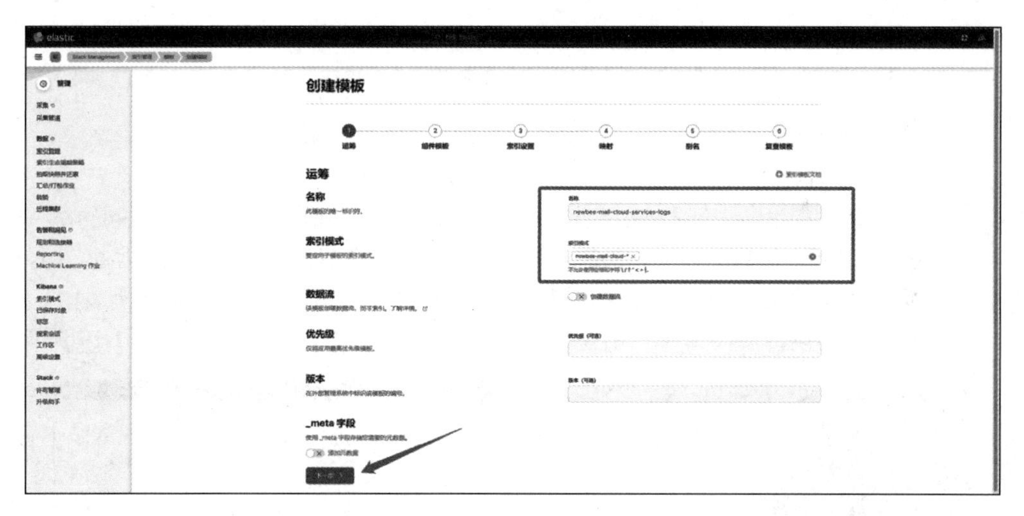

图 13-17　创建模板页面

单击页面下方的“下一步”按钮，后续几个页面不用刻意配置，直接单击“下一步”按钮即可，最后单击“创建模板”按钮即可。

13.4.2　配置索引模式

配置索引模式主要是为了与创建的索引模板做匹配。

在索引管理页面中单击“索引模式”，打开 Kibana 的索引模式页面，之后单击“创建索引模式”按钮，如图 13-18 所示。

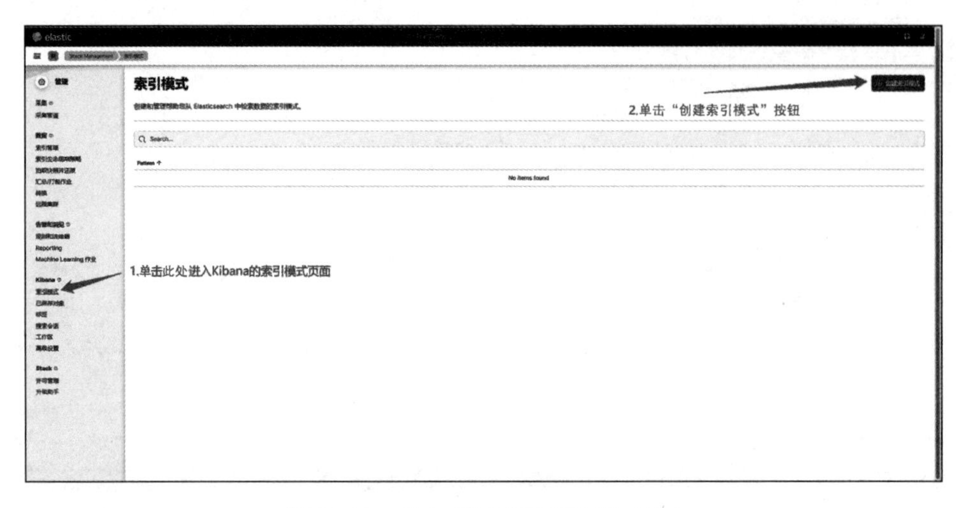

图 13-18　单击“创建索引模式”按钮

在索引模式创建页面输入名称，即输入在第 13.4.1 节中创建的索引模板名称。如果输入正确，此时页面右侧就会出现这个名称所能匹配的索引源，这里展示的索引就是 Logstash 实例输出给 Elastic Search 实例的数据，Kibana 会根据“newbee-mall-cloud-*”到 Elastic Search 实例中搜索并匹配，匹配成功的选项会出现在页面右侧。当然，如果 Elastic Search 实例中有多个索引与这个名称匹配，则这些索引都会出现在页面右侧的列表中。之后，选择时间戳字段，最后单击“创建索引模式”按钮就完成创建了，如图 13-19 所示。

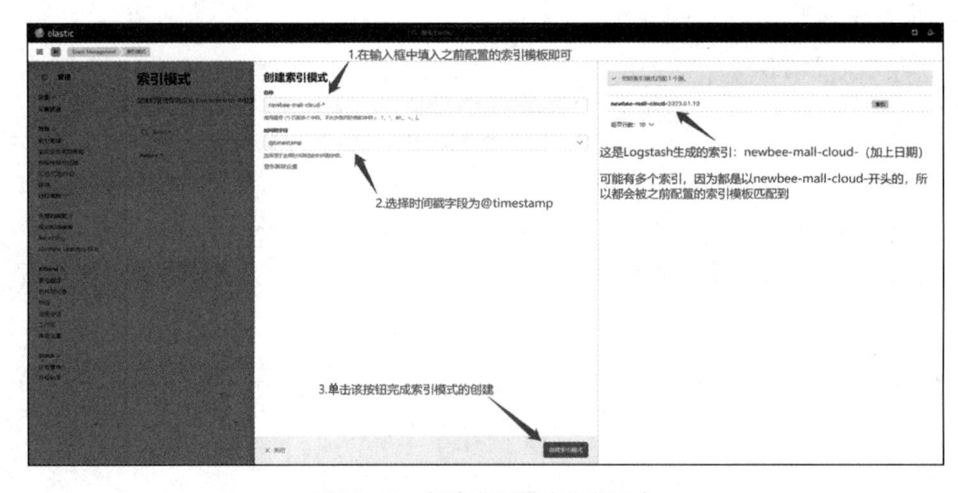

图 13-19　创建索引模式步骤示意

当然，在这个步骤中，如果 Kibana 实例通过读取 Elastic Search 实例中的索引，发现并没有匹配到，则无法完成创建。而恰好，刚刚我们已经启动了 spring-boot-elk 项目，日志会通过 Logstash 实例输出到 Elastic Search 实例中。这时，Elastic Search 实例中创建了一个名称为 newbee-mall-cloud-xxxx.xx.xx 的索引，如 newbee-mall-cloud-2023.01.10，spring-boot-elk 项目输出到日志会被保存在这个索引中。所以，为了测试流程顺利，在配置索引模式前，使用程序通过 Logstash 实例向 Elastic Search 实例输出一些日志，这样索引创建了，日志数据也有了，索引模式就能够顺利地添加了。

注意事项：这里只需要保证 Logback 配置文件中 Logstash 的 IP 地址和端口号正确，并且顺利启动 spring-boot-elk 项目就可以了，Spring Boot 项目的启动日志会被 Logstash 实例收集并输出给 Elastic Search 实例。

索引模式创建完成后的页面如图 13-20 所示。

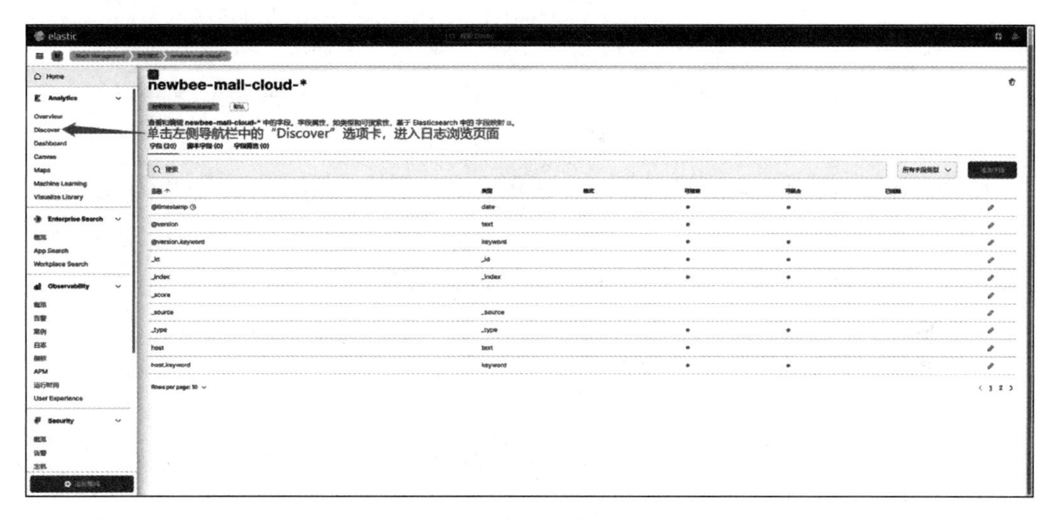

图 13-20　索引模式创建完成后的页面

13.4.3　通过 Kibana 查询日志

接下来查看一下日志数据吧！日志浏览页面如图 13-21 所示。

当然，如果在浏览器的地址栏中访问/elk-logs 的 IP 地址，输出的三条不同级别的测试日志也会实时地出现在 Kibana 页面中，如图 13-22 所示。

日志信息在 Kibana 网页中已经能够正常显示了，日志中心的搭建和基础整合就完成了。

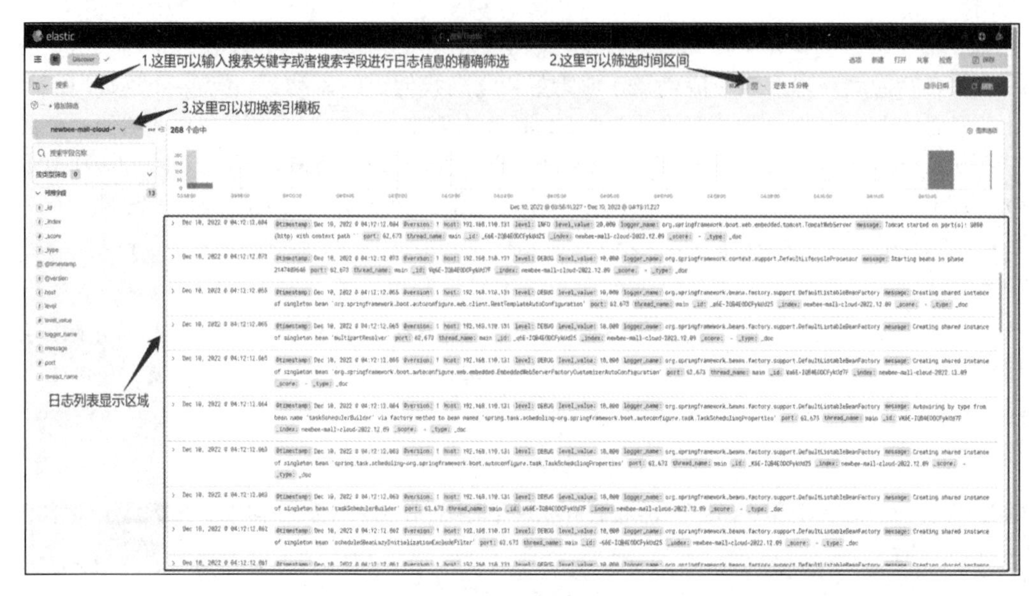

图 13-21　日志浏览页面

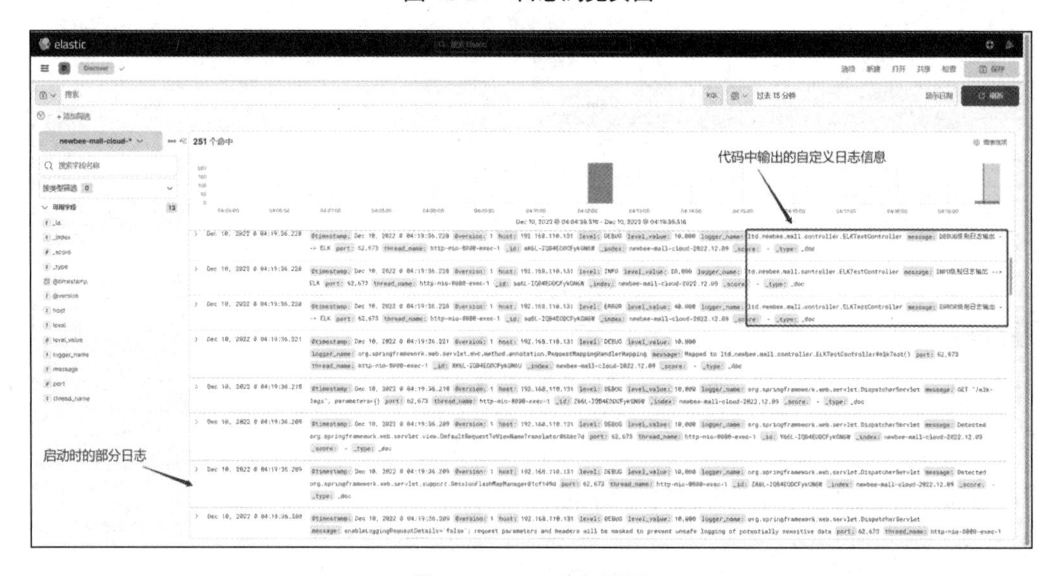

图 13-22　Kibana 页面

这里简单地做一个总结，在整合 ELK 日志中心时，真正的编码并不多，也不复杂，只是做了一些配置而已，做这些配置其实就是在 Java 工程与 ELK 日志中心之间创建了一个管道。至于其他的技术性操作，和项目关系不大，如接收日志、解析日志、存储日志数据、删除日志数据、创建索引数据、索引日志信息、日志搜索、日志统计等，都是在 ELK 各个实例中进行的，开发人员只需要在程序与 ELK 日志中心之间搭建一个管道即可。

当然，这一切的前提是 ELK 日志中心要正确搭建、程序配置正确，否则这个管道根本搭建不了。

13.5　微服务架构项目实战将日志输出至ELK编码实践

日志中心搭建好了，演示代码也编写完成。下面笔者拓展讲解一下在本书最终的微服务架构实战项目中进行配置的过程（实战项目的介绍和搭建将在第 14 章中详细介绍），把微服务架构项目中各个服务实例的日志信息输出到 ELK 日志中心，也就是在微服务实例和 ELK 日志中心之间搭建管道。

13.5.1　微服务架构项目中的日志输出配置

（1）引入 logstash-logback-encoder 依赖。

依次打开 newbee-mall-cloud-user-web、newbee-mall-cloud-recommend-web、newbee-mall-cloud-order-web、newbee-mall-cloud-shop-cart-web 和 newbee-mall-cloud-goods-web 五个微服务实例工程中的pom.xml文件，在dependencies节点下新增logstash-logback-encoder 的依赖项，配置代码如下：

```
<dependency>
  <groupId>net.logstash.logback</groupId>
  <artifactId>logstash-logback-encoder</artifactId>
  <version>7.0.1</version>
</dependency>
```

（2）添加 Logback 日志配置文件。

依次打开 newbee-mall-cloud-user-web、newbee-mall-cloud-recommend-web、newbee-mall-cloud-order-web、newbee-mall-cloud-shop-cart-web 和 newbee-mall-cloud-goods-web 五个微服务实例工程，在 src/main/resources 目录下创建 logback.xml 配置文件，代码如下：

```
<?xml version="1.0" encoding="UTF-8"?>
<!DOCTYPE configuration>
<configuration>
    <include resource="org/springframework/boot/logging/logback/defaults.xml"/>
    <include resource="org/springframework/boot/logging/logback/console-
```

```
appender.xml"/>
    <!--应用名称-->
    <property name="APP_NAME" value="newbee-mall-cloud-order-service-log"/>
    <contextName>${APP_NAME}</contextName>

    <!-- 控制台的日志输出样式 -->
    <property name="CONSOLE_LOG_PATTERN" value="%clr(%d{yyyy-MM-dd
HH:mm:ss.SSS}){faint} %clr(${LOG_LEVEL_PATTERN:-%5p}) %clr(${PID:- }){ma
genta} %clr(---){faint} %clr([%15.15t]){faint} %m%n${LOG_EXCEPTION_CONVE
RSION_WORD:-%wEx}}"/>

    <!-- 控制台输出 -->
    <appender name="CONSOLE" class="ch.qos.logback.core.ConsoleAppender">
        <filter class="ch.qos.logback.classic.filter.ThresholdFilter">
            <level>INFO</level>
        </filter>
        <!-- 日志输出编码 -->
        <encoder>
            <pattern>${CONSOLE_LOG_PATTERN}</pattern>
            <charset>utf8</charset>
        </encoder>
    </appender>

    <!-- 输出到 Logstash 开启的 TCP 端口 -->
    <appender name="LOGSTASH" class="net.logstash.logback.appender.
LogstashTcpSocketAppender">
        <!--可以访问的 Logstash 日志收集端口-->
        <destination>192.168.110.57:4560</destination>
        <filter class="ch.qos.logback.classic.filter.ThresholdFilter">
            <level>INFO</level>
        </filter>
        <encoder charset="UTF-8" class="net.logstash.logback.encoder.LogstashEncoder"/>
    </appender>

    <root level="INFO">
        <appender-ref ref="CONSOLE"/>
        <appender-ref ref="LOGSTASH"/>
    </root>
</configuration>
```

配置信息基本一致，只是 APP_NAME 参数有差异。管道搭建好了，接下来启动项目测试一下，结果如图 13-23 所示。

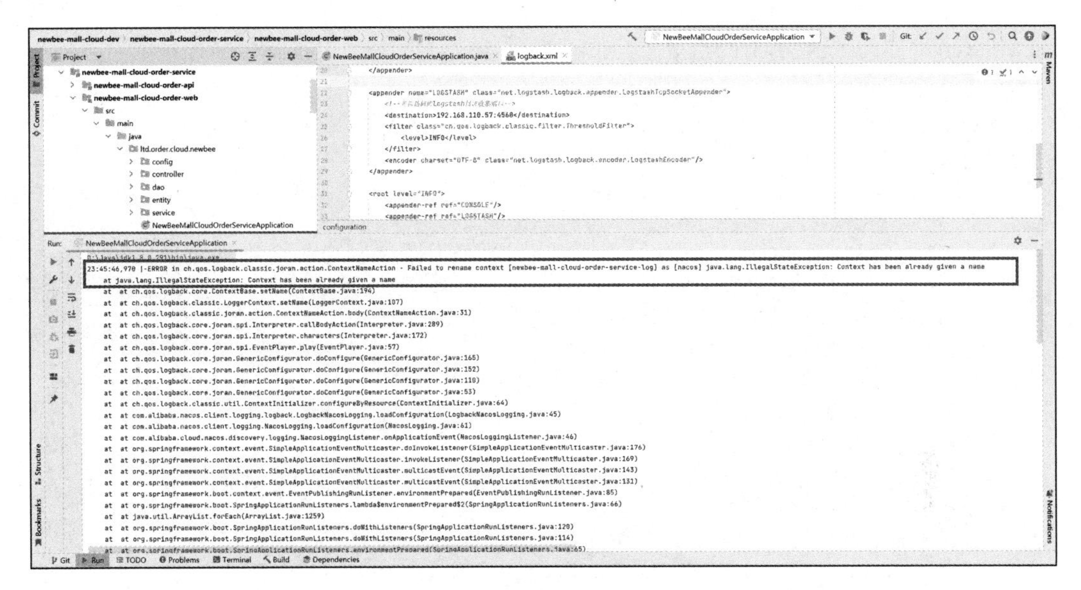

图 13-23　启动项目测试结果

是的，又报错了，错误信息贴在下面了。

```
23:45:46,970 |-ERROR in ch.qos.logback.classic.joran.action.ContextNameAction -
Failed to rename context [newbee-mall-cloud-order-service-log] as [nacos]
java.lang.IllegalStateException: Context has been already given a name
    at java.lang.IllegalStateException: Context has been already given a name
```

报错的原因并不复杂，依赖冲突导致的。

Spring Boot 框架中已经集成了日志框架 Logback，而项目依赖 nacos-client 中也配置了 Logback（nacos-client 中的 Logback 加载要优先于项目自身的 Logback 框架），在一个项目中 context_name 只能定义一次，因此在项目启动时，nacos-client 中的 Logback 加载完成后，再加载项目本身的 Logback 就出现了冲突。

这个报错并不影响使用，但是最好处理掉，只需要在启动类中增加如下代码：

```
System.setProperty("nacos.logging.default.config.enabled","false");
```

只加载自定义的 Logback 配置，不使用 nacos-client 依赖中的配置，这样就不会冲突了。因此，需要在 newbee-mall-cloud-user-web、newbee-mall-cloud-recommend-web、newbee-mall-cloud-order-web、newbee-mall-cloud-shop-cart-web 和 newbee-mall-cloud-goods-web 五个微服务实例工程下的启动类中添加以上代码。

（3）新增日志输出的测试代码。

这里主要是为了模拟平时 Error 日志的输出，以及测试在 Kibana 中查询日志，在

newbee-mall-cloud-goods-web 工程的 NewBeeMallGoodsController 类中新增如下代码：

```
@GetMapping("/test1")
public Result<String> test1() throws BindException {
  throw new BindException(1,"BindException");
}

@GetMapping("/test2")
public Result<String> test2() throws NewBeeMallException {
  NewBeeMallException.fail("NewBeeMallException");
  return ResultGenerator.genSuccessResult("test2");
}

@GetMapping("/test3")
public Result<String> test3() throws Exception {
  int i=1/0;
  return ResultGenerator.genSuccessResult("test2");
}
```

因为之前已经在全局异常处理类中配置了异常的拦截和日志输出，所以在浏览器的地址栏中访问上述代码中的地址，就会直接输出三条 Error 级别的测试日志。

13.5.2 通过 Kibana 查询日志

1. 查看日志

微服务工程中的实例启动后，日志都可以在 Kibana 中查看。如果想仔细验证，可以在搜索框中输入关键词进行更精准的匹配。比如，笔者分别搜索了订单微服务和用户微服务的启动类名称，搜索结果如图 13-24 和图 13-25 所示。

另外，搜索时一定要注意时间区间，有时搜索不到可能是时间选择不对，页面右上角有时间选择器，单击即可切换。

2. 日志定时刷新

当然，有些读者问过笔者：页面里的日志怎么不刷新呢？明明输出了日志且时间选择正确，但是 Kibana 页面就是没有显示。这是因为在默认情况下，Kibana 中的 Discover 页面不会定时刷新，需要手动单击右上角的“刷新”按钮。想要设置自动刷新，可以按照图 13-26 中的示意设置 Discover 页面的自动刷新。

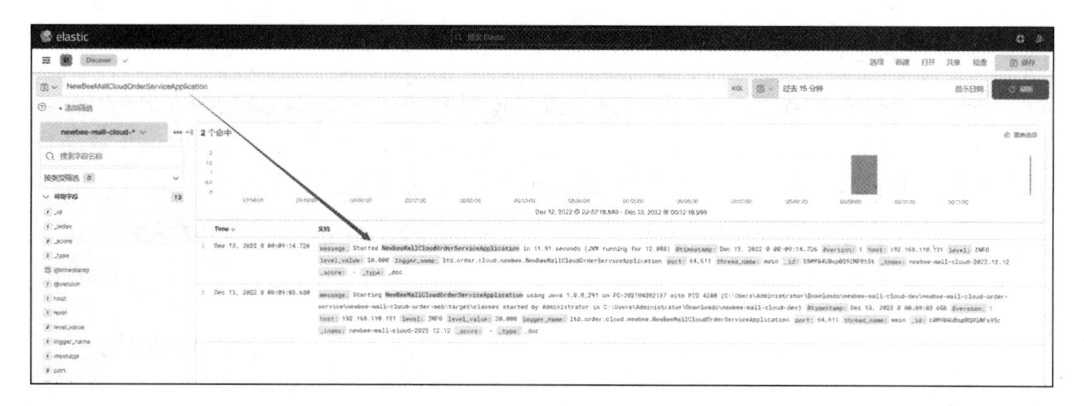

图 13-24　搜索结果 1

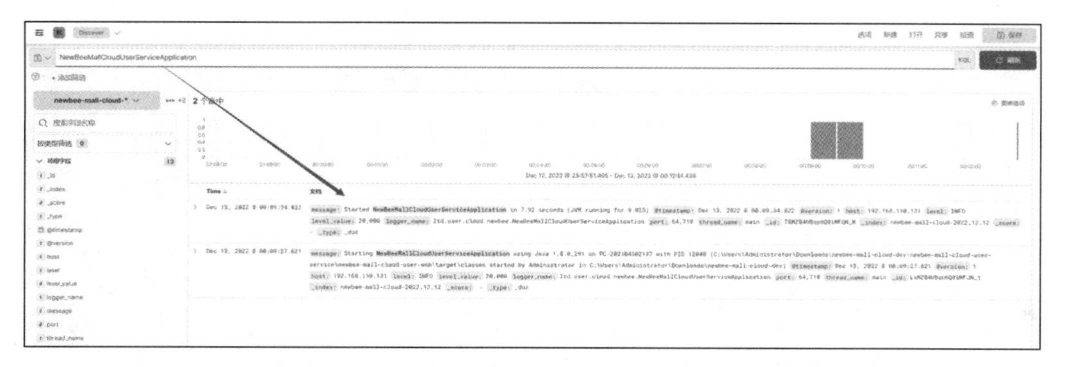

图 13-25　搜索结果 2

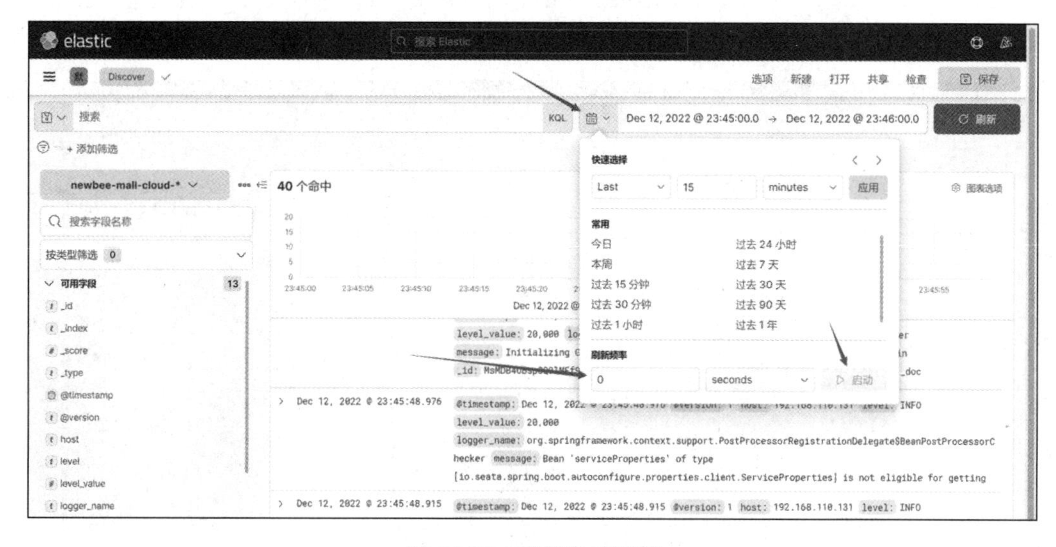

图 13-26　设置自动刷新

3. 常用的日志搜索条件

除输入一些关键词外，还可以根据关键字段搜索日志。比如，直接搜索最近 15 分钟 Error 级别的日志，就可以在输入框中输入“level:error”来搜索，相关的信息就会显示出来，如图 13-27 所示。

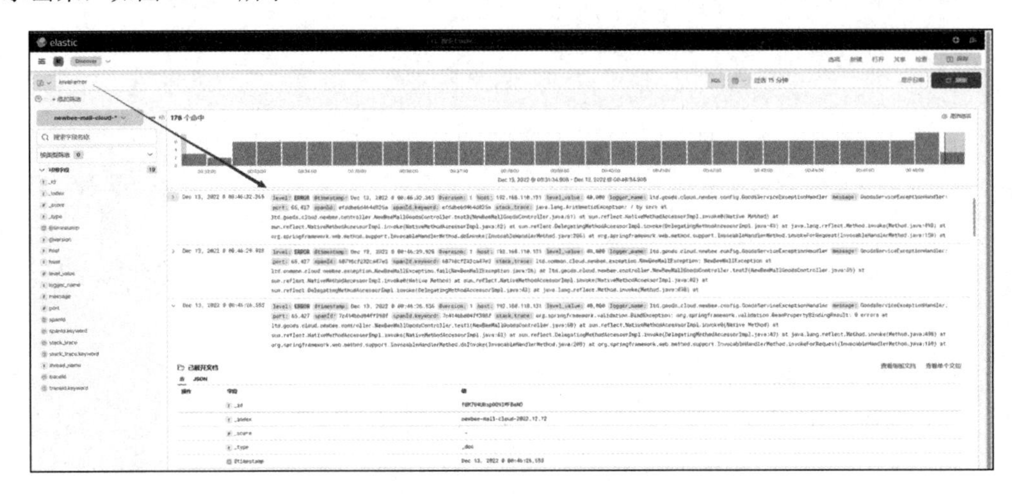

图 13-27 “level:error”搜索结果

当然，如果想更精确，那就加上一些条件，如最近 15 分钟 GoodsServiceException Handler 输出的 Error 日志就可以在输入框中输入“level:error and logger_name:"ltd.goods.cloud.newbee.config.GoodsServiceExceptionHandler"”来搜索，相关的信息就会显示出来，如图 13-28 所示。

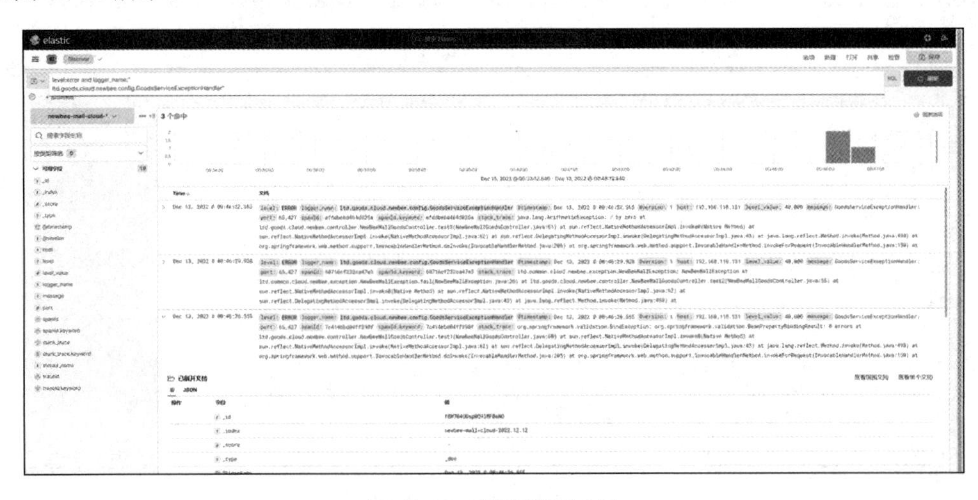

图 13-28 精确搜索结果

除此之外，还可以使用自己在代码中定义的一些字符，如“mamimamihong”“zhimakaimen”等，都是一些自定义的信息，觉得哪里可能会出问题，就输出日志看一下，这样定位问题也更快一些。当然，也不要输出太多日志，没问题了就把一些没用的日志及时删掉。

笔者在平时上班时，到工位后要做的事是查看邮件和查看负责的业务的错误日志。浏览器中一直开着 Kibana 页面，时不时地刷新一下，有问题赶紧定位并处理。Kibana 真的是企业开发中不可或缺的一个工具。

4. 根据 traceId 搜索日志

在前面的章节中，使用 Spring Cloud Sleuth 和 Zikpin 完成了一套链路追踪系统，可以帮助开发人员串联调用链路中的上下游访问链路，快速定位线上异常出现在哪个环节。不过，仅仅只是日志打标和追踪还不够，想要得到更加详细的信息，还要借助程序中输出的日志信息。这样，链路追踪加上日志中心，整个链路追踪就闭环了，有日志打标、日志收集、日志索引、日志精确搜索、链路可视化和日志的统计报表等。

这里简单举一个例子。比如，看到 Error 日志后，想要查看上下游服务实例的一些情况，就可以在 Kibana 中把 Error 日志中的 traceId 或 spanId 作为搜索条件进行查询，查询条件输入“traceId:xxxxxxxx”或“spanId:xxxxxxxx”，或者直接搜索 traceId 或 spanId 的值也可以，如图 13-29 所示。

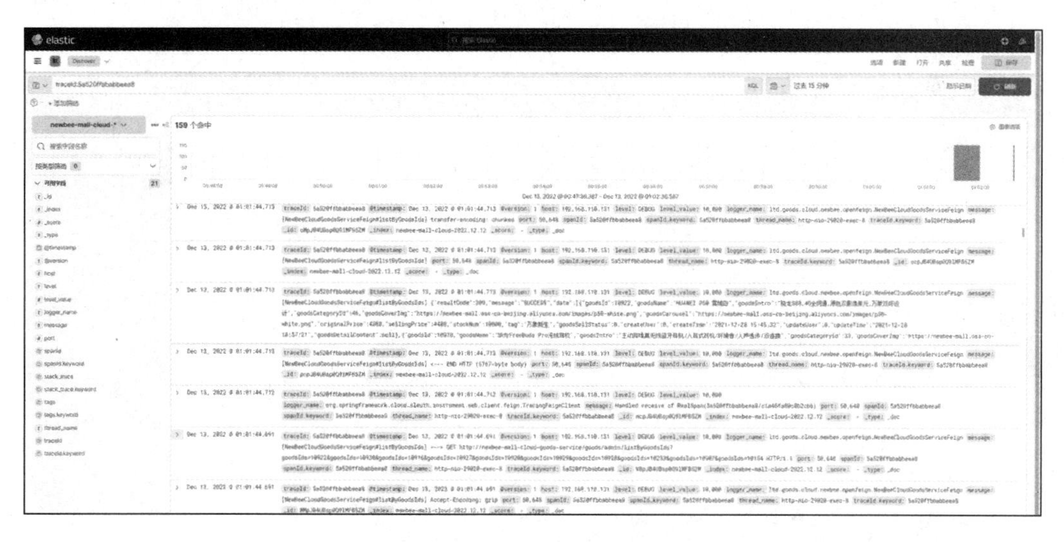

图 13-29　查看上下游服务实例

拔出萝卜带出泥，与之相关联的一些日志就都显示出来了。

为了课程演示需要及展现出更好的效果，笔者在代码里把一些日志级别调成了 Debug 级别。私下测试时可以这么做，但是在企业开发中千万不能这么做，因为 Debug 级别的日志真的太多了，超出想象的那种量级。ELK 日志中心的整合及配置讲解完成了，整个链路追踪过程和 ELK 日志中心的搭建及整合的知识点也完成了闭环。

第 14 章

一战定乾坤：大型微服务架构项目设计与实战

本章是本书的终章了，笔者将介绍微服务架构实战项目中的主要功能模块，由单体模式到前后端分离模式再到微服务架构模式的开发历程，微服务项目改造前的拆分思路，微服务架构实战项目的启动、打包和部署过程中的注意事项，并带领读者通过 Swagger 接口文档工具，调用接口来使用新蜂商城项目中的主要功能。

不只是简简单单地启动这个项目，还要明白这个项目的演进过程、功能设计、服务拆分过程等背后的原理。还是那句话：知其然，也要知其所以然。当读者能够完整地了解这个项目，对微服务架构肯定会有更好的理解，在实际工作或面试时，面对“微服务架构”这个技术点也会更加得心应手。

14.1 微服务实战项目详解

14.1.1 实战项目简介

newbee-mall 是一套电商系统，包括基础版本（Spring Boot+Thymeleaf）、前后端分离版本（Spring Boot+Vue 3+Element Plus+Vue Router 4+Pinia+Vant 4）、秒杀版本、Go 语言版本、微服务版本（Spring Cloud Alibaba+Nacos+Sentinel+Seata+Spring Cloud Gateway+OpenFeign+Elastic Search+Logstash+Kibana）。商城前台系统包括首页门户、商品分类、新品上线、首页轮播、商品推荐、商品搜索、商品展示、购物车、订单结算、

订单流程、个人订单管理、会员中心、帮助中心等模块。商城后台管理系统包括数据面板、轮播图管理、商品管理、订单管理、会员管理、分类管理、设置等模块。

该项目包括商城前台系统和商城后台管理系统。对应的用户体系包括商城会员和商城后台管理员。商城前台系统是所有用户都可以浏览使用的系统，商城会员在这里可以浏览、搜索、购买商品。管理员在商城后台管理系统中管理商品信息、订单信息、会员信息等，具体包括商城基本信息的录入和更改、商品信息的添加和编辑、订单的拣货和出库处理，以及商城会员信息的管理。

该项目的具体特点如下。

（1）newbee-mall 对开发人员十分友好，无须复杂的操作步骤，仅需 2 秒就可以启动完整的商城项目。

（2）newbee-mall 是一个企业级别的 Spring Boot 大型项目，对于各个阶段的 Java 开发人员都是极佳的选择。

（3）开发人员可以把 newbee-mall 作为 Spring Boot 技术栈的综合实践项目，其在技术上符合要求，并且代码开源、功能完备、流程完整、页面美观、交互顺畅。

（4）newbee-mall 涉及的技术栈新颖、知识点丰富，有助于读者理解和掌握相关知识，可以进一步提升开发人员的职业市场竞争力。

本书的 Spring Cloud Alibaba 微服务架构版本 newbee-mall-cloud 项目就是在该项目的基础上开发出来的。

14.1.2 新蜂商城项目的开源历程

笔者在 2019 年 8 月 12 日写下了新蜂商城项目的第一行代码，经过近两个月的开发和测试，新蜂商城项目于 2019 年 10 月 9 日正式开源在 GitHub 网站上，当时的提交记录如图 14-1 所示。

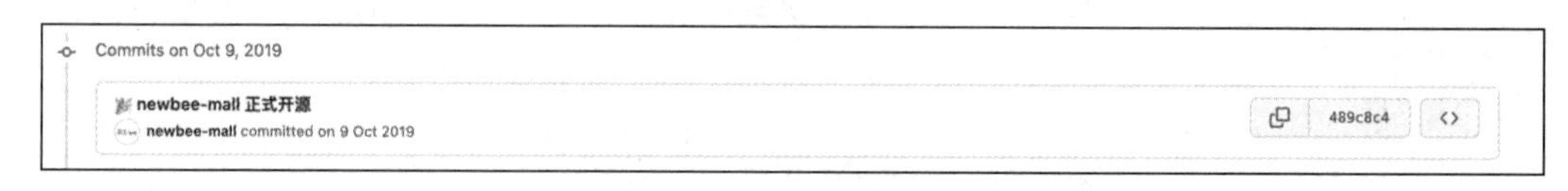

图 14-1 新蜂商城开源代码提交记录

由于避免了其他开源商城项目的不足之处，并且学习和使用起来的成本不高，因此新蜂商城项目开源的第一年就取得了不错的成绩，获得近 6000 个 Star 和 1500 个 Fork，成为一个比较受欢迎的开源项目。

最让笔者感到欣慰的一点是新蜂商城开源项目帮助了很多技术人员和学生。在开源之后笔者经常收到留言和邮件。有人说他们在学习和使用该开源商城项目后，对 Spring Boot 技术栈有了更深刻的认识，并且拥有了项目实战经验，让他们可以顺利地完成工作或学业，甚至在找到心仪工作的过程中起到了关键作用。

这些反馈不仅让笔者欣慰，还让笔者更加有动力不断完善新蜂商城开源项目。为了让新蜂商城开源项目保持长久的生命力，并且帮助更多的朋友，笔者也在一直优化和升级。截至 2023 年 2 月，新蜂商城已经发布了 7 个重要的版本。

（1）新蜂商城 v1 版本，于 2019 年 10 月 9 日开源，主要技术栈为 Spring Boot + MyBatis + Thymeleaf。

（2）新蜂商城 Vue 2 版本，于 2020 年 5 月 30 日开源，主要技术栈为 Vue 2.6。

（3）新蜂商城 Vue 3 版本，于 2020 年 10 月 28 日开源，主要技术栈为 Vue 3。

（4）新蜂商城后台管理系统 Vue 3 版本，于 2021 年 3 月 29 日开源，主要技术栈为 Vue 3+Element Plus。

（5）新蜂商城升级版本，于 2021 年 6 月 2 日开源，增加了秒杀、优惠券等功能。

（6）新蜂商城 Go 语言版本，于 2022 年 4 月开源，主要技术栈为 Go + Gin。

（7）新蜂商城微服务版本，于 2022 年 6 月开源，整合了 Spring Cloud Alibaba 及相关的微服务组件。

软件的需求是不断变化的，技术的更新迭代也越来越快，新蜂商城系统会一步一步跟上技术演进的脚步，未来会不断地进行更新和完善。

由于篇幅有限，不可能将新蜂商城所有版本的开发讲解都写在一本书中。本书主要介绍微服务版本，技术栈为 Spring Cloud Alibaba、Nacos、Sentinel、OpenFeign、Seata 等。

关于新蜂商城的版本迭代记录，笔者也整理了重要版本的时间轴，如图 14-2 所示。今后也会一直完善和迭代新蜂商城项目。

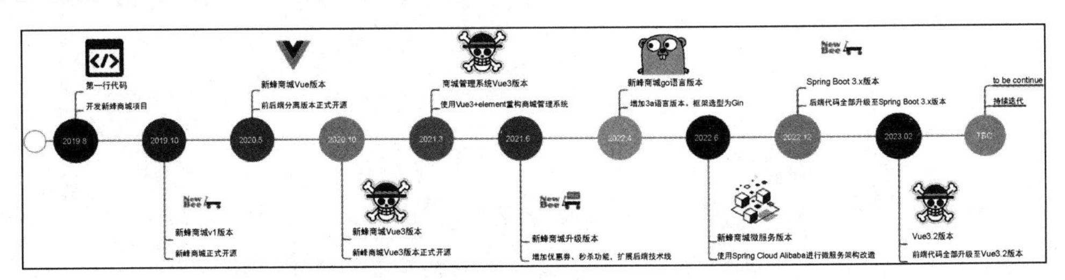

图 14-2　新蜂商城重要版本的时间轴

新蜂商城由最初的单体项目，逐步过渡到前后端分离和微服务架构的项目，到现在已经“开枝散叶”，成为一系列的项目集合。想要一个开源作品保持长久的生命力，这是一个非常不错的办法。由基础项目慢慢优化，不断地增加技术栈，让用户学习越来越多知识点的同时，对开源作者的技术提升也有很大的帮助。作者和用户都能够通过这个开源项目学习到很多，达到在技术层面“共同富裕”的目的。

14.1.3 新蜂商城项目的功能及数据库设计

新蜂商城的商城端功能汇总如图 14-3 所示。其功能主要包括商城首页、商品展示、商品搜索、会员模块、购物车模块、订单模块和支付模块。

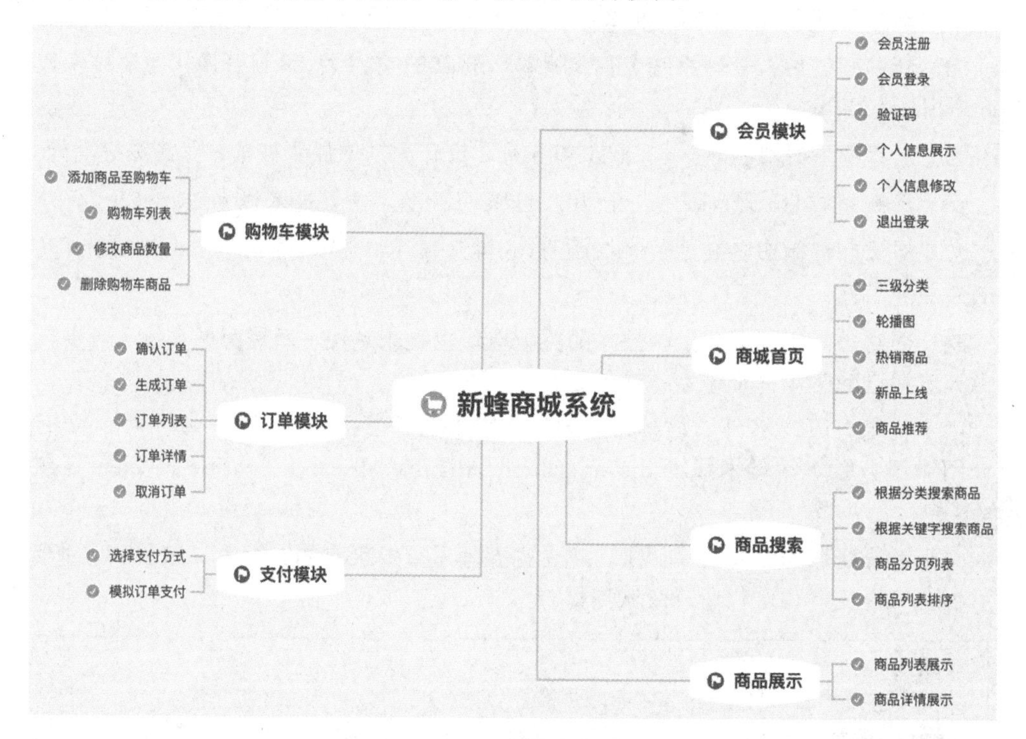

图 14-3　商城端功能汇总

新蜂商城后台管理系统功能汇总如图 14-4 所示。其功能主要包括系统管理员、轮播图管理、热销商品配置、新品上线配置、推荐商品配置、分类管理、商品管理、会员管理和订单管理。后台管理系统中的功能模块主要是让商城管理员操作数据及管理用户交易数据。这里通常就是基本的增、删、改、查功能。

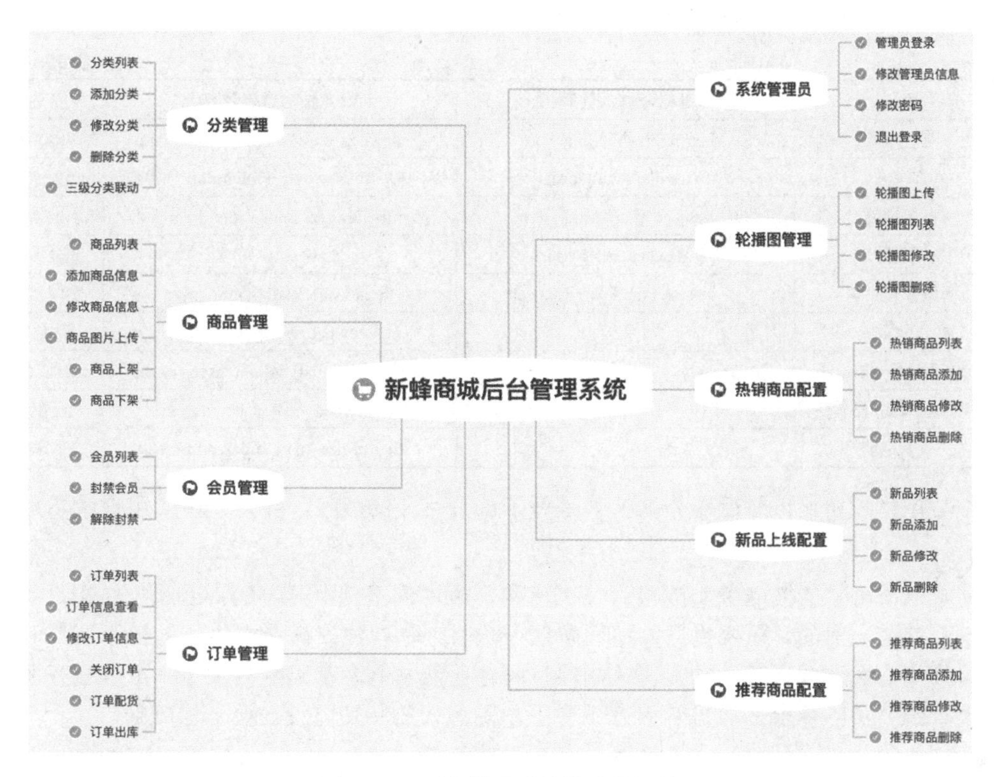

图 14-4　后台管理系统端功能汇总

在数据库方面，第一个版本中共有 9 张表，分别是商品分类表、商品表、轮播图表、首页推荐表、购物车表、订单表、订单项表、商城用户表和商城管理员表。

第二个版本主要把单体版重构为前后端分离版，技术栈是 Spring Boot 和 Vue。其功能与第一版的功能并没有太多的差异。在数据库方面，第二个版本中共有 13 张表，比第一版多了 4 张表，其中两张表是与 token 相关的表，另外两张表是与收货地址相关的表。

单体版与前后端分离版的表设计对比见表 14-1。

表 14-1　单体版与前后端分离版的表设计对比

表名	新蜂商城单体版	新蜂商城前后端分离版	备注
商品分类表	tb_newbee_mall_goods_category	tb_newbee_mall_goods_category	字段相同
商品表	tb_newbee_mall_goods_info	tb_newbee_mall_goods_info	字段相同
轮播图表	tb_newbee_mall_carousel	tb_newbee_mall_carousel	字段相同
首页推荐表	tb_newbee_mall_index_config	tb_newbee_mall_index_config	字段相同

续表

表名	新蜂商城单体版	新蜂商城前后端分离版	备注
购物车表	tb_newbee_mall_shopping_cart_item	tb_newbee_mall_shopping_cart_item	字段相同
订单表	tb_newbee_mall_order	tb_newbee_mall_order	部分调整
订单项表	tb_newbee_mall_order_item	tb_newbee_mall_order_item	字段相同
商城用户表	tb_newbee_mall_user	tb_newbee_mall_user	部分调整
商城管理员表	tb_newbee_mall_admin_user	tb_newbee_mall_admin_user	字段相同
商城用户 token 表	无	tb_newbee_mall_user_token	新增表
商城管理员 token 表	无	tb_newbee_mall_admin_user_token	新增表
收货地址表	无	tb_newbee_mall_user_address	新增表
订单—收货地址关联表	无	tb_newbee_mall_order_address	新增表

与单体版相比，前后端分离版只是做了部分字段的调整，并且完善了用户收货地址模块。

本书所讲解的微服务实战项目是在前两个版本的基础上开发的，因此表结构、功能基本上都是一致的。想要更深入地理解这个项目，笔者建议读者先去体验一下新蜂商城单体版和前后端分离版的功能，这些项目的体验网站笔者都已经提供了，可以在开源仓库中看到。实际体验之后再学习微服务版本的源代码和功能设计会更加顺畅。

14.2 由单体版到微服务架构版的拆分思路

在进行微服务架构改造前，要对系统的功能进行归纳和总结，确定要拆分出哪些微服务，这样才能进行后续的服务化拆分和编码测试。笔者在开发微服务架构版时的拆分思路如下。

首先，拆分的粒度不能太细。比如，项目里有 10 张表，拆成 10 个微服务，这种做法既不合理，也没有必要，完全是为了拆分而拆分。

其次，拆分的粒度不能太粗。比如，项目里有 10 张表，拆成 2 个微服务，拿新蜂商城项目来说，把用户表和管理员表拆成一个用户微服务，剩余的表拆成商品订单微服务，这种做法也不是很好，有些糊弄的意味。如果用这种粗粒度拆分的方式，拆分后与拆分前没有什么区别，与微服务架构的初衷就背道而驰了。

新蜂商城项目中的用户模块、商品模块、订单模块间的功能边界是非常清晰的，所以这三个模块分别拆分出三个单独的微服务是没有问题的。以此为基础，可以把商城用户表、管理员用户表划分到用户微服务中，把商品分类表、商品表划分到商品微服务中，把订单表、订单项表划分到订单微服务中。

以上是最基本的划分，接下来分析剩余的表和功能模块。

轮播图模块与上述三个微服务没有强关联性，可以不划进任意一个微服务中。首页推荐模块与商品模块是有关联性的，可以将其放到商品微服务中。不过笔者觉得它可以和轮播图模块重新组合成一个推荐微服务，所以就把首页推荐模块和轮播图模块放在一起了。

购物车模块与商品模块有一定的关联性，与订单模块的关联性也很强，所以将其放到订单微服务中也是可以的。笔者在设计时考虑到分布式事务的问题，为了更好地演示和处理分布式事务，就将购物车模块单独作为一个微服务。

通过对数据库表和功能模块的总结，最终的拆分方案见表 14-2。

表 14-2　拆分方案

微服务	功能模块	涉及的表
用户微服务	管理员模块、商城用户模块	tb_newbee_mall_user、tb_newbee_mall_admin_user
商品微服务	商品分类模块、商品模块	tb_newbee_mall_goods_category、tb_newbee_mall_goods_info
推荐微服务	轮播图模块、商品推荐模块	tb_newbee_mall_carousel、tb_newbee_mall_index_config
购物车微服务	购物车模块	tb_newbee_mall_shopping_cart_item
订单微服务	订单模块、订单项模块、收货地址模块	tb_newbee_mall_order、tb_newbee_mall_order_item、tb_newbee_mall_user_address、tb_newbee_mall_order_address、

当然，笔者的拆分思路及最终实战项目的源代码只是一种实现思路。读者也可以不按照上述思路进行拆分。在熟悉和掌握了本书所讲解的微服务相关知识后，再自行实现另外一套拆分思路和源代码也是完全可以的。比如，把用户微服务拆分得更细一些，拆分为商城用户微服务和管理员微服务；不单独拆分出购物车微服务，而是把购物车模块放到订单微服务中；把商品推荐模块放到商品微服务中，而不是放到推荐微服务中；把收货地址模块放到用户微服务中，而不是放在订单微服务中。

以上就是新蜂商城微服务版的拆分思路，通过以上内容的讲解，读者应该对本书的最终实战项目有了更清晰的认识。当然，看完本节的拆分思路和拓展思路后，读者也可以确定自己的拆分思路，并且尝试着用编码去实现自己的想法。

14.3　微服务架构实战项目源码获取和项目启动

本节内容主要是介绍新蜂商城微服务版的代码下载和项目启动，包括基础环境准备、微服务组件安装和配置、源码下载、源码目录结构介绍、数据库准备、配置项目启动和注意事项，让读者能够顺利启动最终的微服务项目并进行个性化修改。

14.3.1 基础环境准备及微服务组件安装和配置

参考第 4 章中的内容，把 JDK、Maven、IDEA、Lombok、MySQL、Redis 这类基础环境都安装和配置完成，以便进行后续的项目启动工作。

目前已经集成和改造的微服务组件整理如下。

（1）微服务框架——Spring Cloud Alibaba。

（2）服务中心——Nacos。

（3）服务通信——OpenFeign。

（4）服务网关——Spring Cloud Gateway。

（5）负载均衡器——Spring Cloud LoadBalancer。

（6）分布式事务处理——Seata。

（7）流控组件——Sentinel。

（8）链路追踪——Spring Cloud Sleuth+Zipkin。

（9）日志中心——Elastic Search+Logstash+Kibana。

对这些微服务组件，读者应该都不陌生，在启动项目前，依次参考对应章节中的讲解完成组件的搭建和启动即可。

14.3.2 下载微服务架构实战项目的项目源码

在部署项目之前，需要把项目的源码下载到本地，最终的微服务架构实战项目在 GitHub 和 Gitee 平台都创建了代码仓库。由于国内访问 GitHub 网站可能速度缓慢，因此笔者在 Gitee 上也创建了一个同名代码仓库，两个仓库会保持同步更新，它们的网址分别为网址 18 和网址 19。

读者可以直接在浏览器中输入上述链接到对应的仓库中查看源码及相关文件。

1. 使用 clone 命令下载源码

如果本地计算机安装了 Git 环境，就可以直接在命令行中使用 git clone 命令把仓库中的文件全部下载到本地。

通过 GitHub 下载源码，执行如下命令：

```
git clone https://github.com/newbee-ltd/newbee-mall-cloud.git
```

通过 Gitee 下载源码，执行如下命令：

```
git clone https://gitee.com/newbee-ltd/newbee-mall-cloud.git
```

打开 cmd 命令行，之后切换到对应的目录。比如，下载到 D 盘的 java-dev 目录，那就先执行 cd 切换到该目录下，然后执行 git clone 命令。

等待文件下载，全部下载完成后就能够在 java-dev 目录下看到新蜂商城项目微服务版的所有源码了。

2. 通过开源网站下载源码

除通过命令行下载外，读者也可以选择更直接的方式。GitHub 和 Gitee 两个开源平台都提供了对应的下载功能，读者可以在仓库中直接单击对应的“下载”按钮进行源码下载。

在 GitHub 网站上直接下载代码，要进入 newbee-mall-cloud 在 GitHub 网站中的仓库主页。

在 newbee-mall-cloud 代码仓库页面上有一个带着下载图标的绿色“Code”按钮，单击该按钮，再单击“Download Zip”按钮就可以下载 newbee-mall-cloud 源码的压缩包文件，下载完成后解压缩，导入 IDEA 或 Eclipse 编辑器中进行开发或修改。

在 Gitee 网站下载源码更快一些。在 Gitee 网站上直接下载源码，要进入 newbee-mall-cloud 在 Gitee 网站中的仓库主页，在代码仓库页面上有一个“克隆/下载”按钮，单击该按钮后再单击“下载 Zip”按钮。在 Gitee 网站上下载源码多了一步验证操作，单击“下载 Zip”按钮后会跳转到验证页面，输入正确的验证码就可以下载代码的压缩包文件，下载完成后解压缩，导入 IDEA 或 Eclipse 编辑器中进行开发或修改。

3. 通过本书提供的源码地址下载源码

除在开源网站中下载完整的代码外，本书还提供了对应的章节代码，按照笔者提供的下载网址就可以进行源代码的下载。

14.3.3　微服务架构实战项目的目录结构

下载代码并解压缩后，在代码编辑器中打开项目，这是一个标准的 Maven 多模块项目。笔者使用的开发工具是 IDEA，导入之后 newbee-mall-cloud 源码目录结构如图 14-5 所示。

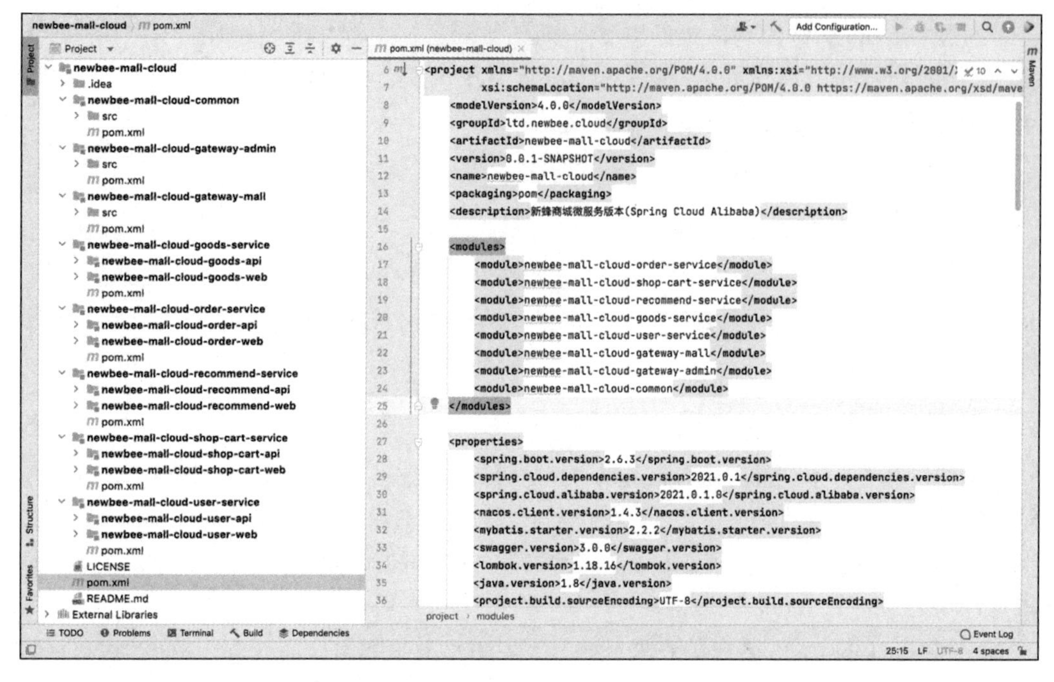

图 14-5　newbee-mall-cloud 源码目录结构

笔者介绍一下目录的内容和作用，整理如下。

```
newbee-mall-cloud
  ├── newbee-mall-cloud-common              // 1.公共模块，存放与项目相关的工具
                                               类、DTO 对象等
  ├── newbee-mall-cloud-gateway-admin       // 2.后台管理系统的网关服务
  ├── newbee-mall-cloud-gateway-mall        // 3.商城端的网关服务
  ├── newbee-mall-cloud-goods-service       // 4.商品微服务
     ├── newbee-mall-cloud-goods-api        // 存放商品模块中暴露出去的用于远程
                                               调用的 FeignClient 类
     └── newbee-mall-cloud-goods-web        // 商品模块 API 的代码及逻辑
  ├── newbee-mall-cloud-order-service       // 5.订单微服务
     ├── newbee-mall-cloud-order-api        // 存放订单模块中暴露出去的用于远程
                                               调用的 FeignClient 类
     └── newbee-mall-cloud-order-web        // 订单模块 API 的代码及逻辑
  ├── newbee-mall-cloud-recommend-service // 6.推荐微服务
     ├── newbee-mall-cloud-recommend-api // 存放推荐模块中暴露出去的用于远程
                                               调用的 FeignClient 类
     └── newbee-mall-cloud-recommend-web // 推荐模块 API 的代码及逻辑
  ├── newbee-mall-cloud-shop-cart-service // 7.购物车微服务
```

```
    ├── newbee-mall-cloud-shop-cart-api // 存放购物车模块中暴露出去的
                                           FeignClient 类
    └── newbee-mall-cloud-shop-cart-web // 购物车模块 API 的代码及逻辑
├── newbee-mall-cloud-user-service      // 8.用户微服务
    ├── newbee-mall-cloud-user-api      // 存放用户模块中暴露出去的用于远程
                                           调用的 FeignClient 类
    └── newbee-mall-cloud-user-web      // 用户模块 API 的代码及逻辑
└── pom.xml // root 节点的 Maven 配置文件
```

以上是项目结构的整体概览，具体到某一个 Maven 模块中，依然有些内容需要讲解。笔者以 newbee-mall-cloud-gateway-mall 模块和 newbee-mall-cloud-goods-service 模块为例，介绍子模块中的详细目录结构。

图 14-6 是商城端网关服务的目录结构，这是一个标准的 Maven 项目。

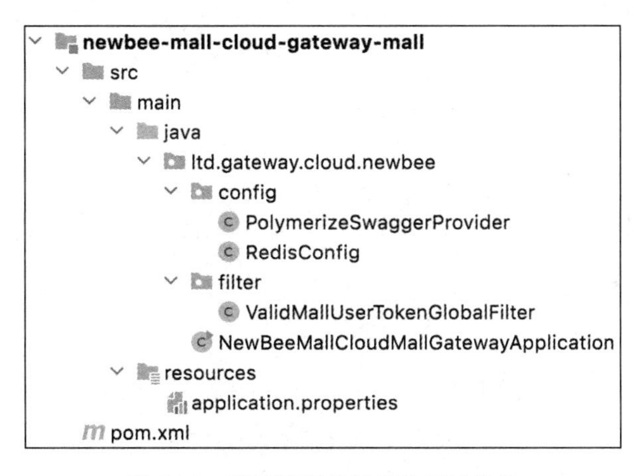

图 14-6　商城端网关服务的目录结构

在 newbee-mall-cloud-gateway-mall 模块中，代码目录的内容和作用整理如下。

```
newbee-mall-cloud-gateway-mall
  ├── src/main/java
      └── ltd.gateway.cloud.newbee
          ├── config // 存放配置类，如 Swagger 整合、Redis 配置
          ├── filter // 存放网关过滤器
          └── NewBeeMallCloudMallGatewayApplication // Spring Boot 项目主类
  ├── src/main/resources
      └── application.properties // 项目配置文件
  └── pom.xml // Maven 配置文件
```

图 14-7 是商品微服务的目录结构，这是一个多模块的 Maven 项目，包括三个 Maven

配置文件，分别是商品微服务的主配置文件，以及api和web两个子配置文件。当然，这三个Maven配置文件都依赖root节点的Maven配置文件。

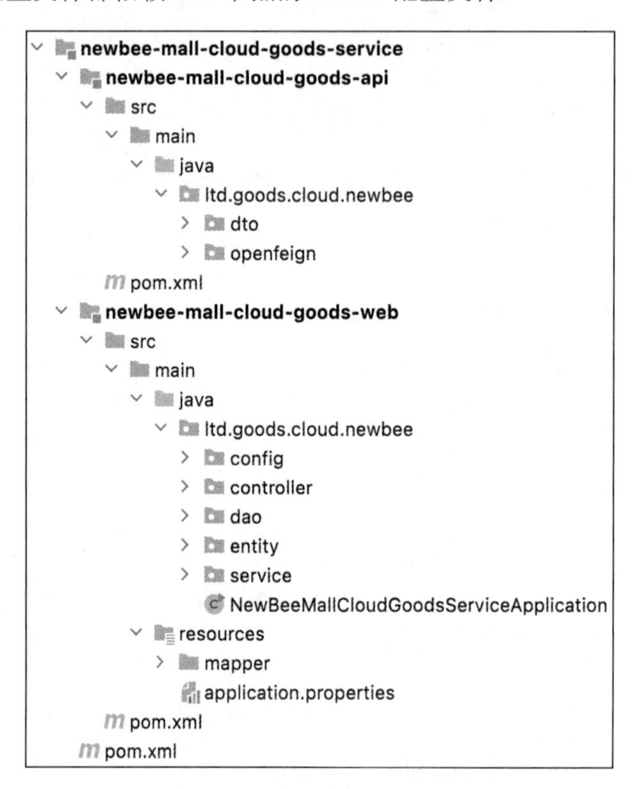

图 14-7　商品微服务的目录结构

在newbee-mall-cloud-goods-service模块中，代码目录的内容和作用整理如下。

```
newbee-mall-cloud-goods-service
  ├── newbee-mall-cloud-goods-api      // 存放商品模块中暴露出去的用于远程调用的 FeignClient 类
      ├── src/main/java
          └── ltd.goods.cloud.newbee
              ├── dto                  // FeignClient 类中所需的 Java Bean
              └── openfeign            // 商品模块中暴露的 FeignClient 类
      └── pom.xml                      // Maven 配置文件
  └── newbee-mall-cloud-goods-web      // 商品模块 API 的代码及逻辑
      ├── src/main/java
          └── ltd.goods.cloud.newbee
              ├── config               // 存放 Web 配置类
              ├── controller           // 存放与商品服务相关的控制类，包括商城端
```

```
                                          和后台管理系统中所需的 Controller 类
              ├── dao                    // 存放与商品服务相关的数据层接口
              ├── entity                 // 存放与商品服务相关的实体类
              ├── service                // 存放与商品服务相关的业务层方法
              └── NewBeeMallCloudGoodsServiceApplication
                                         // Spring Boot 项目主类
        ├── src/main/resources
                    ├── mapper           // 存放 MyBatis 的通用 Mapper 文件
            └── application.properties // 商品服务项目的配置文件
        └── pom.xml                      // Maven 配置文件
```

除基本目录中的源码外，笔者在 static-files 目录中也上传了数据库文件和与本项目相关的一些图片文件。

14.3.4　启动并验证微服务实例

下面讲解微服务架构实战项目的启动和启动前的准备工作。

1. 数据库准备

在最终的微服务架构实战项目中，共有五个微服务模块需要连接 MySQL 数据库，分别是用户微服务、商品微服务、购物车微服务、订单微服务和推荐微服务，因此需要分别创建五个数据库，并导入对应的建表语句。

打开 MySQL 软件，新建五个数据库，SQL 语句如下：

```
# 创建用户服务所需数据
CREATE DATABASE /*!32312 IF NOT EXISTS*/'newbee_mall_cloud_user_db' /*!40100
DEFAULT CHARACTER SET utf8 */;

# 创建购物车服务所需数据
CREATE DATABASE /*!32312 IF NOT EXISTS*/'newbee_mall_cloud_cart_db' /*!40100
DEFAULT CHARACTER SET utf8 */;

# 创建商品服务所需数据
CREATE DATABASE /*!32312 IF NOT EXISTS*/'newbee_mall_cloud_goods_db'
/*!40100 DEFAULT CHARACTER SET utf8 */;

# 创建订单服务所需数据
CREATE DATABASE /*!32312 IF NOT EXISTS*/'newbee_mall_cloud_order_db'
/*!40100 DEFAULT CHARACTER SET utf8 */;
```

```
# 创建推荐服务所需数据
CREATE DATABASE /*!32312 IF NOT EXISTS*/'newbee_mall_cloud_recommend_db'
/*!40100 DEFAULT CHARACTER SET utf8 */;
```

当然，读者在实际操作时也可以使用其他数据库名称，如自行定义的数据库名称。数据库创建完成后就可以将五份数据库建表语句和初始化数据文件导入各个数据库，导入成功后可以看到数据库的表结构，如图 14-8 所示。

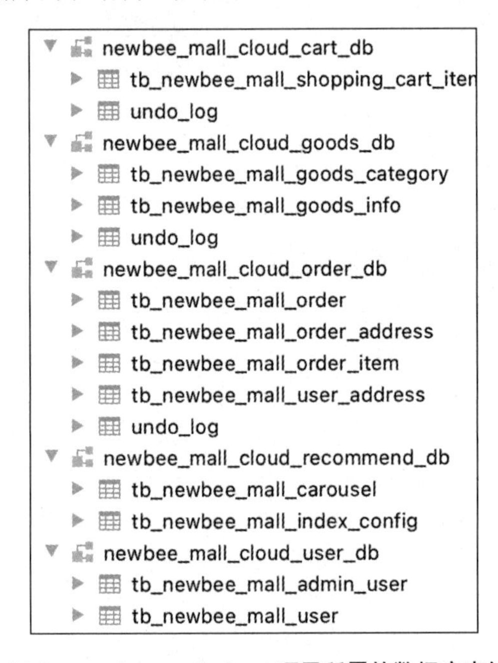

图 14-8　newbee-mall-cloud 项目所需的数据库表结构

这五个数据库可以在不同的 MySQL 实例中，如果只是测试，则可以放在同一个 MySQL 实例中，读者可以自行决定。

2. 修改数据库连接配置

数据库准备完毕后，接下来修改数据库连接配置。分别打开 newbee-mall-cloud-goods-web 模块、newbee-mall-cloud-order-web 模块、newbee-mall-cloud-recommend-web 模块、newbee-mall-cloud-shop-cart-web 模块、newbee-mall-cloud-user-web 模块中 resources 目录下的 application.properties 配置文件，修改数据库连接的相关信息。代码中默认的数据库配置如下：

```
spring.datasource.url=jdbc:mysql://localhost:3306/newbee_mall_cloud_good
s_db?useUnicode=true&serverTimezone=Asia/Shanghai&characterEncoding=utf8
```

```
&autoReconnect=true&useSSL=false&allowMultiQueries=true
spring.datasource.username=root
spring.datasource.password=123456
```

需要修改的配置项如下：

- 数据库地址和数据库名称：localhost:3306/newbee_mall_cloud_goods_db。
- 数据库登录账户名称：root。
- 账户密码：123456。

根据开发人员所安装的数据库地址和账号信息进行修改。这五个微服务模块的配置文件中都有数据库连接的默认配置，如果与默认配置文件中的数据库名称不同，则需要将数据库连接中的数据库名称进行修改。数据库地址、登录账户、账户密码也需要改为开发人员自己的配置内容。

3. 修改 Nacos 连接配置

分别打开 newbee-mall-cloud-gateway-admin 模块、newbee-mall-cloud-gateway-mall 模块、newbee-mall-cloud-goods-web 模块、newbee-mall-cloud-order-web 模块、newbee-mall-cloud-recommend-web 模块、newbee-mall-cloud-shop-cart-web 模块和 newbee-mall-cloud-user-web 模块中 resources 目录下的 application.properties 配置文件，修改服务中心 Nacos 连接的相关信息。代码中默认的 Nacos 配置项如下：

```
# Nacos 连接地址
spring.cloud.nacos.discovery.server-addr=127.0.0.1:8848
# Nacos 登录用户名(默认为 nacos，生产环境一定要修改)
spring.cloud.nacos.username=nacos
# Nacos 登录密码(默认为 nacos，生产环境一定要修改)
spring.cloud.nacos.password=nacos
```

需要修改的配置项如下：

（1）Nacos 连接地址。

（2）Nacos 登录用户名。

（3）Nacos 登录密码。

根据开发人员所安装和配置的 Nacos 组件进行修改。这七个微服务模块的配置文件中都有服务中心连接的默认配置，如果与默认配置文件中的内容不同，则需要自行修改。当然，这七个微服务模块的配置文件中的 Nacos 配置都是一致的，所有服务都必须注册到同一个服务中心。

4. 修改 Redis 连接配置

分别打开 newbee-mall-cloud-gateway-admin 模块、newbee-mall-cloud-gateway-mall 模块和 newbee-mall-cloud-user-web 模块中 resources 目录下的 application.properties 配置文件，修改 Redis 连接的相关信息。代码中默认的 Redis 配置项如下：

```
##Redis 配置
# Redis 数据库索引（默认为 0）
spring.redis.database=13
# Redis 服务器地址
spring.redis.host=127.0.0.1
# Redis 服务器连接端口
spring.redis.port=6379
# Redis 服务器连接密码
spring.redis.password=
```

需要修改的配置项如下：

（1）Redis 服务器连接地址。

（2）Redis 服务器连接端口。

（3）Redis 服务器连接密码。

根据开发人员所安装和配置的 Redis 数据库进行修改。项目中只有这三个模块使用了 Redis，主要用于同步用户的登录信息和用户鉴权操作。三个模块的配置文件中都有 Redis 连接的默认配置，如果与默认配置文件中的内容不同，则需要自行修改。当然，这三个模块配置文件中的 Redis 配置都是一致的，连接的是同一个 Redis 实例和相同的数据库。

5. 启动所有的微服务实例

在上面几个步骤做完后，就可以启动整个项目了，过程如图 14-9 所示。

依次启动 NewBeeMallCloudGoodsServiceApplication 类、NewBeeMallCloudOrderServiceApplication 类、NewBeeMallCloudRecommendServiceApplication 类、NewBeeMallCloudShopCartServiceApplication 类、NewBeeMallCloudUserServiceApplication 类、NewBeeMallCloudMallGatewayApplication 类、NewBeeMallCloudAdminGatewayApplication 类，共有七个微服务实例。其中，前五个类分别是商品微服务、订单微服务、推荐微服务、购物车微服务、用户微服务的启动主类，剩下的两个类是网关服务的启动主类。

之后，耐心等待所有实例启动即可。笔者选择的是通过运行 main()方法的方式启动 Spring Boot 项目。读者在启动时也可以选择其他方式。

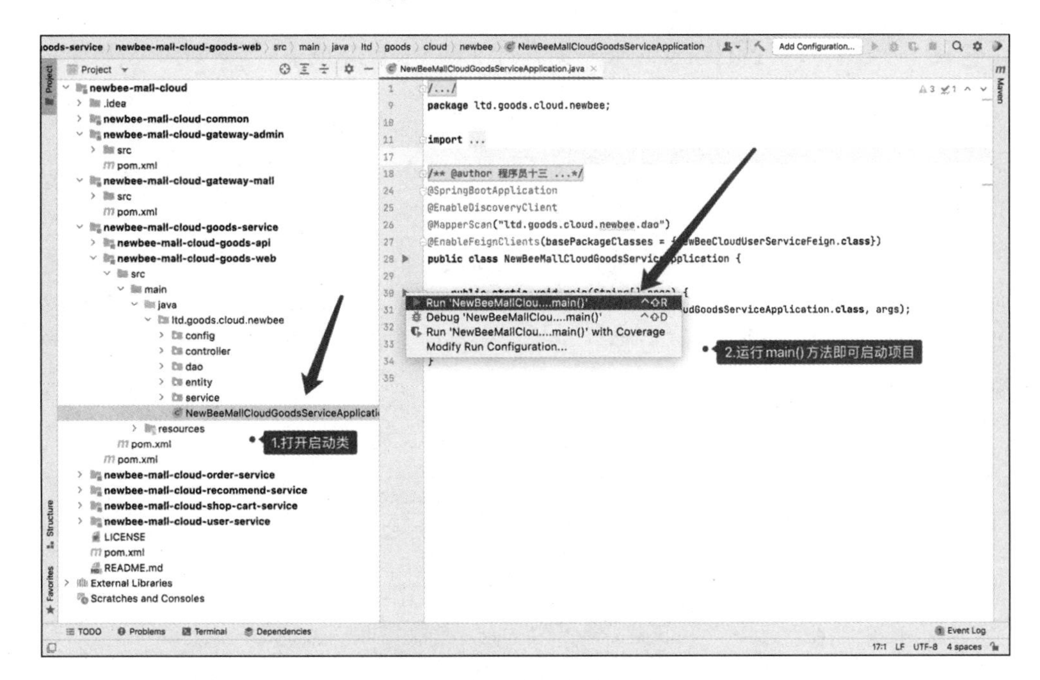

图 14-9　微服务实例启动过程

如果未能成功启动，则需要查看控制台中的日志是否报错，并及时确认问题和修复。启动成功后进入 Nacos 控制台，单击“服务管理”中的服务列表，可以看到列表中已经存在这七个服务的服务信息，如图 14-10 所示。

服务名	分组名称	集群数目	实例数	健康实例数	触发保护阈值	操作
newbee-mall-cloud-gateway-admin	DEFAULT_GROUP	1	1	1	false	详情 | 示例代码 | 订阅者 | 删除
newbee-mall-cloud-gateway-mall	DEFAULT_GROUP	1	1	1	false	详情 | 示例代码 | 订阅者 | 删除
newbee-mall-cloud-goods-service	DEFAULT_GROUP	1	1	1	false	详情 | 示例代码 | 订阅者 | 删除
newbee-mall-cloud-order-service	DEFAULT_GROUP	1	1	1	false	详情 | 示例代码 | 订阅者 | 删除
newbee-mall-cloud-recommend-service	DEFAULT_GROUP	1	1	1	false	详情 | 示例代码 | 订阅者 | 删除
newbee-mall-cloud-shop-cart-service	DEFAULT_GROUP	1	1	1	false	详情 | 示例代码 | 订阅者 | 删除
newbee-mall-cloud-user-service	DEFAULT_GROUP	1	1	1	false	详情 | 示例代码 | 订阅者 | 删除

图 14-10　newbee-mall-cloud 项目中的所有微服务实例都完成了服务注册

至此，微服务实例的启动及微服务实例的注册过程就完成了。

6. 简单的功能验证

虽然微服务实战项目的启动和各服务实例的服务注册都已经完成，但是为了确认项目运行正常，还需要进行一些简单的验证。

因为各个微服务实例中的接口都使用了 Swagger 接口文档工具，所以读者可以通过访问各个服务实例的 Swagger 接口文档进行简单的测试。除微服务实例外，在服务网关层也做了 Swagger 文档的整合，方便开发人员做接口测试。各个服务实例的接口文档网址见表 14-3。

表 14-3　各个服务实例的接口文档网址

服务名称	Swagger 接口文档地址
用户微服务	http://localhost:29000/swagger-ui/index.html
商品微服务	http://localhost:29010/swagger-ui/index.html
推荐微服务	http://localhost:29020/swagger-ui/index.html
购物车微服务	http://localhost:29030/swagger-ui/index.html
订单微服务	http://localhost:29040/swagger-ui/index.html
后台管理系统网关服务	http://localhost:29100/swagger-ui/index.html
商城端网关服务	http://localhost:29110/swagger-ui/index.html

如果读者在启动时修改了项目的启动端口号，那么访问网址也需要进行对应的修改。有了 Swagger 接口文档工具，测试起来就方便多了，读者可以依次测试各个服务实例的接口是否正常。

笔者简单地测试一下首页接口是否正常，在地址栏中依次输入如下网址进行测试。

（1）推荐微服务 http://localhost:29020/swagger-ui/index.html。

（2）商城端网关服务 http://localhost:29110/swagger-ui/index.html。

推荐微服务的 Swagger 接口文档页面如图 14-11 所示。

先单击“新蜂商城首页接口”，可以看到“获取首页数据”的接口，再单击该接口描述，然后单击页面中的“Try it out”按钮来发送测试请求，最后单击页面上的“Execute”按钮，接口响应结果如图 14-12 所示。

测试通过！

接下来通过网关服务访问首页接口。一般情况下，微服务实例中的接口是不会对外暴露的，想要获取对应的数据都是直接访问服务网关，再由服务网关进行请求的转发和处理。

图 14-11　推荐微服务的 Swagger 接口文档页面

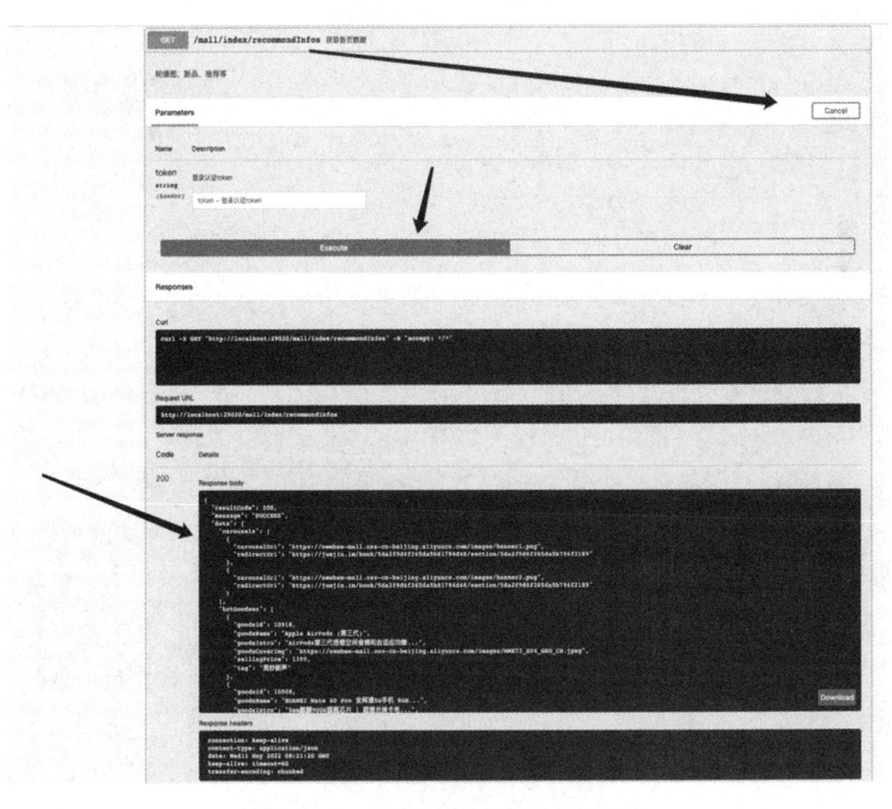

图 14-12　新蜂商城首页接口测试过程

商城端网关服务的 Swagger 接口文档页面如图 14-13 所示。

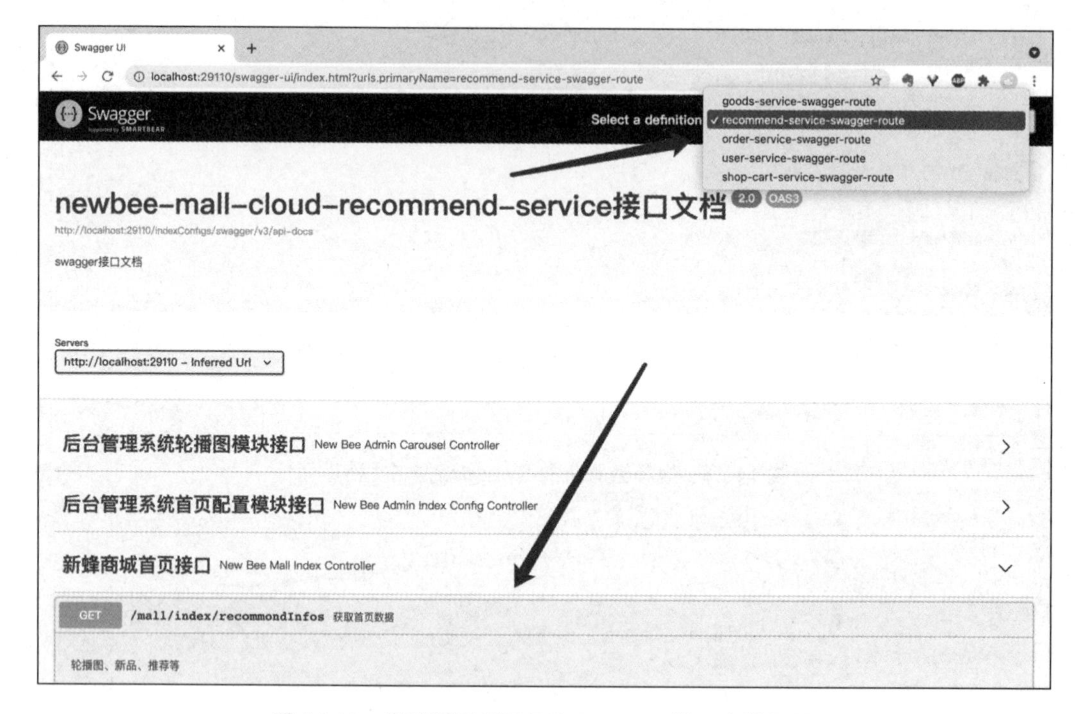

图 14-13　商城端网关服务的 Swagger 接口文档页面

由于服务网关层是没有任何接口的，因此只能做下游服务实例的 Swagger 接口文档聚合。单击页面右上方的“Select a definition”选项卡，选择“recommend-service-swagger-route”选项就能够看到推荐微服务的 Swagger 接口文档了。当然，通过网关访问的 URL 与直接访问的 URL 是不同的，通过网关实例的 Swagger 接口文档页面访问，会由服务网关做一次转发。“获取首页数据”的接口访问结果如图 14-14 所示。

接口响应正常，结果与直接访问推荐微服务时的结果一样。读者在测试时需要注意，直接访问与通过网关访问，请求的 URL 是不相同的，虽然结果是相同的，但是两种请求方式有着本质的区别。

对应到实际的项目页面中，是新蜂商城项目的首页，获取首页接口数据后的显示效果如图 14-15 所示。

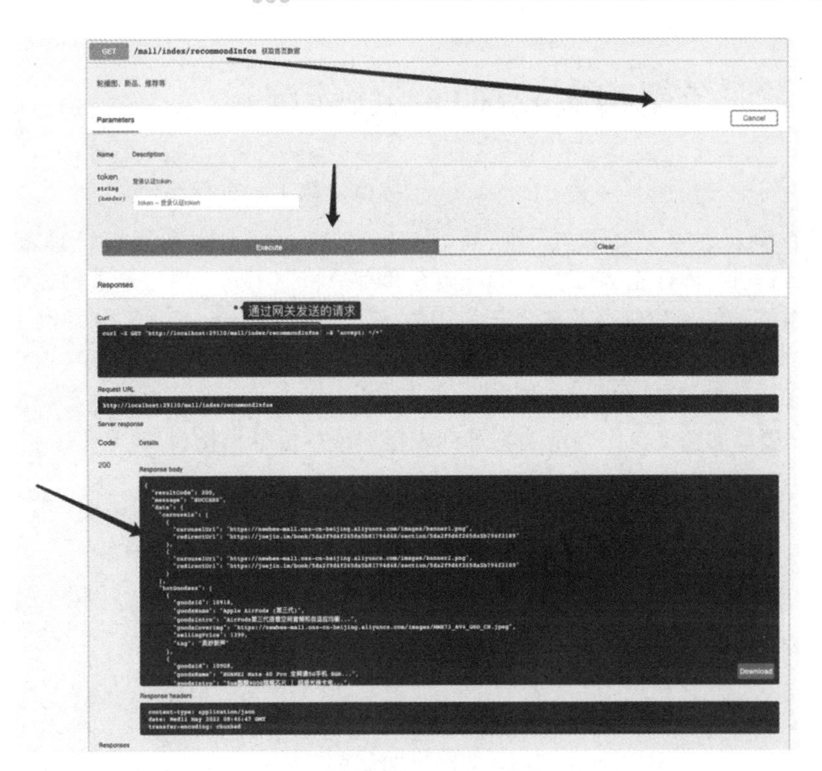

图 14-14　通过网关发起对新蜂商城首页接口测试

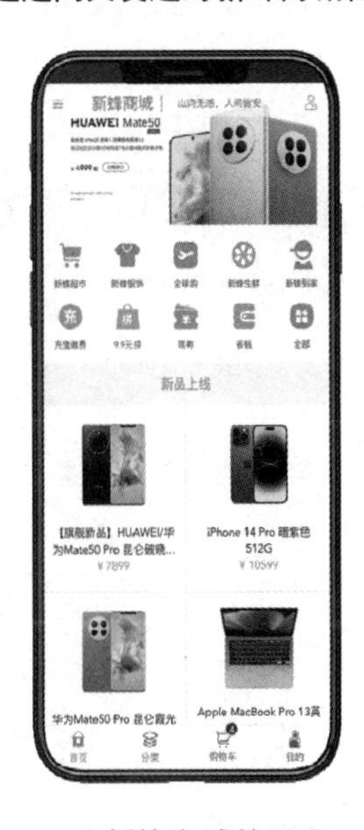

图 14-15　新蜂商城首页显示效果

14.4 微服务架构实战项目的功能演示

本节将统一使用服务网关中的 Swagger 接口文档工具进行演示。

读者在测试时需要根据功能在商城端网关 Swagger 中和后台管理系统端网关 Swagger 中分别测试。因为二者的用户体系和身份验证不同，所以通过商城端网关调用后台管理系统端的接口时会报错“无权限”，反之，通过后台管理系统端网关调用商城端的接口时也会报错“无权限”。比如，在商城端网关服务的 Swagger 接口文档工具中调用修改商品信息接口或添加轮播图接口，无法正常调用；在后台管理系统端网关服务的 Swagger 接口文档工具中调用购物车列表接口或生成订单接口，也是无法正常调用的。

14.4.1 商城用户的注册与登录功能演示

用户的注册与登录功能演示主要涉及用户注册接口和登录接口。

1. 用户注册接口演示

商城端网关服务的 Swagger 接口文档页面如图 14-16 所示。单击右上方的“Select a definition”选项卡，选择“user-service-swagger-route”选项就能够看到用户微服务的 Swagger 接口文档了。

图 14-16　商城端网关中用户微服务的 Swagger 接口文档页面

单击“用户注册”，并单击“Try it out”按钮，在参数栏中输入 loginName 字段和 password 字段，之后单击“Execute”按钮就能够发送用户注册的请求了。比如，要注册一个用户名为 13700001234、密码为 123456 的用户，过程如图 14-17 所示。

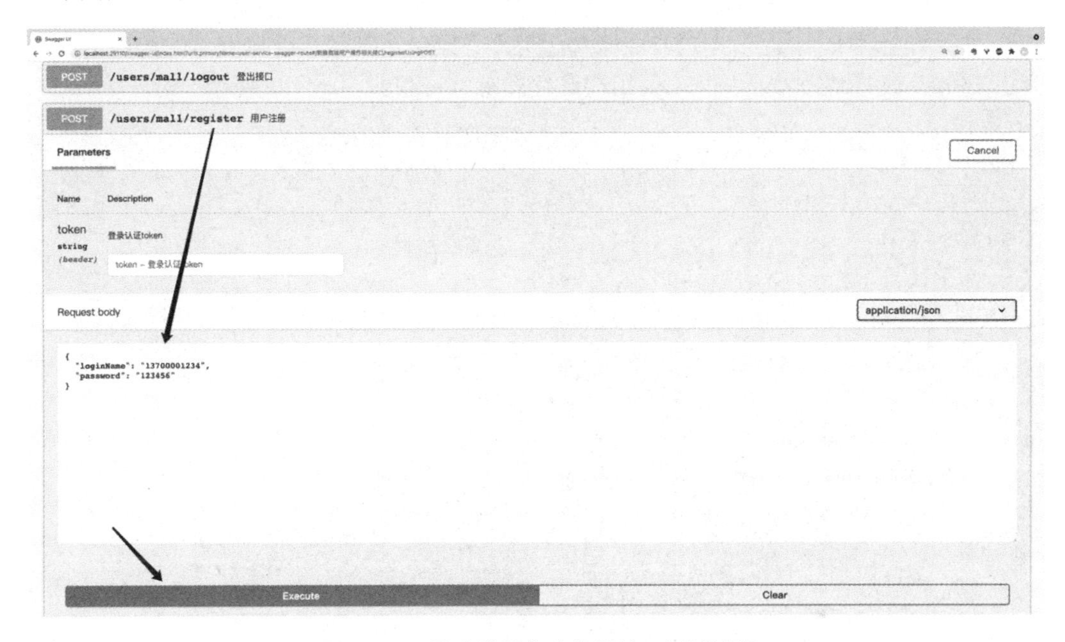

图 14-17　用户微服务中注册接口测试过程

单击“Execute”按钮发送注册请求后，测试结果如图 14-18 所示。

图 14-18　用户微服务中注册接口测试结果

如果参数信息都通过了基本的验证，就会得到注册成功的响应结果。此时，再去用户微服务的数据库中查看商城用户表中的数据，可以看到新增了一条用户名为 13700001234、密码为 123456 的用户数据。

2. 用户登录接口演示

接下来测试用户登录接口。单击“登录接口”，并单击“Try it out”按钮，在参数栏中输入 loginName 字段和 password 字段（注意，这里的 password 字段需要进行 MD5 加密），之后单击“Execute”按钮就能够发送用户登录的请求了。使用刚刚注册的用户名为 13700001234、密码为 123456 的用户进行登录，过程如图 14-19 所示。

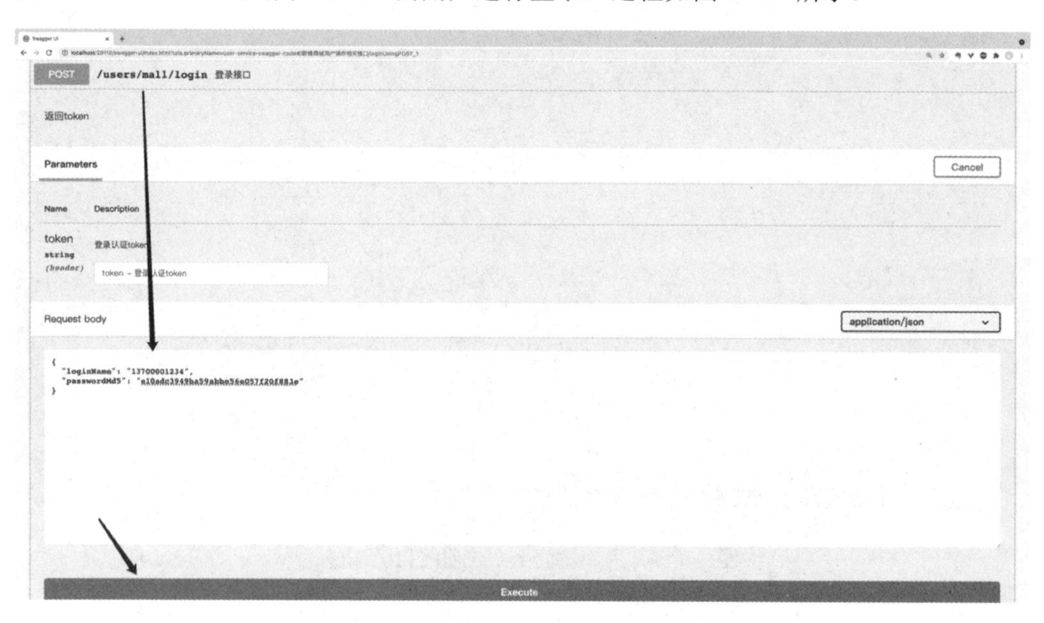

图 14-19　用户微服务中登录接口测试过程

单击“Execute”按钮发送登录请求后，测试结果如图 14-20 所示。

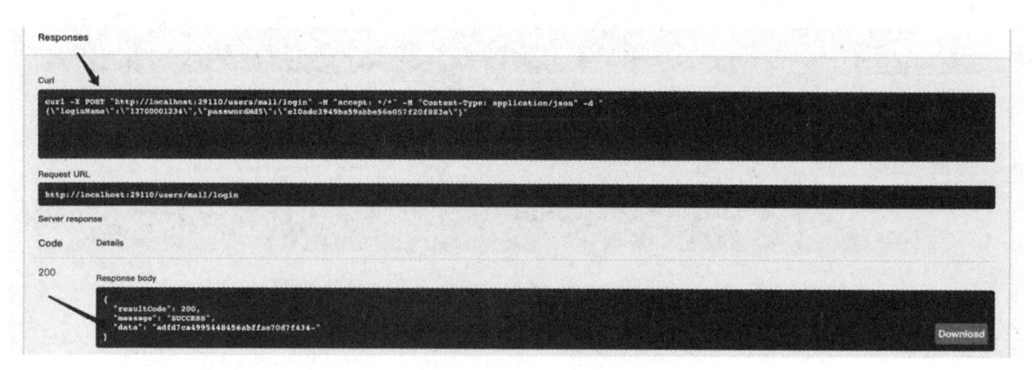

图 14-20　用户微服务中登录接口测试结果

如果登录信息都正确，就可以得到一个登录成功的 Token 字段，该字段的值在响应对象 Result 的 data 字段中，用于身份认证。比如，当前登录接口的测试结果获取了值为“adfd7ca4995448456abffae70d7f434-”的 Token 值，之后就能够使用该 Token 值访问项目中与商城用户相关的接口了。该 Token 值是笔者测试时生成的，读者在自行测试时生成的值可能与此不同，不要混淆了。

这两个接口对应到实际的项目页面中，是新蜂商城项目的登录页面和注册页面，显示效果如图 14-21 所示。

图 14-21　新蜂商城登录页面和注册页面显示效果

至此，商城用户的注册功能和登录功能就测试完成了。读者在测试时可以关注 MySQL 和 Redis 中的相关记录。注册成功后会向用户表新增一条数据，用户登录成功后会向 Redis 中新增一条 Token 记录，用于保存用户的登录信息。

14.4.2　把商品添加至购物车的功能演示

在实际的项目中，把商品添加到购物车需要在商品详情页面操作。因此，这里的功能演示会涉及商品详情接口、把商品添加至购物车接口和购物车列表接口。

1. 商品详情接口演示

单击右上方的“Select a definition”选项卡，选择“goods-service-swagger-route”选项就能够看到商品微服务的 Swagger 接口文档了。

比如，在前文的首页功能演示中，接口返回了一些商品信息并显示到首页，如果想看“华为 Mate 50 Pro 手机”和“iPhone 14 Pro 手机”两个商品的详情就需要访问商品详情接口。

单击“商品详情接口”，并单击“Try it out”按钮，在参数栏中输入商品 id 字段和 Token 字段，之后单击“Execute”按钮就能够发送获取商品详情接口的请求了，如图 14-22 所示。

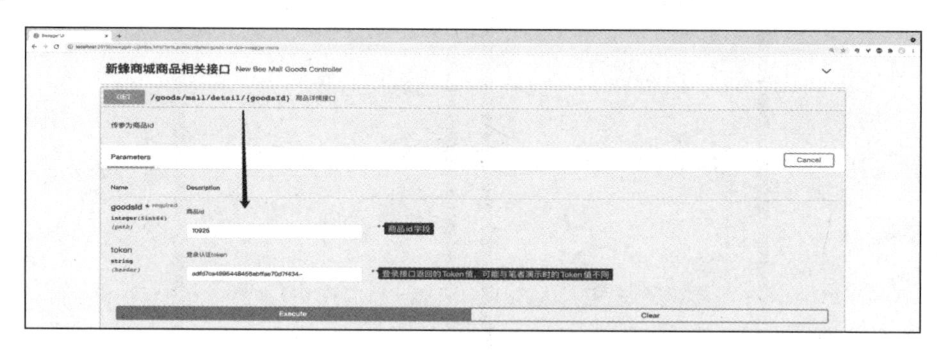

图 14-22　商品微服务中商品详情接口测试过程

接口响应结果如图 14-23 所示。

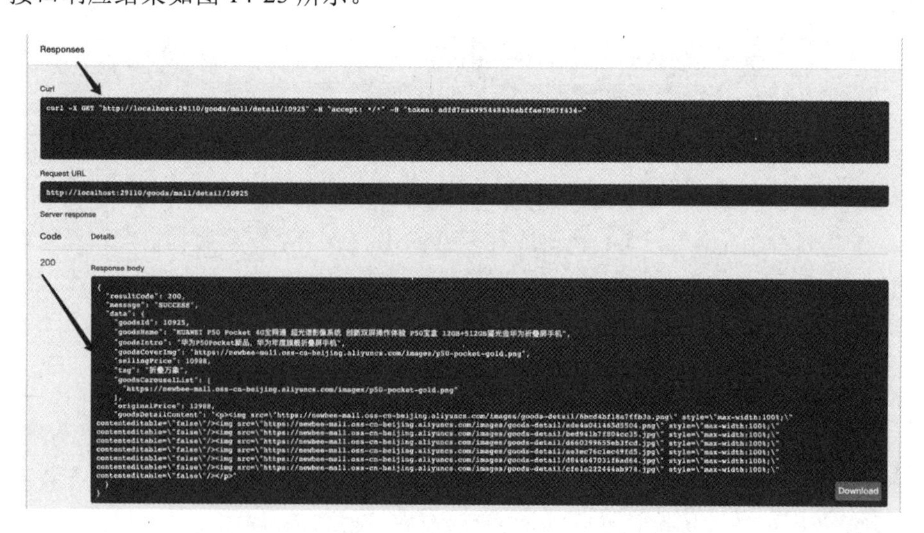

图 14-23　商品微服务中商品详情接口测试结果

如果用户正常登录且商品 id 正确，就可以得到商品详情内容。

2. 把商品添加至购物车接口演示

单击页面右上方的“Select a definition”选项卡，选择“shop-cart-service-swagger-route”选项就能够看到购物车微服务的 Swagger 接口文档了。

单击“添加商品到购物车接口”，并单击“Try it out”按钮，在参数栏中输入商品 id 字段和添加数量，在登录认证 token 的输入框中输入登录接口返回的 Token 字段值，如图 14-24 所示。

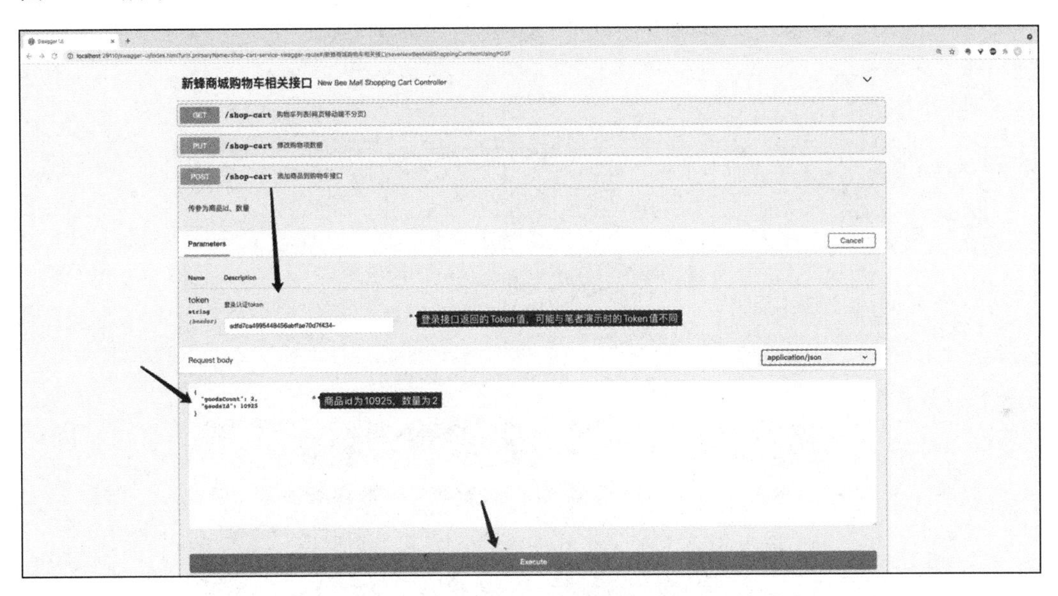

图 14-24　购物车微服务中添加商品到购物车接口测试过程

单击“Execute”按钮，接口响应结果如图 14-25 所示。

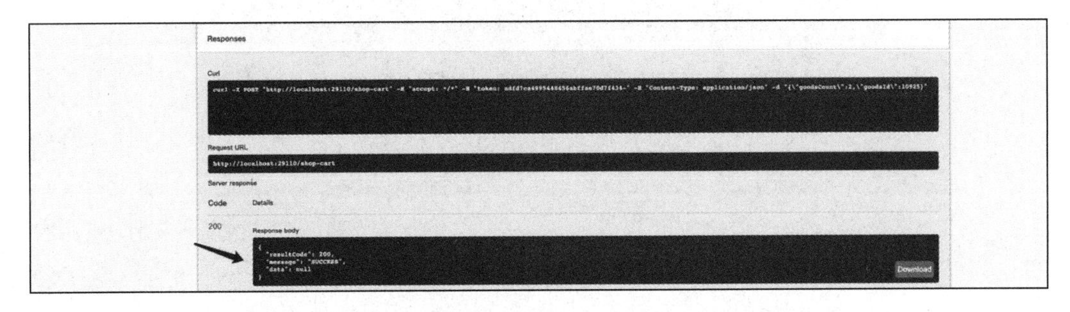

图 14-25　购物车微服务中添加商品到购物车接口测试结果

后端接口响应为“SUCCESS”表示添加成功。

笔者在测试时，输入的商品数量和商品 id 都是符合规范且数据库中真实存在的商品 id。如果输入的商品数量过大，则会报错“超出单个商品的最大购买数量！”如果输入的商品 id 在数据库中并不存在，则会报错“商品不存在！”这一点读者在测试时需要注意。

3. 购物车列表接口演示

单击“购物车列表（网页移动端不分页）”，并单击“Try it out”按钮。在 Token 输入框中填入刚刚获取的 Token 值，单击“Execute”按钮发起测试请求，就能够看到此时的购物车列表数据了，响应结果如图 14-26 所示。购物项 id 分别为 11 和 12，后续生成订单时需要用到。

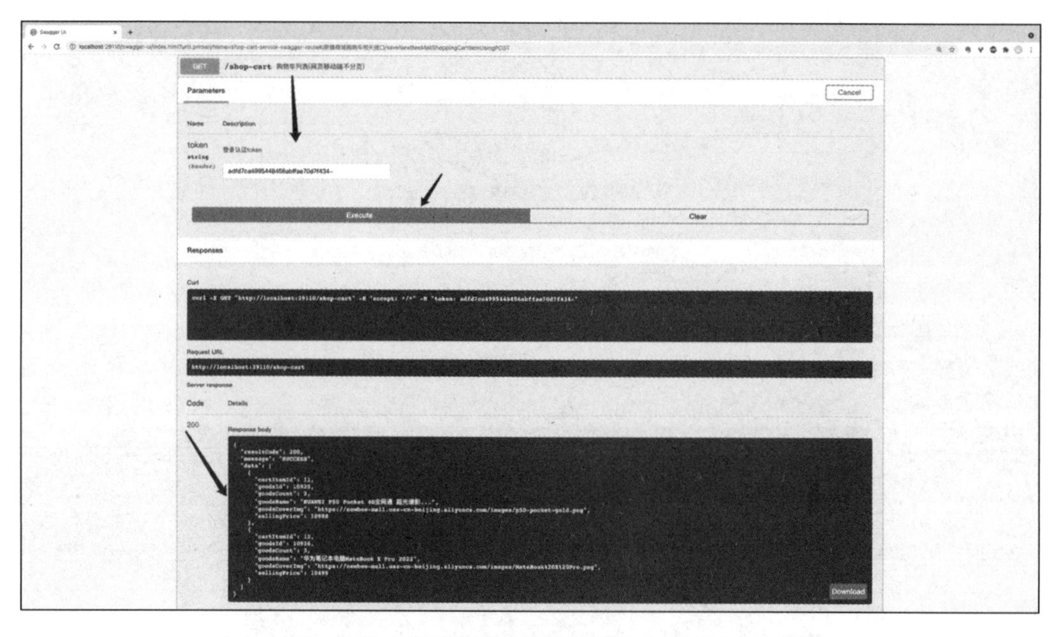

图 14-26　购物车微服务中购物车列表接口测试过程和结果

以上三个接口对应到实际的项目页面中，是新蜂商城项目的商品详情页面和购物车列表页面，显示效果如图 14-27 所示。

至此，把商品添加至购物车并查看购物车列表的功能就演示完毕了，读者在测试时可以关注 MySQL 数据库中购物项表的变化。

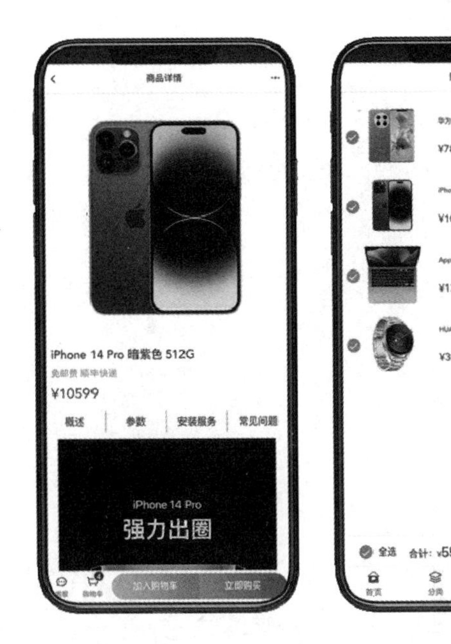

图 14-27　新蜂商城商品详情页面和购物车列表页面显示效果

14.4.3　下单流程演示

在把心仪的商品加到购物车并确定需要购买的商品和对应的数量后，就可以执行提交订单的操作。这里的功能演示涉及添加收货地址接口、生成订单接口、订单列表接口。

1. 添加收货地址接口演示

单击右上方的“Select a definition”选项卡，选择“order-service-swagger-route”选项就能够看到订单微服务的 Swagger 接口文档了。

下单时需要用户的收货地址信息，否则无法正确地生成订单数据。单击“添加地址”，并单击“Try it out”按钮，在参数栏中输入收货地址的相关信息，在登录认证 token 的输入框中输入登录接口返回的 Token 字段值，如图 14-28 所示。

单击“Execute”按钮，接口响应结果如图 14-29 所示。

后端接口响应为“SUCCESS”表示收货地址信息添加成功。此时，再去订单微服务的数据库中查看收货地址表中的数据，可以看到已经新增了一条地址信息，该数据的主键 id 为 1，后续生成订单时会用到。

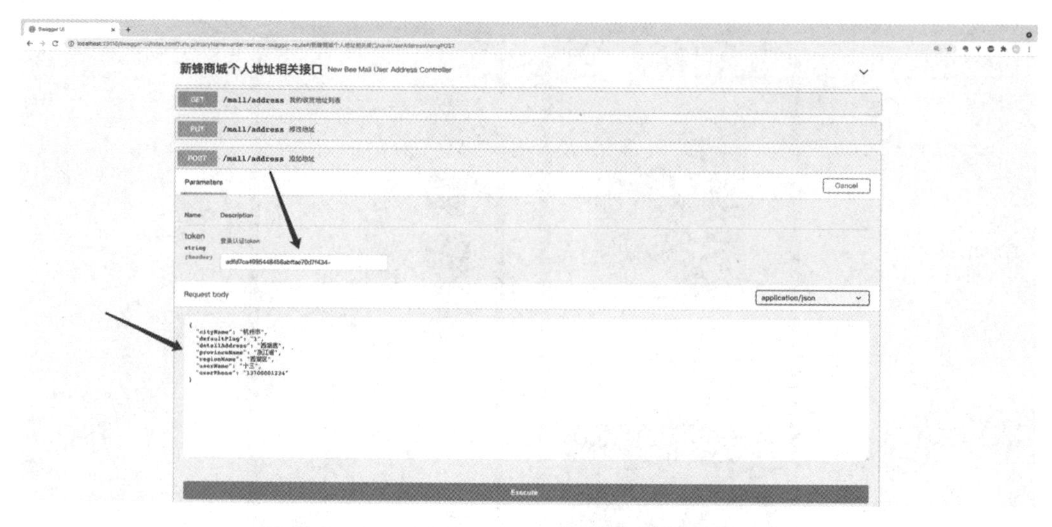

图 14-28　订单微服务中添加收货地址接口测试过程

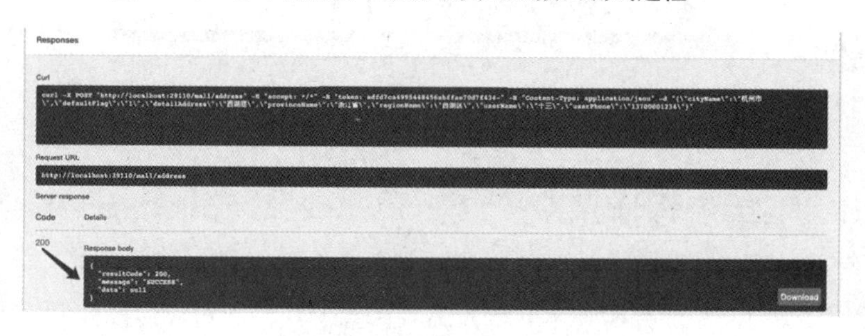

图 14-29　订单微服务中添加收货地址接口测试结果

2. 生成订单接口演示

单击“生成订单接口”，并单击“Try it out”按钮，在参数栏中输入当前用户的地址id和需要结算的购物项id列表，这里填入的数据都是刚刚演示时生成的数据。在登录认证token的输入框中输入登录接口返回的Token字段值，如图14-30所示。

单击“Execute”按钮，接口响应结果如图14-31所示。

如果结算时提交的数据都正确，就可以得到一个订单生成后的订单号字段，该字段的值在响应对象Result的data字段中。比如，当前接口的测试结果获取了值为“16524367250924868”的订单号，之后就能够使用该订单号来测试取消订单、模拟支付、查看订单详情的接口了。

生成订单接口测试成功。

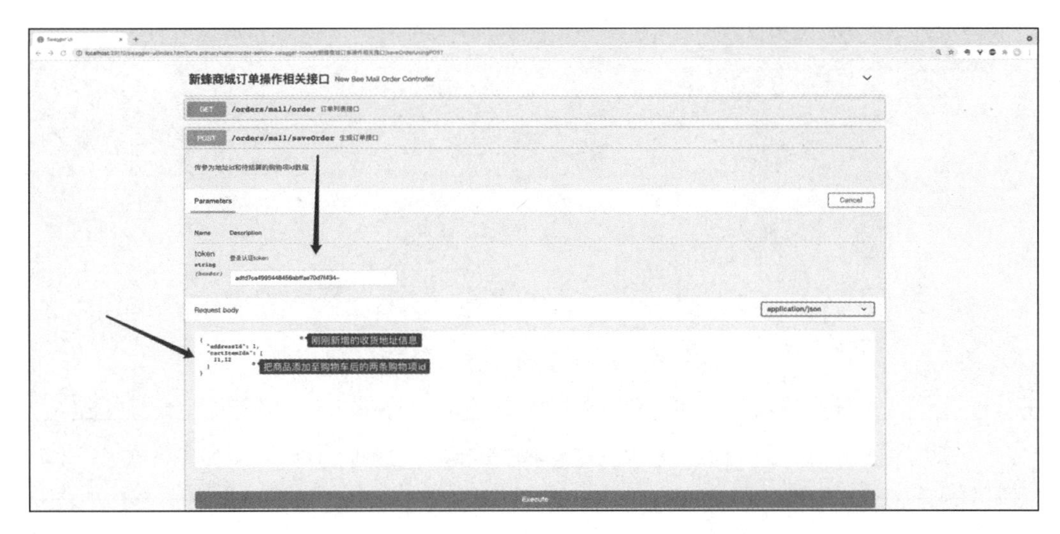

图 14-30　订单微服务中生成订单接口测试过程

图 14-31　订单微服务中生成订单接口测试结果

3. 订单列表接口演示

单击“订单列表接口”，并单击“Try it out”按钮，在参数栏中输入页码和订单状态字段，在登录认证 token 的输入框中输入登录接口返回的 Token 字段值，就可以查询当前用户的订单列表数据了，如图 14-32 所示。

单击“Execute”按钮，接口响应结果如图 14-33 所示。

请求成功。订单列表中所需的数据在 Result 类的 data 属性中，有分页信息、定案列表数据，每一条购物项中包括订单号、订单状态、下单时间、订单中包含的商品等内容。

以上三个接口对应到实际的项目页面中，是新蜂商城项目的添加收货地址、确认订单页面和订单列表页面，显示效果如图 14-34 所示。

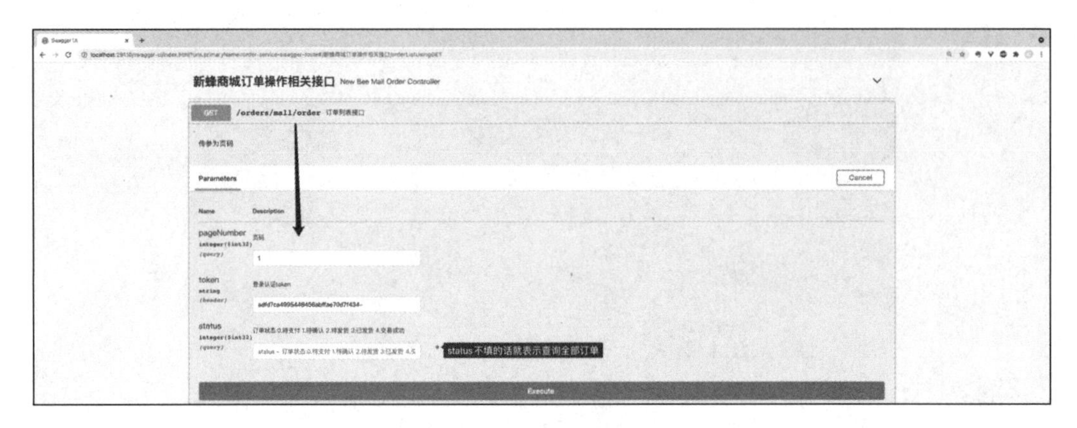

图 14-32　订单微服务中订单列表接口测试过程

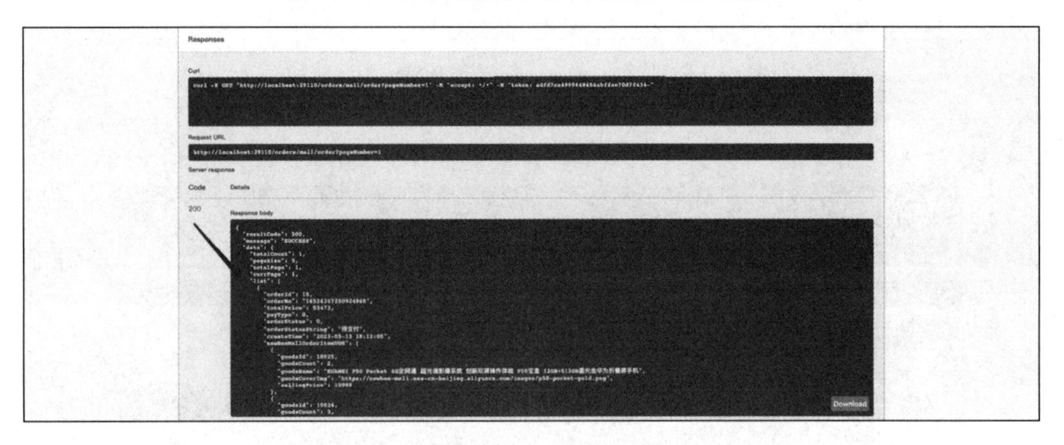

图 14-33　订单微服务中订单列表接口测试结果

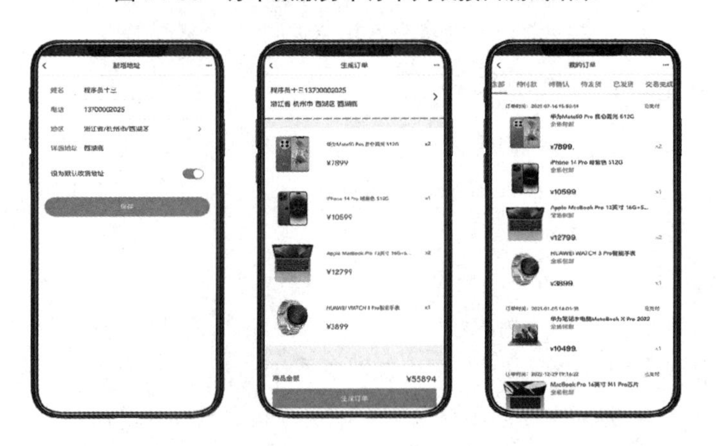

图 14-34　新蜂商城添加收货地址、确认订单页面和订单列表页面显示效果

至此，下单流程中的部分功能就演示完毕了，读者在测试时可以关注 MySQL 数据库中对应的表数据。

14.4.4　后台管理系统的部分功能演示

后台管理系统中的功能与商城端的功能不同，需要管理员用户的权限，在测试时也会使用后台管理系统端的网关服务。

1. 管理员登录接口演示

后台管理系统端网关中用户微服务的 Swagger 接口文档页面如图 14-35 所示。单击右上方的“Select a definition”选项卡，选择“user-service-swagger-route”选项就能够看到用户微服务的 Swagger 接口文档了，与管理员相关的接口也在用户微服务中。

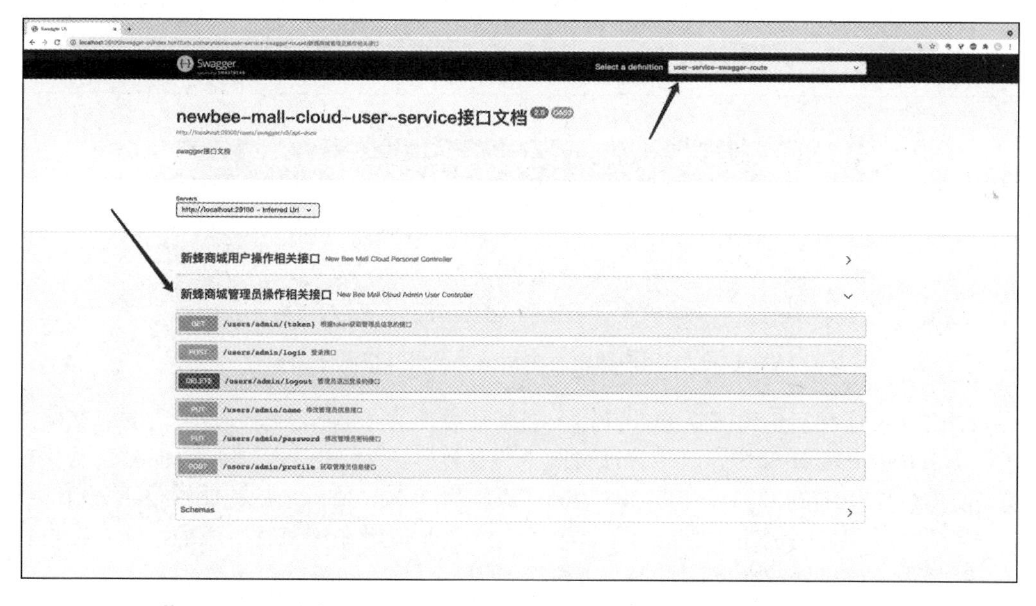

图 14-35　后台管理系统端网关中用户微服务的 Swagger 接口文档页面

单击管理员操作相关接口的“登录接口”，并单击“Try it out”按钮，在参数栏中输入 userName 字段和 password MD5 字段（注意，密码字段需要进行 MD5 加密），之后单击“Execute”按钮就能够发送管理员用户登录的请求了。默认管理员为 admin，密码为 123456，如果读者修改了数据库中的数据，则需要对应地修改这里的参数，如图 14-36 所示。

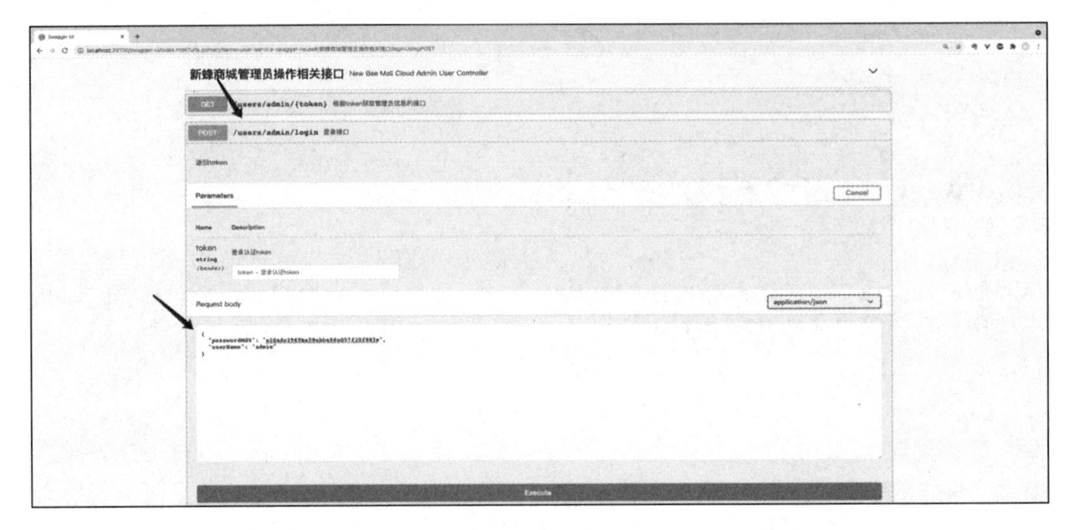

图 14-36　用户微服务中管理员登录接口测试过程

单击“Execute”按钮发送登录请求后，测试结果如图 14-37 所示。

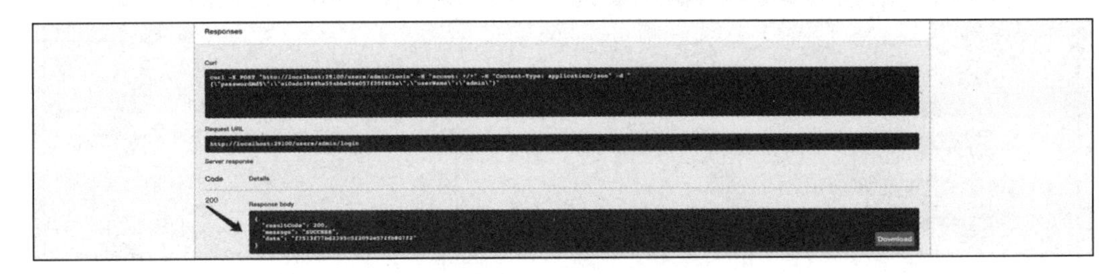

图 14-37　用户微服务中管理员登录接口测试结果

如果登录信息都正确，就可以得到一个登录成功的 Token 字段，该字段的值在响应对象 Result 的 data 字段中，用于管理员的身份认证。比如，当前登录接口的测试结果获取了值为“f7513f77bd2395c5f2092e57ffb807f2”的 Token 值，之后就能够使用该 Token 值访问项目中与管理员相关的接口了。该 Token 值是笔者在测试时生成的，读者在自行测试时生成的值可能与此不同，不要混淆了。

该接口对应到实际的项目页面中，是新蜂商城项目后台管理系统的管理员登录页面，显示效果如图 14-38 所示。

2. 添加商品分类接口演示

接下来演示后台管理系统中的新增分类功能。单击页面右上方的“Select a definition”选项卡，选择“goods-service-swagger-route”选项就能够看到商品微服务的 Swagger 接口文档了。

图 14-38　后台管理系统的管理员登录页面显示效果

单击“新增分类”，并单击“Try it out”按钮，在参数栏中输入分类名称、分类等级等字段，在登录认证 token 的输入框中输入管理员登录接口返回的 Token 字段值，如图 14-39 所示。

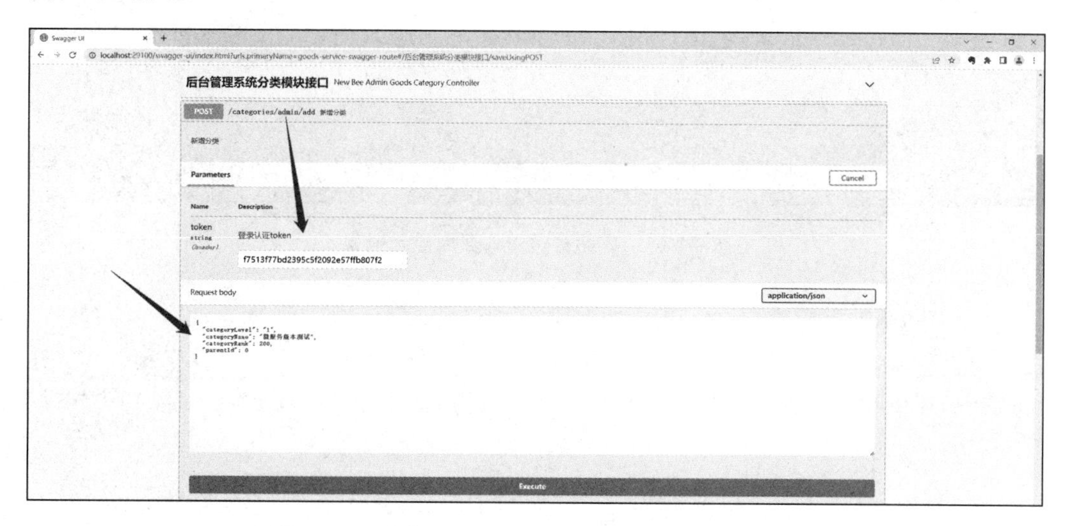

图 14-39　商品微服务中添加商品分类接口测试过程

单击“Execute”按钮，接口响应测试结果如图14-40所示。

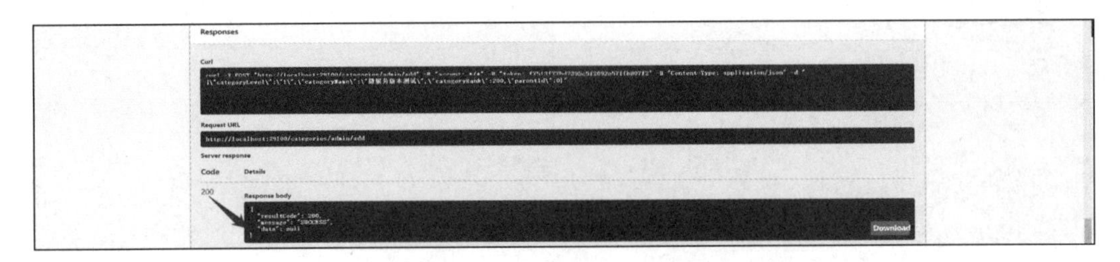

图14-40　商品微服务中添加商品分类接口测试结果

后端接口响应为“SUCCESS”表示添加成功，查看商品微服务的数据库，分类表中已经新增了一条数据。笔者在测试时输入字段都是符合规范的。如果输入的参数没有通过基本的验证判断，就会报出对应的错误提示。这一点读者在测试时需要注意。

该接口对应到实际的项目页面中，是新蜂商城项目后台管理系统中的商品分类管理页面，显示效果如图14-41所示。

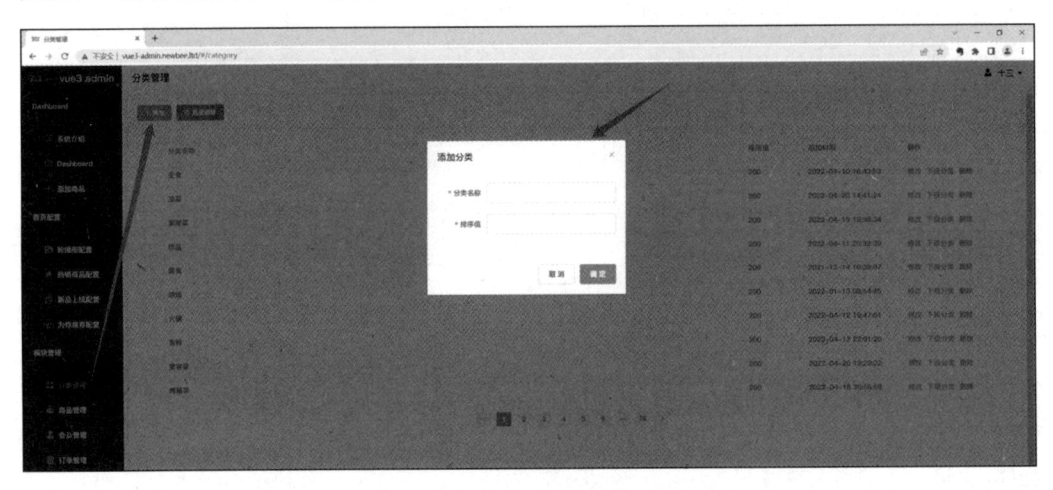

图14-41　商品分类管理页面显示效果

3. 下架商品接口演示

下面将演示在后台管理系统中商品id分别为10003和10005的商品下架功能。对应的接口在Swagger接口文档的“后台管理系统商品模块接口”选项卡中，如图14-42所示。

图 14-42　后台管理系统端网关中商品微服务的 Swagger 接口文档页面

单击“批量修改销售状态”，并单击“Try it out”按钮，在参数栏中输入商品的销售状态（下架为 1，上架为 0）和需要下架的商品 id 数组，在登录认证 token 的输入框中输入管理员登录接口返回的 Token 字段值，如图 14-43 所示。

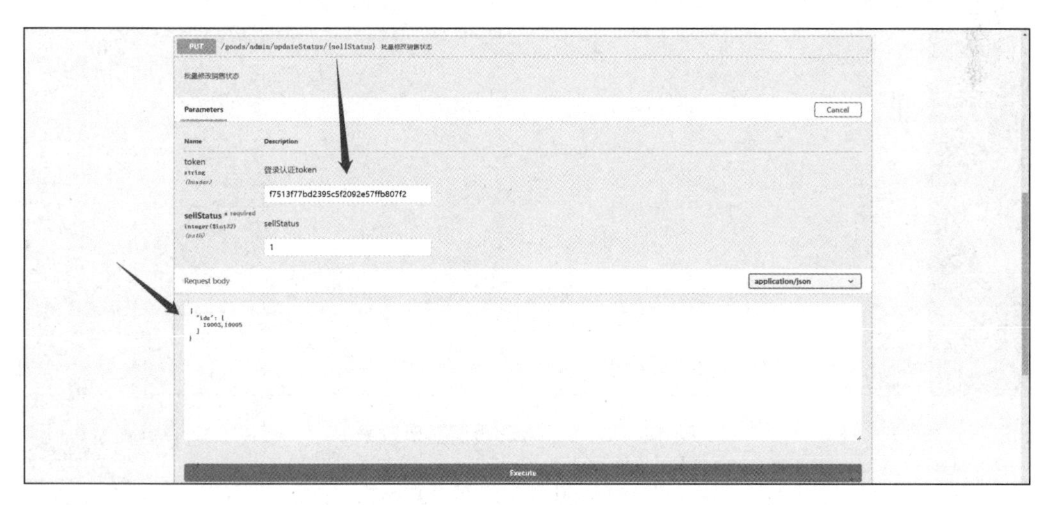

图 14-43　商品微服务中下架商品接口测试过程

单击“Execute”按钮，接口响应测试结果如图 14-44 所示。

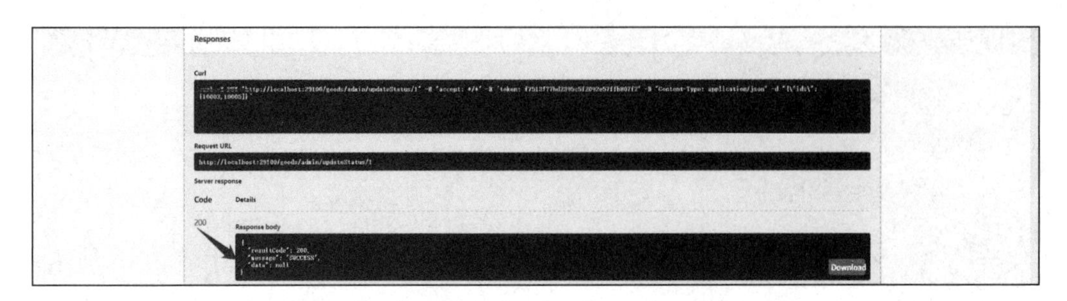

图 14-44　商品微服务中下架商品接口测试结果

后端接口响应为“SUCCESS”表示商品下架成功。此时查看数据库中对应的记录，可以看到这两个商品的 goods_sell_status 字段已经被修改为 1（下架状态）。

该接口对应到实际的项目页面中，是新蜂商城项目后台管理系统中的商品管理页面，显示效果如图 14-45 所示。

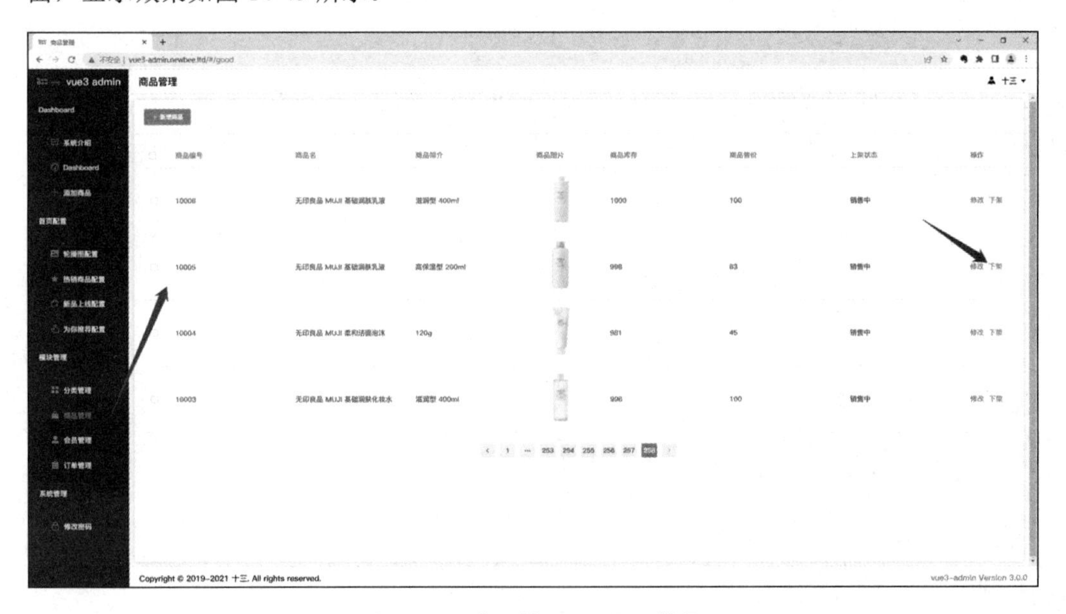

图 14-45　商品管理页面显示效果

后台管理系统端的功能很多，因篇幅有限，这里只演示了部分功能。笔者主要进行简单的演示，给读者一个可以参考的测试示例。另外，在测试时一定要关注一下 MySQL 和 Redis 中的相关记录。

14.5 微服务架构实战项目中接口的参数处理及统一结果响应

为了让读者更快地理解源码并进行个性化修改，接下来介绍项目中的接口是怎样处理参数接收和结果返回的。

1. 普通参数接收

这种参数接收方式读者应该比较熟悉，因为是 GET 请求方式，所以传参时直接在路径后拼接参数和参数值即可。

```
@RequestMapping(value = "/list", method = RequestMethod.GET)
@ApiOperation(value = "商品列表", notes = "可根据名称和上架状态筛选")
public Result list(@RequestParam(required = false) @ApiParam(value = "页码")
Integer pageNumber,
               @RequestParam(required = false) @ApiParam(value = "每页条数")
Integer pageSize,
               @RequestParam(required = false) @ApiParam(value = "商品名称")
String goodsName,
               @RequestParam(required = false) @ApiParam(value = "上架状态
0-上架 1-下架") Integer goodsSellStatus, @TokenToAdminUser LoginAdminUser
adminUser) {
    省略部分代码
}
```

这段代码是商品列表接口的方法定义，格式为：

```
?key1=value1&key2=value2
```

2. 路径参数接收

在设计时使用了将部分接口参数拼入路径中的方式。当只需要一个参数时，可以考虑这种接口设计方式。与前文中的普通参数接收方式没有很大的区别，也可以设计成普通参数接收的形式，更多的是开发人员的开发习惯。

```
@GetMapping("/detail/{goodsId}")
@ApiOperation(value = "商品详情接口", notes = "传参为商品 id")
public Result<NewBeeMallGoodsDetailVO> goodsDetail(@ApiParam(value = "商品
id") @PathVariable("goodsId") Long goodsId, @TokenToMallUser MallUserToken
loginMallUserToken) {
```

```
    省略部分代码
}
```

这段代码是商品详情接口的方法定义，想要查询订单号为10011的商品信息，直接请求 /detail/10011路径即可，代码中使用@PathVariable注解进行接收。

3. 对象参数接收

项目中使用POST方法或PUT方法类型的接口，基本上都是以对象形式来接收参数的。

```
@ApiOperation(value = "登录接口", notes = "返回token")
@RequestMapping(value = "/users/admin/login", method = RequestMethod.POST)
public Result<String> login(@RequestBody @Valid AdminLoginParam adminLoginParam) {
    省略部分代码
}
```

这段代码是管理员登录接口的方法定义，前端在请求体中放入JSON格式的请求参数，后端则使用@RequestBody注解进行接收，并将这些参数转换为对应的实体类。

为了传参形式的统一，对于POST或PUT类型的请求参数，前端传过来的格式要求为JSON，Content-Type统一设置为application/json。

4. 复杂对象接收

当然，有时也会出现复杂对象传参的情况。比如，一个传参对象中包含另一个实体对象，或者多个对象。这种也与对象参数接收的方式一样，前端开发人员需要进行简单的格式转换，在JSON串中加一层对象。后端在接收参数时，需要在原有多个对象的基础上再封装一个对象参数。

笔者以订单生成接口的传参来介绍，该方法的源码定义在ltd.order.cloud.newbee.controller.NewBeeMallOrderController类中，代码如下：

```
@PostMapping("/saveOrder")
@ApiOperation(value = "生成订单接口", notes = "传参为地址id和待结算的购物项id数组")
public Result<String> saveOrder(@ApiParam(value = "订单参数") @RequestBody
SaveOrderParam saveOrderParam, @TokenToMallUser MallUserToken loginMallUserToken) {
    省略部分代码
}
```

后端需要重新定义一个参数对象，并使用@RequestBody注解进行接收和对象转换，SaveOrderParam类的定义如下：

```
public class SaveOrderParam implements Serializable {
```

```
    @ApiModelProperty("订单项 id 数组")
    private Long[] cartItemIds;

    @ApiModelProperty("地址 id")
    private Long addressId;
}
```

前端需要将用户所勾选的购物项 id 数组和收货地址的 id 传过来，这个接口的传输参数如下：

```
{
  "addressId": 0,
  "cartItemIds": [
    1,2,3
  ]
}
```

关于接口参数的处理，前端开发人员按照后端开发人员给出的接口文档进行参数的封装即可，后端开发人员则需要根据接口的实际情况进行灵活的设计，同时注意@RequestParam、@PathVariable、@RequestBody 三个注解的使用。希望读者可以根据本书的内容及项目源码进行举一反三，灵活地设计和开发适合自己项目的接口。

统一结果响应的设计和使用可以参考 8.3.4 节的内容，这里不再赘述。

传参的规范和返回结果的统一，都会使控制层、业务层处理的数据格式统一化，保证接口和编码规范的统一性。这种做法对于开发人员在今后的企业级项目开发有着非常重大的意义，规范的参数定义和结果响应能够大大地降低开发成本及沟通成本。

14.6　微服务架构实战项目打包和部署的注意事项

项目源码拿到了，在 IDEA 中对项目进行编码修改和功能测试也完成了，终于到了打包和部署的环节。其实步骤并不复杂，只需要在命令行中进入当前项目的顶级目录，然后执行 Maven 的打包命令。

命令如下：

```
mvn clean package -Dmaven.test.skip
```

经过一段时间的等待后，项目中的所有模块都按照 pom.xml 文件中的配置“打包成功”了，如图 14-46 所示。

用户微服务、购物车微服务、推荐微服务、商品微服务、订单微服务和两个服务网关实例都会被打包成一个可执行的 Jar 包，如 newbee-mall-cloud-user-web-0.0.1-SNAPSHOT.jar、 newbee-mall-cloud-goods-web-0.0.1-SNAPSHOT.jar 等可执行文件。打包成功后，进入对应的 target 目录中启动 Jar 包来启动不同的微服务实例。

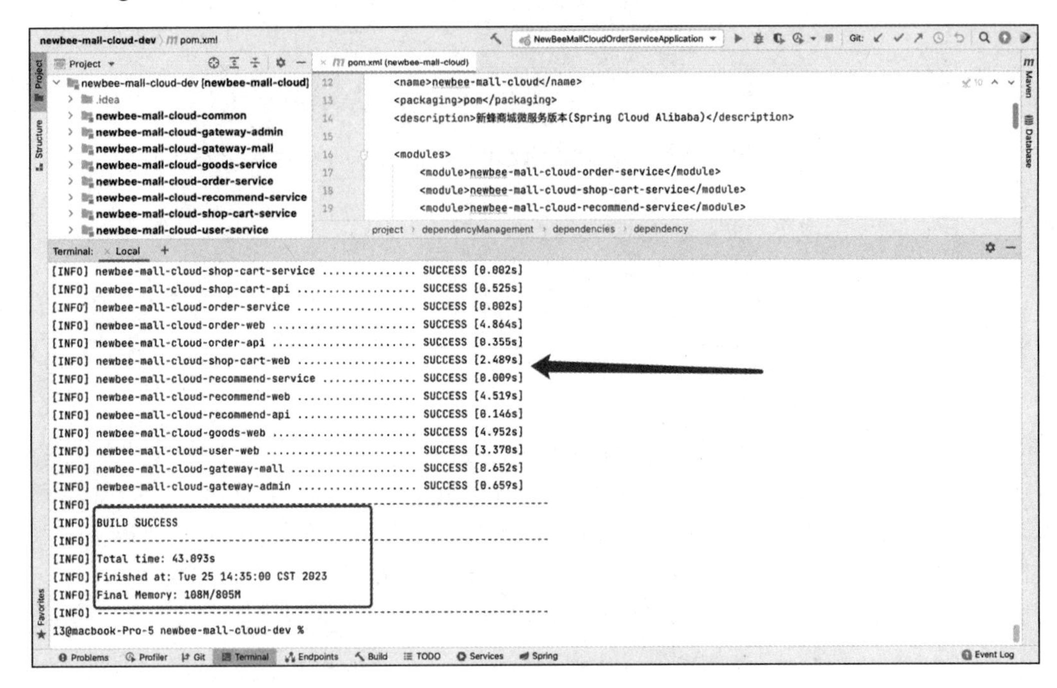

图 14-46　newbee-mall-cloud 项目打包过程

执行的命令如下：

```
java -jar xxxx.jar
```

以启动商品微服务为例，进入 newbee-mall-cloud-goods-web/target 目录，执行 java -jar newbee-mall-cloud-goods-web-0.0.1-SNAPSHOT.jar 命令启动商品微服务实例。

是的，没有成功，启动时报错了，如图 14-47 所示。Jar 中没有主清单属性。不止是商品微服务，网关实例也没有启动成功，报错内容相同，这就说明打的包存在问题。

这是一个微服务架构的多模块项目，多模块项目中又包含多个 Spring Boot 项目，用户微服务、购物车微服务、推荐微服务、商品微服务、订单微服务和两个服务网关实例其实都是 Spring Boot 项目。在这种多模块、多 Spring Boot 实例的项目中，需要在 pom.xml 文件中增加一些配置，不然打包后的 Jar 包就无法正常启动。

这里涉及一个知识点："使用 Maven 构建多个 Spring Boot 实例"。这个知识点其实不常碰到，平时开发的基本是单个的 Spring Boot 项目，打包时肯定不会遇到这个问题，而开发复杂架构下的项目则会遇到这个问题。解决办法也不复杂，在对应的 pom.xml 文件中加入一些打包所需的 plugin 并指定对应实例的主启动类的全类名。

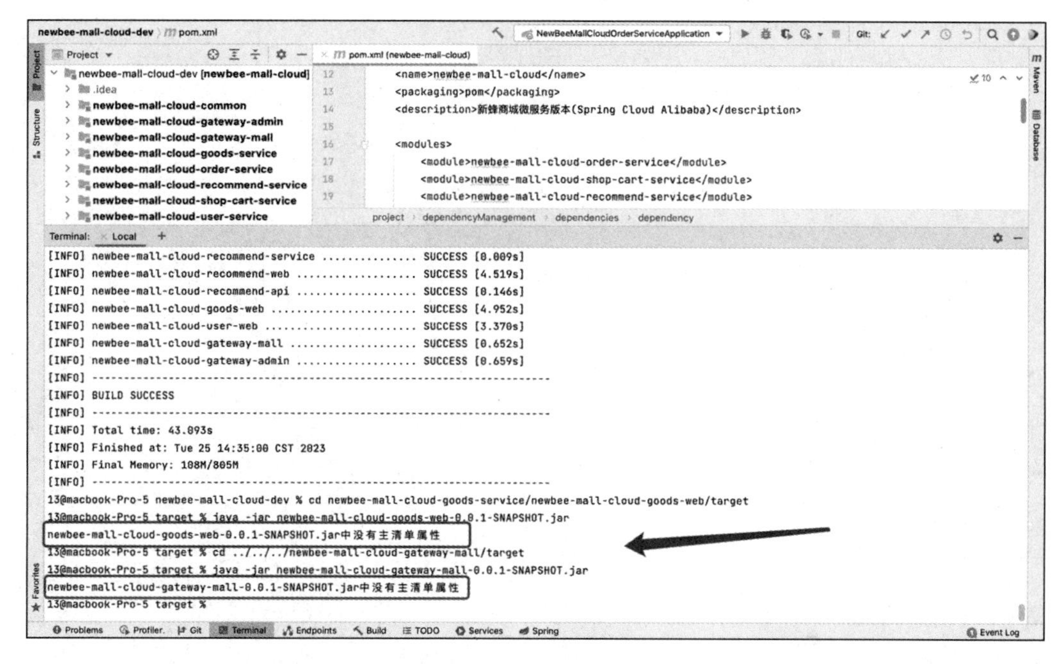

图 14-47　报错信息

打开用户微服务、购物车微服务、推荐微服务、商品微服务、订单微服务和两个服务网关实例所对应的 newbee-mall-cloud-xxx-web 工程目录，并在各自的 pom.xml 文件中增加一些配置，下面以商品微服务和商城端网关为例讲解。

打开 newbee-mall-cloud-goods-web 目录下的 pom.xml 文件，在原配置的基础上增加如下代码：

```
<!-- 打包 -->
<build>
  <resources>
    <resource>
      <filtering>true</filtering>
      <directory>src/main/resources</directory>
    </resource>
  </resources>
  <plugins>
    <plugin>
      <groupId>org.apache.maven.plugins</groupId>
```

```
    <artifactId>maven-compiler-plugin</artifactId>
    <configuration>
      <source>${java.version}</source>
      <target>${java.version}</target>
      <encoding>${project.build.sourceEncoding}</encoding>
    </configuration>
  </plugin>
  <plugin>
    <groupId>org.apache.maven.plugins</groupId>
    <artifactId>maven-resources-plugin</artifactId>
    <configuration>
      <encoding>${project.build.sourceEncoding}</encoding>
    </configuration>
  </plugin>
  <plugin>
    <groupId>org.apache.maven.plugins</groupId>
    <artifactId>maven-jar-plugin</artifactId>
  </plugin>
  <plugin>
    <groupId>org.springframework.boot</groupId>
    <artifactId>spring-boot-maven-plugin</artifactId>
    <configuration>
      <mainClass>ltd.goods.cloud.newbee.NewBeeMallCloudGoodsService
Application</mainClass>
    </configuration>
    <executions>
      <execution>
        <goals>
          <goal>repackage</goal>
        </goals>
      </execution>
    </executions>
  </plugin>
 </plugins>
</build>
```

增加打包所需的 plugin 插件并指定商品微服务主启动类 NewBeeMallCloudGoodsServiceApplication 类的全类名。

打开 newbee-mall-cloud-gateway-mall 目录下的 pom.xml 文件，在原配置的基础上增加如下代码：

```
<!-- 打包 -->
<build>
```

```
  <resources>
    <resource>
      <filtering>true</filtering>
      <directory>src/main/resources</directory>
    </resource>
  </resources>
  <plugins>
    <plugin>
      <groupId>org.apache.maven.plugins</groupId>
      <artifactId>maven-compiler-plugin</artifactId>
      <configuration>
        <source>${java.version}</source>
        <target>${java.version}</target>
        <encoding>${project.build.sourceEncoding}</encoding>
      </configuration>
    </plugin>
    <plugin>
      <groupId>org.apache.maven.plugins</groupId>
      <artifactId>maven-resources-plugin</artifactId>
      <configuration>
        <encoding>${project.build.sourceEncoding}</encoding>
      </configuration>
    </plugin>
    <plugin>
      <groupId>org.apache.maven.plugins</groupId>
      <artifactId>maven-jar-plugin</artifactId>
    </plugin>
    <plugin>
      <groupId>org.springframework.boot</groupId>
      <artifactId>spring-boot-maven-plugin</artifactId>
      <configuration>
        <mainClass>ltd.gateway.cloud.newbee.NewBeeMallCloudMallGateway
Application</mainClass>
      </configuration>
      <executions>
        <execution>
          <goals>
            <goal>repackage</goal>
          </goals>
        </execution>
      </executions>
    </plugin>
```

```
  </plugins>
</build>
```

同样增加打包所需的 plugin 插件并指定网关层主启动类 NewBeeMallCloudMallGatewayApplication 类的全类名。其他需要打包成 Jar 包模块下的 pom.xml 配置文件也需要增加上述的打包配置项，这里就不再赘述了。

配置完成后，进入当前项目的顶级目录，执行 Maven 的打包命令。打包成功后，再次执行启动 Jar 包的命令，可以看到“Jar 中没有主清单属性”的问题已经不存在了，Jar 包可以顺利启动，一切正常，如图 14-48 所示。

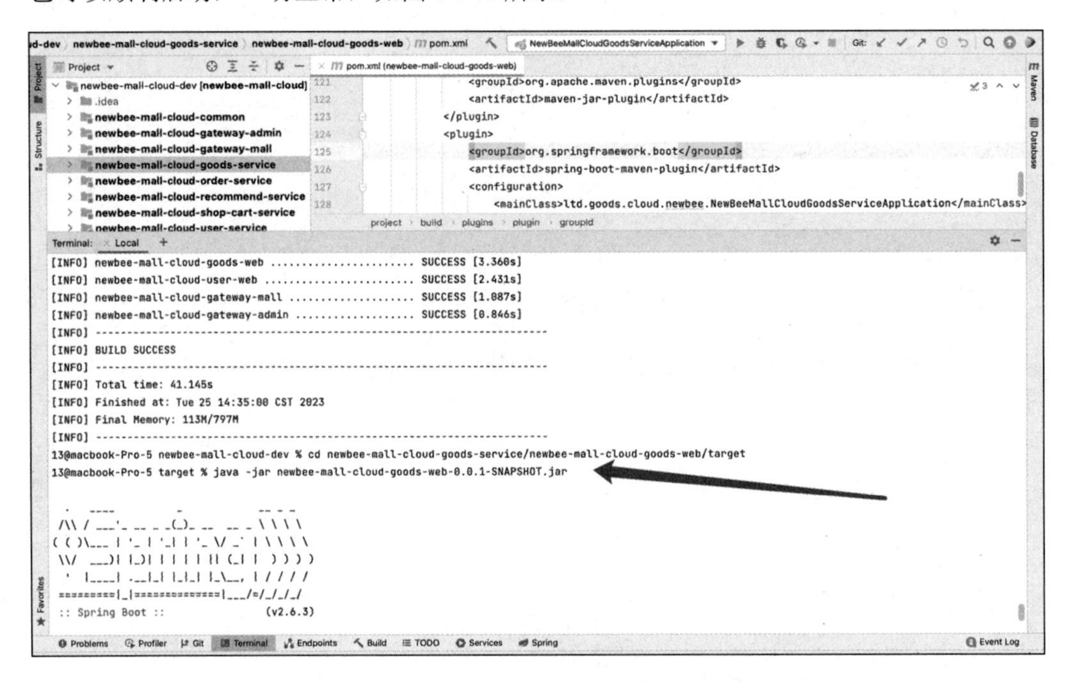

图 14-48　newbee-mall-cloud 项目打包和项目启动过程

项目打包和项目部署是两个步骤，获得各个微服务实例的可执行 Jar 包后，就可以进入部署环节了，不管是部署在服务器还是部署在本地，基本上都是在命令行执行 java-jar 命令。

这里讲几个在 Linux 服务器上部署时的注意事项。

启动命令：

```
java -jar newbee-mall-cloud-goods-web-0.0.1-SNAPSHOT.jar
```

这样启动的项目并没有在后台运行，一旦退出终端项目基本上就跟着停掉了，这时就需要在命令行前后分别添加 nohup 命令和&符号，这样就能够让项目一直在后台运行，并且项目的运行日志会输出到 nohup.out 文件中，此时的命令如下：

```
nohup java -jar newbee-mall-cloud-goods-web-0.0.1-SNAPSHOT.jar &
```

想要关闭这个项目，可以查询它运行时的进程号，之后用 kill 命令关闭它。

想要部署服务集群，可以使用--server.port 参数指定多个端口号。以部署商品微服务集群为例，执行的命令如下：

```
#启动时使用 application.properties 配置文件中配置的端口号 29010
nohup java -jar newbee-mall-cloud-goods-web-0.0.1-SNAPSHOT.jar &

#启动时自定义端口号
nohup java -jar newbee-mall-cloud-goods-web-0.0.1-SNAPSHOT.jar
--server.port=29011 &

nohup java -jar newbee-mall-cloud-goods-web-0.0.1-SNAPSHOT.jar
--server.port=29012 &
```

这样就可以部署成一个微服务实例的集群了，这些启动后的 Jar 包实例都会将自己注册到 Nacos Server 中，被其他微服务调用时也会根据负载均衡算法提供服务。

另外，如果服务器中的内存并不宽裕，则启动过多的微服务实例可能有些吃力，此时可以在启动命令中添加 JVM 参数限制一下项目消耗的内存资源，执行的命令如下：

```
nohup java -jar -server -Xms128m -Xmx384m newbee-mall-cloud-goods-web-
0.0.1-SNAPSHOT.jar &
```

至此，本节的内容介绍完毕。

虽然新蜂商城项目微服务版本的功能模块已经全部讲解完，但是新蜂商城的优化和迭代工作不会停止，更新和优化的内容都会上传到开源仓库中供读者学习和使用。行文至此，笔者万般不舍。在本书的最后，诚心地祝愿各位读者能够在编程道路上寻找到属于自己的精彩！